발트
3국
THE
BALTIC
STATES
여행

TRAVEL
GUIDE

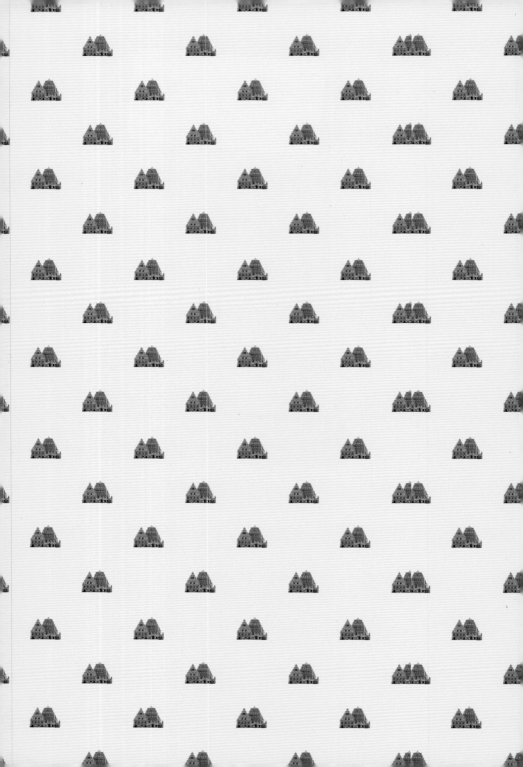

TRAVEL TO THE BALTIC STATES

≫ SPECIAL TRAVEL GUIDE ≪

# 발트3국
# 여행

THE
BALTIC
STATES

서진석 지음

완벽 가이드북

ESTONIA × LATVIA × LITHUANIA

• • • 에스토니아  라트비아  리투아니아 • • •

WRITTEN BY SEO JINSEOK

메
카르북스

# 일러두기

**❶ 한국에는 에스토니아어 · 라트비아어 · 리투아니아어 표기법이 아직 없다.**

— 지명이나 인명의 경우 발음을 위주로 표기했으며 악센트의 위치 변동으로 인해 발음에 차이가 날 경우에는 철자를 위주로 표기하였다.

— 각국의 수도 및 대도시처럼 통상적으로 불리던 명칭이 있는 경우에는 그대로 사용하였으며 된소리가 아닌 거센소리를 위주로 표기하였다(예: 딸린 X, 탈린 O / 뜨라까이 X, 트라카이 O).

**❷ 본 도서에서 제공하는 입장 관련 정보의 경우 2019년 6월 기준이며, 입장료는 할인대상이 아닌 일반 성인의 1회 입장 시 지불액을 기본으로 한다.**

**❸ 본 도서에서 소개하는 음식점의 경우 대부분 전통이 있는 곳으로서 한 자리에서 한결같이 영업해왔거나 그 지역이 아니면 먹을 수 없는 음식을 판매하는 곳 위주로 선정하였다. 숙소 또한 마찬가지이다. 현 시점에서 발트3국 내 변화는 매우 빠르다. 그만큼 주요 여행지의 입장료와 운영시간 또한 자주 바뀌고 관련 정보에 대한 업데이트가 수시로 발생하는 곳이다. 그러므로 발트3국을 여행하는 과정에서 본 도서가 제공하는 자료와 다른 경우를 목격한다면 저자가 운영하는 발트정보카페에 제보해주기를 바란다(네이버에서 '발트한국인마당' 검색).**

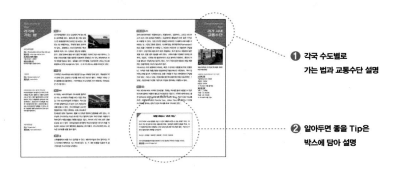

❶ 각국 수도별로
가는 법과 교통수단 설명

❷ 알아두면 좋은 Tip은
박스에 담아 설명

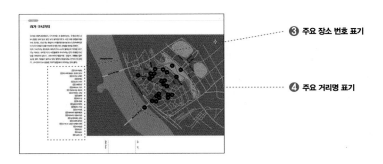

❸ 주요 장소 번호 표기

❹ 주요 거리명 표기

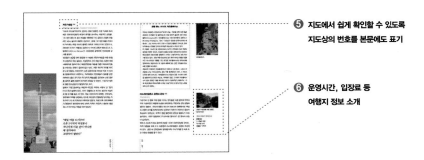

❺ 지도에서 쉽게 확인할 수 있도록
지도상의 번호를 본문에도 표기

❻ 운영시간, 입장료 등
여행지 정보 소개

" 고요한 감동이 있는
발트3국을 여행하다
"

# ESTONIA

# LATVIA

# LITHUANIA

*Travel to the Baltic States*

# 추천사 - 대한민국 주재 라트비아 공화국 페테리스 바이바르스 대사

존경하는 독자 여러분!

이 여행 안내서를 손에 들고 계시다는 것은 이미 발트3국으로의 잊지 못할 여행을 떠날 준비가 되었다는 것을 의미하는 것일 겁니다. 인정 많은 이 나라들을 방문한 후에도 또다시 찾아오는 분들이 종종 있다는 점을 볼 때, 여러분의 이 여행 또한 긍정적인 인상으로 가득할 여행이 될 것이라 확신합니다.

이곳에 오시면 오랜 역사와 세대를 이어 전해지는 전통은 물론이거니와 유럽 문화에서 중요한 이야기를 남긴 문화유산들이 전해 주는 놀라움을 경험하시게 됩니다. 이곳은 전 세계에서 가장 푸른 자연환경을 자랑하는 지역 중 하나로서 하얀 모래사장, 짙푸른 숲, 깊은 호수, 맑은 공기 그리고 그 속에서 맛있는 먹거리들이 자라는 대규모 국립공원들로부터 그 가치를 다시 깨닫게 됩니다. 또한 문화적 차원만이 아니라 IT와 혁신기술, 스타트업 발전의 중심이라는 명성이 말해 주듯 기술적 성과를 이룬 국가들이기도 합니다.

만약 아직도 발트해의 진주를 만나지 못하신 분이 계시다면 이 책이 아주 훌륭한 기회를 제공할 것입니다. 발트 지역에 오시는 분이라면 누구나 보아야 할 관광지와 여행 준비에 필요한 정보를 얻는 데 큰 도움이 될 것이기 때문입니다.

라트비아는 한국에서 매년 만 명이 넘는 관광객이 찾아오고 있습니다. 그리고 점차적으로 증가하는 발트 지역에 대한 전반적인 관심은 수치로 따지는 것이 불가능하며, 2019년 최초로 취항하는 라트비아 직항편은 더 많은 한국인 관광객의 수를 늘림과 동시에 양국을 잇는 거점 역할을 하게 될 것이라 확신합니다.

마지막으로 발트 지역 연구와 저술 활동을 위한 공헌을 아끼지 않으시는 저자 서진석 교수에게 진정으로 감사함을 전하고 싶습니다. 이는 발트3국 국가들의 건국 100주년 기념사업과 직결하여 한국 사회 내 더욱 폭넓은 계층에 발트 지역을 소개할 수 있는 단 하나의 가능성을 열어 주었습니다. 다채로운 분위기와 화려한 빛깔의 라트비아와 발트3국을 빨리 만나 보시기 바랍니다.

주한라트비아대사 페테리스 바이바르스

Godātais lasītāj!

Jau tas vien, ka šo ceļvedi turat rokās, liecina par to, ka esat gatavs doties neaizmirstamā ceļojumā pa Baltijas valstīm. Esmu pārliecināts, ka šis ceļojums būs pozitīviem iespaidiem bagāts, jo tie, kas ir viesojušies mūsu viesmīlīgajās valstīs, bieži šeit atgriežas. Un tas tamdēļ, ka Baltijas valstis ir pārsteigumu pilnas.

Tās pārsteidz ar seno vēsturi, nacionālajām tradīcijām, kas mantotas no paaudzes paaudzē, gan arī ar bagāto kultūras mantojumu, ierakstot paliekošu stāstu Eiropas kultūrā. Tās ir vienas starp zaļākajām valstīm pasaulē, kas atgādina lielu dabas parku ar baltām smilšu pludmalēm, zaļiem mežiem, ziliem ezeriem, tīru gaisu un savvaļā augošiem gardumiem. Tās ir valstis, kas apliecina sevi ne tikai kultūrā, bet arī tehnoloģijas sasniegumos, pamatoti esot atzītām par IT, inovāciju un start-up uzņēmumu attīstības centru.

Ja vēl neesi paguvis iepazīt Batlijas pērles, tad šī ir brīnišķīga iespēja to izdarīt! Jo šis ceļvedis būs lielisks palīgs, lai iegūtu informāciju par ceļošanas iespējām un tūrisma objektiem, kas noteikti jāredz katram viesim, ciemojoties Baltijas reģionā.

Latviju gadā apmeklē jau vairāk nekā 10.000 tūristi no Korejas. Kaut arī gandarījums par pakāpeniski augošo interesi par Batlijas valstīm ir neizmērojams, esam pārliecināti, ka 2019.gada pirmie komerciāle tiešie lidojumi starp Koreju un Latviju sekmēs tūristu skaita straujāku pieaugumu un jaunu tiltu izveidi starp abām valstīm.

Nobeigumā vēlos sirsnīgi pateikties ceļveža autoram profesoram Džinsokam Seo par neatlaidīgu darbu Baltijas valstu reģiona pētniecībā un šīs grāmatas tapšanā. Tas devis unikālo iespēju arvien plašākam Korejas sabiedrības pārstāvju lokam iepazīt mūsu reģionu īsi pēc Baltijas valstu simtgades svinībām.

Iepazīsti Latviju un Baltijas valstis to daudzveidībā un raibajā krāšņumā jau tūlīt!

Pēteris Vaivars Latvijas vēstnieks Korejas Republikā

# 발트3국을 여행해야 하는 이유

나는 발트3국에서 20여 년 거주하고 있는 한국인이다. 물론 초기 5년은 폴란드 바르샤바에서 보냈지만 그 기간 동안에도 발트와 관련된 연구를 진행하면서 발트의 여러 도시를 뻔질나게 돌아다녔으니 발트에서 살았다고 해도 큰 무리는 아니다.

"발트3국은 어떻게 가야 되나요?"
동문들이나 지인들을 만나면 내게 언제나 같은 질문을 한다. 그에 대한 나의 대답 또한 한결 같다.

"우선 마음부터 잡으세요."

여행의 빈도를 기준으로 하면 여행을 많이 다녀 본 사람, 여행을 많이 다니고 싶지만 사정이 여의치 못한 사람, 여행하고 싶은 마음은 있지만 선뜻 마음을 잡지 못하는 사람들로 구분이 가능하다. 그러나 여행을 싫어하거나 관심이 전혀 없는 사람은 없을 것이다. 아직 마음을 잡지 못했을 뿐이다. 발트3국은 여행을 가고자 하는 마음은 있으나 여러 가지 조건들 때문에 망설이는 사람들에게 최적의 장소이다.

살면서 꼭 가 봐야 하는 나라라는 것은 존재하지 않는다. 여행은 선택일 뿐 의무는 절대 아니다. 더군다나 이곳에 꼭 와야 한다며 간곡히 권할 마음도 없다. 누가 보아도 아름답고 고색창연한 도시와 유적이 세계에 널려 있고 이미 증명된 재밌거리를 제공하는 국가들도 수두룩하기 때문이다. 그런 곳에 비하면 발트3국은 왠지 모르게 어디서 본 것 같고, 다녀왔다고 자랑하기에는 잘 모르는 사람들이 대부분이고, 무엇보다 대체 어딜 가야 할지 너무 막막한 나라들이다.

발트3국은 여행하고 싶지만 아직 마음을 정하지 못한 사람들은 물론이거니와 이미 많은 곳을 여행해서 웬만한 재미로는 충족하지 못하는 여행자들 모두에게 추천할 만하다. 그 이유는 첫째, 발트 지역은 다른 유럽 지역에 비해 가격이 아주 저렴하다. 유럽연합에 가입한 후 유로를 사용하면서 물가가 갈수록 오르고 있지만 인근 스칸디나비아 국가들이나 기존 서유럽 국가들과 비교하면 한국인이 베트남에 가서 느끼는 물가 수준과 비슷하다고 볼 수 있다. 둘째, 이곳은 초보자가 여행하기에 최적의 조건을 가지고 있다. 서유럽처럼 기차가 면밀히 연결되어 있진 않으나 비교적 잘 발달된 도로와 저렴한 교통수단을 이용해 3시간에서 5시간이면 다른 나라로 이동하는 것이 가능하다. 여태 대륙의 섬처럼 살고 있는 대한민국 국민들에겐 버스로 국경을 넘는다는 것이 꿈만 같은 일이겠지만 센겐조약에 가입한 이후 형식적인 국경도 사라져 서울에서 대전 가듯 부담 없이 여행을 할 수 있다. 그리고 유럽과 인근 지역을 연결하는 저가 항공사들의 취항도 늘고 있어 여행 도중 서유럽, 스칸디나비아, 러시아를 방문하는 것도 가능하다. 셋째, 무엇보다 여행하는 사람들에게 개척자 정신을 갖게 하는 묘한 매력이 있다. 여행의 가치가 단순히 블로그나 SNS 계정에 올린 사진들을 눈으로 직접 확인하는 수준 정도가 아닌, 남들이 알지 못한 새로운 것을 발견하는 데 있다고 보는 이들에게 발트3국은 여전히 우리가 찾아내야 할 숨겨진 가치가 많은 곳이다. 인디아나 존스처럼 낯선 장소를 탐험하는 차원이 아닌, 기존에 알려진 역사적 사실과 공동의 기억을 재점검할 수 있는 장소가 아주 많다는 이야기다. 우리가 역사책에서만 봐 오던 사라진 프로이센 제국의 흔적이나 제2차 세계대전의 상흔이 여전히 사회 곳곳에서 모습을 드러낸다.

이 여행 책은 일상으로부터 벗어나는 행위뿐만 아니라 새로운 가치를 발견하고 경험하는 데 도움을 주기 위해 많은 노력을 기울였다. 식당이나 숙소 정보 외에도 길이나 건물에서 역사의 향기를 느낄 수 있는 이야기를 싣고자 했다.

어떤 연유에서건 이 책을 손에 쥐고 있는 독자라면 이미 발트3국 여행에 대해서 마음을 잡고 준비 중에 있으리라 생각한다. 그 목적이 즐거움을 위한 여행이거나 출장 혹은 교환학생이든 발트3국에 대한 관심이든 상관 없이 누구든지 필요한 정보를 찾아 사용할 수 있는 책이 되길 바란다. 이런 의도에 공감하고 출판을 맡아 주신 카멜북스 출판사 관계자들과 나의 활동에 언제나 물심양면의 도움을 부어주시는 주한라트비아대사관, 주라트비아한국대사관 관계자분들, 무엇보다 10년이 넘는 기간 동안 관심과 경험을 공유해 주는 네이버 카페 발트한국인마당의 소중한 회원들께 큰 감사의 인사를 드리고 싶다.

2019년 6월 리가에서

서진석

---

### 서진석 저자는……

폴란드, 리투아니아, 라트비아, 에스토니아 이 네 나라를 오가면서 공부하고 시험 보고 먹고 자고 사랑하고 이별하고 울고 웃고 술도 마시고 싸움도 하고 화해도 하며 22년간 발트3국에 거주 중이다. 아직도 치즈와 빵을 좋아하지 않아 냉장고엔 어머니가 담가주신 김장김치가 그득한 평택 촌놈. 문득 정신을 차려보니 라트비아 대학교에서 교수로 일하고 있는 중. 좋아하는 일은 여행. 싫어하는 일도 여행.

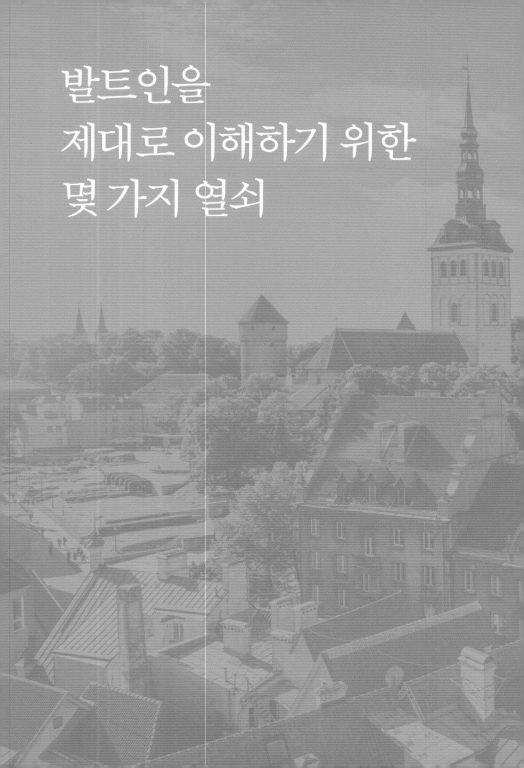

# 발트인을
# 제대로 이해하기 위한
# 몇 가지 열쇠

영국의 어떤 유명한 학자가 '역사는 과거와 현재 사이의 대화'라고 했던가. 발트3국은 숱한 전쟁을 겪었다. 늘 그렇듯 전쟁의 기록은 승리자의 몫이었고 희생자였던 발트인의 이야기는 어디에도 없었다. 발트 지역을 거쳐 간 지배자들은 그들의 이야기에 귀를 기울이지 않았다. 그들의 말은 지역 언어 혹은 농노의 언어라 불렸고, 문화 역시 유럽 주류문화에서 제외된 무지몽매한 야만인의 것으로 매도되기도 했다. 그 결과 발트인의 이야기는 역사 이전의 전설이나 신화로 전해지거나 지배자들의 권력에 대항하는 민중들의 봉기 정도로만 간간히 등장하는 식으로 남았다.

지금까지 우리는 러시아, 유럽연합, 미국과 같은 강자의 시각하에서 발트3국을 접해왔기 때문에 편향된 정보로 그들을 이해할 수밖에 없었다. 강대국의 시각에 의해 이루어진 발트인에 대한 전반적인 이해가 그들의 삶의 가치를 보잘것없이 만들었을지도 모른다. 대부분의 사람들은 실패자의 이야기에는 관심이 없으니까.

작가 최옥정은 '소설은 실패자들의 이야기다'라고 말한 바 있다. 자신이 겪은 실수와 실패를 반성하고 되짚어보며 때로는 변명하기 위해 인간은 소설 쓰기를 시작했을지 모른다는 가정을 담은 말이다. 어려운 상황 속에서 어떻게든 최선을 다해 삶을 이끌어나가는 모습에서 감동을 선사하기 때문에 거듭 실패하는 사람이 소설의 주인공으로 자주 채택된다.

발트3국의 역사가 바로 그렇다. 승리자가 아닌 패배자들의 이야기이기 때문에 대부분의 역사학자들과 일반 독자들은 관심이 없었던 것일지도 모른다. 하지만 13세기 독일 점령기와 중세에 벌어진 수많은 전쟁사, 비교적 최근이었던 인류사의 사건인 발트의 길까지 대하소설 같은 장대한 이야기를 듣다보면 그간 이 작은 나라들이 버텨온 여정에 적잖은 감동을 받는다.

이 책에서 풀어나가고자 하는 이야기가 절대 소설이 아닌 것처럼 발트인도 마냥 패배자들만은 아니다. 역사 내내 패배자인 양 살아야 하는 운명에 처해 있었으나 어려운 순간과 위기를 잘 이겨내고 끝끝내 세계무대에 떳떳이 등장한 이들은 역사의 주인공이 될 만한 가치가 있는 승리자들이다. 발트3국을 방문해 이들이 갈고 닦아온 이야기를 하나하나 경험하고 온다면 서유럽 여행에 못지않은 벅찬 감동을 느낄 수 있을 것이다.

# CONTENTS

**PART 1.**
*History* 역사

**PART 2.**
*Enjoy* 즐길 거리

**PART 3.**
*Food* 음식

**PART 4.**
*Tourism* 여행

PART 5.
*Plan* 계획

## PART 6.
### *Take off & Landing* 이/착륙

## PART 7.
### *Language* 발트3국 실생활 언어

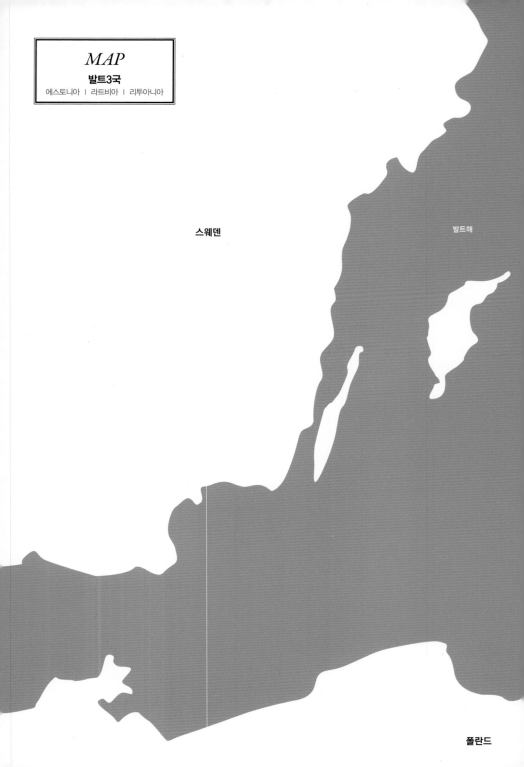

*MAP*

**발트3국**

에스토니아 ㅣ 라트비아 ㅣ 리투아니아

스웨덴

발트해

폴란드

핀란드만

탈린
Tallinn

라크베레
Rakvere

타파
Tapa

나르바
Narva

케일라
Keila

유흐비
Jõhvi

캐르들라
Kärdla

라플라
Rapla

합살루
Haapsalu

파이데
Paide

에스토니아

패르누
Pärnu

빌란디
Viljandi

타르투
Tartu

쿠레사레
Kuressaare

엘바
Elva

발가
Valga

브루
Võru

콜카
Kolka

리가만

발미에라
Valmiera

알룩스네
Alūksne

러시아

벤츠필스
Ventspils

탈시
Talsi

체시스
Cēsis

굴베네
Gulbene

발비
Balvi

쿨디가
Kuldīga

투쿰스
Tukums

시굴다
Sigulda

리가
Rīga

라트비아

리에파야
Liepāja

유르말라
Jūrmala

오그레
Ogre

마도나
Madona

루자
Ludza

살두스
Saldus

엘가바
Jelgava

예캅필스
Jēkabpils

레제크네
Rēzekne

바우스카
Bauska

마제이키에이
Mažeikiai

텔샤이
Telšiai

샤울레이
Šiauliai

다우가우필스
Daugavpils

플룽게
Plungė

파네베지스
Panevėžys

클라이페다
Klaipėda

리투아니아

우테나
Utena

비사기나스
Visaginas

르슈
리야

타우라게
Tauragė

케다이네이
Kėdainiai

우크메르게
Ukmergė

칼리닌그라드

카우나스
Kaunas

빌뉴스
Vilnius

벨라루스

마리얌폴레
Marijampolė

알리투스
Alytus

트라카이
Trakai

드루스키닌케이
Druskininkai

## *Estonia*
### 에스토니아

| | |
|---|---|
| 인구 | 약 132만 명, 광주광역시의 인구수와 비슷하다 |
| 수도 | 탈린(Tallinn) |
| 정치체제 | 의원내각제 |
| 면적 | 45,339㎢(남한의 절반 정도) |
| 인종 | 에스토니아(69%), 러시아(25%), 그 외 우크라이나, 벨라루스, 핀란드 등 |
| 종교 | 무신론자거나 특정 종교에 귀속되지 않는 인구가 54%, 나머지는 루터교 및 러시아 정교 |
| 언어 | 공용어 에스토니아어. 탈린이나 동부 지역에서는 러시아어의 활용빈도가 높다 |
| 기후 | 냉대기후. 사계절이 뚜렷하나 겨울이 길고 밤이 길다. 탈린의 경우 바람이 많이 불고 1월에서 2월 중 온도가 영하 20℃로 떨어지는 기간이 간혹 있다 |

**ⓘ 대표적인 관광 명소**
- 탈린
- 패르누
- 타르투
- 소마 국립공원

**ⓘ 대표적인 식당**

바나에마 유레스(Vana ema juures)
올데 한자(Olde Hanza)

**ⓘ 대표적인 쇼핑 센터**

시청광장 및 구시가지 내 다양한 갤러리와
선물가게

## 공휴일

| | |
|---|---|
| 1월 1일 | 새해 |
| 2월 24일 | 독립기념일(1918년 1차 독립) |
| 3월 16일–4월 20일 | 부활절, 매년 바뀜. 금요일부터 다음 주 월요일까지 공휴일 |
| 5월 1일 | 노동절 |
| 6월 23일 | 하지 전야, 승전기념일(1차 독립전쟁 승리 기념) |
| 6월 24일 | 하지 축제 |
| 8월 20일 | 광복절(1991년 재독립 기념일) |
| 12월 24일–12월 26일 | 크리스마스 연휴 |

※ 12월 31일은 보통 오전 근무

# *Latvia*
## 라트비아

| | |
|---|---|
| 인구 | 약 200만 명. 충청남도의 인구수와 비슷하다 |
| 수도 | 리가(Rīga) |
| 정치체제 | 의원내각제 |
| 면적 | 64,589㎢ |
| 인종 | 라트비아(61%), 러시아(26%), 그 외 우크라이나, 벨라루스, 폴란드 등 |
| 종교 | 루터교(34%), 가톨릭(25%), 러시아 정교(20%) |
| 언어 | 공용어 라트비아어. 전반적으로 러시아어의 활용빈도가 높다 |
| 기후 | 냉대기후. 사계절이 뚜렷하나 겨울이 길고 밤이 길다. 비가 자주 오며 온도 변화가 심하다 |

ⓘ 대표적인 관광 명소
- 리가
- 시굴다
- 룬달레성
- 유르말라

ⓘ 대표적인 식당

리도(Lido)

빈센트(Vincents)

중세식 로젠그랄스(Rozengrals)

ⓘ 대표적인 쇼핑 센터

중앙시장 및 구시가지 내 갤러리와 선물가게

## 공휴일

| | |
|---|---|
| 1월 1일 | 새해 |
| 3월 22일–4월 25일 | 부활절. 매년 바뀜. 금요일부터 다음 주 월요일까지 공휴일 |
| 5월 1일 | 노동절 |
| 5월 4일 | 광복절(1991년 재독립 기념일) |
| 6월 23일–6월 24일 | 하지 축제 |
| 11월 18일 | 독립기념일(제1차 세계대전 직후 독립) |
| 12월 24일–12월 26일 | 크리스마스 연휴 |

※ 12월 31일은 보통 오전 근무

# *Lithuania*
## 리투아니아

| | |
|---|---|
| 인구 | 약 295만 명. 인천광역시의 인구수와 비슷하다 |
| 수도 | 빌뉴스(Vilnius) |
| 정치체제 | 대통령제가 가미된 내각책임제 |
| 면적 | 65,303㎢ |
| 인종 | 리투아니아(86.7%), 폴란드(5.6%), 러시아(4.8%) |
| 종교 | 가톨릭(80%), 러시아 정교(4%) |
| 언어 | 공용어 리투아니아어. 빌뉴스 주변 지역에선 폴란드어의 활용빈도가 높고 동부 지역에서는 러시아어의 활용빈도가 높다 |
| 기후 | 냉대기후. 사계절이 뚜렷하나 겨울이 길고 밤이 길다. 비가 자주 오며 온도 변화가 심하다 |

ℹ️ **대표적인 관광 명소**
- 빌뉴스
- 카우나스
- 트라카이
- 십자가의 언덕

ℹ️ **대표적인 식당**
가비(Gabi)
에트노 드바라스(Etno Dvaras)

ℹ️ **대표적인 쇼핑 센터**
게디미나스 대로
필리에스 거리

## 공휴일

| | |
|---|---|
| 2월 16일 | 독립기념일 |
| 3월 11일 | 광복절(1991년 2차 독립) |
| 3월 22일-4월 25일 | 부활절. 매년 바뀜. 금요일부터 다음 주 월요일까지 공휴일 |
| 5월 1일 | 노동절 |
| 6월 24일 | 하지 축제 |
| 7월 6일 | 민다우가스 왕 대관식 기념(리투아니아 역사상 유일무이한 왕의 대관식 기념) |
| 8월 15일 | 성모 승천일 |
| 11월 1일 | 만성절(하루 한 번 영혼들이 무덤가에 돌아온다는 날로 할로윈데이의 기원이 됨) |
| 12월 24일-12월 26일 | 크리스마스 연휴 |

※ 가톨릭 전통이 깊은 리투아니아는 다른 발트 국가에 비해 공휴일이 많은 편이다.

# CHECK LIST ✓

## 여행 시 필수품

발트3국은 일기변화가 심하다. 여름철이라 하더라도 비가 내려 온도가 급격히 떨어지는 경우가 빈번하다. 이럴 때를 대비해 보온이 되는 옷과 우산을 반드시 챙겨야 한다.

 **여권 · 항공권의 복사본**

혹시 모를 분실에 대비해 복사본 1장을 준비하는 것이 좋다.

☐ **전기**

전기용품은 220V를 사용한다. 구소련 시절에는 우리나라보다 콘센트 구멍이 작았으나 현재 전부 교체되었다.

☐ **의약품**

의사의 진단서 없이 약을 구입할 수 없는 경우가 대부분이다. 진통제나 소화제 같은 비상약을 챙겨 오는 것이 좋다. 물과 공기가 바뀌면서 완치된 아토피 피부염이 여행 중에 재발하는 일도 간혹 있으므로 기타 알레르기 증상이 있는 사람은 필요 약품 챙길 것을 잊지 말자.

### ☐ 멀티어댑터

핸드폰, 태블릿PC, 노트북, 디지털카메라 등의 전자기기 충전, 드라이기 이용 등에 유용하게 사용할 수 있다.

### ☐ 생필품

일반적인 물품은 발트3국에서 문제없이 구할 수 있다. 그러나 고추장이나 된장 같은 양념류, 라면, 김 등은 챙겨 와야 한다. 발트3국에서 한국 식품점을 찾기가 매우 어렵기 때문이다. 빌뉴스에 한국 식품을 공급하는 매장이 하나 있으나 일반 관광객들이 이용하는 상점은 아니다. 현지에서 판매하는 라면은 중국, 태국에서 생산되었기 때문에 우리나라 사람들 입맛에는 적합하지 않다.

### ☐ 해외여행자보험증서

러시아에서 에스토니아로 입국할 때 해외여행자보험증서를 요구하는 경우가 종종 있다. 입국을 거부당하는 일도 가끔 있으므로 별도로 해외여행자보험증서를 출력해 소지하고 다니는 것이 좋다.

### ☐ 선글라스

발트3국은 한국에 비해 태양의 고도가 낮고 높은 건물이나 산이 없기 때문에 햇빛에 민감한 사람들은 겨울에도 선글라스를 챙기는 것이 좋다.

**Tip**

웬만한 물품은 현지에서도 구입할 수 있다. 무턱대고 모든 짐을 챙겨 오면 무겁기만 해 이동하는 데 불편을 겪을 수 있으므로 짐 싸기 센스를 발휘하자. 현지 가게에서 물건을 구입하는 재미와 현지인들의 생활을 가까이서 볼 수 있는 기회를 얻을 수도 있다!

# CHECK LIST ✓

**여행 시 필수 앱**

---

☐ **구글맵**

해외여행 시 필수 앱. 한국에서 많이 사용하는 다양한 지도앱(네이버지도, 카카오맵 등)은 발트3국에서 전혀 작동하지 않는다. 구글맵은 현재 위치해 있는 지역을 기준으로 가고자 하는 목적지까지의 이동거리, 이동방법, 교통수단 등을 자세히 보여준다. 걸어서 이동을 하거나 자동차로 이동을 할 경우 한국어 음성안내가 되는 내비게이션 기능을 사용할 수 있다.

☐ **Trafi**

발트3국의 대중교통과 택시를 이용하기 위한 필수 앱. 발트3국의 대도시를 비롯해 러시아, 터키, 대만, 브라질 등에서도 사용 가능하며 대중교통의 출·도착 시간과 일정을 조회할 수 있다. 자신이 서 있는 정류장을 자동으로 판독하여 대중교통의 도착시간을 알려주며 가고자 하는 곳을 지도에 입력하면 연결편도 찾아준다. 그러나 도착시간은 정류장 시간표에 나와 있는 예상시간을 기준으로 제공된다.

☐ **Bolt**

발트3국의 대중교통과 택시를 이용하기 위한 필수 앱. 자신의 휴대폰 번호를 입력해야 하므로 한국에서 출발 전에 미리 설치해두는 것이 좋으며, 택시를 부를 땐 지도에서 자신의 위치를 콕 집어주면 된다. 가격대나 택시가 위치한 곳에 따라 선택이 가능하며 도착했을 시의 요금도 보여주므로 바가지를 쓸 염려도 없다. 영업 택시 말고도 일반 승용차들이 영업하는 경우도 있으니 택시 표시가 없는 중형차를 보고 너무 놀라지 않길 바란다.

※ 리투아니아와 에스토니아는 우버가 도입되었으나 라트비아는 우버 사용이 불가능하다. 라트비아와 에스토니아는 러시아에서 개발한 얀덱스(Yandex) 앱을 사용한다(2019년 기준).

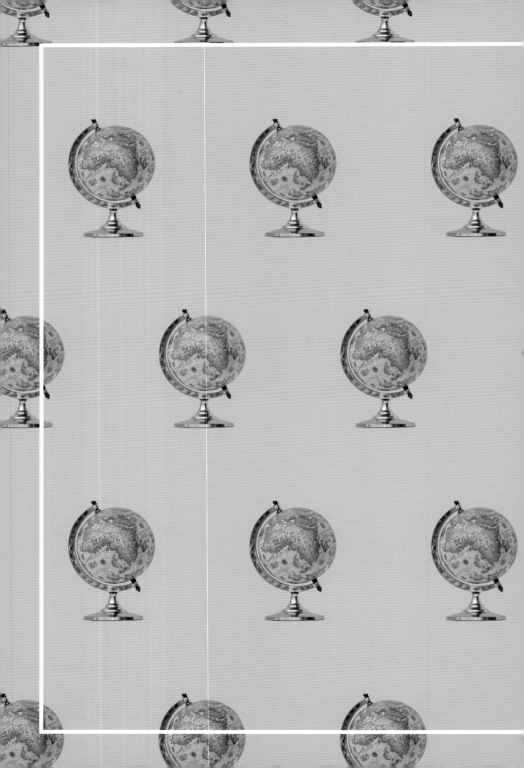

## PART 1

# HISTORY

평화에 대한 갈망으로
고유의 언어와 문화를 지켜내다

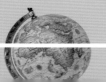

패배자들의 기록
그러나

어려운 순간을
끝끝내 이겨낸
발트3국의 찬란한 여정

# 발트3국과 발트인들

| | |
|---|---|
| 프러시아 (Prussia)인 혹은 프로이센 | 러시아 칼리닌그라드 주와 리투아니아 남부 지역 |
| 요트빙기아 (Yotvingia)인 | 러시아 칼리닌그라드 주와 리투아니아 남부 지역 |
| 세미갈리아 (Semigallia)인 | 리투아니아와 라트비아 문화의 점이지대 |
| 셀로니아 (Selonia)인 | 리투아니아와 라트비아 문화의 점이지대 |
| 라트갈레 (Latgale)인 | 라트비아 동부 |
| 쿠로니아 (Curonia)인 | 라트비아 서부 해안가 |
| 사모기티아 (Samogitia)인 | 리투아니아 서부 |

에스토니아, 라트비아, 리투아니아가 위치한 발트3국 지역은 언제나 전쟁 중이었다. 십자군전쟁, 리보니아전쟁, 북부전쟁, 나폴레옹전쟁 등 수많은 위기 속에서 살아남기 위해 또 다른 생존전쟁을 벌여온 발트인의 역사는 유럽의 전쟁사와 크게 다를 바 없다. 북유럽, 러시아, 유럽 내륙을 잇는 최고의 지정학적 위치에 자리 잡은 발트해안지대는 항상 강대국들이 군침을 흘리는 노른자위였다. 이들의 힘겨운 전투는 20세기 말에 종말을 고하는 듯했으나 늘 일촉즉발의 상황에 놓여 있는 세계정세를 볼 때 언제 다시 발발할지 모를 일이다.

혹독한 역사적 상황 속에서 발트3국이 고유한 문화와 언어를 지켜냈다는 점은 기적에 가까우며 이 지역의 민족들이 지닌 생명력에는 감탄을 보낼 수밖에 없다. 발트3국 위치에 현재 세 국가가 자리 잡고 있으나 이곳에 터전을 잡았다가 전쟁의 풍파 속에 자취도 없이 사라져간 또 다른 민족들이 수없이 많다. 기원후 5-6세기 발트해안지대에 자리를 잡은 민족들은 현재 러시아 칼리닌그라드 주가 위치한 셈바 반도에서 지금의 라트비아까지 폭넓은 지역에 퍼져 있었다. 여러 민족 중 지금껏 역사 속에 이름이 남아 있는 이들은 좌측 지도 및 도표로 확인할 수 있다.

대부분의 민족들은 십자군전쟁과 한자동맹 이후 주변 국가에 복속되어 현재는 이름만 겨우 남겼거나 자취도 없이 발트해의 깊은 바다 속으로 가라앉았다. 그들은 리투아니아와 라트비아 사람들과 비슷한 언어와 문화를 영위했던 발트민족이라고 불린다. 역사 너머로 사라져버린 그들은 언어와 풍속, 문화를 남겨 현지 문화에 많은 영향을 끼치고 있다. 라트갈레인은 라트비아의 일부가 되어 한때 사멸 위험에 처했던 언어와 문화를 다시 살리기 위한 노력을 기울이고 있고, 쿠로니아인은 독일인과 융합해 불꽃같은 역사를 남긴 쿠를란드 공국으로 발전시켰다. 사모기티아인도 여전히 리투아니아의 민속문화와 언어 속에서 적지 않은 영향력을 미치고 있다.

프러시아는 16세기에 독일기사단이 진출해 건설하고 18세기 프리드리히 1세가 국왕으로 등극해 제2차 세계대전이 끝날 때까지 독일과 유럽 역사에 중추적인 역할을 담당했던 국가다. 러시아라는 단어가 포함돼 있어 독일이 러시아로부터 뺏어온 땅은 아닐까 하는 착각을 불러일으키지만 사실 독일기사단이 진출하기 전부터 살고 있던 발트계 민족 '프루사'에서 따온 말이다. 그들은 폴란드 동쪽 지역에서부터 현재의 칼리닌그라드와 리투아니아의 국경지대에 이르기까지 넓게 분포돼 거주했던 종족으로서 서유럽 사람들이 접했던 최초의 발트민족인 것으로 알려져 있다. '발트'는 발트해라는 바다 이름에서 비롯된 것이기도 하지만 이곳에 거주하던 사람들의 인종적 특징과 연관돼 있기도 하다. 앞서 언급했던 민족들과 라트비아인, 리투아니아인은 발트족으로 분류되지만 이들과 수백 년간 같은 지역에서 살아온 에스토니아인의 경우 핀위구르족으로 분류된다.

한때 외형적으로 뚜렷이 구분됐던 특징이 있었을지 모르나 현재로서는 큰 차이가 없으며 사용하는 언어를 기준으로 구분되는 수준이다. 라트비아어와 리투아니아어는 인도유럽어족에 속해 있으나 주변 슬라브어, 게르만어와는 전혀 다른 발트어군을 이루는 반면 에스토니아어는 인도유럽어족과는 근본적으로 뿌리가 다른 어휘와 문장구조를 가진 핀위구르 계열의 언어이다. 현재 핀위구르어에 속하는 언어를 사용하는 국가는 에스토니아, 핀란드, 헝가리 셋뿐이지만 과거에 라트비아와 에스토니아 해안가에 거주했던, 지금은 사라진 리브인이 대표적이다. 리브인은 발트어를 사용하는 라트비아, 라트갈레 민족들과 함께 살았지만 언어는 에스토니아와 비슷한 핀위구르어를 사용했던 것으로 알려져 있다. 제1차 세계대전이 끝난 후 에스토니아와 라트비아는 독립국을 건설하지 못한 채 발트해 연안에 독일이 건설한 리보니아(Livonija)라는 나라의 일부로 존재했다.

리보니아라는 명칭은 1201년 독일인이 발트무역거점을 세우기 위해 리가 앞바다에 배를 댄후 처음 조우한 민족이 바로 리브(Liv)인인 것에서 비롯되었다고 알려져 있다. 리브인이 살던 지역은 지금의 라트비아 일부 해안지대에 집중돼 당시 인구비율상 큰 비중은 차지하진 않았으나 리보니아라는 이름이 붙으면서 리브인이 졸지에 이 영토의 주인처럼 되고 만 것이다. 이 리브인들역시 한때의 발트민족들처럼 역사 너머로 사라질 위기에 처했으나 자신들이 리브인 후손이라고 자처하는 사람들에 의해 언어와 문화가 재건되기 시작했다. 이들 외에 우드무르트족, 셈족 등 다양한 핀위구르족들이 러시아에 복속된 채 살고 있으며 언어 및 전통문화가 사라질 위기에 놓여 있다.

인종적·언어적 관점에서 에스토니아는 라트비아인, 리투아니아인이 주를 이루는 발트민족에서 구별되어야 할지도 모르나 이 책에서는 '발트인'이라는 용어를 사용함에 있어서 정치적 · 지역적 관점을 우선시하여 에스토니아까지 포함한 발트해 연안에 위치한 세 나라를 통칭하고자 한다.

## 비슷하지만 다른 사람들

발트해안지대의 복잡다단했던 역사는 에스토니아, 라트비아, 리투아니아의 현재에도 큰 영향을 끼쳤다. 각국별로 서로를 바라보는 관점은 어떠할까?

라트비아 및 리투아니아 사람은 타 민족보다 서로가 친근한 관계에 있다고 인식한다. 라트비아—러시아, 리투아니아—폴란드처럼 민족 간 분쟁이 없었을 뿐더러 현재까지 남아있는 공식적으로 유일한 형제들이라는 친밀감과 문화적 · 언어적 유대감으로 인해 그들 내면에는 특별한 친족의식이 자리 잡고 있다. 그러나 한때 라트비아 대부분의 지역이 리투아니아와 폴란드가 결성해 만든 연합국의 일부였던 적이 있기 때문에 리투아니아인은 라트비아를 자기네들의 문화적 영향이 뚜렷이 보이는 독일 문화권 지역으로 여기는 경향이 있다.

## 언어

에스토니아, 라트비아, 리투아니아에서 사용하는 언어가 각각 달라 각국별 세 사람이 만나면 영어나 러시아어 같은 제3의 언어로 대화해야 한다.

그러나 라트비아와 리투아니아 사람이 서로 대화를 할 때 너무 어려운 내용이 아니면 대략적으로 이해 가능할 정도로 두 언어는 비슷하다. 물론 차이점도 있다. 라트비아의 경우 독일어, 북유럽어, 핀위구르어 등 주변 민족 언어로부터 상당한 영향을 받아 이전과는 많은 변화를 보이는 반면 리투아니아의 경우 거의 훼손되지 않은 고대 언어의 성격을 그대로 유지해오고 있다. 그렇기 때문에 조금만 심화된 대화로 이어지게 되면 통역 없이는 알아듣기 힘들다.

라트비아인의 관점에서 리투아니아어는 수 세기 전에 사라진 고어의 느낌이 든다. 그래서 라트비아 사람들은 리투아니아어를 들을 때 제1차 세계대전 이전에 태어난 노인들이 말하는 투 같다고 말하는 경우가 많다.

| "오늘 아버지께서 밥을 맛있게 드셨습니다." | |
| --- | --- |
| 라트비아인에게 들리는 리투아니아어 | 리투아니아인에게 들리는 라트비아어 |
| 금일 나으 친부께서 쌀밥을 맛있게 잡수시더이다. | 오늘 우리 아바이께서 리밥을 맛나게 처묵으셨어요. |

반대로 리투아니아인 관점에서 라트비아어는 리투아니아 동북부 사투리 및 악센트와 어휘가 비슷하기 때문에 마치 서울 사람들이 함경도 사투리를 듣는 것과 비슷한 느낌을 받는다. 게다가 리투아니아 사람들에겐 우스꽝스럽게 들리는 어휘도 있어 상대방의 말을 들으면서 알아듣는 척 고개를 끄덕일지라도 사실 속으로는 키득키득 웃고 있을지도 모른다.

또한 d, g, t와 같은 소리가 구개음화로 인해 변형돼 라트비아인이 발음하면 혀 짧은 어린아이가 말하는 것처럼 들리기도 한다. 게다가 악센트가 언제나 음절 앞에서만 떨어지는 라트비아어의 특성 때문에 리투아니아 사람이 들으면 마치 악센트를 아직 습득하지 못한 어린아이가 엄마아빠의 말을 흉내 내는 것 같은 느낌을 받을 수 있다.

| 듣는다 | |
| --- | --- |
| 리투아니아어 | 라트비아어 |
| girdéti[기르데티] | dzirdēt[지르데트] |

| 마시다 | |
| --- | --- |
| 리투아니아어 | 라트비아어 |
| gérti[게르티] | dzert[제르트] |

그렇다면 에스토니아와 라트비아의 관계는 어떠할까. 언어적 차원에서 두 국가 간의 공통점은 찾기가 매우 어렵다. 사용하는 언어가 다름에도 불구하고 두 국가는 800년 역사 내내 한 몸처럼 지내왔기 때문에 문화적으로 친숙한 면이 많다.

## Saldējums
### 살데윰스

라트비아에 대해 에스토니아인이 가진 지식은 모두 이 단어 하나로 귀결된다. Saldējums(살데윰스). 에스토니아 어디에서든지 지나가는 사람을 붙잡고 '알고 있는 라트비아 단어 하나 말씀해 보세요'라고 묻는다면 누구나 Saldējums를 이야기한다. '아이스크림'이란 뜻을 가진 이 단어가 에스토니아에서 유독 유명해진 이유는 확실치 않으나 아마 라트비아에서 생산되던 아이스크림이 에스토니아 것보다 맛이 좋았기 때문에 과거 소련 시절 발트3국, 특히 에스토니아에서 많이 팔린 데에서 기인했을 것으로 보인다. 게다가 단어의 어감이 독특하고 재미있어서 에스토니아 사람들의 뇌리에 쉽게 박힌 것도 이유 중 하나다.

영토도 작고 인구도 적지만 세 나라는 언어·문화적으로 한데 묶을 만한 공통점이 거의 없다. 하지만 발트3국에 진출하는 기업들은 사용설명서에 세 나라의 언어를 동시 표기해 시장에 출시해야 한다는 부분에서 부담감이 크다. 게다가 현지에 살고 있는 러시아인의 인구 역시 무시할 수 없는 규모라 러시아어와 영어까지 병기해야 한다는 점도 상당히 불편하다.

에스토니아에서 만든 수출용 닭날개 제품. 제품에 관한 설명이 에스토니아를 선두로 리투아니아어와 라트비아어는 기본적으로 탑재(!)된다. 이 상품엔 러시아어 대신 북유럽 시장을 겨냥해 핀란드어와 스웨덴어도 써있다.

## 종교

리투아니아는 역사적으로 슬라브, 폴란드와의 관계가 두드러졌었기 때문에 가톨릭의 영향이 크다. 에스토니아와 라트비아는 리보니아의 일부분으로 같은 역사를 공유했으며 두 국가 모두 독일 루터교가 주를 이룬다.

## 발트3국이라는 공동체

역사적으로 많은 어려움을 겪고 살아남은 에스토니아, 라트비아, 리투아니아는 공통점보다 차이점이 더 많아 공동체로 지내는 것이 어려워 보이는 게 사실이다. 그런데 그들은 어떻게 한 배를 타게 되었을까? 단지 같은 동네에 자리를 잡았다는 이유 때문일까? 발트3국은 베네룩스3국, 코카서스3국과 같은 공식 명칭이 아니다. 한국과 일본을 제외하고는 굳이 '3'자를 넣지도 않는다. 다른 나라에서는 이 지역을 '발트해 연안국가(the Baltic States)'라 칭한다. 발트해에 접해 있는 나라가 에스토니아, 라트비아, 리투아니아만 있는 것도 아닌데 왜 이 세 국가만 발트3국으로 통하는 걸까?

아마도 과거 소련 시절에 지배를 받았던 영향 때문일지도 모른다. 에스토니아, 라트비아, 리투아니아는 소련의 여러 공화국 중 발트해에 가장 인접해 자리 잡고 있었으며 주로 내륙에 위치한 다른 공화국과 차별화하기 위해서 '발트'라는 지명을 부각시킨 것으로 볼 수도 있다. 하지만 이도 아닌 것이, 소련이 형성되기 이전인 제2차 세계대전에서도 이 세 나라는 발트국가로 통칭된 바 있다. 제2차 세계대전 종전 후 스탈린, 처칠, 루스벨트가 회동해 신생 독립국들의 미래를 결정했던 얄타회담에서도 이쪽 지역은 발트해 연안국가, 즉 the Baltic States라는 별칭으로 구분했던 것으로 판단해보건대 이때부터 이미 '발트국가'라는 명칭은 발트해에 인접한 스칸디나비아와 유럽 북부를 지칭하는 게 아닌, 우리가 알고 있는 그 발트3국을 의미했던 듯하다.

**발트해라는 명칭의 기원**

발트해는 덴마크부터 시작해 독일, 폴란드, 발트3국, 스칸디나비아 반도가 감싸 안고 있는 바다이다. 바다의 형상이 허리띠처럼 길어 12세기 브레멘의 한 사가가 자신의 저서에 '허리띠처럼 긴 바다'라는 의미로 'Mare Balticum'이라 명명한 것이 발트해의 시초로 여겨진다.

# 리투아니아 - 폴란드 연합국

## 리투아니아 역사의 시작

리투아니아의 역사는 제1차 세계대전 종전까지 침략자들에게 영토를 빼앗긴 채 살아야 했던 라트비아, 에스토니아와는 근본적으로 다르다. 중세 시대 리투아니아는 강성한 통일왕국을 건설해 서쪽으로는 십자군의 동방 진출을 저지하고 동쪽으로는 러시아의 서부 확장을 막는 역할을 했다. 발트해에서 흑해에 이르는 영토 확장으로 중동부 유럽의 최강국이 된 적도 있었다. 리투아니아가 리보니아, 중부 유럽, 러시아의 방파제 역할을 했기 때문에 독일이나 러시아가 이 지역을 완벽히 통일하는 불상사를 막을 수 있었다.

리투아니아 역사의 공식적인 시작은 1009년이다. 독일의 기사단들이 종교를 이용한 정치적 목적을 달성키 위해 리투아니아 주변 지역을 넘보던 시절, 러시아-리투아니아 국경지대의 이교도들에 의해 독일 선교단들이 처형된 사실이 독일의 크베들린부르크 지역 사기(史記)에 등장한 때가 바로 1009년이기 때문이다. 이 책에 리투아니아라는 이름이 최초로 등장한다.

리투아니아는 남부 유럽을 제외한 전 유럽에서 가장 늦게 기독교화된 국가다. 자신들만의 다신교 신앙을 가지고 있었던 리투아니아인들은 선교 목적으로 발트 지역을 침략하고자 한 십자군들과 끝없는 혈투를 벌여야 했다.

## 리투아니아 대공국 그리고 리투아니아-폴란드 연합국

리투아니아 대공국 시절의 수도, 트라카이

당시 왕이란 로마 교황의 특명으로만 가능한 것이었으므로 이교도 국가였던 리투아니아는 왕이 아닌 대공작(大公爵)이라는 군주들이 지배하는 나라였다. 리히텐슈타인, 룩셈부르크, 모나코처럼 현재에도 왕이 아닌 공작 혹은 대공작이 지배하는 대공국이 있긴 하지만 과거 리투아니아의 사정과는 조금 다르다. 물론 리투아니아에 왕이 아예 없었던 것은 아니다. 유일하게 민다우가스라는 인물이 왕이 된 바 있으나 그 외 대부분의 대공작(리투아니아어 kunigaikštis)들은 기독교의 팽창을 반대하는 싸움에 앞장섰다. 이들은 일반적인 왕보다 군사를 이끄는 힘을 더 강조했다. 이 역시 가문에 따

라 세습되는 것이었으나 몇몇 대공작들이 동시에 리투아니아의 정치를 맡는 일도 있어 지금 유럽에 남아있는 공작들과는 여러모로 다르다.

### 리투아니아의 대표적인 대공작

| | |
|---|---|
| 민다우가스 (Mindaugas) | 한때 대공작이었으나 1230년대와 1240년대에 리투아니아의 영토를 통일하고 기독교화하여 최초이자 최후의 왕이 된 인물. 그가 왕이 된 날은 1253년 7월 6일로 아직도 리투아니아의 국경일로 지켜지고 있다. |
| 게디미나스 (Gediminas) | 1275-1341. 당대 최고의 외교가. 교황 요한 12세에 편지를 보내 발트 지역을 침략하려는 십자군들의 저의를 알리고 서방세계에 폭로함으로써 피를 흘리지 않고 리투아니아 내 십자군의 영향력을 감퇴시켰다. 빌뉴스 시내 한가운데 대성당 광장에 그의 이야기가 실린 게디미나스 동상이 서 있다. |
| 알기르다스 (Algirdas) | 1345-1377. 리투아니아 영토가 2배로 확장하는 데 기여한 정복 군주. |
| 요가일라 (Jogaila) | 1351-1434. 폴란드의 여왕 야드비가(Jadwiga)와 결혼한 후 1386년 리투아니아를 기독교화하고 폴란드의 왕이 됨으로써 리투아니아-폴란드 연합국을 창설. 폴란드어로 야기에워(Jagiełło)라 불리는 요가일라는 리투아니아 내에서 복잡한 평가를 받고 있다. |
| 비타우타스 (Vytautas) | 1350-1430. 요가일라의 사촌. 기독교를 받아들이지 않은 독립 리투아니아 건설의 꿈을 가지고 요가일라와 대적했다. 비타우타스 시절 리투아니아의 영토는 발트해에서 남쪽의 흑해에 이르기까지 당시 유럽에서는 최대였다. 알렉산더 대왕 이후의 영토 확장이라고 불리기도 한다. |

## 요가일라와 비타우타스

요가일라와 비타우타스는 정치적 야망이 서로 달랐지만 서쪽에서는 독일, 동쪽에서는 러시아라는 강대국의 세력 확장을 막기 위해 동맹의 길을 걸어야만 했다.

## 리투아니아-폴란드 연합국

16세기에 이르러 러시아의 영향력이 커지면서 리투아니아는 폴란드와 연합국을 창설해 실질적으로 폴란드와 한 나라가 되어버렸다. 많은 폴란드 귀족이 리투아니아에 오거나 리투아니아 귀족들 자체가 폴란드화하는 등 리투아니아 내부에서 폴란드화 현상이 두드러졌다. 그 후 리투아니아는 폴란드에 복속되고야 마는데 사실 폴란드의 역사를 이끌어간 주요 왕들 중에서 리투아니아 대공작 출신의 인물들의 상당하다. 폴란드에 살고 있는 사람들 중에서도 중세 리투아니아 가문의 피를 타고난 이들은 가문에 대한 자부심이 대단하다.

폴란드의 속국이 된 리투아니아의 역사는 침체가 계속됐고, 폴란드에 비해 과소평가 받는 것에 대해 여전히 못마땅해 하고 있다. 16세기 말에서 18세기는 지방귀족들의 강성, 러시아의 강성, 스웨덴과의 전쟁 등으로 리투아니아-폴란드 연합국의 세력이 약화되었다. 약화된 틈을 타 18세기에는 프러시아, 오스트리아, 러시아가 주도한 폴란드 3차 분할로 1795년 리투아니아 대부분의 영토는 러시아로 복속되었다.

리투아니아인들은 제정 러시아로부터 독립하기 위해 1794

년, 1830-1831년, 1863년 세 차례 반란을 시도했다. 1863년 1월에 있었던 봉기는 비록 실패로 끝났으나 진압에만 며칠이 걸렸을 정도로 리투아니아인들의 반 러시아 감정을 만방에 표명하는 대사건이었다. 제정 러시아는 이에 대한 보복으로 1894년부터 1904년까지 리투아니아 문자를 사용한 출판을 전면적으로 금지하는 조치를 내린다.

리투아니아는 전통적으로 유럽의 대부분이 사용하는 로마 알파벳을 사용하고 있었으나 그 자모 대신 러시아의 키릴문자만을 사용해서 출판하도록 조치한 것이다. 단지 문자의 사용만을 금지시킨 것이 아니었다. 전 인구 중 90%가 로마 가톨릭 신자로 구성되어 있는 리투아니아는 러시아 정교가 주를 이루는 러시아와 근본적으로 문화적 배경이 다르다. 러시아는 이러한 조치를 통해 리투아니아에 대한 러시아 정교의 입지를 굳히고, 폴란드의 영향을 축소시키며, 더 나아가 모든 교육을 러시아어로만 실시하는 등 리투아니아 문화를 뿌리 뽑고자 했던 것이다.

전 유럽에 낭만주의가 도래해 민족의식을 고취하는 문학작품이 왕성하게 창작되던 시기였음에도 불구하고 리투아니아에서는 자신들의 문자를 사용하는 창작활동뿐만 아니라 교육, 종교 등 기본적인 활동의 모든 근간이 흔들리게 되었다. 당시 상황들을 보면 표면적으로는 암흑기였으나 리투아니아 자모 출판 금지령이 발효된 시점부터 아이러니하게도 리투아니아의 문화는 황금기에 이르는 기현상을 보였다. 리투아니아어 사용이 자유로웠던 소리투아니아에서 리투아니아의 민족의식과 자주의식을 고취시키는 활동이 늘었기 때문이다.

## 리투아니아와 프러시아

리투아니아와 폴란드 사이에 아직도 러시아 연방의 영토가 남아있는 것을 볼 수 있다. 지금은 러시아의 칼리닌그라드(Kaliningrad) 주(州)지만 제2차 세계대전 전까지 이곳은 프러시아(동프로이센)라는 제국이 존재하던 땅이다. 프루사 민족들의 삶의 터전이었고 리투아니아 민족에게도 큰 의미가 있는 곳이다.

14세기부터 기틀이 잡히기 시작해 제2차 세계대전까지 유럽 역사를 주름잡았던 프러시아는 지금의 칼리닌그라드, 리투아니아 서부, 폴란드 북부를 점유했었다. 제2차 세계대전 중에 연합국의 대규모 공습으로 영토 대부분이 폐허가 된 이후 패전국 독일이 영토를 포기함으로써 러시아와 폴란드 국토로 편입되었다. 프러시아 시절 '쾨니히스베르크'로 불리던 도시는 현재 칼리닌그라드라는 이름으로 바뀌었다. 과거 쾨니히스베르크 시절을 보여주는 유물은 파괴되어 거의 남아 있지 않지만, 이곳에서 평생 살았던 엠마누엘 칸트의 무덤은 전쟁의 포화를 입지 않고 살아남아 한줌도 되지 않는 쾨니히스베르크의 잔상을 보기 위해 찾아오는 독일인의 발걸음이 끊이지 않는다.

### 작은 리투아니아

예부터 이 지역에는 리투아니아계 사람들이 많이 살고 있었고 본토 리투아니아와 차별된 독특한 문화가 형성된 곳이었기 때문에 리투아니아인들은 이곳을 본토 리투아니아와는 별도로 소(小)리투아니아(Mažioji Lietuva), 즉 작은 리투아니아라고 불

프로이센 시대의 유일한 유물인 칼리닌그라드 대성당. 프로이센의 이름은 칼리닌그라드 대성당에서 찍어주는 기념 스탬프에만 남아 있다.

렀다.

소리투아니아는 프러시아 제국의 영토와 많은 부분을 공유하고 있지만 모든 면에서 동일하다고
할 수는 없다. 이곳은 13-14세기에 독일 십자군에 의해 집중적으로 정복활동이 이루어진 리투아니
아의 서쪽 지역으로서 전통적으로 역사 초기부터 리투아니아인이 많이 거주해왔다. 이후 700여 년
간 독일의 지배하에 놓임으로써 가톨릭의 전통과 슬라브 민족의 문화적 영향이 강한 본토 리투아니
아와는 달리 독일 문화의 영향을 받으며 발전을 이루었다. 본토 리투아니아는 폴란드, 제정 러시아
의 지배를 받으면서 리투아니아어 사용이 제한되거나 금지되는 등 자국 문화발전에 있어 방해되는
요인이 많았다. 반면 프러시아에 속해 있던 소리투아니아는 본토 리투아니아 문화와 서유럽 문화 사
이의 적절한 균형을 유지하며 리투아니아 문화 발전에 크게 기여했다. 이곳에서 리투아니아어 문자
기록방식이 정리 · 발전됐으며 리투아니아어로 창작활동을 한 최초의 문학인이 나오기도 했다.

칼리닌그라드와 리투아니아 국경에 위치한 소베츠크. 프러시아 제국 시절에 틸지트(Tilsit)라고 불리던 이 도시에서 리투아니아 문화 활동이 집중되었다.

최초의 리투아니아어 서적 《교리문답》(1547년), 최초의 리투아니아어 문법책(1653년), 리투아니아어 번역성서(1735년; 1579년부터 11년간 번역작업), 《사계(Metai)》[1]가 이곳에서 탄생했다.

프러시아에서는 1883년 최초의 리투아니아어 신문인 〈아우슈라〉(Aušra 새벽)와 1889년 월간지 〈바르파스〉(Varpas 종)가 출판되었다. 〈바르파스〉 창간 10주년을 맞이해서 당시 편집부장인 빈차스 쿠디르카(Vincas Kudirka)가 창작한 시가 현재 리투아니아 국가로 불리고 있음을 보더라도 이곳에서 이들의 활동은 매우 중요한 의미를 갖는다. 본토 리투아니아에서의 자국어 출판활동이 금지되었던 관계로 프러시아는 당시 리투아니아 문화활동의 메카로 떠올랐다. 1890년에서 1904년까지 리투아니아어 문자 탄압이 가장 기승을 부리던 당시 프러시아에서만 2,500여 종의 책이 출판되었다.

## 책 밀수꾼(Knygnėšys 크니그네시스)

리투아니아에는 세계문학사 어디에서도 찾아보기 힘든 새로운 작업이 있다. 바로 '책 밀수꾼'이다. 이들은 프로이센에서 출판되는 자국어 책들을 리투아니아로 반입하는 역할을 했다. 구체적으로 어떤 사람이 이 일에 종사했고, 그 규모는 어느 정도인지 정확한 통계가 남아 있진 않으나 자유와 생명이 위협받을 수 있는 활동이었음은 분명하다. 책 밀수꾼들의 활동이 점차 증가하자 프러시아와 러시아 국경에 국경수비가 3중으로 이루어졌을 정도로 살벌한 상황이 계속되었다. 활동이 발각될 경우 시베리아로 유형을 보내거나 수감되거나 국경에서 즉시 총살당할 일을 감수해야 했다.

**카우나스 통일광장 한 구석에 자리 잡은 책 밀수꾼 동상**

본토 리투아니아에서는 리투아니아어의 사용이 자유롭지 않은 정규교육의 사정으로 부모들은 자식들을 학교에 보내지 않는 대신 가정교육을 시켰다. 가정이나 마을 단위로 이루어지는 교육이었으나 당시 문자 해독률이 70%에 이를 정도로 유럽에서 문맹률이 가장 적은 수준을 기록하는 기적적인 결과를 양산했다.

문자 사용에 대한 금지 조치가 자신들의 의도와는 전혀 다른 방향으로 나아가고 있다는 비판이 러시아 내에서 거세진데다가 1904년 러일전쟁에서 패배한 후, 결국 리투아니아의 문자 사용에 대한 금지 조치를 해제시키게 되었다. 리투아니아어를 자유롭게 사용할 수 있는 시대가 열리자 리투아니아어의 연구와 보급은 더욱 활발하게 이루어질 수 있었다. 그 결과 산스크리트어와의 유사성을 간직한 유럽에서 가장 오래된 언어라는 리투아니아어의 특성과 가치를 그대로 보존한 채 현재까지 이어져 내려올 수 있었던 것이다.

---

1 사계(Metai): 리투아니아 문학 최고의 고전으로 추앙받는 크리스티요나스 도넬라이티스(Kristijonas Donelaitis)의 민족 서사시. 18세기 소리투아니아에 살던 리투아니아 농노들의 삶, 일상의 문제, 민족의식 등을 훌륭하게 묘사했다. 아담 미츠키에비츠(Adam Mickiewicz) 등의 외국 작가들도 많은 관심을 가졌으며, 현재 가장 많이 번역 출판된 리투아니아 문학작품에 속한다.

# 리보니아 그리고 또 다른 나라들

## 리보니아

라트비아와 에스토니아는 리투아니아와 다르게 13세기 초부터 독일의 지배하에 들어가 하나의 정치적 공동체가 되어 역사를 이어나갔다. 리투아니아는 민족도 있었고 그들의 이름을 내건 국가를 건설해 그 흔적을 유럽에 남겨놓았던 반면, 라트비아와 에스토니아는 민족은 있었으되 제1차 세계대전 전까지 국가를 건설하지 못하고 주변 국가들의 농노로 살아야 하는 운명에 처해 있었다.

## 기나긴 싸움의 서막

라트비아에는 두 민족이 정착해 살고 있었다. 그중 하나는 라트비아 서쪽 반도 해안가, 리가만 해안가에 살았던 리브인이다. 어업활동을 주로 한 그들은 라트비아어와는 상당히 다른 에스토니아어나 핀란드어와 비슷한 핀위구르어를 사용했다. 기원전 6000년부터 이곳에 정착해 살았는데 주로 해안가에 한정돼 있었고 인구수도 적었다. 무역로 건설을 위해 리가 해안가에 도착한 독일인들은 그 지역을 리브인의 이름을 따 '리보니아(리브인들의 나라)'라 명명했다. 리보니아와 프러시아는 또 다른 독일이라고 보면 된다.

1201년 당시 교황은 발트해안가에 살고 있는 야만인들을 개종시켜야 한다는 명목 아래 독일 십자군의 일파인 '검기사단'을 라트비아로 보냈다. 브레멘의 주교였던 알베르트 대주교가 리브인들의 정착지인 리가에 교구를 설립했다. 자유를 위한 라트비아 역사의 기나긴 싸움의 서막이었다.

> 과거 리브인들의 역사와 문화적 흔적을 직접 눈으로 확인하고 싶다면 라트비아 가우야 국립공원 내 투라이다 요새에 가보도록 하자. 지금은 리브인의 후손이라고 주장하는 사람들이 북부 쿠르제메 해안지대에 다수 거주하고 있다.

리브문화박물관 내 전시물. 북부 쿠르제메 내 리브인 거주지였던 마지르베(Mazirbe) 마을

발트해안지역은 독일 외에도 러시아, 스웨덴 등에서 군침을 흘리는 무역 요충지였다. 독일이 라트비아를 차지한 이후 여러 국가들이 에스토니아를 차지하고자 하는 욕구가 격렬해지자 알베르트 대주교는 덴마크의 왕 발데마르 2세와 손을 잡고 연합을 구성했다. 1219년 덴마크는 에스토니아에 진출하여 탈린 지역에 무역거점지를 건설하기 시작했다. 하지만 에스토니아 탈린 원주민들의 반발도 만만치 않아 봉기와 민란이 끊임없이 발생했고 발데마르 2세가 철수해야 하는 상황에까지 이르렀다.

전설에 의하면 발데마르 2세가 철수를 결정하고 덴마크로 돌아가려 하고 있을 때 하늘로부터 하얀 십자가가 가운데에 위치한 빨간 깃발이 내려와 그의 손에 떨어졌다. 그것을 신의 뜻으로 여긴 발데마르 2세는 용기를 얻어 탈린을 공략하는 데 성공했다고 전해진다. 현재 그 깃발은 덴마크의 국기로 쓰이고 있다. 탈린 구시가지 알렉산데르 넵스키 성당에서 멀지 않은 곳에 발데마르 2세가 깃발을 받았다는 곳이 표시되어 있다.

## 리보니아와 한자동맹

1346년 덴마크는 라트비아를 점령한 독일에 탈린을 은 약 4.5톤에 팔았다. 그 후 독일은 에스토니아와 라트비아를 아우르는 리보니아를 건설해 독일인을 불러들였다. 그곳에 도시를 건설하고 항구를 지어 귀족생활을 누렸다. 리가는 리보니아의 수도가 되어 발트해 연안 최대 무역항 중 하나로 발전하기 시작했다.

리가와 탈린을 비롯해 라트비아의 리에파야(Liepāja), 에스토니아의 패르누(Pärnu) 등 발트해안가에 위치한 도시들은 중세 유럽의 무역 및 물자 이동을 담당했던 한자[2]무역동맹의 일원이 되어 유럽과 러시아의 주요 물자가 통과하는 중요한 거점도시들로 발전했다.

14세기 중반 그들이 활동하던 중심도시들이 '한자동맹'이라는 도시동맹을 건설했다. 독일계 무역인들이 중심이 된 만큼 자치의 확보, 치안의 유지를 위해 정치적·군사적 조직도 갖추게 되었다. 처

---

2 한자: 많은 이들이 '한자'라는 단어를 한자(漢字)와 혼동하는 경향이 있다. 사실 '한자'란 발트해 연안의 편력상인, 즉 떠돌이 상인을 말하는 독일 단어 'Hansa'에서 나온 말이다.

음엔 주로 뤼베크, 함부르크, 브레멘 같은 독일 해안 도시들이 가입했으나 시간이 지나면서 러시아의 노브고로드에서 영국의 런던에 이르기까지 세력이 확장되었다. 그리고 리가와 탈린은 한자무역 도시들 중 독일의 여느 도시와 어깨를 견줄 만큼 대도시로 성장했다. 현재 리가와 탈린의 구시가지에는 당시 지어진 길드 건물들과 중세 상인들의 집이 대단위로 남아 있어 다른 지역에서는 볼 수 없는 독특한 풍경을 자랑한다.

당시 최고의 장인과 건축가가 설계하고 건설한 건물들이 시내 여기저기 건설되는 동시에 에스토니아와 라트비아 사람들은 독일인들의 농노가 되어 수백 년간 고통 받았다. 그들은 아프리카의 노예들처럼 지주에 의해 다른 곳으로 팔려가거나 재판 없이 처형을 당할 수도 있었고 16세기 종교개혁이 있을 때까지 언어와 문화는 철저히 무시당했다. 19세기 제정 러시아에 의해 노예제도가 폐지될 때까지 그들은 성(姓)이나 가문도 없이 살아야 하는 운명에 처해 있었다.

라트비아 네 번째 도시 옐가바에 자리 잡은 옐가바 성(Jelgavas pils). 룬달레 성을 지은 이탈리아 건축가가 설계한 건물

## 리보니아를 두고 끊임없이 발발한 전쟁들

### 리보니아전쟁

독일이 선점한 발트해의 노른자위 리보니아를 차지하기 위한 주변 강대국들의 싸움은 끊이지 않고 이어졌다. 16세기 초 한자동맹, 길드조직의 번성과 함께 리보니아의 경제가 성장해 인구가 늘어나는 등 평화의 시대를 누리다가 리보니아전쟁[3] 발발로 온 국토가 전쟁터로 전락했다. 리투아니아-폴란드 연합국과 스웨덴이 러시아를 몰아낸 다음, 리투아니아-폴란드 연합국은 라트비아와 에스토니아 남부를, 스웨덴은 북부를 차지하는 것으로 일단락되지만 불과 몇 십 년 지나지 않아 리보니아 지역의 완벽한 영유권을 꾀하며 폴란드와 스웨덴 사이에 전쟁이 벌어지고 폴란드가 대패한다. 그 결과 리투아니아-폴란드 연합국은 에스토니아 남부에서 철수하고 말았다.

### 대북방전쟁

전쟁은 끝나지 않았다. 대북방전쟁(Great Northern War)[4]이 벌어졌다. 러시아의 표트르 대제가 스웨덴 군대를 궤멸시킨 후 획득한 발트 지역의 지배권으로, 리투아니아를 포함한 리보니아 지역 전체는 제정 러시아의 지배하에 들어가게 되었다.

이처럼 발트의 땅에는 현지인의 안위와는 상관없이 타민족 간의 전쟁이 끝없이 이어졌다. 하지만 리보니아 시절부터 이 지역에 살아온 독일인들은 주변상황에 아랑곳하지 않고 스웨덴, 폴란드, 러시아 사람들과 조약을 체결하여 점령국가에 협조함으로써 자신들의 권위를 누리는 생활을 계속했다. 에스토니아와 라트비아에서 자리를 잡고 특권을 누리며 살던 독일인들을 발트독일인이라 부른다.

### 쿠를란드 공국(Duke of Courland)

쿠를란드 공국은 1561년부터 1795년까지 라트비아 남서부에 존재하던 제후국이었다. 제후국이

---

3  리보니아전쟁: 1558-1626. 리보니아 지역의 지배권을 획득하기 위해 러시아, 리보니아, 리투아니아-폴란드 연합국, 스웨덴, 덴마크 등이 벌인 전쟁.
4  대북방전쟁: 1700-1721. 발트 지역의 패권을 두고 스웨덴과 러시아 간에 발발했던 전쟁.

란 '완전한 독립을 구가하지 못한 채 공식적으로 라트비아를 지배하고 있던 리투아니아–폴란드 연합국에 조공을 바친 엉성한 국가였다는 것'을 의미한다.

수도는 쿠를란드 동쪽의 미타우(Mitau)란 도시로 현재는 옐가바(Jelgava)라는 이름으로 바뀌었다. 라트비아의 지방으로 완전히 편입된 이후 과거 쿠를란드 공국이 자리 잡았던 지역은 쿠르제메(Kurzeme)라 불리지만, 현재의 쿠르제메가 과거 쿠를란드 공국의 영토와 완전히 일치하지는 않는다. 쿠를란드 공국 역사의 진주와도 같은 룬달레 궁전과 옐가바는 현재 젬갈레(Zemgale)라는 지역에 속해 있기 때문이다. 이런 이유로 라트비아에서는 이 공국을 '쿠르제메 젬갈레 공국'이라고 부르기도 한다.

룬달레 성(Rundāles pils)

리보니아전쟁의 결과로 리보니아는 폴란드-리투아니아 연합국, 러시아, 스웨덴, 덴마크, 노르웨이 등에 의해 6개로 분리되었다. 에스토니아 북부는 스웨덴, 에스토니아 동부는 러시아, 리가 북부는 아주 잠깐 폴란드의 지배를 받은 후 독일에게 양도되었으며 라트비아 해안지대는 덴마크의 지배를 받게 되었다. 라트비아 남부는 리보니아 기사단 출신의 공작 고트하르트 케틀레르(Gotthard Kettler)가 이 지역의 이름을 딴 쿠를란드 공국의 공작이 되면서 1561년 리투아니아-폴란드 연합국의 제후국으로서의 역사가 시작되었다. 주변 강대국들의 간섭과 내부 독일 귀족들의 압력으로 고트하르트 케틀레르는 왕권을 강화하지 못했으나 그의 아들들은 발전된 서유럽의 무역기술과 선박기술을 받아들여 쿠를란드의 경제적 위상을 드높이는 데 큰 역할을 했다. 특히 독일어로 야콥, 라트비아어로 예캅스(Jēkabs)라 불리는 대공작은 매우 많은 업적을 남겨놓았다. 그는 독일에서 젊은 시절을 보내며 프랑스, 영국, 네덜란드를 자주 여행했다. 당시 유럽 최대의 무역국이었던 네덜란드에 큰 감명을 받아 쿠를란드를 제2의 암스테르담으로 만들고자 했다. 그 결과 쿠를란드는 서유럽의 선박기술과 케틀레르의 재능으로 무역 황금기를 맞이했다.

외국의 전문가를 초청해 농업 위주였던 쿠를란드에서 공업을 육성시키고 해안가 도시 벤츠필스, 리에파야 등에 선박 제작 기지를 건설하는 데 박차를 가했다. 케틀레르는 아프리카 서부 해안지대에 위치한 감비아 강 인근 섬과 남미 북부의 토바고 섬을 사들여 요새, 물류시설, 성당 등을 짓고 라트비아 현지인들로 구성된 군인들을 파견하기도 했다.

과거 쿠를란드의 중흥기(옐가바 역사박물관)

벤츠필스 항구에는 아프리카 감비아로 가는 배들이 상시 정박해 있었고 커피, 상아, 진주, 금, 염료 등을 수입하고 심지어는 흑인 노예를 들여오기도 했다. 토바고 섬에서는 쿠를란드 공국이 설탕 플랜테이션도 직접 운영했었다. 현재에도 토바고 현지엔 쿠를란드 이름을 딴 지명이 존재하며 케틀레르 공작의 이름을 딴 도시도 남아 있다. 쿠를란드 공국은 200년이 조금 넘는 짧은 역사로 남았지만 제정 러시아 왕조에 여러 황제와 군주들을 배출해냈고 독일 현지에 문화적으로 큰 영향을 미쳤다.

# 소련 지배의 시작

발트3국은 제1차 세계대전을 기점으로 독립국을 건설하게 됨으로써 새로운 역사의 장을 쓰게 되었다. 리투아니아는 중세 시절 독립국가로서의 면모를 보인 바 있으나 에스토니아와 라트비아는 민족 형성 이후 최초로 자신들의 국가를 가지게 된 것이다.

제1차 세계대전 종전 후 에스토니아와 리투아니아는 1918년 2월, 라트비아는 1918년 11월에 마침내 독립을 선언하지만 여러 나라의 간섭으로 인해 주권수호가 평탄치만은 않았다. 리투아니아의 경우 독립국가를 선언했으나 빌뉴스를 포함한 남부 지역이 폴란드에 의해 불법 점령돼 있던 상태였다. 과거 리투아니아-폴란드 연합국 시절부터 폴란드인들 사이에서 리투아니아가 명백히 폴란드의 문화권이라는 주장이 많았다. 결국 폴란드에 빌뉴스를 빼앗긴 채 내륙에 위치한 도시 카우나스를 임시수도로 정하여 현대사를 시작하였다. 제2차 세계대전에서 러시아가 폴란드를 침공하면서 빌뉴스가 다시 리투아니아의 손으로 돌아올 때까지 폴란드와 리투아니아는 공식적인 원수지간으로 국교도 단절됐었다. 폴란드와 리투아니아의 좋지 않은 감정은 아직까지도 남아있다.

에스토니아 독립전쟁은 드라마틱하다. 1918년 2월 에스토니아 공화국의 독립을 선언하자마자 독일인들이 침공했지만 얼마 되지 않아 독일이 패했다. 그로부터 10일 후 소련이 침공하여 에스토니아는 다시 전쟁을 시작해야 했다. 무장도 덜한 에스토니아 군대는 핀란드와 영국의 지원에 힘입어 소련군을 몰아내는 기적을 이루어내지만 승전의 기쁨을 누릴 새도 없이 발트독일인들이 독일의 이름으로 발트 지역을 다시 병합하기 위해 군대를 일으켜 무력 전투를 시작한다. 1919년 6월 23일 라트비아-에스토니아 연합군은 북부 라트비아에서 발트독일군을 무찔러 승리를 거뒀고, 에스토니아는 이 날을 기념일로 지정했다. 또한 이 날은 13세기 덴마크의 지배가 시작되던 시절, 발데마르 왕이 이끄는 군대를 저지하기 위해 에스토니아 농민들이 봉기를 벌여 잠시나마 승리를 거뒀던 날이기도 하다. 1919년 12월에는 군력을 가다듬고 재침략한 러시아군마저도 섬멸하여 1920년 타르투에서 에스토니아와 러시아가 회동한 가운데 에스토니아의 독립을 대외에 천명하고 양국 간 국경문제를 결정하는 '타르투 평화조약'이 서명되기에 이른다. 하지만 제2차 세계대전 이후 에스토니아 전역이 소련에 복속되면서 에스토니아 인민공화국의 국경은 타르투 평화조약의 내용과는 상관없이 결정되

소련 시대 라트비아에 자리잡은 러시아의 후예들은 5월 9일 승전기념일이면 승리광장(Uzvaras parks)에 모여서 거대한 축제를 연다. 그렇게 역사를 기념하는 이들 사이에서 소련에 의해 시베리아로 유형당한 생사를 알 수 없는 가족들의 사진을 가지고 나와 침묵시위를 하는 이들을 심심치 않게 볼 수 있다.
그리고 그런 군중이 지나다니는 길목 위에 누군가가 '라트비아어로 말하라'라고 써놓은 글도 보인다.

었고 에스토니아와 러시아 간 국경 분쟁의 씨앗이 되었다.

제2차 세계대전 발발 전까지 발트3국은 비교적 높은 발전을 이루었다. 각국 모두 군대를 내세운 권위주의 정부가 등장해 오랜 시간 독재를 한 적도 있었고 공산주의 정부의 쿠데타 시도도 있었으나 세 나라 모두 노르웨이와 맞먹을 만한 소득 수준을 자랑하면서 약간의 평화기를 누렸다. 그러나 1939년 8월 소련과 독일의 외무부장관들이 폴란드를 중심으로 독일과 소련의 세력권을 나눈 조약인 몰로토프-리벤트로프 조약(독소 불가침조약)을 체결하자 평화도 오래가지 않았다. 조약을 바탕으로 독일은 핀란드를, 소련은 폴란드 동부였던 발트3국을 영향권 아래에 두었기 때문이다. 1940년 6월 소련은 리투아니아를 시작으로 발트3국을 침공했다.

소련과 사회주의에 반대하는 사람들은 처형됐고 농장과 사유재산은 모두 국가로 넘어갔으며 종교생활 또한 금지됐다. 1941년 6월 중순, 각국마다 약 이틀에 걸쳐 약 1만 5천여 명이 소리 소문 없이 사라지는 사건이 발생했다. 발트 지역을 점령한 소련은 마을과 집을 무작위로 선정해 아무런 정보도 없이 두어 시간 내에 인근 기차역으로 집결하라는 명령을 내렸고, 아무것도 모른 채 기차에 오른 사람들은 화물열차에 실려 중앙아시아나 시베리아로 이송되었다. 수많은 이들이 친인척과 이웃들에게 인사 한 마디도 나누지 못하고 자취를 감추었지만 그들에 관한 이야기는 신문에 기사 한 줄도 보도되지 않았다. 정치범이라는 이유였다곤 하지만 실제 정치범의 비율은 낮았으며 어린이들도 상당수 포함되어 있었다는 점을 볼 때 단지 허울 좋은 구실에 불과했다. 그 중 단 1%만이 고향으로 돌아왔을 뿐 상당수는 열차 이동 중에 숨지거나 집단 노동이나 병으로 목숨을 잃었다.

불가침조약을 체결했던 독일과 소련 양국은 1년도 안 돼 서로에게 총구를 겨누는 사이가 됐다. 1941년 6월 독일 군대는 동쪽으로 진격해 소련의 붉은 군대를 몰아내기 시작했다. 소련의 공포정치에 떨고 있던 사람들에게 독일군들은 해방군 그 자체였다. 사람들은 '독일이 발트인들을 위해 함께 싸우며 끝내 독립국가로 만들어 줄 것'이라는 희망에 부풀었고 히틀러가 이끄는 독일군을 열렬히 환영했다. 젊은이들은 공산주의 소련에 맞서기 위해 독일군

전쟁기간 중 라트비아 정치범들의 숙청이 자행되던 비밀감옥(라트비아 리가 스투라마야 참조)

에 자원입대하는 경우도 있었다. 하지만 독일 역시 소련과 맞먹을 악행을 저질렀다. 젊은이들을 자신의 의지와 관계없이 징용했으며 전쟁 물자를 강탈했고 이웃처럼 지내던 유대인들을 처형했다.

하지만 독일은 끝내 패전국이 되었고 승전국으로서의 소련은 종전을 맞이하기 위해 발트 지역에 군대를 보내 나치 독일을 내쫓았다. 누군가에게는 나치로부터 지역 사람들을 해방시킨 것이었지만 누군가에게는 악랄한 공포정치가 다시 돌아오는 순간이었다. 독일의 자원친위대에 입대한 군인들과 가족들은 적군에게 동조했다는 명목으로 숙청됐으며 소련의 1차 침략 때보다 두 배나 많은 사람이 시베리아로 압송되었다. 전쟁 이후 국제정세를 해결키 위해 미국, 소련, 영국의 정상이 모인 얄타회담에서 우리에게는 민족 분단이라는, 발트의 사람들에게는 세 국가 모두 소련의 공화국으로의 전락이라는 결정이 내려졌다. 국민들의 안위와는 하등의 관계가 없는 결정으로 에스토니아, 라트비아, 리투아니아 모두 또 다시 암울한 현대사를 시작해야 했다.

## 행복한 소련 시절?

발트해와 인접한 세 국가는 중앙아시아에서 원료를 공급받아 상품을 제조한 후 서방 및 다른 나라

로 수출하는 데 최적의 입지조건을 갖추고 있었다. 오래 전부터 상공업 기술이 발달해 있었으며 무역을 위한 기반시설도 잘 갖춰져 있었던 탓에 소련 인민공화국 시절 수많은 공업단지가 발트3국에 들어와 호황을 겪었다. 소련 내 고학력 기술자나 전문가들이 대단위로 발트 지역에 이주해왔고 중세 시절부터 내려오던 무역거점지로서의 명성은 소련 시대에도 그대로 이어져 내려왔다. 리투아니아의 경우에는 공업지대 형성이 상대적으로 적었지만 소련의 기술력으로 발트 연안 최대 규모의 원자력발전소가 건설되기도 했다. 그러나 대부분의 공업시설은 중앙아시아와 같은 소련 내부에서 원자재를 공급받지 않으면 가동할 수 없는 사업들이었고 한때 물류사업의 호황으로 철도산업이 발전하기도 했지만 소련이 붕괴하면서 폐쇄되었다. 에스토니아 동부 공업지대나 남부 물류 중심지에 위치해 있는 폐쇄된 공장부지 및 군수물자 창고, 사람들이 사라진 유령마을, 기차가 다니지 않아 흉가처럼 변한 역들이 과거 소련계획경제의 한계를 잘 보여주고 있다.

학교나 가정, 사회에서 자신들의 언어를 사용하는 데 아무런 제약이 없었고, 나름 소수민족언어의 보존과 민족 간 화합 차원에서 발트3국 언어를 연구하고 보전하기 위한 정책도 많이 시행되었다. 그러나 모든 공문서는 러시아어로 동시에 번역되어야 했고 학교에서 사용되는 자국어 교과서는 모두 모스크바의 검열을 통과해야 했다. 갈수록 러시아계 인구수가 점차 늘어났고, 소련 정부는 사람들이 발트 지역에 진출해 자리를 잡는 데 아무런 제재를 가하지 않았다. 그 결과 1980년대 중반까지 라트비아와 에스토니아의 러시아 이민자 수가 전체 인구 중 40%에 육박하기에 이르렀고 이는 독립 이후 발트3국의 상황에도 적잖은 영향을 미쳤다.

핀란드와 인접한 에스토니아는 북유럽, 특히 핀란드에서 송출되는 텔레비전 방송을 보면서 스탈린주의의 비논리성과 사회주의의 가식성, 서방에서 일어나고 있는 현실에 눈을 뜨게 되었다. 핀란드와 비슷한 언어를 사용한다는 이점 때문에 헬싱키와 가까운 곳에 거주하는 탈린 시민들은 일찌감치 현실을 깨닫고 소련의 가르침보다는 컴퓨터와 신기술 연구에 관심을 기울인 결과 발트3국만이 아니라 과거 소련 공화국들 전체 중에서도 가장 발전된 시장을 자랑하는 수준에 이르게 되었다.

소련의 붕괴 이후, 소련의 지배를 받았던 시절로 돌아가고 싶은 사람들이 늘어난다는 기사가 21세기 초까지 신문에 실린 바 있다. 소련 시절로의 귀환을 꿈꾸는 발트3국의 기성세대들이 적지 않았다. 빈부

격차가 점점 더 극심해지고 모든 것이 어려워지는 상황 때문이었는데 소련 시절에는 전반적으로 소득이 낮고 자유가 제한되었을지언정 병이나 빈곤으로 고통을 겪지 않았다는 것이 그 이유였다. 게다가 소련 시절 한때에는 1등이었던 자신들이 유럽연합에서는 꼴찌로 전락했다는 사실에 자존심이 상하기도 했다.

하지만 그들은 1991년 독립 이후 소련의 공화국들의 결성했던 독립국연합, 즉 CIS를 거부하고 서유럽으로 초점을 옮겨 세 국가 모두 유럽연합에 성공적으로 입성했다. 에스토니아는 2011년, 라트비아는 2016년, 리투아니아는 2018년에 OECD에 가입해 당당히 선진국 대열에까지 오르게 되었다.

발트3국 속 에일리언들

유럽연합, 나토, 유로화 사용 등 서유럽으로의 완벽한 통합을 추구한 발트3국 사람들에게 더 이상 남아있는 고민이 있을까?

리가 시내에 위치한 소련 시절의 승전기념공원. 발트인에게 승전기념일(5월 9일)이란 독일에서 소련으로 지배권이 넘어간 날을 의미하며 매년 승전기념일마다 발트에 사는 러시아 후손들의 축제가 열린다.

나치 독일로부터 발트 지역을 해방시킨 해방자의 후손이라 여기고, 소련 인민공화국 시절에 대단 위로 유입되었다가 소련 붕괴 후 돌아갈 곳이 사라져버린 러시아인들과 발트 현지인들의 보이지 않는 충돌은 계속되고 있다. 발트3국 내 남아있는 '에일리언'들의 이야기를 들어보면 대략적으로 파악된다.

발트 지역에는 여전히 러시아어가 차지하는 비중이 크다. 러시아화가 비교적 느리게 진행된 리투아니아의 경우에는 자국 내 비중이 가장 큰 소수민족으로 폴란드인이 있어 약간 다른 상황일 수 있으나 원자력발전소가 위치한 동북부의 경우 러시아 인구의 집중화는 심하다.

라트비아와 에스토니아에는 현지 국적을 취득하지 못한 비시민권자들이 상당수 존재한다. 일부는 그 나라에서 태어났음에도 비시민권자 혹은 무국적자로 살고 있다. 대다수 국가에서 비시민권자, 무국적자는 법적으로만 존재하거나 소수 망명자들에게만 주어지는 데에 반해 라트비아와 에스토니아에선 이들이 사회구성원의 상당 부분을 차지한다. 에스토니아에선 전체 인구 중 6.8%를, 라트비아에선 전체 인구 중 13.5%를 비시민권자가 차지한다(2012년 기준). 라트비아에 거주하고 있는 러시아인 중 32.9%가 비시민권자로 분류돼 있다. 특히 전체 비시민권자의 65.7%는 러시아인인 것으로 나타났고 우크라이나계와 벨라루스계 등 과거 소련 연방공화국 출신들과 고려인들도 상당수인 것으로 알려졌다. 그들은 일반 시민들과 다른 종류의 신분증을 가지고 있는데 영어로는 'Alien passport'라 불린다.

비시민권자는 일상생활에서 많은 제약을 받는다. 우선 관공서에서 일을 할 수 없다. 국가공무원 직을 맡을 수 없고 투표도 할 수 없으며 연금 수령과 해외여행에도 상당한 제약이 따른다. 라트비아 국민들이 비자 없이 자유롭게 방문하는 나라라고 하더라도 비시민권자들은 별도의 비자를 발급받아야 한다. 여행을 위해 비자를 신청했다가 거절당하는 일도 종종 있다.

비시민권자들은 발트에서 태어났지만 현지 국적 취득을 포기하거나 거절당한 사람들이다. 발트3국은 1992년 소련에서 독립한 직후 시민권법이 제정됐는데, 소련으로 복속되기 전인 1940년 전 라트비아에서 태어난 사람들과 그 후손들에게만 자동 시민권을 부여하도록 했기 때문이다. 그래서 소련 공화국 시절 라트비아에서 태어난 사람이라고 해도 부모 중 한 명이 1940년 전 라트비아에서 태어난 사람이 아니면 라트비아어와 역사, 문화, 헌법 등에 대한 시험을 치러야 시민권을 받을 수 있다.

인민공화국 시절, 1988년 조사 결과 에스토니아의 에스토니아인 비율이 전체 인구 중 61%로 하락했고, 라트비아 수도 리가에서도 60% 이상이 러시아인들로 구성돼 라트비아인들이 소수민족으로 전락할 위기에 처했다. 아무래도 라트비아의 시민권법은 이런 위기감이 작용돼 도입된 것으로 판단된다. 당시 많은 러시아인들이 현지 시민권법에 반대했다. 라트비아와 에스토니아에 살고 있던 러시아인들 중 대부분은 자기가 살고 있는 나라를 고향으로 여기고 소련 시절에도 현지어 교육이 이뤄졌기 때문에 자연스럽게 언어를 익힐 수 있었으므로 현지 역사와 문화에 대해 잘 알고 있었다. 게다가 발트에 살고 있는 러시아인들 상당수는 소련의 압제에 반감을 가지며 독립운동 당시 열성적으로 참여했다. 발트 태생 러시아인들은 새로운 시민법이 자신들을 차별하고 있다며 시민권 취득을 거부했고 결국 국적 없는 비시민권자 신분으로 전락했다.

러시아 정부는 물론 국제 인권단체들은 '러시아인들이 부당한 차별을 당하고 있다'며 라트비아와 에스토니아 정부에 수정을 요구했다. 하지만 두 나라는 시민권 취득을 위한 나이 제한을 없애고 1991년 이후 라트비아에서 태어난 사람은 부모의 국적을 불문하고 시민권을 받을 수 있도록 개정하는 것 외엔 여전히 예전 시민권법을 고수하고 있다.

여전히 라트비아에는 공식적인 시민권이 없이 살고 있는 무국적자들이 많다. 2012년 현재 에스토니아에선 전체 인구 중 6.8%를 비시민권자들이 차지하고 라트비아에선 전체 인구 중 13.5%가 비시민권자들이다. 현재 라트비아에 거주하고 있는 러시아인 중 32.9%가 비시민권자로 분류돼 있다. 특히 전체 비시민권자의 65.7%는 러시아인인 것으로 나타났고 우크라이나계와 벨라루스계 등 과거 소련 연방 공화국 출신들과 고려인들도 상당수인 것으로 알려졌다. 국적이 없은 그들은 특별한 여권을 발급 받는데, 그 여권을 흔히 에일리언 여권(alien passport)라고 부른다. 여기서 에일리언은 보통 우리가 익숙하지 않은 다른 차원에서 온 존재를 일컫는 단어다. 그게 다른 별에서 온 불을 뿜는 외계인이든, 다른 문화권에서 온 사람이든 상관 없다.

라트비아 독립 직후인 1991년에는 전체 인구 중 약 35%에 이르는 71만 5,000명이 비시민권자로 분류되었으나 지난 2011년에는 약 29만 명(14.1%)으로 줄었다. 2005년 유럽연합 가입과 셍겐조약 체결 후 유럽 내 이동이 자유로워지고 라트비아의 국가적 위치가 점차 올라가면서 더 많은 이들이 국적 취득에 관심을 갖기 시작했기 때문이다. 병역이 의무였던 2006년까지는 국적을 취득하지 않는 것이 병역을 피하기 위한 수단으로 이용되기도 했으나, 지금은 이마저도 사라졌다.

한편 리가시청 등 관공서에서 비시민권자들을 대상으로 하는 라트비아어 무료강좌를 개설하는 등 사회적 통합을 위한 다양한 노력도 있다. 이런 노력 덕분에 시내에서 라트비아어를 하는 사람을 찾기 힘들었던 1990년대 중반과 비교했을 때 상황은 훨씬 나아졌다. 현재는 해외진출과 여행에 관심이 많은 젊은이들은 대부분 라트비아에서 지정하는 시험을 치르고 국적을 획득한다. 반면 국내 정치나 해외 여행 등에 관심이 적거나 새로운 언어 습득에 자신이 없는 중·노년층은 비시민권자의 비율이 높다.

2012년 2월 18일 라트비아에서는 이색적인 국민투표가 개최되었다. 독립 이후 줄곧 라트비아 사회 내에서 뜨거운 화두로 자리 잡았던 '러시아어를 라트비아와 같은 공용어의 위치로 승격시킬 것인가'의 문제를 묻기 위한 국민투표였다. 라트비아 헌법에 러시아어를 공용어로 인정하는 조항을 첨가할지 묻는 국민투표에서 국민 대다수가 찬성을 하게 되면 헌법의 5개 조항을 수정해서 러시아어 역시 라트비아어와 동등한 공용어 자격을 얻게 되는 것이었다. 라트비아 선거위원회 집계 결과 전체 투표참여자 중 70%가 넘는 절대 다수가 반대 의견을 내놓았다. 결론적으로 말해서 러시아, 라트비아 등 출신배경을 불문하고 라트비아에 사는 국민들의 대다수가 라트비아어 이외에 어떤 공용어도 인정하지 않는다는 것을 만천하에 공표한 셈이 되었다. 만약 러시아 사람들이 모두 찬성에 투표했을 경우에는 정말 다른 투표결과를 예상할 수밖에 없었던 것이다.

라트비아 볼세비키 정당의 대표인 유대계 러시아인 블라디미르 린데르만은 2011년 11월 한 아침 방송에 출연해서 국민투표의 이유에 대해서 다음과 같이 호소한 바 있다.

"(국민투표를 통해서) 말하고자 하는 것은 단지 언어가 아니라 명예에 관한 것이다. 우리 러시아인들의 명예는 위험에 처해 있다. 우리들은 이곳에 이등국민으로 남고 싶지 않다. 우리에게도 라트비아인들과 똑같은 권리를 누릴 자격이 있다. 러시아어는 이 땅에 탱크를 통해서 들어온 것이 아니라, 역사 내내 이곳에 언제나 있었던 언어이다."

라트비아 국내외에서 국민투표는 비상한 관심을 끌었다. 독립 이후 치러진 투표 중 역대 최대 인원이 참가한 것으로 집계되었다. 라트비아 전체에서 보았을 때 총 투표권자의 71.12%가 투표에 참여하였으며, 특히 리가에서만 77.11%가 참여하여 전국 평균 투표율을 훨씬 웃돌았다. 이는 2003년 유럽연합 가입여부를 묻는 국민투표보다도 더 높은 참여율을 보인 것이었다.

물론 극히 일부를 제외하고는 라트비아 출신 러시아인들 대부분이 귀화시험을 치르고 있으니, 세대교체가 이뤄지면 비시민권자 문제는 저절로 해결될지도 모를 일이다. 하지만 소통 없이 그 나라의 역사와 문화만 달달 외운다고 모든 것이 해결될지는 우리 모두가 한 번쯤 고민해봐야 할 것이다.

PART 2

# *ENJOY*

신이 선물한 풍요의 땅
발트3국에 반하다

"
아름다운 대자연 속
스릴 있는 하이킹부터
바쁜 일상에서
벗어나 삶의 여유를
발견할 수 있는
전통 사우나까지
"

소박하면서도 꾸밈없는 발트3국의 휴양지를 만끽해보자

# 취향별 추천가이드

## 오페라와 발레

    오페라나 발레 같은 문화생활은 힘든 여행에 안식을 제공해 주는 꿈같은 순간일 테지만 가격대 때문에 선뜻 관람하기가 쉽지만은 않다. 그러나 발트3국에 오면 다른 나라의 5분의 1 가격으로 수준 높은 공연을 감상할 수 있다. 무대가 한눈에 보이는 1층 중앙 좌석이라 하더라도 보통 40유로를 넘지 않고, 20유로 정도의 표를 구매해도 충분히 좋은 자리에서 감상이 가능하다. 100유로가 넘는 돈을 내고도 무대가 반이나 가려지는 구석에서 오페라를 보아야 하는 나라들에 비하면 엄청난 혜택이 아닐 수 없다. 크리스티네 오폴라이스(Kristine Opolais), 엘리나 가란차(Elīna Garanča), 알렉산드르스 안토넨코(Aleksandrs Antoņenko)처럼 뉴욕 메트로폴리탄 오페라를 중심으로 세계 무대에서 활동하고 있는 다수의 성악가들이 라트비아 오페라 극장에서 커리어를 시작했다. 한 가지 염두에 두어야 할 점은 작품에 따라 현지 감독과 연출가의 상상력 및 의도에 따라 내용이나 구성 혹은 결말에 굉장히 많은 변화를 주는 경우가 있다는 것이다. 따라서 원작과 어떻게 달라지는지 비교해 보는 재미도 크다. 리투아니아의 경우 세계 최고 수준급의 연극이 한국에도 잘 알려져 있지만 애석하게도 영어 자막이 제공되는 공연은 없다. 세 나라 모두 러시아 연극을 전문적으로 무대에 올리는 러시아극 전용 극장도 있으므로 러시아 연극에 관심이 있는 사람들은 찾아가 볼 것을 추천한다.

### 오페라 및 발레 공연 정보와 예약

**에스토니아**
에스토니아 대극장
www.opera.ee (탈린)

바네무이네 대극장
www.vanemuine.ee (타르투)

**라트비아**
국립 오페라 발레단
www.opera.lv (리가)

리엘라이스 진타르스 공연장
www.lielaisdzintars.lv (리에파야)

**리투아니아**
국립 오페라 발레단
www.opera.lt (빌뉴스)

국립 음악당
www.muzikinisteatras.lt (카우나스)

**러시아 극단**
**(대부분 러시아어로 공연이 이루어지며 현지어 동시 통역 제공)**
빌뉴스 러시아 드라마 극장
www.rusudrama.lt

리가 러시아 드라마 극장
www.trd.lv

탈린 러시아 드라마 극장
www.veneteater.ee

**라트비아: 시굴다(Sigulda)**
가장 유명한 곳. 스키를 탈 수 있
는 꽤 긴 스키장이 몇 군데 자리
잡고 있음

**에스토니아: 오테페(Otepää)**
남부에 위치. 에스토니아 겨울
스포츠의 메카

## 늪지대 하이킹

늪지대라고 하면 진흙탕 같은 웅덩이를 예상하기 쉽지만 발트 지
역의 늪지대는 뿌리가 없는 작은 이끼들이 촘촘히 뭉쳐서 대지를 지
탱하는 이탄습지로 구성돼 있다. 유럽 전체에서도 발트3국이 아니
면 이만한 규모의 살아 숨 쉬는 늪지대를 직접 보기가 어려운 편이
다. 그래서 습지생활을 체험할 수 있는 관광상품이 잘 개발돼 있다.
더 자세한 것은 에스토니아 라헤마 국립공원, 소마 국립공원, 라트
비아 케메리 국립공원 정보를 참조해보자.

## 스키

발트3국에는 산이 없다. 그렇기 때문에 스키를 타러 가기엔 적절
한 곳이 아닌 것처럼 보일 수도 있다. 물론 스키를 타기 위해 한겨
울에 일부러 이곳을 방문할 필요는 없지만 혹시라도 밤이 길고 몹시
추운 겨울에 발트3국을 가게 되었을 경우 스키를 즐길 수 있는 장소
가 몇 군데 있으니 참고하길 바란다.

사우나는 호수와 숲이 풍부한 발트 지역에서 전통적으로 즐기던 풍습이다. 호수 옆에 지어진 자그마한 사우나에 하루 종일 장작불을 때어 돌을 달군 뒤 계속해서 물을 부어 공기의 온도를 높이는 방식이다. 사우나를 즐기다가 더 이상 참지 못할 지경이 되었을 때 과감히 뛰쳐나와 호수나 강물로 뛰어드는 것이 이곳 사우나의 묘미다. 전통적으로 발트3국의 사우나는 자연과 인간이 하나가 되는 성스러운 장소였다. 문명과 부의 상징인 겉옷을 벗어던지고 자연과 하나 되는 체험은 상당히 중독성이 있다. 또한 숲에 즐비한 자작나무나 떡갈나무 가지를 잎과 함께 꺾어서 말린 다음 묶어서 온몸을 찰싹찰싹 때려주는 고행은 혈액순환을 돕고 피부를 부드럽게 해주는 효과가 있다고 한다. 지금의 사우나는 오랜만에 만난 친척들과 친구들이 맥주와 간식을 즐기면서 하루 종일 담소를 나눌 수 있는 사교의 자리지만 이전에는 아이를 낳는 성스러운 장소이자 병에 걸린 사람을 치료하던 곳이기도 했다.

대도시에서는 전통 사우나를 즐기기가 어려워 외곽이나 시골로 가야 한다는 단점이 있지만 일행이 있을 경우 인근 관광안내소에서 문의한 후 차량으로 이동하면 좋다. 리투아니아 드루스키닌케이, 라트비아 리가 인근, 레제크네, 루자, 에스토니아 오테페, 소마 국립공원 등에서 이용 가능한 시설들을 많이 찾아볼 수 있다. 에스토니아어로는 사운(saun), 라트비아어로는 피르츠(pirts), 리투아니아어로는 피르티스(pirtis)라고 부른다.

수만 명이 한꺼번에 무대에 올라가 거대한 화음을 만드는 발트3국의 대합창제인 노래대전. 에스토니아어로는 라울루피두(Laulupidu), 라트비아어로는
제스무스베트키(dziesmu svētki), 리투아니아어로는 다이누 슈벤테(Dainų šventé)라 불린다.

# 발트3국 대표 문화 브랜드

수난의 역사를 거치고 다시 세계무대에 당당히 진출한 이들이 세계에 내놓은 문화유산에는 어떤 것들이 있을까. 세 나라의 수도에 자리 잡은 구시가지 모두 1997년에 유네스코 세계문화유산으로 지정되었다. 그 외에도 이 나라 사람들을 특별하게 만들어주는 그들만의 자랑거리에는 무엇이 있을까.

## 노래하는 혁명과 노래대전

### 총칼이나 유혈사태 없는 독립전쟁 세계사적으로 가장 평화롭게 독립을 쟁취하다

1989년 8월 에스토니아 탈린에서 리투아니아 빌뉴스까지 발트3국의 국민 수백 명이 한데 모여 손을 맞잡고 인간 띠를 만들었다. 일명 '발트의 길' 행사이다. 총 600㎞에 이르는 거리를 200만 명이 모여 만든 세계사에 길이 남을 거대한 장관은 조직적인 추진력, 잘 짜인 기획력, 창의적인 사고방식만 있다면 언제든 재현해낼 수 있을 것같이 보이지만 사실 수백 년간 그들의 마음속에 이어져 내려온 평화에 대한 갈망과 어려운 환경을 극복해내려는 의지가 없었다면 불가능했을 것이었다. 수난의 역사를 겪으면서 발트인들의 몸과 마음속에 자연스럽게 만들어진 유전자는 결국 '노래하는 혁명'이라는 세계사에 없던 자랑스런 성과를 만들어내는 데 이르렀다.

### 수만 명이 무대에 올라 거대한 화음을 만드는 대합창제

노래대전은 1869년 에스토니아 타르투에서 가장 먼저 시작했지만 발트3국 전역으로 퍼져 지역의 문화를 대표하는 행사가 되었다.

이 행사의 규모에 대해 이해하기 쉽게 설명한다면, 대한민국 인구 중 10%를 한자리에 모아놓고 거대한 잔치를 벌인다고 생각하면 될 것이다. 우리 인구를 5천 만 명이라 치고 부산의 인구를 훌쩍 넘는 500만 명을 모아두고 거대한 축제를 벌이는 게 가능할까? 몇 만 명의 사람들이 잘 곳과 먹을거리를 생각해보면 거의 불가능에 가깝다.

1869년 에스토니아, 1873년 라트비아, 1924년에는 리투아니아에서 행사가 열렸으며 리투아니아에서는 4년, 다른 나라에서는 5년 주기로 이런 대규모 축제가 열리고 있다. 사정에 따라 다음 해로 연기된 적도 있지만, 행사 자체가 취소된 적은 단 한 번도 없다.

바닷가와 숲 한가운데 설치된 무대는 기계의 도움은 최소한으로 하고 사람들의 목소리만으로 가장 효과적이게 전달될 수 있도록 특별히 설계되었다. 전국 각지, 해외에서까지 모인 최대 2만여 명의 합창단이 무대에 동시에 올라 웅장한 화음을 만들어낸다. 그 장관을 보기 위해 7만여 명의 사람들이 모인다. 즉, 총 10만여 명의 사람들이 들어서는 셈이다. 1㎢당 평균 30명에 불과한 유럽 최저의 인구밀도를 자랑하는 에스토니아지만 행사장에 10만여 명이 모이는 것인 만큼 이 매력에 빠져 행사 때마다 반드시 참석하는 해외 마니아들도 늘어나고 있다.

## 나의 조국, 나의 사랑

노래대전의 원조격인 에스토니아의 라울루피두는 제정 러시아의 지배 하에서 신음하던 당시, 요한 볼데마르 얀센과 그의 딸 리디아 코이둘라와 같은 19세기 말 선각자들의 제창으로 시작됐다. 모든 사람들이 함께 모여 노래를 부르며 에스토니아인으로서의 긍지를 북돋고 독립국가에 대한 의지를 세계에 천명하는 행사를 타르투에서 처음 열었다. 그 후 대략 10년에 한 번 꼴로 부정기적으로 열리다가 1896년 장소를 수도 탈린으로 옮긴 이후 5년에 한 번씩 치르는 것으로 고정되었다. 이 노래잔치는 서슬 퍼런 소련 지배 시절에도 변함없이 열렸다. 정치적 분위기에 따라 에스토니아의 애국적 분위기를 느낄 수 있는 노래들은 축소되고 소련의 이데올로기를 찬양하는 러시아곡이 주를 이루기도 했지만 행사는 끊이지 않고 이어졌다.

현재 에스토니아의 공식국가로 불리는 노래는 소련 시절에 금지됐었기 때문에 어느 곳에서도 부를 수 없었다. 하지만 에스토니아의 민족시인 리디아 코이둘라가 창작한 시에 구스타프 에르네삭스가 곡을 붙인 제2의 국가격인 노래 〈나의 조국, 나의 사랑〉은 언제나 피날레를 장식하며 사람들의 심금을 울렸다. 노래가 가지고 있는 파급력을 두려워한 소련은 1960년에 열린 라울루피두에서 〈나의 조국, 나의 사랑〉을 공식적으로 금지시켰다. 그러나 행사가 끝날 때쯤 누가 먼저랄 것도 없이 〈나의 조국, 나의 사랑〉를 부르기 시작했다. 마침내 그 노래를 작곡했던 구스타프 에르네삭스가 무대에 올라 노래를 지휘하는 역사적인 사건이 연출되기도 했다. 소련 정부역시 이 행사의 가치를 높이 평가하는 편이었다. 1980년 열린 라울루피두는 그 해에 개최한 모스크바 올림픽을 축하하는 기념행사로지정되었을 정도였다. 이렇듯 노래는 정치·사회적 압박 속에서도거대한 바위 아래로 흐르는 맑은 지하수처럼 에스토니아 사람들의민족정신을 꾸준히 지켜주었다.

독립을 갈구하던 발트 민족을 하나로 뭉치게 한 것도 역시 노래다. 수십만 명이 모이는 이 행사는 전 세계에 그들의 처지를 알리는 중요한도구였고, 자유를 향한 발트인들의 길은 언제나 비폭력적이었다. 그들의 독립투쟁이 '노래하는 혁명'이라는 이름을 얻은 것도 그 때문이다.

노래대전을 처음 보는 사람은 그 규모에 놀라기 마련이다. 합창도 합창이지만 북한의 아리랑 매스게임 공연처럼 일사불란하게 움직이는 춤꾼들을 보면 얼마나 피나는 연습을 해야 했을까 하는 경외감마저 든다. 하지만 공연에 참여하는 사람들이 엄청나게 피나는 연습을 하지는 않는다. 에스토니아의 예를 들어보면 지역별·단체별로민요와 전통춤을 익히는 모임이 존재한다. 라울루피두가 열리기 수개 월 전 합창 곡명과 무용 안무가 결정되고, 각각 모임에 전달돼 자체적으로 연습한다. 라울루피두에 참가하기 위해서는 최종 오디션에 통과해야 하는데 조건이 상당히 까다롭다. 최종 오디션에 합격한후에는 자체적인 연습을 지속하다가 행사가 열리기 며칠 전 전체 단원들이 무대에 올라 몇 차례 총 연습을 하게 된다. 합창의 경우 지휘자의 지휘에 맞춰 몇 차례, 무용의 경우 합창보다는 조금 더 긴 기간

**각국 노래대전 정보**

에스토니아
www.laulupidu.ee

라트비아
www.dziesmusvetki.tv

리투아니아
www.dainusvente.lt

**발트의 길에 관심이 있다면 이곳을 방문해 보자.**

**라트비아 인민전선 박물관 (Tautas Frontes Muzejs, Popular Front Museum)**

'발트의 길' 기획과 진행을 맡았던단체 중 하나인 라트비아 인민전선이 활동했던 건물이며 라트비아 국립 역사 박물관 중 한 곳으로 운영되고 있다. 당시 상황을잘 보여 주는 사진과 자료들을 볼수 있다. 구시가지에서 다우가바강으로 나가는 길목에 있다.

**주소:** Vecpilsētas iela 13/15
**웹사이트:** www.lnvm.lv
(라트비아 국립 역사 박물관 통합 사이트)
**운영시간:**
화~토 10:00~17:00(일요일,
월요일 휴무)
**입장료:** 무료

**에스토니아 인민전선 박물관**
**(Eesti Rahvarinde Muuseum,
People's Front Museum)**

에스토니아에서 진행된 '발트의
길' 기획과 관련된 사진 및 자료
뿐만 아니라 발트의 길을 촉발시
킨 '노래하는 혁명'의 시작과 전
개에 대한 자료가 특화되어 있
다. 라트비아와 달리 시립박물관
으로 운영되고 있어 비교적 규모
가 작은 편이나 일목요연하게 잘
구성돼 있다. 탈린 '키에 인 데
릭' 성탑 및 자유광장(Vabaduse
väljak)과 연결된 지하도로 내려
가면 입구가 보인다.

**주소:** Vabaduse väljak 9
**웹사이트:**
www.tallinn.ee/est/rrmuuseum
**운영시간:**
화~일 10:00~17:00
**입장료:** 무료

※ 리투아니아에는 발트의 길 관련되어
운영되는 별도의 박물관은 없다.

(약 1주일) 동안 연습하는 것이 전부다. 라트비아와 리투아니아에서
도 이와 비슷한 식으로 오디션과 연습이 진행된다.

2014년 7월 탈린에서 열린 라울루피두에는 합창에 총 3만 485
명, 무용에 9,188명이 참가했다. 합창 참가자 중 만 명은 청소년
과 어린이로 구성되어 있다. 그 중 남자는 3분의 1 정도이다. 나이
대도 다양하다. 가장 어린 참가자는 6살, 가장 나이 많은 참가자는
무려 97살이다. 이 행사를 준비하기 위해 해당년도 1월부터 공식적
으로 열린 공연은 전국에서 총 704회인 것으로 집계되었다. 탈린에
사는 참가자들이라면 숙식 문제가 없지만, 다른 지역에서 올라온 사
람들은 탈린 시내 50여 개 학교에서 단체생활을 한다. 교실이나 강
당에서 매트리스를 깔고 자는 식이지만 옷 수선 장비, 구급약 등 단
체생활에 필요한 물건들은 완벽하게 준비된다.

사람들이 체류하는 동안 먹게 될 음식의 양 역시 상상을 초월한다.
2014년부터는 행사장 뒤편에 따로 단체급식소를 마련했는데 그곳에
서 4만여 명의 참가자들과 자원봉사자, 임원들을 위한 식사를 제공했
다. 이들이 총 연습과 본 행사기간 중 먹은 빵의 양은 총 7톤, 그들에
게 배급된 수프의 양은 50톤, 전부 7만 그릇의 수프가 준비되었다.

이 행사는 단순히 노래와 춤으로만 끝나는 게 아니다. 전국 각지의
음식과 특산물, 수공예품 등이 사람들에게 소개되어 때로는 거대한
시장으로 돌변하기도 한다. 지역 간 화합에 큰 도움을 주는 것은 당연
하다. 행사가 열릴 즈음 탈린을 찾는 사람들이 늘어 공항과 호텔에는
사람들로 북적이고 식당들도 대호황을 누리는 시너지 효과도 있다.

19세기 독일 학자 휩커는 발트 지역의 민요를 집중적으로 연구한 후 이렇게 평가했다.

"이 민족이 내 관심을 끄는 이유는 어려운 조건에 처해 있으면서도 놀라울 정도로 영혼의 평안을 누리고 있다는 점이다. 역사를 살펴보면, 이들이 겪어야 했던 고난은 보통 사람들의 정신을 무디게 하거나 자민족 숭상주의, 잔인함, 도발적 행동, 교활함, 지배자들에 대한 반감 등을 양산하기 쉽다. 그렇지만 이곳에서는 아주 특이한 현상을 엿볼 수 있다. 이들은 (그런 행동을 하는 대신) 열정적으로 노래를 부른다. 이것은 언제나 선(善)과 아름다움을 노래하는 데 사용되기 때문에, 심지어 한탄을 노래하는 가운데서도 분노나 출혈로 변화하는 일은 전혀 없다."

100년 넘게 이어진 노래대전의 전통은 오늘날의 젊은이들에게도 5년에 한 번씩 조국의 가치와 의미를 알려주는 중요한 계기가 되고 있다.

리투아니아와 라트비아는 2018년 독립 100주년을 기념해 성대한 축제를 치렀다. 그리고 2019년 에스토니아에서 열리는 라울루피두는 최초로 노래대전이 시작된지 150주년이 되는 해라서 더욱더 뜻깊다. 그다음 노래와 춤의 대전 축제는 리투아니아에서 2022년, 라트비아에서 2023년, 에스토니아에서 2024년에 열릴 예정이다.

## 리투아니아 전통 십자가

### 유럽에서 가장 마지막으로 기독교화된 국가 리투아니아 민족정신의 상징, 십자가 언덕

리투아니아의 전통 십자가 공예는 가톨릭과 고대종교사상이 결합된 듯한 독특한 문양과 형태로써 리투아니아를 방문하는 이들을 가장 매료시키는 것 중 하나이다. 이 전통은 리투아니아뿐만 아니라 라트비아 남부 지역에서도 찾아볼 수 있다. 민족의 정신이 담긴 상징체계를 수호하기 위한 투쟁의 역사는 과거 모든 것이 금지된 상황 속에서 자신들의 정체성을 지키기 위해 싸움을 이어나간 발트인들의 본성을 잘 보여주는 대표적인 예이다. 이런 이유로 리투아니아의 전통십자가 공예는 2001년 유네스코 인류 구전 및 무형유산 걸작 목록에 등재되었다.

유럽에서 제일 마지막으로 기독교화된 리투아니아는 십자가를 단순히 기독교적인 상징으로 보지 않았다. 십자가를 유럽의 다른 지역에서 잊힌 고대 상징과 이야기를 전달하는 도구로 삼아 독특한 문화로 발전시켰다. 유네스코는 이를 높이 평가해 리투아니아 전통 십자가를 세계무형문화유산으로 등록했다. 현재까지 연구된 것에 따르면 14세기 기독교화 이전까지 십자가 언덕은 이 지역을 수호하기 위한 요새로 여겨지며 소규모의 거주지역이 형성됐으나 독일기사단의 침범으로 허물어진 것으로 알려졌다.

십자가 전통을 눈여겨볼 수 있는 곳은 리투아니아 샤울레이에 위치한 십자가 언덕이다. 리투아니아 신앙심의 상징이 된 십자가 언덕이 세상에 알려진 것도 종교적인 이유와는 거리가 멀다. 종교가 금지되었던 옛 소련 시절, 십자가 언덕은 리투아니아 민족정신의 상징인 가톨릭 신앙과 소련의 전제정치가 맞서 싸우는 장소였다. 십자가를 세우는 사람들을 막기 위해 이 지역에선 밤낮으로 삼엄한 경비가 이뤄졌지만 모두

막을 순 없었다. 결국 밤에는 몰래 십자가를 세우고 낮엔 철거하는 일명 '십자가 전쟁'이 이어졌다.

리투아니아 독립 직후인 1993년 로마 교황 바오로 2세가 이곳을 방문하여 소련 시절 독립전쟁과 관련된 이야기가 알려지면서 십자가 언덕은 종교적 힘으로 정치적 어려움을 극복하고 압제와 투쟁한 성스러운 장소로 여겨짐으로써 세계적으로 이름을 떨쳤다. 많은 여행객들이 이곳을 찾으며 리투아니아 사람들은 개인적으로 뜻깊은 일이 생길 때마다 이곳에 십자가를 세워 기념하곤 한다. 이에 따라 해마다 십자가의 수가 갈수록 늘어나고 있지만 그와 동시에 예상치 못한 여러 가지 문제들도 발생하고 있다.

## 쓰레기처럼 쌓여 있는 십자가들

우선 십자가 숫자가 걷잡을 수 없이 늘어난 게 가장 큰 문제다. 관리가 불가능한 것은 물론, 주렁주렁 매달린 작은 십자가의 무게를 견디지 못하고 쓰러진 십자가들도 많다. 대부분 나무로 만든 십자가이기 때문에 비바람과 눈보라를 맞으면 몇 년 못 가 심하게 썩어버린다. 거미줄과 함께 곳곳에 쓰레기처럼 쌓여 있는 십자가들은 부푼 기대로 이곳을 찾은 관광객들의 기대를 꺾기에 충분하다.

이뿐만이 아니다. 뜻깊은 기념일을 영원히 간직해 보려는 사람들이 쉽게 썩는 나무 대신 돌이나 철로 된 십자가를 세우는 일도 많아졌는데 이로 인해 '공동묘지' 같다고 푸념하는 관광객들도 점차 늘어나고 있다. 심지어 커다란 십자가 위에 씹던 껌으로 대충대충 얼기설기 만들어 놓은 십자가는 눈살을 찌푸리게 한다. 한번은 결혼식을 마친 신혼부부가 자신들이 세운 십자가 밑에 무심코 촛불을 피워놨다가 화재로 이어지는 일도 있었다.

더 심각한 사실은 따로 있다. 십자가 언덕 정상엔 파란 옷을 입은 성모마리아상이 있다. 가톨릭 신심이 깊은 리투아니아인은 마리아의 손과 발을 묵주로 장식했고 파란 성모마리아는 꽤 오랫동안 십자가 언덕을 대표하는 상징물로 알려져 있었다. 그러나 애석하게도 2011년 여름 이후 마리아상은 자취를 감추었다. 1994년 마리아상을 직접 만들어 세운 사람이 이곳을 찾아 마리아상을 직접 철거하겠다고 한 것이다. 이유는 타 종교로 개종을 했기 때문이었다. 당시에는 십자가 언덕 관리에 대한 규정이 전무한 상태였기 때문에 십자가 언덕의 상징과도 같았던 조각의 철거를 막을 수 있는 근거가 전혀 없었다. 그 후 그 성모마리아상은 자취를 감췄고 현재는 시민들의 기금으로 만들어진 다른 성 모자(母子)상이 그곳을 지키고 있다.

리투아니아 제2의 도시 카우나스 인근 가를랴바에 살고 있는 십자가 공예자 아돌파스 테레슈스(Adolfas Terešius) 씨는 대내외적으로 리투아니아 십자가의 가치를 대표하는 예술인 중 한 명이다. 1960년생인 그는 소련 시절 십자가의 언덕 인근에 살고 있었는데 1975년 경찰들이 고의로 일으킨 화재로 인해 십자가 언덕이 전소된 후부터 일명 '십자가 전쟁'에 직접 참여했던 산증인이기도 하다. 현재 리투아니아 전통 십자가의 맥을 잇는다는 생각으로 직접 십자가를 만들어 세계에 명성을 알리고 있다. 십자가 언덕에는 그가 만들어 세운 십자가가 20여 개에 이른다. 그는 완성된 십자가를 세우는 게 중요한 것이 아니라, 십자가를 만들어 세우는 모든 과정이 중요하다고 했다. 십자가 언

리투아니아 제2의 도시 카우나스 인근 가를랴바에 거주하며 대뇌외적으로 리투아니아 십자가의 가치를 대표하는 십자가 공예자 아돌파스 테레슈스 씨

덕이 유명해지기 전에는 민족의 독립이나 번영 같은 범인류적이고 민족적인 염원이 담긴 십자가들이 세워지기도 했으나 현재는 단순히 십자가를 세우고 사진 찍는 것이 전부가 돼버렸다고 역설했다.

현재 이곳에 있는 십자가 수를 헤아리는 것은 불가능하다. 그러나 십자가 언덕의 명성은 계속해서 높아질 것이다. 리투아니아의 십자가는 기독교의 상징물인 동시에 혹독한 전쟁과 압제를 이겨낸 역사의 상징이기 때문이다.

# CHECK LIST ✓

**발트3국에서 꼭 사야 할 것**

---

 ## 호박

유럽 전체적으로 잘 팔리는 기념품이다. 하지만 발트 지역에서는 전통적으로 호박이 많이 채굴되어 전통의상이나 장식에 많이 사용된 관계로 다른 지역보다 저렴하면서 다양한 제품을 만날 수 있다. 침엽수의 송진이 굳어져 형성된 호박은 발트해에 많이 매장돼 있는데, 이전에는 바다 속을 뒤집어엎을 정도의 폭풍우가 지나간 후 바다 밑바닥의 해조류와 나뭇조각들과 함께 쓸려와 바닷가에서 나뒹굴 정도로 많았다고 한다. 현재는 그 양이 현저하게 줄어서 요즘엔 인근 칼리닌그라드 지역에서 원석 대부분을 수입해오고 있으며 그나마 중국에서 원석을 대량 구매하는 경우가 많아 가격이 계속 오르고 있다.

## ☐ 전통차

발트3국에는 전통적으로 차를 마시는 문화가 발달되어 있다. 단순히 홍차나 녹차에 머무르는 것이 아니라 숲이나 늪지대에서 자생하는 약초들을 말려 만든 전통차가 사랑받고 있다. 기침을 하는 등 기관지가 좋지 않은 증상이 있을 때에는 의사들이 약 대신 차를 처방해줄 정도로 의학적인 효과가 증명된 전통차들도 있다. 큰 규모의 약국에 가면 약재로 만든 전통차들이 집중적으로 전시된 곳이 있을 정도다. 증상에 따라 다양하게 즐길 수 있도록 종류별로 잘 분류돼 있으므로 약사에게 문의하면 도움을 받을 수 있을 것이다. 의약품이 아니므로 처방전이 필요 없을 뿐더러 부작용 염려도 없다. 리투아니아 방문 시 한번쯤 구입해볼 것을 강력 추천한다.

## ☐ 뜨개질 제품

발트3국은 가내수공업의 전통이 강해 직접 손으로 짠 목도리, 장갑, 스웨터 등이 유명하다. 게다가 북유럽과 발트 지역에서 전해져 내려오는 이야기가 상징으로써 장식된 디자인은 이곳이 아니면 만나볼 수 없다. 특히 발트 지역에서 사랑받는 옷감인 린넨(아마)으로 만든 옷과 식탁보가 상당히 많이 팔리는데 대부분 디자인과 색감이 단조롭다. 그러나 최근 들어 현대적인 분위기로 새롭게 디자인한 제품들이 증가하고 있는 추세다.

## ☐ 전통술

여름이 짧고 해가 길지 않아 포도주 같은 발효유를 찾아보기 힘들다. 그러나 발트3국의 맥주와 보드카는 유럽 최고 수준이라서 충분히 맛볼 만하지만 독특한 맛을 원한다면 각국의 전통주를 시음해보는 것도 좋다.

라트비아의 블랙발잠(Black Balzam), 에스토니아 바나탈린(Vana Tallinn) 등 이미 브랜드화된 전통주도 좋지만 꿀로 담근 술이나 숲에서 나는 과일로 담근 과일주 등도 독특한 맛과 향기를 자랑한다. 상당히 독하기 때문에 주의가 필요하며 공항이나 대형마트에서는 선물용으로 구매할 수 있도록 종류별로 조금씩 담겨있는 제품을 판매하기도 한다.

## ☐ 화장품

라트비아 대표 화장품 브랜드 진타르스(Dzintars)는 인근 국가에 수출될 정도로 유명한 브랜드다. 파운데이션, 수분크림, 영양크림, 색조화장품, 립스틱 등은 품질도 훌륭하지만 가격도 아주 저렴하다. 특별한 용도로 고급스럽게 제작된 고가제품들도 있으니 시간을 가지고 천천히 둘러보면 좋다. 그리고 호박 전문매장에 가면 호박가루로 만든 크림 등도 구매할 수 있어 한국에 있는 가족들과 친구들에게 발트 자연의 아름다움을 한 토막 선사할 수도 있을 것이다. 라트비아의 또 다른 대표 화장품 브랜드 마다라(Madara)는 한국 백화점에도 진출해 있다. 기초 화장품을 위주로 판매한다. 라트비아 브랜드 스텐데르스(Stenders) 역시 천연재료로 만든 비누와 기초화장품들로 주변 국가들에서 많은 사랑을 받고 있다. 리가 국제공항 면세점에도 입점해 있다.

—— PART 3 ——

# FOOD

천혜의 자연에서 느끼는
발트3국 고유의 맛

발트3국에서는 호밀이나 귀리 같은 곡식을 오랫동안 발효시킨 흑빵을 주로 섭취한다. 특히 리투아니아의 흑빵이 유명하다. 딱딱하고 시큼할수록 맛있는 빵이라고 대접받기 때문에 달짝지근한 빵에 익숙한 우리에게는 다소 낯선 식감일 수 있다. 먹을거리가 많지 않았던 과거에 흑빵 한 덩어리와 훈제된 비계, 염장된 생선 그리고 절인 야채는 하루 동안의 노동에 필요한 에너지를 충분히 공급해주는 완전식품이었다.

그 외 치즈나 햄 종류도 많은 사랑을 받고 있다. 각 민족별로 다양한 풍미를 가진 제품들이 시중에 많이 나와 있으므로 시장이나 대형매장에서 천천히 둘러보며 맛을 비교해보는 것도 큰 재미이다.

중앙아시아에서 유래했다는 꼬치구이 요리 '샤슬릭'은 여름철에 열리는 축제에 가면 항상 등장하는 메뉴다. 축제를 즐기는 사람들에 둘러싸인 채 맥주와 곁들여 숯불에 갓 구운 샤슬릭을 먹는 일은 발트3국에서 느낄 수 있는 큰 행복 중 하나다.

발트3국은 식도락과 거리가 멀다. 리투아니아를 제외하곤 전통음식이라고 할 만한 음식이 없다. 여름이 짧고 날씨가 좋은 날이 드물어 신선한 과일 등은 기대하기 어렵다. 발트해에서는 생선이 잘 잡히지 않는데다 대부분 염장한 후 훈제해 먹기 때문에 한국인의 입맛에 맞지 않은 편. 그러나 짧은 여름과 가을 숲에 나는 산과일과 버섯 등의 식재료를 그들만의 상상력과 주변들로부터 이어받은 요리법으로 개성 있게 창조한 발트3국 음식은 매우 독특하다고 할 수 있다.

발트3국은 현지 재료를 이용한 음식이 많은 편이 아니고, 바다를 인접하고도 소비되는 해산물은 대개 수입산이다.

# 에스토니아

에스토니아는 발트3국 중 음식의 정체성이 가장 모호하다. 독일이나 북유럽 음식을 에스토니아 현지 입맛에 맞춰 변형했기 때문이다. 다양한 식당들이 많이 몰려 있어 식도락의 도시라 불리는 탈린보다는 키흐누 섬, 브루, 세토 같은 시골지역에 가보는 것도 추천한다. 에스토니아의 전통이 살아 있어 독특한 풍미를 느낄 수 있는 음식을 맛볼 수 있다.

## 이것만은 꼭 먹을 것

### 1 베리보르스트(Verivorst)

크리스마스를 대표하는 음식. 각종 잡곡을 돼지의 선지피와 섞어 프라이팬에 튀겨 먹거나 쪄 먹는다. 우리나라 순대와 비슷하지만 상당히 느끼하므로 신선한 야채와 곁들여 먹는 것이 좋다.

## 이곳만은 꼭 가볼 것

■ 바나에마 유레스
(Vanaema Juures)
에스토니아 가정식을 모티브로 한 다양한 메뉴를 선보인다. '할머니네 집'이라는 뜻의 식당명처럼 자기 집에 방문한 친척들을 대접하기 위해 할머니께서 정성껏 준비한 맛이라고 보면 좋다.

**가는 법**
니굴레스테 성당에서 톰페아 언
덕으로 올라가는 길목에 위치해
있다. 프라이팬 위의 계란 후라이
를 형상화한 간판을 찾으면 된다.

**상세정보**
**주소:** Rataskaevu 10, 10130
Tallinn
**운영시간:** 월-일 12:00-22:00
**연락처:** +372-626-9080
**웹사이트:** www.vonkrahl.ee/
vanaemajuures

■ **쿨드세 놋추 크르츠**
**(Kuldse Notsu Kõrts)**
돼지고기를 사용한 다양한 요리
를 제공한다. 식당명은 '황금돼
지주막'이라는 의미를 담고 있
다. 특히 베리보르스트의 맛이
일품이니 한 번쯤 맛볼 것을 추
천한다.

**가는 법**
탈린의 중심부에 위치해 있다.
Dunkri 거리를 따라가다 보면 웨
이터 복장의 흰색 돼지가 두 발로
서 있는 그림의 깃발이 가게 앞
에 붙어 있어 금방 찾을 수 있다.

**상세정보**
**주소:** Dunkri 8, Tallinn Old Town
**운영시간:** 12:00-23:00
**연락처:** +371-6750-4420
**웹사이트:** www.hotelstpeters
bourg.com/restaurant/gol
den-piglet-inn

### 2 래임(räim)

키흐누 섬의 대표 음식. 발트해에서 많이 잡히는 청어를 절인 것이
다. 식초, 소금, 설탕 등만 첨가해 단순하게 절인 생선이지만 양파
와 곁들여 빵에 얹어 먹으면 생선으로 느낄 수 있는 맛의 한계란 과
연 어디까지인가를 고민하게 될 것이다.

### 3 카마(Kama)

에스토니아인들에게 '당신들의 전통 음식은 무엇입니까'라고 물어
보면 열 명 중 일곱 명이 '카마'라 답할 것이다. 귀리, 보리, 콩 등을
갈아 우유에 섞어 먹는 아주 단순한 음식이지만 입맛 없는 아침에 식
사 대용으로 먹거나 가벼운 식사 후 디저트로 먹어도 좋다.

# 라트비아

감자를 사용한 요리와 함께 독일, 러시아의 영향을 받은 라트비아만의 독특한 음식세계가 구축돼 있다. 라트비아 인구 중 절반 이상을 차지하는 러시아인 때문인지 러시아 음식이 광범위하게 퍼져 있다. 하지만 라트비아인들의 입맛에 맞춰 많이 변형돼 러시아 본토와는 다른 느낌을 준다.

## 이것만은 꼭 먹을 것

### 1 솔랸카(Solanka)

러시아에서 유래한 음식으로 고기, 올리브, 레몬 등을 넣고 매콤하게 끓여내 부대찌개와 비슷한 맛을 낸다.

## 이곳만은 꼭 가볼 것

■ 리도(Lido)

라트비아인에게 가장 친숙하며 전통적으로 사랑받는 음식들을 선보이는 프랜차이즈 식당. 직장인들과 학생들이 많이 찾는다. 카페테리아처럼 각자 음식을 가져다가 돈을 지불하는 식이

### 2 마이제스 주파(Maizes zupa)

발트의 전통 흑빵을 갈아 만든 것으로 끼니를 때우는 음식이라기보다 디저트에 가깝다. 계피가 들어가 수정과와 비슷한 풍미가 느껴진다.

### 3 카르보나데(Karbonāde)

돼지고기의 등심이나 안심을 납작하게 저민 다음 튀김옷을 입혀 기름에 튀긴 음식. 얼핏 보면 돈가스와 비슷하지만 바삭함은 덜하다.

### 4 스페치스(speķis)

돼지비계를 염장한 후 오래 훈제한 것. 음식이라기보다는 식재료로 보는 것이 낫다. 라트비아 음식에 전반적으로 많이 쓰인다. 익히지 않은 상태에서 날 것을 빵에 얹어 먹기도 하지만 잘게 자른 다음 기름에 볶아 감자전 등에 얹어먹기도 한다. 느끼하긴 하나 긴긴 겨울을 나기 위해서 반드시 먹어야 하는 음식이었다. 리가보다는 라트갈레 같은 동부 지역에서 즐겨 먹는 음식이다.

기 때문에 뭔지도 모르는 메뉴를 보고 고민할 필요 없이 먹고 싶은 음식을 자연스럽게 골라먹으면 된다.

엘리자베테스 거리(Elizabetes), 지르나부 거리(Dzirnavu) 등 사무실이 밀집해있는 곳에서 쉽게 찾아볼 수 있지만 리가국제공항 출국장 2층에 있는 식당과 크라스타 거리 76번지(Krasta iela 76)에 있는 식당을 추천한다. 특히 크라스타 거리는 식당 이외에도 공연, 기념품, 스케이트장, 놀이시설들이 한곳에 몰려 있어 가족 단위의 손님들이 많이 찾는다. 거리가 좀 멀지만 택시를 타도 요금이 많이 나오는 편은 아니다.

상세정보

**주소:**
(강력추천) LIDO ATPŪTAS CENTRS
(크라스타 거리 76번지)
Krasta iela 76, Rīga

(강력추천) LIDO LIDOSTA
(리가국제공항 출국장 2층)
Starptautiskā lidosta "RĪGA"

**운영시간:**
LIDO ATPŪTAS CENTRS
13:00~23:00

LIDO LIDOSTA 10:00~22:00

**연락처:**
LIDO ATPŪTAS CENTRS
+371-6770-0000

LIDO LIDOSTA
+371-6706-8771

**웹사이트:** www.lido.lv

# 리투아니아

발트3국 중에서 민속음식이 가장 많이 발달돼 있어 오직 리투아니아에서만 맛볼 수 있는 음식들이 풍부하다. 폴란드나 러시아 등지에서 사랑받는 음식도 있다. 특히 감자를 이용한 다양한 요리는 남녀노소 가릴 것 없이 인기가 높아 식사 자리를 즐겁게 장식해줄 것이다.

## 이것만은 꼭 먹을 것

### 1 베다라이(Vėdarai)

감자를 채워놓은 돼지내장을 쪄낸 음식. 한국의 청국장처럼 냄새가 독할수록 맛있다.

## 이곳만은 꼭 가볼 것

빌뉴스 구시가지의 중심인 필리에스(Pilies) 거리에 정통 리투아니아 음식을 파는 식당들이 밀집돼 있어 천천히 걷다 보면 마음에 드는 식당을 발견할 수 있다. 에트노 드바라스 Etno Dvaras(Pilies g. 16), 필리에스 카트페델레 Pilies Katpėdėlė(Pilies g. 8),

## 2 체펠리네이(Cepelinai)

가장 유명한 리투아니아 음식. 감자전분, 삶은 감자를 섞어 빚은 반죽에 양념한 고기를 갈아서 채운 다음 쪄낸 요리로 생크림이나 훈제비계소스를 얹어서 먹는다. 1인분에 두 덩이가 제공되는데 칼로리가 높은 편이고 한국인의 경우 한 덩이만 먹어도 충분하다. 부담스러울 것 같다면 주문할 때 "반만 주세요(Prašau, tik pusę porcijos ; 프라셔우, 틱 푸세 포르찌요스)"라고 부탁하면 된다.

리투아니아에 살던 유대인들이 먹던 음식에서 기원한 것으로 알려져 있는데 모양이 제펠린 비행선과 닮았다는 데서 이름이 붙여졌다고 한다.

## 3 샬티바르스치에이(Šaltibarščiai)

비트를 갈아서 나온 즙과 속살을 연유, 삶은 달걀과 함께 섞어 차갑게 만든 수프. 뜨거운 감자와 같이 먹는다. 인근 지역에서 사랑받는 전통 요리로 무더운 여름에 즐기기 딱 좋다.

구시가지 외곽으로는 게디미나스 대로에 위치한 베르넬류 우즈에이가 Bernelių Užeiga(Gedimino pr. 19, 카우나스에도 영업) 등을 추천한다.

■ 가비(Gabi)

빌뉴스 구시가지에서 오랫동안 장사하고 있는 유명한 맛집. 전반적으로 유럽식 음식을 선보이고 있으나 리투아니아 전통 음식 역시 수준급이다.

가는 법

빌뉴스 구시가지의 중심거리에서 몇 미터 떨어지지 않은 곳에 있다. 성 오나 성당(St. Anne's Church) 바로 맞은편에 있는 미콜로 거리(Sv. Mykolo g.)를 따라 걷다 보면 오른쪽에 가비가 위치해 있다.

상세정보

**주소:** Sv. Mykolo 6, Vilnius 06312

**운영시간:** 일-토 11:30-22:00, 토 11:50-23:00

**연락처:** +370-6153-0095

**웹사이트:**

www.restoranasgabi.lt

## 4 블리네이(Blynai)

러시아를 비롯한 동유럽 전체에서 사랑받는 감자전의 리투아니아식 변형 음식. 다른 나라에 비해서 종류도 많고 맛도 좋다. 리투아니아 지역의 특성을 따라 다양한 블리네이를 맛볼 수 있는데 기름에 튀겨 버섯을 풍부하게 올린 주쿠 블리네이(Dzūkų blynai), 고기가 들어있는 제마이쥬 블리네이(Žemaičių blynai)가 특히 맛있다. 감자만 들어있는 것을 원할 경우에는 불비네이 블리네이(Bulviniai blynai)를 먹자. 하지만 예상보다 훨씬 짤 수 있으므로 생크림을 얹어먹으면 맛이 부드러워질 것이다.

## 5 키비나이(Kibinai)

수도 빌뉴스 인근 트라카이 지역에서 많이 먹는 전통 음식. 중세 시대부터 이곳에 정착해 살던 타타르인이 먹던 음식이라고 한다. 그들은 아직도 무슬림에서 유래한 문화와 전통을 유지하며 살고 있는데 돼지고기 대신 다진 양고기와 양파 등을 밀가루 안에 넣고 오븐에 구워서 먹는다. 돼지고기, 사슴고기, 소고기 등 다양한 종류가 나와 있지만 양고기 키비나이가 일품이며 레드와인과도 잘 어울린다. 굳이 트라카이까지 가지 않아도 될 정도로 빌뉴스나 카우나스 같은 대도시에 키비나이 전문점이 많이 있지만 트라카이에 가서 꼭 원조의 맛을 느껴보기를 바란다.

### 변화하고 있는 발트3국

수도를 비롯한 대도시의 구시가지와 중심가에 식당가들이 점차 늘어나고 있으나 체인점들이 상당수이며 그나마 전문 셰프들이 운영하는 식당들 사이에서도 주문할 수 있는 메뉴 종류가 지극히 한정적이라 선택의 폭도 넓지 않다. 미슐랭 가이드에서 별점을 받은 식당들도 몇 군데 있긴 하지만 가격이 만만치 않아 주머니 사정이 여의치 않은 일반 여행객들은 발걸음하기가 쉽지 않다.

하지만 이곳에 정착하는 외국인들이 점차 많아지고 장기적으로 머물며 사업하는 사람들이 늘어남에 따라 기존 메뉴에서 벗어나 새로움을 추구하는 식당들이 증가하는 추세이다. 얼마 전 리가의 중앙시장은 대규모 리모델링을 거쳐 그동안 라트비아에서 볼 수 없었던 일본 오코노미야키, 튀김, 라멘, 베트남 쌀국수, 카프카스 음식 등을 한곳에서 맛볼 수 있는 식당가가 문을 열었다. 햄버거나 스테이크 같은 메뉴들도 현지 재배 재료를 강조하거나 지역의 풍미를 결합시키는 등 다양한 시도를 접목하고 있다.

# 발트3국에 있는 한국 식당

발트3국 여행 중에 뜨끈한 국물과 시큼한 김치 맛이 그립다면 한두 번 정도 찾아도 좋다.

## 탈린

### ■ 고추(Gotsu)

대학시절 교환학생으로 탈린에 갔다가 발트3국의 매력에 홀딱 빠진 젊은이들이 한국 식당을 차렸다. 불고기, 비빔밥 같은 전통음식 말고도 젊은 요리사의 상상력이 첨가된 다양한 한국 요리를 맛볼 수 있다. 주방장들이 가끔 장기여행을 떠나 자리를 비울 때가 있으니 주의하길 바란다.

### 가는 법

트램/버스 정거장 Vineeri에서 내려서 Tallinn University of Applied Sciences(에스토니아어 Tallinna Tehnikakõrgkool) 방향으로 약 2분 정도 걸어가다 보면 'Gotsu'라고 적힌 검은색 간판을 발견할 수 있다.

### 상세정보

**주소:** pärnu mnt. 62A
**운영시간:** 12:00–20:00 (주말 제외)
**연락처:** +372-614-0022
**웹사이트:** www.gotsu.ee

## 리가

### ■ 설악산(Soraksans)

발트3국에서 가장 오래된 한국 식당으로 라트비아 현지인들 중에서도 단골이 꽤 된다. 사장님이 직접 설계한 내부 장식과 한국인의 입맛을 최대한 살린 음식 맛이 일품이다. 구시가지 돔 성당에서 가깝다.

### 가는 법

올드타운 끝 쪽에 위치. 리가 성당(Riga Cathedral, 라트비아어 Rīgas Doms) 뒤편의 Miesnieku 거리 구시가지 안에 있다.

### 상세정보

**주소:** Miesnieku iela 12
**운영시간:** 12:00–22:00 (주말 포함)
**연락처:** +371-6722-9068
**웹사이트:** www.soraksans.lv

## 빌뉴스

### ■ 맛(TASTE. JHK & DD's place)

발트3국에서는 가장 최근에 문을 연 식당이지만 리투아니아 내에서 한국 음식을 대표하는 곳으로 자리 잡았다. 다른 곳에 비해 메뉴가 세분화되어 있고 가격이 조금 비싼 편이지만 한국 분위기를 한껏 살린 인테리어는 잠시 여행에서의 피로를 잊게 해줄 것이다. 빌뉴스 구시청사 뒤편에서 찾아볼 수 있다.

### 가는 법

빌뉴스 구시청사 뒤편에서 찾아볼 수 있는데 보케츄(Vokiečių) 거리 입구에 위치해 있다.

### 상세정보

**주소:** Vokieciu 2, 01130, Vilnius
**연락처:** +370-6592-6909
**운영시간:** 11:00–23:00 (주말 포함)
**웹사이트:** www.koreantaste.lt

## PART 4

# *TOURISM*

에스토니아
라트비아
리투아니아
칼리닌그라드

## "발트까지 왔다면
## 여기는 꼭 가야 해"
한눈에 보는 발트3국 주요 명소

이곳에 오지 않고는
발트3국에 왔다고 말할 수 없다.
각국의 수도를 제외하고
발트3국에서 꼭 방문해야 하는 곳을
인기 순위별로 뽑아보았다.

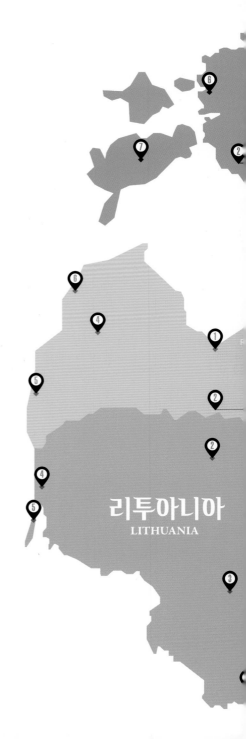

리투아니아
LITHUANIA

- 01 -

# 에스토니아

ESTONIA

# 에스토니아라는 나라,
# 탈린이라는 도시

내가 탈린을 좋아하는 이유는 그 이름에 있다. 허끝을 경쾌하게 울리는 맑은 소리가 앙증맞은 도시 분위기와 잘 맞아떨어지기 때문이다. 좁다란 골목을 사이에 두고 뾰족한 어깨를 들이밀며 아웅다웅하는 건물들을 발트해의 짙은 물빛을 닮은 담벼락이 포근히 감싸 안아주고 있다. 빛이 강렬한 한여름에는 발트해의 '파란색', 구시가지 건물의 '빨간색' 지붕, 나뭇잎이 뿜어내는 '초록색'. 이렇게 빛의 3원색이 한데 어우러져 멋진 풍경을 선보인다. 탈린뿐만 아니라 타르투(Tartu), 패르누(Pärnu), 빌랸디(Viljandi), 합살루(Haapsalu) 같은 에스토니아 대도시라면 어디에서든 이런 풍경을 볼 수 있다. 발트3국 중 유일하게 많은 섬을 거느리고 있는 점도 아름다움을 더한다. 지나가는 시민들도 모두 친절하다.

그러나 마냥 이렇게 좋아할 수만은 없다. 아쉽게도 이 빛깔들이 너무 일찍 사라지기 때문이다. 마치 밤하늘을 잠시 수놓는 폭죽처럼 덧없고 쓸쓸하다. 빛의 향연은 6월부터 8월에 절정을 이루고 9월엔 단풍이 찾아오며 마지막 인사를 한다. 그러고 난 뒤 10월 말쯤 첫눈이 내리고 나면 온 나라가 '회색'이 된다. 허허들판엔 눈만 쌓이고 하늘은 사탕을 빼앗긴 심술쟁이 꼬마 같은 표정의 먹구름으로 뒤덮인다. 한때는 초록빛을 자랑하던 자작나무와 적송들은 거무튀튀한 줄기만 내보이고 길게 서 있다. 도시를 조금만 벗어나면 오래 묵은 한지에 먹물 한 줄 그어놓은 듯한 풍경만 지루하게 이어진다. 인구 밀도도 유럽에서 가장 낮은 축에 속해서인지 에스토니아의 황량한 겨울 풍경은 유독 더 강렬하다.

하지만 단언컨대 겨울을 맛보지 않았다면 에스토니아를 제대로 만났다고 할 수 없다. 회색빛만 가득한 겨울이라 할지라도 즐길거리는 많다. 아마 나처럼 땀을 비 오듯 흘려 여름보다 겨울을 선호하는 사람이라면 사시사철 에스토니아를 좋아하게 될 것이다. 유령이 나온다는 오래된 집을 찾아다니는 재미도 쏠쏠하다. 크리스마스 전후로 탈린 시청광장에서 열리는 성탄시장에선 찍는 사진마다 예술 작품이 된다.

어떤 목적이든 어떤 계절이든 일단 한번 에스토니아를 방문했다면, 반나절이면 걸어서 다 볼 수 있는 탈린 구시가지의 아름다움에 결국 흠뻑 취하고 말 것이다. 하지만 아직 일반 여행자가 숨어있는 이야기를 발견하기엔 알려진 정보가 많지 않아 어려운 점이 많다. 여기서는 '사람 냄새'를 따라 에스토니아 곳곳을 둘러보려 한다.

# 탈린에 가는 법

How to come to Tallinn

한때 공항 앞에 있는 호수 이름을 따 윌레미스테(Ülemiste) 공항이라고 불리기도 했다.

**탈린국제공항(Lennart Meri Tallinn Airport)**
**주소** Lennujaama 2
**웹사이트** www.tallinn-airport.ee

**탈린 기차역(Baltijaam)**
**주소** Toompuiestee 37
**웹사이트** www.baltijaam.ee

● 항공 ✈

1991년 독립 후 초대 대통령 이름을 딴 렌나르트 메리(Lennart Meri) 국제공항은 에스토니아 최대 규모의 국제공항이다. 지금도 확장 공사를 진행하고 있을 만큼 날이 갈수록 발전하고 있지만 정작 에스토니아 국영항공사는 부도가 나 2015년 겨울을 끝으로 운행을 중지했다. 그러나 여전히 유럽 여러 도시와 사레마(Saaremaa), 히우마(Hiiumaa) 등 주요 섬을 연결하는 최대 공항이다.

해외에서 에스토니아에 입국할 땐 대부분 탈린국제공항으로 들어온다. 저가항공을 위한 별도의 공항은 없으니 탈린 출발, 도착 비행기는 무조건 이곳을 이용한다. 입국장과 출국장이 따로 분리되어 있지 않고 공항 건물 왼편이 입국장, 오른편이 출국장이다. 공항이 중심가에서 겨우 2.5㎞ 떨어져 있어 시내까지 걸어가도 될 정도로 가깝지만 시내에서 2번 버스와 4번 트램을 타면 공항에 쉽게 도착할 수 있다. 혹시 공항에 도착해 제2의 도시인 타르투(Tartu)로 가고자 한다면 입국장 입구의 자동판매기에서 표를 구매해 바로 버스에 탑승할 수 있어 굳이 터미널까지 안 가도 된다. 탈린 버스터미널에서 타르투로 가는 버스는 모두 공항을 경유한다. 반대로 타르투에서 탈린으로 오는 경우에도 시내에 진입하기 전 탈린 공항에 정차하니 참고하자.

● 기차 🚆

러시아에서 온다면 기차를 이용해도 좋다. 모스크바나 상트페테르부르크에서 탈린으로 오는 기차가 자주 있다. 모스크바는 15~16시간, 상트페테르부르크는 6~7시간 정도 소요된다. 시기에 따라 운행시간 변동이 잦으니 미리 확인하고 예약하는 것이 좋다.

매표소 창구가 문을 여는 것은 오전 7시. 문이 닫혀 있다면 그냥 기차에 올라타 객실 내 승무원에게 바로 표를 구입하면 된다. 아침 6시부터 첫차가 운행되나 탈린에서 타르투로 이동할 때를 제외하고는 기차 탈 일이 거의 없을 것이다. 발트3국이 모두 그렇지만 에스토니아는 유독 기차 노선이 좋지 않다. 국내의 경우 탈린-타르투, 탈린-발카, 탈린-패르누 구간을 제외하곤 노선이 없고, 버스에 비해 더 빠르지도 않다. 기차역은 시내 한가운데 있어 구시가지까지 걸어갈 수 있다. 앞으로 난 지하도를 건너면 바로 구시가지이다.

● 버스

러시아 주요 도시 및 동유럽, 서유럽, 발트 지역과 연결된 버스가 많다. 버스터미널 역시 시내에서 그리 멀지 않으므로 짐이 많지 않고 시간 여유가 있다면 걸어갈 만하다. 공항에서 시내로 가는 시내버스가 버스터미널을 지나가고, 버스 정류장 앞에서 약 30m 떨어진 정류장에서 트램을 타면 시내로 금방 들어갈 수 있다. 그곳을 지나는 모든 트램들이 구시가지를 거친다.

버스로 리가까지는 5시간, 상트페테르부르크는 9시간 정도 소요된다.

탈린 버스터미널(Bussijaam)
**주소** Lastekodu 46
**웹사이트** www.bussireisid.ee

탈린 터미널 통합 안내
**주소** Sadama 25
**웹사이트** www.ts.ee
**A 터미널**
SuperSeaCat(헬싱키), Eckeroline(헬싱키), Rosella(헬싱키), Nordlandia(헬싱키)
**D 터미널**
Autoexpress(헬싱키), Romantika(스톡홀름), Viktoria(스톡홀름)

● 페리 ⛴

핀란드 헬싱키나 스웨덴 스톡홀름에서 페리로 올 수 있다. 페리는 시간대별로 있으며, 종류에 따라 1시간 반에서 3시간 정도 소요된다. 호화로운 크루징을 즐길 수도 있다. 항구에는 A, B, C, D 네 개의 터미널이 있는데 여행객이 이용하는 터미널은 현재 A와 D 둘뿐. 항구에서 직접 표를 구매할 수 있지만 배 출발 직전에 요금이 상당히 비싸진다. 적어도 하루 전에는 시내에 있는 주요 여행사에서 미리 표를 구입하는 것이 좋다. 선박회사마다 타는 곳이 다르니 표 구입 시 터미널 위치를 확인해야 한다. 수속을 위해 출발 30~40분 전에 미리 대기하는 것이 좋다. 항구는 구시가지에서 걸어서 10분 거리에 있고, 항구에서 공항이나 시내를 오갈 땐 2번 버스를 타면 된다.

## 탈린 시내 교통수단

Transportation in Tallinn

스마트카드. 카드 자체 금액은 2유로이나 최초 사용 이후 6개월 이내에 환불 신청 가능하다. 이 카드에 원하는 만큼 충전하면 된다.

**충전금액**
1시간 이용권: 1.10유로
하루 이용권(24시간): 3유로
사흘 이용권(72시간): 5유로
닷새 이용권(120시간): 6유로
한 달 이용권: 23유로

**택시회사와 금액 정보**
**웹사이트** www.taksod.net

|  | 24h | 48h | 72h |
|---|---|---|---|
| Tallinn Card PLUS 성인 | 36 | 49 | 58 |
| Tallinn Card 성인 | 26 | 39 | 47 |
| Tallinn Card PLUS 어린이 | 20 | 27 | 32 |
| Tallinn Card 어린이 | 15 | 20 | 14 |

* 단위: 유로
* PLUS 카드는 무료 관광안내 서비스가 포함된 가격

● 대중교통 🚗

탈린의 주요 대중교통은 일반버스, 트램이라 불리는 전차, 트롤이라 불리는 트롤리버스(전기로 다니는 무궤도 버스)가 있다. 세 교통수단 이용료는 모두 동일하다. 탈린 시민들이 사용하는 신분증 겸용 카드나 키오스크 등에서 판매하는 스마트카드(위히스카르트 Ühiskaart)를 구매해 단말기에 대면 개찰된다. 불시에 검표가 실시되기도 하는데 표가 있더라도 단말기에 찍지 않은 게 적발되면 40유로 정도의 벌금을 물어야 한다.

탈린 구시가지 내에는 대중교통이 다니지 않고 사실 그리 크지 않아 걸어서도 충분히 둘러볼 수 있다. 숙소가 시내에서 좀 떨어져 있다거나 비즈니스로 방문한 경우가 아니라면 탈린 인근 야외민속촌, 카드리오르그 궁전, 피리타 등과 공항, 버스터미널로 이동할 때 말고는 관광객이 버스나 트램을 이용할 일은 거의 없을 것이다. 한두 번만 이용할 거라면 어느 수단이든 운전기사에게 현금을 내고 표를 구매하는 것이 제일 간단. 노선 불문 성인은 2유로로, 국제학생증이 있다면 1유로를 현금으로 바로 구매할 수 있다. 이 표는 하차 후엔 효력을 잃으니 자주 대중교통을 이용할 예정이라면 편의점에서 스마트카드를 구입하자.

● 택시 🚖

택시 시설이 비교적 잘 갖춰진 편이고 요금이 외부에 표시되어 있어 쉽게 이용할 수 있다. 우리나라처럼 모범택시와 일반택시의 구분은 없지만 회사마다 요금 체계가 약간씩 다르므로 확인해보는 것이 좋다. 거의 모든 택시회사가 콜택시 제도를 운영하고 있어 특별히 원하는 택시가 있으면 식당이나 호텔을 통해서 부를 수 있으며 여기에 별도의 추가요금이 붙지 않는다. 볼트, 우버, 얀덱스 모두 사용 가능하다.

> *Tip*
>
> ### '탈린 카드' 구매하기
>
> 시내 대중교통은 물론 이용시간 동안 박물관 입장료, 가이드 투어, 공연, 식당, 나이트클럽 등이 할인된다. 스마트카드보다 비싼 편이지만 대부분의 박물관에 무료로 입장할 수 있으므로 박물관 관람에 관심 있다면 추천한다. 관광안내소, 호텔, 항구, 버스터미널 등에서 구입할 수 있다.

# 탈린
### 에스토니아의 수도

탈린의 볼거리는 구시가지, 그리고 구시가지에서 조금 벗어난 해안지대가 있다. 구시가지는 크게 저지대(A)와 고지대(B)로 나뉜다. 저지대에는 탈린이 한자무역 중심도시로 명성을 떨치던 시기에 이곳에 터를 잡았던 독일 상인들이 지은 길드 건물과 집들이 그대로 남아있다. 한편 톰페아 언덕을 품어 안은 고지대는 과거 리보니아를 지배하던 군주들과 대주교들이 기거하던 곳이라 그런지 저지대에 비해 웅장하고 멋스러운 느낌이다.

에스토니아어로 '바날린(Vanalinn)'이라 불리는 구시가지에는 거리곳곳 중세 분위기가 담뿍 묻어난다. 모델 비주얼의 바리스타들이 직접 볶은 커피를 내려주는 커피숍, 아기자기한 수공예품을 구경할 수 있는 공방과 선물가게들이 골목마다 들어서 있다. 탈린 구경은 저지대에서 시작해 니굴리스테 성당 옆 '짧은 다리 거리'를 통해 고지대로 올라갔다가 다시 '긴 다리 거리'를 거쳐 아래로 내려오는 노선이 가장 적당하다.

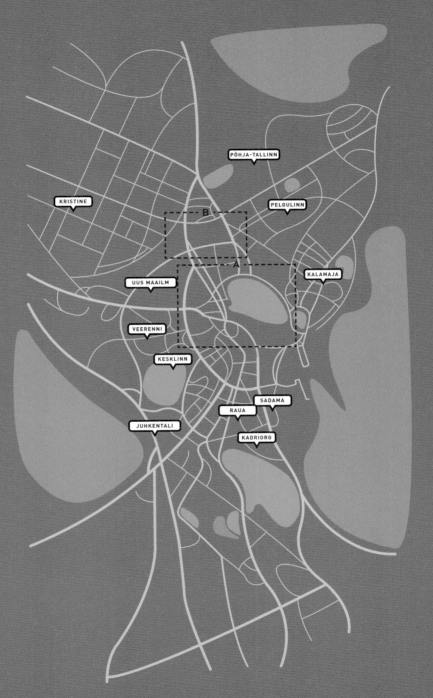

PÕHJA-TALLINN

KRISTINE

PELGULINN

B

A

UUS MAAILM

KALAMAJA

VEERENNI

KESKLINN

SADAMA

RAUA

JUHKENTALI

KADRIORG

# 탈린 저지대
**Tallinn, The Lower town**

탈린은 흔히 '벽 없는 박물관'으로 불리는데 이 말은 틀렸다. 이곳에서 느낄 수 있는 중세의 흔적들은 박물관의 전시물이 아닌, 오늘날까지도 시민들이 실생활을 영위하는 삶의 무대이기 때문이다.

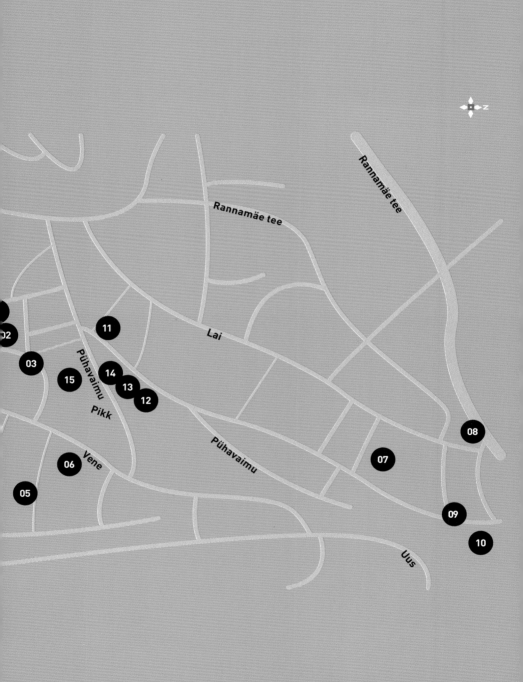

시청광장의 명물 아몬드 가게. 광장에 들어서면 이들의 친절하고 아름다운 미소에 기분이 좋아진다.

## 시청광장 주변 01

Raekoja plats, Town hall square

구시청사 앞에 자리 잡은 시청광장은 근 7세기 동안 탈린 시민들의 생활의 중심지였다. 구시청사가 지어지기 전부터 시장과 축제가 열렸고, 공개 형벌 집행 장소로도 이용되는 등 다양한 기능을 수행해 왔다. 오늘날에도 이 광장은 탈린 시민들의 중심지이자 에스토니아 관광의 꽃이다. 여름이면 노천카페들이 들어서고 야외공연과 수공예품 시장, 중세 시장이 열린다.

사시사철 볼거리가 풍성하지만 그중 가장 훌륭한 것은 중세 카니발에 모태를 두고 있는 구시가지 축제(The Old Town Days festival)가 아닐까. 이 기간에는 광장에서 일하는 모든 사람들이 모두 중세 복장을 한다. 광장 한가운데에서는 중세 기사들의 마상시합이 열려 마치 시간여행을 떠난 기분. 해마다 다르지만 보통 5월 마지막 주에 열린다.

겨울에는 크리스마스 시장이 열리고 트리가 한 달 동안 세워진다. 트리 이벤트는 1441년부터 지금까지 이어지고 있다

## 구시청사

**Raekoda, Town hall**

북유럽 전체를 통틀어 유일하게 원형 그대로 남아있는 고딕건물 시청사. 수세기 동안 구시가지의 중심지였으며 현재 모습은 1404년에 완성되었다. 높이 64m에 8각형의 탑으로 더 유명한데, 후기 르네상스 양식의 나선형 탑은 1600년에 완공되었으며 맨 위에는 '토마스 할아버지(Vana Toomas)'라는 풍향계가 있다. 여름에는 길고 긴 나선형 계단을 올라 꼭대기에서 구시가지와 탈린 시내의 아름다운 모습을 감상할 수 있다. 구시청사 내부와 다락은 7월과 8월 일반인들에게 개방되며, 지하 전시실에서는 탈린 요새 및 도시 상징 중 하나인 토마스 할아버지 풍향계에 대한 자료를 전시하고 있다.

## 시청약국 03

**Raeapteek**

광장 한 구석에 유럽에서 가장 오래된 약국이 있다. 1422년 문을 연 후 변함없이 같은 자리에서 영업 중이다. 최근 몇 백 년 사이 여러 차례 변화를 겪었고 지금은 일반 의약품을 팔고 있지만 여전히 세월의 향기를 느낄 수 있다. 말린 두꺼비, 개똥, 말의 음경 등 과거 약으로 썼던 약재와 잉크나 향수처럼 중세 시대에 약국에서 취급하던 물건들을 전시한다. 진통제나 소화제 같은 약품은 언제나 구입할 수 있다.

---

### 탈린 저지대 효과적으로 보기

탈린 구시가지 관광은 비루(Viru) 거리에서 시작하는 것이 좋다. '비루 호텔' 앞으로 이어진 비루 거리를 따라 걷다보면 두 번째로 뮈리바헤(Müürivahe)라는 거리를 만난다. '성벽 사이'라는 이름에 걸맞게 성벽이 웅장하게 들어서 있고 스웨터, 목도리를 파는 기념품 가게들이 즐비하다. 이 거리를 걷다가 왼편으로 작은 구멍 같은 것이 보이면 그 골목으로 들어가자. 그곳을 통과하면 곧바로 카타리나(Katariina) 골목인데 분위기가 아주 좋다. 그 길을 완전히 통과하면 베네(Vene) 거리가 나온다.

---

구시청사 탑 꼭대기에서 아래를 내려다보기 아찔할 정도로 높이가 상당하다.

구시청사
**주소** Raekoja plats 1
**웹사이트** www.tallinn.ee/raekoda
**운영시간** 구시청사 개관시간은 매년 바뀌므로 웹사이트에서 확인 (보통 7-8월에는 열어둠)
**입장료** 5유로

시청약국 입구

시청약국
**주소** Raekoja plats 11
**웹사이트** www.raeapteek.ee
**운영시간** 10:00-18:00 (일요일 휴무)

탈린에 왔다면 누구나 한 장씩은 간직하게 된다는 기념사진 핫스팟

### 비루 대문 04

**Viru värav, Viru Gate**

16세기까지 탈린에는 성 안으로 들어오는 입구가 8개 있었다. 비루 대문은 중세 모습을 보전하고 있는 가장 대표적인 대문으로, 과거에는 출입을 통제하고 적으로부터 탈린을 보호하는 용도였다면 현재는 아름다운 구시가지의 시작을 알리는 이정표. 대문 앞으로 이 거리의 이름을 딴 비루 거리가 펼쳐져 있으며 백화점과 식당, 꽃집 등이 들어섰다.

### 카타리나 골목 05

**Katariina Käik**

베네(Vene)와 뮈리바헤(Müürivahe) 거리가 이어지는 길로, 장인들의 작업장이 가득해 마치 중세에 온 듯하다. 작업하는 모습도 직접 볼 수 있다. 겉모습이나 기능만 따지면 교집합이 전혀 없는 공방들이 입점한 것처럼 보이지만, 나름 인정받은 장인만이 여기에서 물건을 만들고 판매할 수 있다. 중세 길드의 전통을 이어받은 장인들은 현재 '카타리나 길드(Katariina Gild)'라는 이름으로 활동하고 있다. 가격은 좀 비싸지만 세계 어느 곳에서도 구할 수 없는 수제품을 구입할 수 있다.
골목 옆면 돌비석은 도미니크 수도원에 매장되었던 사람들의 비석으로 1960년대 복원사업 중 발굴되었다. 시간 여유가 있다면 골목 입구 이탈리아 카페에서 와인 한잔 기울여보자.

### 장인들의 마당 06

**Meistrite Hoov, Master's country yard**

구시가지 한 구석에 숨어있어 많은 사람들이 모르고 지나치는데 탈린 시내에서 가장 맛있는 초콜릿과 커피가 있는 곳이다. 신비로운 분위기를 간

**카타리나 길드**
**웹사이트** www.katariinagild.eu
**운영시간** 매장마다 차이가 있지만 보통 평일 11:00 이후면 모두 개장

인적이 닿지 않은 이른 새벽, 아침이슬로 뒤덮인 골목 풍경이 아름답다.

직하고 있으니 차 마실 여유가 없으면 구경이라도 해보자. 현지 장인들이
직접 만든 수공예품과 보석을 구매할 수 있고 전시회도 열린다. 카페에서
직접 만든 과자 맛은 가히 환상적! 게스트 하우스도 운영하고 있다.

## 올레비스테(성 올랍) 성당

**Oleviste kirik, St. Olaf's Church**

이 성당은 무려 1267년 기록에도 등장한다. 건물이 완공된 1500년경에는
높이 159m로 당시 세계에서 제일 높은 건물이었다. 무역항 탈린으로 들어
오는 선박들이 멀리서도 쉽게 알아볼 수 있도록 이렇게 높고 가파르게 만들
었다. 항해용 이정표인 셈. 현재 성당의 탑은 일반인에게 개방되어 있다. 계
단으로 끝까지 올라가는 게 쉽진 않겠지만 톰페아 언덕과 항구, 구시가지 전
체를 아우르는 아름다운 풍광을 감상할 수 있으니 이런 고생쯤은 아무것도
아니다. 성당 뒤편으로는 '세 자매' 건물과 '뚱뚱이 마르가레타' 성탑이 있다.

장인들의 마당
**주소** Vene 6
**웹사이트** www.hoov.ee

탈린에 고층건물이 없는 것은 어떤 건물
도 이보다 높게 지을 수 없기 때문이다.

올레비스테(성 올랍) 성당
**주소** Lai 50
**웹사이트** www.oleviste.ee
**운영시간** 매일 10:00-18:00
**미사** 일요일 10:00, 12:00
**찾아가는 길** 베네(Vene) 거리를 따라 쭉
가다가, 올레비매기(Olevimägi)와 슐래비
매기(Sulevimägi) 거리를 따라 위로 더 올
라가면 유명한 파란 성탑이 보인다.

전망대
**운영시간** 매일 10:00-18:00(7-8월은
20:00까지)
**입장료** 3유로

---

### 성당 이름에 얽힌 이야기 하나

에스토니아 군주는 탈린을 무역 거점지로 만들기 위해 발트해에서
가장 높은 성당을 지어 이정표로 삼고자 했다. 방방곡곡 유명한 장인
들을 찾아보았지만 당시 기술로는 이러한 높이로 건물을 지을 수 있
는 사람이 없었다. 그런데 어느 날 어떤 사람이 갑자기 나타나 자기
가 성당을 짓겠다면서 그 보상으로 너무나 터무니없는 금액을 요구
했다. 단, 성당 첨탑이 완공되기 전까지 자기 이름을 알아낸다면 아
무것도 받지 않겠다는 조건을 걸었다.

공사가 진행되고 군주는 신하들을 전국으로 보내 그의 이름을 수소
문하였지만 그를 안다는 사람을 발견하지 못했다. 그러나 다행히 신
하 한 명이 작은 시골마을에서 한 꼬마가 "내일이면 우리 아버지 올
랍이 엄청난 돈을 벌어 돌아온다네"라고 노래 부르는 걸 우연히 목격
했다. 첨탑 완성 날, 군주는 꼭대기에서 마무리 작업을 하고 있던 장
인을 향해 "당신의 이름이 올랍이 아니요?" 외쳤다. 놀란 장인은 땅
에 떨어져 죽었고 그 입에서 뱀과 두꺼비가 기어 나왔다고 한다.

여기까지만 보면 성당의 이름을 장인의 이름에서 따왔다고 생각할
수도 있겠다. 하지만 사실 이 이름은 성당 건설 시 엄청난 기부를 한
노르웨이 국왕, 올랍 왕의 이름에서 가져왔다고 한다.

호부베스키
주소 Lai 47

세 자매
주소 Pikk 71, Tolli 2
웹사이트 www.threesistershotel.com

여전히 이 자리에서 바다를 지키고 있는
육중한 여인

뚱뚱이 마르가레타
주소 Pikk 70
웹사이트 www.meremuuseum.ee
운영시간 5~9월 10:00~19:00 (휴무 없음)
그 외 기간 10:00~18:00 (월요일 휴무)

에핑 성탑 체험 박물관
주소 Laboratooriumi 31
웹사이트 www.epping.ee
운영시간
5/2~9/15 10:00~18:00 (수요일 휴무) 그
외 기간 11:00~16:00 (토·일만 개방)
입장료 6유로

## 호부베스키 08

**Hobuveski, Tallinn Horse Mill**

올레비스테 성당에서 세 자매로 가는 길목의 약간 벗어난 곳에 둥그런 건물이 있다. 14세기부터 18세기까지 말이 끄는 방앗간이었는데 현재는 갤러리와 공연장으로 재건되었다. 이 건물과 연결된 중세식 건물은 세 자매와 비슷한 시대에 만들어졌지만 그보다는 훨씬 저렴한 호텔로, 중세 건물에서 묵어보고 싶지만 주머니 사정이 고민인 사람들에게 추천한다.

## 세 자매 09

**Kolm õde, Three sisters**

올레비스테 성당에서 뚱뚱이 마르가레타 성탑으로 가는 길목에 서 있는 베이지색 톤의 세 건물. 15세기 중세 길드 무역상의 주거 모습을 잘 간직하고 있는 유적으로 '세 자매'라는 별칭이 있다. 꽤 오랜 시간 동안 비어 있었으나 현재는 고급 호텔로 개조되었다.

## 뚱뚱이 마르가레타 10

**Paks Margareeta, Fat Margarets Tower**

탈린 시는 바다를 향해 줄지어 서 있는 성탑들이 참 인상적이다. 그중에서 가장 북쪽에 위치한 이 포탑은 전쟁 시 포탄 공격으로부터 보호하기 위해 성벽을 두껍게 만들어 재미있는 모습이 되었다. 덕분에 '뚱뚱이 마르가레타'라고도 불리는데 그 기원은 정확하지 않다. 16세기에 건설되었으며 현재는 에스토니아 해양 개발과 어업 역사를 보여주는 박물관으로 사용되고 있다. 건물 꼭대기 카페에 앉아 바다와 구시가지가 어우러진 멋진 풍경을 감상할 수 있다.

피크(Pikk) 거리를 벗어나 바다 쪽으로 나가 뒤를 돌아보면 사진 찍기 훌륭한 배경이 펼쳐진다. 성벽 왼편에는 1993년 스톡홀름에서 탈린으로 오던 중 침몰한 에스토니아호의 탑승객을 기리는 추모공원이 조성되어 있다.

> ### 탈린을 가장 탈린답게 만들어주는
> ### 성벽과 성탑 그리고 성문
>
> 13세기 말 도시 건설 당시부터 등장한 중세 요새들은 시가지를 지켜주는 방어막 역할을 했다.

꾸준한 증축과 개축을 이어간 결과 탈린은 16세기에 이미 북유럽 전체에서 가장 강력하고 견고한 방어시스템을 갖춘 도시가 되었다. 당시 도시를 둘러 싼 성벽의 두께는 3m, 높이는 16m로 총 길이는 4km에 이르렀으며 46개의 성탑을 연결하는 구조였다. 오늘날에는 2km의 성벽과 26개의 성탑만이 남아있다. 호부베스키 앞 골목에서 성벽을 볼 수 있다.

현재 성탑 몇 곳이 개방되어 있다. 귐나지우미(Gümnaasiumi) 3번지 12 에는 눈나(Nunna), 사우나(Sauna), 쿨드얄라(Kuldjala) 성탑이 나란히 서 있다. 그리고 라보라토리우미(Laboratooriumi) 31번지에 있는 에핑(Epping) 성탑 체험 박물관 13 에는 15세기에 증축된 탈린 요새들에 대한 자료, 중세 무기와 갑옷 등이 전시되어 있다. 전체 6층 규모로 사슬갑옷과 철갑옷을 입어볼 수 있고, 무기도 만져볼 수 있다. 중세 수공예품 만들기 체험 프로그램도 있어 온 가족이 함께 즐길 수 있다.

## 대길드홀(에스토니아 역사 박물관) **11**
**Suurgildi hoone, Great Guild**

세모 반듯한 이 웅장한 건물은 도시에서 최고 부유한 상인들의 연합체였던 대길드가 사용하던 곳이다. 대길드는 도시 정책에 가장 막강한 영향을 미쳤다. 거대한 실내 공간은 여전히 15세기 모습을 유지하고 있으며, 현재는 에스토니아 역사박물관이 들어서 있다.

## 검은머리전당 **12**
**Mustpeademaja, House of the Blackheads**

이 광장에서 가장 눈길을 사로잡는 화려한 양식의 검은머리전당. 이 건물을 사용하던 검은머리길드는 아프리카, 남미 등지를 돌아다니며 거래하던 미혼 상인들이 결성한 무역 조합으로, 이집트 출신의 흑인 성인 성 모리셔스(St. Mauritius)를 수호신으로 여겨 건물마다 그의 얼굴 모양 장식이 있다. 그는 기원 후 3세기경 로마 군대를 이끌다가 순교했다고 한다.

이 건물은 중세 탈린의 정치와 생활에 있어서 꽤 많은 역할을 담당했으며 피크 거리에 남아있는 건물로도 그 분위기를 충분히 느낄 수 있다. 여기서 르네상스 양식의 백실(白室)과 고딕 양식의 올랍 홀(Olav's hall), 그리고 아래층에 몰래 감추어져 있는 비밀스런 안마당 등을 볼 수 있다. 연주 회장으로도 유명하다.

대길드홀 입구. 탈린은 세상에서 가장 아름다운 세모들이 있는 곳

**대길드홀(에스토니아 역사 박물관)**
**주소** Pikk 17
**웹사이트** www.ajaloomuuseum.ee
**운영시간** 5~9월 10:0~018:00 (휴무 없음) / 10~4월 10:00~18:00 (수요일 휴무) 그 외 기간 10:00~17:00
**입장료** 8유로
**찾아가는 길** 피크(Pikk) 거리에서 시청 광장으로 가는 길목에 서 있다.

**검은머리전당**
**주소** Pikk 26
**웹사이트** www.mustpeademaja.ee

올레비스테 길드
**주소** Pikk 24

카누티 길드홀
**주소** Pikk 20

### 올레비스테 길드  13
Oleviste gild

올레비스테 길드는 무두장이, 가축도살업자, 목수, 나룻배 장인, 시계 장인, 무덤 파는 사람 등 주로 단순 노동을 하던 장인들의 연합체였다. 연회장 건물은 14세기경에 만들어졌으나 15세기에 다시 개축되었다. 현재는 둥근 지붕의 길드홀만 남아있다.

### 카누티 길드홀 14
Kanuti gildi saal, Kanuti Guild hall

원래 종교적 연합체로 3세기경 결성된 카누티 길드는 고도의 기술이 필요한 제조 부분에 종사하던 장인들의 모임이었다. 금세공인, 장갑 장인, 시계 장인, 모자 제조인, 제빵업자, 구두장이, 화가들이 주 회원이었고 대부분 독일 출신이었다. 현재는 건축물 복원 전문학교로 사용되며 현대무용, 음악회 등 다양한 공연도 열리고 있다.

라이 거리 한가운데 15세기 길드 건물. 현재는 에스토니아 국립극장이다. 귀신이 출몰한다는 소문이 자자하다.

---

**피크(Pikk)와 라이(Lai) 거리의 길드 건물들**

중세의 도시 상공인들은 회원의 권익을 보호해주는 단체인 길드 조직에 전부 소속되어 있었다. 그 당시 길드 건물은 전문가는 물론, 일반인들도 활동할 수 있는 사회 무대였다. 그중 많은 건물들이 오늘날에도 박물관이나 연주회장으로 사용되며 중세 건축의 백미를 선보이고 있는데 대부분 이 거리에서 볼 수 있다.

---

카누티 길드홀. 건물 벽면에 성 카누티와 마틴 루터의 조각이 세워져 있다.

## 성령 성당

**Pühavaimukirik, Holy Spirit church**

대길드홀을 바로 마주 보고 있는 성당. 14세기에 지어져 현재까지 유일하게 원형 그대로 남아있는 종교 건축물이었는데, 2002년 화재로 많이 파손되었다. 이 성당은 에스토니아 문화사에서 중요한 역할을 했다. 사상 최초로 에스토니아어 미사가 거행되었으며, 에스토니아 역사에서 중요한 인물인 리보니아의 사가(史家) 발타사르 루소(Balthasar Russow)가 교사로 일하기도 했다. 풍부한 장식이 아름다운 성당 내부는 고딕 목조 건축물 중 최고로 손꼽힌다. 1483년 베른트 노트케(Bernt Notke)로부터 직접 위탁 받아 제작된 제단은 에스토니아에 현존하는 4대 중세 예술 작품 중 하나. 벽면에는 탈린에서 가장 오래된, 화려한 장식의 시계가 있다.

성령 성당

**주소** Pühavaimu 2
**웹사이트** www.puhavaimu.ee
**운영시간**
1/14–3/15 월–금 12:00–14:00, 토 10:00–16:00 / 3/18–4/29 월–금 10:00–15:00, 토 10:00–16:00 / 5/2–9/30 월–토 09:00–18:00 / 10/3–11/30 월–금 10:00–14:00, 토 10:00–16:00 / 12/1–1/13 (2018년)월–금 9:00–18:00, 토 10:00–16:00
**입장료** 1.5유로

"성당벽면의 시계는
500년이 지난 지금도
잘 돌아가고 있다"

입장료가 부담될 수도 있지만 중세미술을 좋아한다면 놓치지 말자.

니굴리스테(성 니콜라스) 성당
**주소** Niguliste 3
**웹사이트** www.nigulistemuuseum.ekm.ee
**운영시간** 5~9월 10:00~17:00 18:00 (휴무 없음) 그 외 기간 10:00~17:00(월·화 휴무)
**입장료** 8유로

'키엑 인 데 쾩'과 지하통로
**주소** Komandandi tee 2
**웹사이트**
www.linnamuuseum.ee/kok
**운영시간** 5~9월 09:00~18:00 (휴무 없음) 그 외 기간 10:00~17:00 (목요일은 20:00까지, 월요일 휴무)
**입장료** '키엑 인 데 쾩' 내 박물관과 주변 성탑 관람을 포함한 종합 입장권 14유로, 지하통로와 석재 박물관만 방문 시 8유로('처녀의 탑'이나 '뤼히케 알그' 대문 전망대에 오를 경우 이곳에서 통합권을 구매하면 편리함)

1차 대전 승전을 기념하는 자유광장. 한때는 대규모 주차장이었으나 지금은 멋진 광장으로 변했다. 뒤편으로 '키엑 인 데 쾩' 입구가 있다.

## 니굴리스테(성 니콜라스) 성당 [16]

### Niguliste kirik, St. Nicholas Church

고틀란드 섬 출신의 한 독일 상인이 뱃사람들의 수호신인 성 니콜라스를 기리기 위해 지었으며 현재는 박물관으로 이용되고 있다. 중세 매장석, 성당 예술품, 제단을 볼 수 있고 특히 15세기 화가 베른트 노트케(Bernt Notke)가 기괴하게 구성해낸, 그러나 한없이 인상적인 '죽음의 춤(Dance Macabre)'이 전시되어 있다. 2차 대전 시 폭격으로 주변 건물 대부분이 파괴되었고 성당 역시 많은 피해를 입었지만 다행히 유물들은 폭격 전 다른 곳에 모아두어 지금까지 전해지고 있다. 현재 모습은 1980년대에 복원한 것이다.

## '키엑 인 데 쾩'과 지하통로 [17]

### Kiek-in-de-kökk & Bastionikäigud
### Kiek in de Kök & Bastion Passages

톰페아 언덕 기슭에 있는 육중한 모습의 15세기 중세 방어탑. 이 위에 군인들이 올라서면 아랫집 부엌이 빤히 내려다보인다는 이유로 '키엑 인 데 쾩'이라는 특이한 이름이 붙게 되었다. 해석하면 '부엌을 들여다 보아라'이다. 현재 탈린의 형성과 전쟁사에 관한 자료를 전시하고 있다. 니굴리스테 성당에서 구시가지 반대쪽으로 나가면 1차 대전에서의 승리를 기념하는 자유광장(Vabaduse Väljak)이 있다. 광장 한쪽 거대한 십자가가 뒤편으로 나있는 계단을 따라 올라가면 쉽게 갈 수 있다.

이 방어탑은 17세기에 건설된 지하 통로로 가는 길과 연결되어 있다. 탈린 요새 안 비밀 통로들은 17~18세기에 걸쳐 여러 능보들을 만들면서 생겨나기 시작했다. 군인과 군수물자 등을 눈에 띄지 않게 이동시키거나 적들이 지하에 지뢰를 매설하는지 등을 감시하는 정찰의 목적으로 건설되

었다. 가이드 안내 없이 관람해야 하는데 계단을 타고 꽤 아래까지 내려간다. 한여름에도 온도가 낮으므로 따뜻한 옷을 준비하는 것이 좋다. 조명이 어두운 데다가 곳곳에 출몰하는 마네킹들 때문에 놀랄 수 있으나 무서운 곳은 아니니 걱정하지 않아도 된다. 2017년부터는 지하 통로 일부분에 탈린 석재조각 박물관(Carved stone museum)이 생겨 관광객을 맞고 있다.

# 탈린 고지대
Toompea

전설에 의하면 이곳은 칼렙이라는 영웅이 잠들어 있
는 무덤터이다. 그의 부인 린다는 남편이 죽자 에스
토니아 전역에서 바위를 모아 이 거대한 무덤을 만
들었다고 한다. 역사상으로는 에스토니아의 바다와
땅을 노린 외부인들의 지배가 시작된 곳이기도 하다.

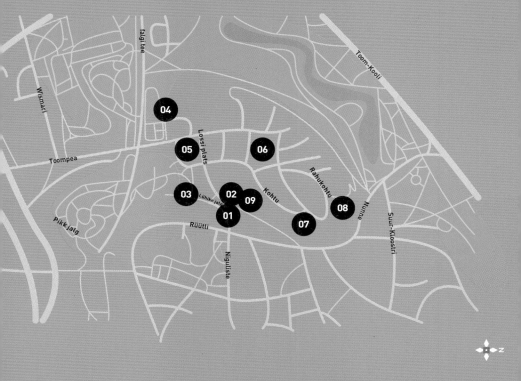

뤼히케얄그 거리. 사실 픽얄그와 뤼히케
얄그 길이 차이가 그리 크진 않다.

**처녀의 탑**
**주소** Lühike jalg 9a
**운영시간** 5~9월 09:00~18:00 (휴무 없음) 그 외 기간 매일 10:00~17:00 (목요일은 20:00까지, 월요일 휴무)
**주의사항** 내부에 있는 식당에 가기 위해서는 표를 구입해야 한다.

## 뤼히케얄그 거리(짧은 다리 거리) 01
### Lühike jalg

니굴리스테 성당 오른편으로 뤼히케얄그 골목이 있다. 이 길을 따라 가면 저지대와는 다른 분위기인 고지대에 오른다. 내려올 땐 픽얄그(Pikk jalg) 거리로 내려오면 된다. 오르막길인 뤼히케얄그에는 계단과 아기자기한 공방들이 들어서 있고 내리막길인 픽얄그는 저지대의 첨탑들과 웅장한 성벽, 그리고 노천 갤러리들이 한데 어울려 독특한 풍경을 연출한다. 픽얄그보다는 뤼히케얄그의 거리가 더 짧기 때문에 에너지 절약 차원에서 올라갈 땐 뤼히케얄그, 내려올 땐 픽얄그로 다니는 게 좋다. 길이 끝나는 지점에 전망대도 설치돼 있다. 운영시간은 '키엑 인 데 퀵'과 동일하며 그곳에서 표를 구입한다.

## 처녀의 탑 02
### Neitsi torn, Maiden Tower

뤼히케얄그 거리를 따라 완전히 올라오면 공터가 나오고 그 뒤편으로 웅장한 성벽이 보인다. 이곳은 14세기 건설된 이래 수차례에 걸쳐 증축되었다. 이름의 유래에 관해서는 '산 위에 지어진 성'이라는 뜻의 에스토니아어 'Mägede torn'이나 이 성곽 건축 시 큰 공을 세운 사람인 메그헤(Meghe)의 이름을 딴 'Meghe torn'으로 불리다가 비슷한 음가를 가진 독일식 이름 'Mädchenthurm'으로 유명해졌다는 설이 있다. 중세시대 창부들을 수용했기 때문이라는 이야기도 있으나 정확히 알려진 것은 없다. 한때 귀신이 나온다는 흉흉한 소문과 함께 오랫동안 폐쇄됐었으나 최근 전망대와 고급 식당이 있는 멋진 곳으로 다시 태어났다.

처녀의 탑

## 덴마크 왕의 정원

**Taani kuninga aed, Danish King's Garden**

이 정원에서 덴마크 국기가 만들어졌다는 전설이 전해진다. 1219년 6월 15일, 전쟁에서 패배할 순간에 놓인 덴마크인들의 손에 어디에선가 붉은 바탕에 하얀 십자가가 그려진 깃발이 떨어졌고 그 후 전세가 역전되어 기적적인 승리를 이루었다. 바로 그 깃발이 현재 덴마크 국기의 전신. 이후 탈린을 포함한 에스토니아 북부 지역이 백 년 이상 덴마크의 지배를 받게 되었다. 매해 여름마다 그날을 기념하는 단네보르그(Danneborg) 축제가 정원에서 열린다.

## 톰페아 성과 키다리 헤르만 탑 04

**Toompea loss & Pikk Hermann**

13~14세기에 걸쳐 지어진 것으로 해발 50m의 가파른 석회암 절벽 위에 웅장하게 서 있다. 역사 내내 에스토니아를 지배한 국가 권력층이 중앙 정부로 사용했던 건물로, 지배 국가가 바뀔 때마다 당대 최고의 건축가를 불러 조금씩 개조해 나갔다. 현재는 에스토니아 국회 건물로 사용되며, 건물과 맞닿아 있는 48m 높이의 키다리 헤르만 탑에는 에스토니아 공화국의 국기가 게양된다. 미리 예약하면 내부 관람이 가능하다.

누군가에겐 역사적인 승리를 이룬 곳이지만 누군가에겐 침략의 시발점. 정원이지만 꽃과 나무가 있진 않다.

덴마크 왕의 정원
**찾아가는 법** 처녀의 탑을 등지고 시가지 쪽을 바라보면 그 아래로 정원으로 가는 계단이 위치한다. 단, 계단이 감추어져 있어 안 보일 수 있다.

톰페아 성과 키다리 헤르만 탑
**주소** Lossi plats 1
**웹사이트** www.riigikogu.ee

키다리 헤르만 탑

나름 볼거리가 꽤 있는 국회 건물이다

## 알렉산데르 넵스키 대성당 05
### Aleksander Nevski katerdraal

톰페아 성과 마주보고 있는 화려한 장식의 정교회 성당. 제정 러시아가 정복 지역에서 러시아화에 박차를 가하던 19세기 말에 지어졌다. 탈린의 전체적인 실루엣을 장식하며 그 웅장함은 널찍한 내부에서도 엿볼 수 있다. 종탑은 탈린에서 가장 거대하며 그 중 제일 큰 종은 자그마치 15톤이나 나간다. 현재 구소련에 남아있는 러시아 정교회 성당 중 아름다운 것으로 손꼽힌다.

내부 사진이 절대 공개되어선 안 된다는 역사적 사명을 띤 듯한 아주머니들이 아주 인상적. 성당 관람에 방해될 정도(!). 찰칵 소리만 나면 득달같이 달려와 혼쭐나니 그냥 눈으로만 보자

**알렉산데르 넵스키 대성당**
**주소** Lossi plats 10
**웹사이트** www.orthodox.ee
**운영시간** 08:30~17:00 (휴무 없음)
**입장료** 무료
**주의사항** 사진촬영은 절대 금지

**동정녀 마리아 대성당(톰 성당)**
**주소** Toom-Kooli 6
**웹사이트** www.eelk.ee/tallinna.toom
**운영시간** 4월 10:00~17:00 (월요일 휴무)/
5, 9월 09:00~17:00 (휴무 없음) / 6~8월
09:00~18:00 (휴무 없음) / 10월 09:00~
16:00 (월요일 휴무) / 11~3월 10:00~16:00
(월요일 휴무)
**미사** 일요일 11:00
**입장료** 5유로

## 동정녀 마리아 대성당(톰 성당) 06
### Toomkirik, St Mary's Cathedral

동정녀 마리아 대성당이라는 이름이 있지만 '톰 성당'이라는 명칭으로 자주 불린다. 여기서 톰(Toom)이란, 이탈리아어로 도시를 대표하는 성당을 의미하는 단어 '두오모(Duomo)'가 에스토니아식으로 바뀐 것. 탈린 고지대를 의미하는 톰페아(Toompea)라는 말이 이 성당의 이름에서 나온 것으로 알려져 있을 만큼 에스토니아 문화, 종교사에서 중요한 건물이다.

에스토니아 루터교의 총본산인 이 성당은 여전히 종교적 기능을 유지하고 있다. 1219년에 이 자리에 임시로 지어졌던 목조성당이 현재 성당의 모태가 된 것으로 보인다. 지금 모습은 15세기 중반 개축 이후 완성된 것. 내벽은 에스토니아에 거주했던 귀족들의 문장으로 장식되어 있으며, 지역 역사에서 중요한 인물들이 안치된 석관도 볼 수 있다. 여름에는 다양한 공연이 자주 열리므로 웹사이트에서 일정을 확인해보자.

## 고지대 전망대

고지대에는 탈린의 경치를 감상할 수 있는 전망 포인트가 있다. 톰콜리(Toom-kooli) 거리와 코흐투(Kohtu) 거리 끝에 있는 전망대  07 는 구시가지와 바다, 항구가 어우러지는 풍경을 선보이며, 맞은편 라후코흐투(Rahukohtu) 08 거리 끝에선 고풍스런 건물들과 대조를 이루는 현대 신도시의 모습을 조망할 수 있다.

## 픽얄그 거리(긴 다리 거리) 09

**Pikk jalg**

전망대에서 아름다운 추억을 만들었다면 알렉산데르 넵스키 성당과 이어져 있는 픽얄그 거리를 따라 내려오면 된다. 탈린에서 가장 오래되었다는 이 픽얄그 거리는 뤼히케얄그와 더불어 고지대 출입을 통제하는 주요 입구였다. 두 거리는 입구는 다르지만 톰페아 언덕에서 픽얄그 거리가 시작하는 지점에서 만나게 된다. 따라서 중세 시대에 고지대로 올라오는 일반 시민들을 통제하기가 용이했다. 위에서 내려다보면 이 지점을 사이에 두고 사람이 다리를 벌리고 있는 것처럼 보이는데, 거리가 짧은 곳은 짧은 다리(뤼히케얄그), 거리가 긴 곳은 긴 다리(픽얄그)라고 이름 붙이게 되었다. 거리에는 화가들이 직접 그린 그림을 판매하고 있다.

TRAVEL TIP

코흐투 전망대에는 워낙 관광객이 많이 몰리다 보니 소매치기범이 자주 출몰한다. 전망에 취하기 전, 몸단속부터 철저히 하자.

탈린 구시가지 전망대에서 항시 대기하고 있는 갈매기. 이곳 사람들은 소설 《갈매기의 꿈》에 나오는 주인공 이름을 따서 '갈매기 조나단'이라고 부른다.

라후코흐투 전망대. 아래로 나 있는 계단을 따라 내려가면 기차역에 도착한다.

# 구시가지 외곽

카드리오르그 궁전 입구에 있는 호수. '백조의 호수'라 불린다.

쿠무 예술관
**주소** Weizenbergi 34, Valge 1
**웹사이트** www.kumu.ekm.ee
**운영시간** 10:00-18:00(목요일은 20:00까지) 4~9월 월요일 휴무, 그 외 기간 월·화 휴무
**입장료** 10유로

카드리오르그 궁전
아주 멋진 궁전이지만 상트페테르부르크나 비엔나에서 궁전을 본 적이 있다면 정원 산책 후 바닷가로 가도 무방하다.
**주소** Weizenbergi 37
**웹사이트** www.kadriorumuuseum.ekm.ee
**운영시간** 5~9월 10:00-18:00(수요일은 20:00까지, 월요일 휴무) 그 외 기간 10:00-17:00(수요일은 20:00까지, 월·화 휴무)
**입장료** 8.5유로

## 카드리오르그(Kadriorg) 지역

러시아 제국의 권력층이 형성한 곳으로 구역 자체가 진기한 건축박물관이라 불릴 만큼 구시가지를 능가하는 훌륭한 볼거리가 많다. 대통령 집무실을 포함해 여러 대사관이 있으며, 고상한 고급 주택과 여름 별장, 현대적인 쿠무 예술관, 당당한 위엄을 갖춘 기능주의적 건물, 또 탈린의 서민들이 임대해 사는 전통 나무집들이 조화롭게 모여 있다. 시내에서 'Kadriorg'라고 쓰여 있는 전차를 타면 쉽게 올 수 있고 여기에 소개된 곳은 카드리오르그의 중심인 카드리오르그 궁전에서 모두 걸어서 둘러볼 수 있다.

### 쿠무 예술관
Kumu - Eesti Kunstimuuseum, Kumu Art Museum

2006년에 문을 열었으며 에스토니아 미술사의 흐름을 한눈에 파악할 수 있다. 카드리오르그에는 다양한 전시관과 복원센터가 있는데 그중 쿠무 예술관은 문화 강의와 교육 활동 및 현대미술 전시에 힘을 쏟고 있다.

### 카드리오르그 궁전
Kadrioru loss, Kadriorg Palace

표트르 대제의 명령으로 1718년 착공되었고 황제의 부인인 예카테리나 1세의 이름을 따서 '예카테리넨탈'이라는 이름을 붙였다. 표트르 대제가 직접 초석을 얹었다고 한다. 궁전 설계자는 상트페테르부르크의 여름 궁전 설계에 참여했던 이탈리아 건축가 니콜로 미체티(Niccolo Michetti). 1930년 에스토니아 국가원수의 관저로 지정되었고 지금도 대통령 궁이 궁전의 뒤뜰 너머 가까운 곳에 있다. 현재는 외국 회화 작품을 전시하는 미술관으로 사용되고 있다.

## 카드리오르그 궁전 주변

궁전 주변에 재미있는 건물이 많다. 한때 주방이었던 건물은 현재 '미켈(Mikkel) 박물관'이라는 아늑한 분위기의 예술관이 되었고 표트르 대제가 묵었던 오두막도 남아있다. 궁전 관리자가 썼던 집은 현재 '카스텔라니마야(Kastellaanimaja) 갤러리'로 사용되고 있다. '카드리오르그 공원 박물관'은 표트르 대제의 시공 이후부터 진행된 공원 발전사에 대한 자료를 전시하고 있다.

아름다운 풍광에 슬픈 사연이 숨어있다.

표트르 대제의 오두막
**주소**  Mäekalda 2
**웹사이트**  www.linnamuuseum.ee/peetrimaja
**운영시간**  5~9월 10:00~18:00(수요일은 19시까지, 일요일은 11:00~17:00, 휴무 없음) / 10~4월 10:00~17:00(수요일은 20시까지, 일요일은 10:00~16:00, 월, 화 휴무)
**입장료**  3유로

### 표트르 대제의 오두막

Peetri maja

18세기 초 러시아의 표트르 대제는 탈린을 방문할 때마다 이 허름한 오두막에서 기숙했다고 한다. 현재 박물관이 되어 일부는 당시 가구들로 채워져 있고, 차르가 사용한 소장품도 볼 수 있다.

### 루살카

Russalka

카드리오르그 궁전 입구 앞으로 펼쳐진 오솔길을 따라 약 200m 정도 걷다보면 천사 동상이 나온다. 1893년 탈린을 출항해 헬싱키로 향하던 군함 루살카를 추모하기 위해서 1902년에 만들어진 것. 폭풍으로 인해 목적지에 도달하지 못하고 승무원 177명 전원이 사망했다. 소련의 유산이라는 이유로 철거하자는 말도 있었지만 현재 발트해와 어우러지는 멋진 풍경으로 인해 신혼부부 웨딩사진 촬영지로 유명하다.

표트르 대제의 오두막

노래대전이 열리지 않더라도 일부러 발품 팔아 찾아가 볼 만한 가치가 충분하다.

**라울루밸략**
**주소** Narva mnt. 95
**웹사이트** www.lauluvaljak.ee
**찾아가는 길** 루살카 조각상과 카드리오르그 궁전으로 가는 사잇길로 따라 올라가면 된다. 시내에서 피리타(Pirita)로 가는 버스는 모두 여기에서 정차한다.

**에스토니아 야외 민속촌**
**주소** Vabaõhumuuseumi tee 12
**웹사이트** www.evm.ee
**운영시간** 하절기 4/23~9/28 10:00~20:00(일부 전시관은 18:00까지) 그 외 동절기 10:00~17:00
**입장료** 하절기 10유로, 동절기 8유로
**찾아가는 길** 발티얌(Baltijaam) 탈린중앙역에서 21, 21b번 버스를 타고 로카 알 마레(Rocca al Mare) 정류소에서 하차. 시내에서 6, 7번 트롤리버스를 타고 동물원 정류소에서 하차(15분 도보 이동)해도 된다.

### 라울루밸략
Lauluväljak, Song Festival Ground

라울루밸략은 에스토니아 최대의 문화 브랜드인 노래대전이 열리는 무대로, 한국어로 '노래 광장'이라는 뜻. 에스토니아 사람들의 독립의지를 전 세계에 천명하고 소련 붕괴를 촉발시킨 곳이지만 아이러니하게도 이 건물은 소련 시절 지어졌다.
수많은 사람들이 화음을 만드는 만큼 목소리를 가장 잘 담을 수 있는 구조로 설계되었고, 무대 뒤편으로 펼쳐진 발트해와 무대 주변 나무들의 조화가 아름답다. 노래대전이 열리지 않는 기간에도 대형 공연이 자주 열린다. 행사가 없는 날에도 방문 가능하고, 무대 위 스피커에서는 이곳에서 녹음된 합창곡이 흘러나와 언제든 감상할 수 있다.

### 에스토니아 야외 민속촌
Eesti Vabaõhumuuseum, Estonian open air museum

해변가에 위치한 에스토니아 야외 민속촌. 79ha의 넓은 면적으로 농장 건물, 풍차, 물레방아 등 시대와 지역을 아우르며 농촌 생활을 선보여 마치 또 다른 작은 세상 같다. 명절 풍습이 전통 방식으로 재현되고 민속음악과 무용 공연도 접할 수 있다. 번잡한 도시에서 벗어나 소풍을 떠나기에 더 없이 좋은 곳.

## 성 비르기타 수녀원과 피리타 해안
**Birgitta klooster & St. Bridget's Convent Ruins**

피리타(Pirita)는 탈린과 인접한 위성도시 중 하나로 1980년 모스크바 올림픽 당시 조정과 요트 경기가 열리던 곳으로 유명하다. 요트 선착장을 따라 가보면 당시 올림픽 때 사용되었던 엠블럼을 볼 수 있으며 선수촌은 현재 바닷가가 잘 보이는 호텔로 개조되었다.

선착장 주차장에서 길 건너편으로 수줍게 이마만 드러내고 서 있는 피리타 수도원은 16세기 말에 파괴되어 지금은 서편에 35m 높이의 석회암 벽면 일부와 잔해뿐이지만, 다행히 과거 어떤 모습이었는지 추측해볼 수 있는 골격이 남아있다. 리보니아에서 가장 규모가 컸던 이 수도원은 1407년 탈린의 부유한 상인들이 건설했다. 수도원 어딘가에 구시가지로 몰래 이동할 수 있는 비밀통로가 있었다는 전설이 전해진다. 수준 높은 야외공연이 자주 열리므로 관심 있다면 관광안내소에 문의해보자.

성 비르기타 수녀원과 피리타 해안
**주소** Kloostri 9
**웹사이트** www.piritaklooster.ee
**운영시간** 4-9월 10:00-18:00 그 외 기간 12:00-16:00
**입장료** 3유로
**찾아가는 길** 시내 비루 케스쿠스(Viru Keskus) 백화점 지하 승차장에서 1A, 8, 34A, 38번 버스를 타면 된다.

탈린 구시가지로 가는 길목에 있는 건물. 현재는 주상복합건물로 사용하고 있다. 소련 시절 건축 양식을 잘 보여주는 대표적인 건물 중 하나이다.

KGB 사령부
**주소** Tartu mnt 24

소련 시절 구시가지에 지어진 스프루스 (Sõprus, 우정) 극장. 현재에도 예술영화 전용관으로 많은 사랑을 받고 있다.

# 탈린의 소비에트 유산

에스토니아는 1940년에는 소련, 1941년에는 나치 독일의 침공을 받았으며 1944년에는 소련의 재침공이 이어졌다. 종전 직후 무력으로 소비에트 연방에 복속되었고 1991년 독립을 쟁취할 때까지 점령된 채로 남아있어야 했다. 그 기간 동안 소련이 남긴 흔적들은 아픈 과거를 지속적으로 떠오르게 하지만 탈린 사람들은 그것을 허무는 것보다 보존을 택했다. 리가와 빌뉴스에도 소비에트 유산이 많이 남아있는데 탈린은 예술적, 건축학적 차원에서 다른 도시들에 비해 특별하니 이를 눈여겨보자.

### KGB 사령부

피크(Pikk) 59번지와 파가리(Pagari) 1번지 구석, 음산하게 생긴 벽돌 건물은 한때 두려움의 상징이었다. 바로 반동분자라고 지목된 사람들을 고문하고 총살을 집행하거나 시베리아 강제 수용소로 보내던 NKVD(후에 KGB로 개명)의 총사령부가 있던 곳. 독립하기 전까지 이 건물의 용도를 정확히 아는 사람이 없었다고 한다. 아이러니하게도 지금은 에스토니아 내무부 건물이다. 바로 옆에 위치한 올레비스타 첨탑은 한때 KGB의 라디오 송신탑으로도 사용되었다.

### 마르야매에 전쟁 기념비

*Maarjamäe memoriaal, Maarjamae memorial*

60~70년대에는 볼썽사납게 크고 웅장하기만 한 2차 대전 기념물이 거의 모든 소비에트 도시마다 세워졌다. 원래 이곳은 독일과의 전쟁에서 사멸한 이들을 기리는 곳이었는데 소련의 승전을 기념하는 장소로 바뀌었고 인민공화국 시절에는 대규모 군사 퍼레이드가 열리곤 했다. 현재 소련이 살아있는 한 영원히 불타오를 것이라고 여겨졌던 성화대에는 먼지만 쌓여있다. 뒤편에 있는 독일군과 소련군의 묘지를 보고 있으면 왠지 숙연해진다. 피리타 해안 도로에 인접해 있다.

# 가 볼 만한 박물관

### 에스토니아 점령 및 자유박물관
okupatsioonide ja vabaduse muuseum
Museum of occupation and freedom

한때 제2차 세계대전 발발 이후 1991년 독립 당시까지 이어지던 점령 시절의 독립투쟁, 강제이주 등 독일과 소련 사이에서 고통을 당해야 했던 아픈 기억들을 모아놓은 곳이었다. 2018년 자유와 인권의 소중함을 느낄 수 있는 새로운 전시관으로 개조하여 문을 열었다. IT 강국답게 다양한 영상기술과 VR 기기를 이용한 실감나는 전시 감상이 가능하다.

### 탈린 시립 박물관
Linnamuuseum, City museum of Tallinn

대형 전시실에 2차 대전과 소련 지배기에 대한 자료가 집중적으로 전시되어 있다. 온통 스탈린 선전물로 도배되었던 탈린 구시가지의 과거 사진, 정치 선동 포스터와 이를 무색하게 만드는 보드카와 배급표, 가난한 시절을 보여주는 일상용품 등이 한 자리에 전시되어 있다.

점령 및 자유 박물관
**주소** Toompea 8
**웹사이트** www.vabamu.ee
**운영시간** 5월~9월 10:00~18:00 (휴무 없음) 그 외 기간 11:00~18:00 (월요일 휴무)
**입장료** 6.5유로

탈린 시립 박물관
**주소** Vene 17
**웹사이트** www.linnamuuseum.ee
**운영시간** 11~2월 10:00~17:30 (월요일 휴무) / 3~10월 10:30~18:00 (월요일 휴무)
**입장료** 6유로

## 스탈린 양식이란?

폴란드 바르샤바에 있는 문화과학궁전이나 모스크바의 모스크바 대학교 본관 건물처럼 4면이 모두 같은 모양을 띠고 있으면서 하단부는 넓고 위로 갈수록 점차 뾰족한 모습으로 바뀌는 형태를 일컫는다. 소련 시절에 번성했던 건축 양식 중 가장 전형적이면서 흔히 차용된 양식으로, 스탈린 시절 소련 정부의 권위를 강조하기 위해 소련 주요 도시에 집중적으로 건설해놓았으며 탈린 역시 예외가 아니었다.
스탈린 양식 중 그나마 아름답다고 칭송할 만한 것은 1954년에 완성된 해군사무소(Mere pst 5번지)이다. 상트페테르부르크의 제국적 스타일을 본떠 만들어졌으며 꼭대기에는 당시 주요 상징이었던 낫과 망치도 여전히 볼 수 있다. 이밖에 타르투(Tartu) 대로 24번지에 자리 잡은 주거용 건물은 모스크바, 리가 등 다른 소련 도시에서 쉽게 발견할 수 있는 거대한 '웨딩 케익'의 축소판처럼 생겼다. 맨 꼭대기에 내걸린 소비에트의 별이 독특한 분위기를 자아낸다.

스탈린 양식의 대표적인 건물인 폴란드 바르샤바의 문화과학 궁전

129

# 라헤마 국립공원

### 바다, 숲, 늪지대를 모두 느낄 수 있는 곳

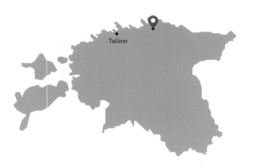

라헤마 국립공원은 울창한 숲, 그리고 아름다운 호수가 많아 자연을 몸소 체험할 수 있다. 그리고 무엇보다 발트해 자연의 백미로 손꼽히는 늪지대가 잘 보존되어 있다. 에스토니아는 전 국토의 3분의 1이 울창한 숲과 늪지대인데, 여기서 말하는 늪지대란 흔히 떠오르는 진흙 뻘이 아니다. 에스토니아의 늪지대는 '이탄 이끼'라는 뿌리 없는 식물이 토양층을 구성하고 이 이끼들이 땅 밑으로 깊게는 7–8m까지 자라 있다. 평상시에는 몸체에 많은 물을 머금어 홍수를 예방하고 갈수기엔 지하수를 공급한다.

1971년 국립공원으로 지정되어 에스토니아뿐 아니라 과거 소비에트 연방 전체에서도 가장 역사가 오래된 국립공원이다. 에스토니아 소마 국립공원, 라트비아 케메리 국립공원 등에서 비슷한 경관을 감상할 수 있지만 주요 도시에서 상당히 멀고 며칠 시간을 내야 한다는 단점이 있다. 반면 라헤마 국립공원은 탈린에서 한 시간 안으로 도착할 수 있는 거리에 위치해 탈린 시민들이 반나절 나들이 코스로 많이 찾고 있다.

애석하게도 탈린이나 인근 도시와 연결된 대중교통수단이 전무하여 개인 여행객이 방문하기 어렵다. 만약 동행이 있다면 차를 임대해 방문하는 것이 좋다. 탈린 시에서 매일 출발하는 라헤마 단체 관광 프로그램에 참가하는 것도 괜찮다. 탈린 시내 관광안내소나 묵고 있는 호텔에 문의하면 여행상품을 소개받을 수 있다.

## 팔름세 궁전

**Palmse mõis, Palmse manor**

팔름세 궁전은 라헤마 국립공원 방문자 안내소로서 주변 지역 안내도와 하이킹 지도를 구할 수 있다. 궁전 자체도 꽤 멋진 풍경을 보여주니 늪지대에 가기 전에 꼭 들러 보자. 궁전 후원(後苑) 뒤편의 절벽 위에는 호수 풍경을 감상할 수 있는 전망대도 있다.

팔름세 궁전은 16세기 문헌에 등장할 정도로 역사가 오래되었다. 에스토니아 북부에 살던 발트독일인들의 가문이 번갈아 소유해 왔으며 지금의 모습은 18세기 중반에 완성되었다. 현재 19세기 팔름세에 살던 발트독일인의 생활상을 재현해 놓은 가구와 악기들을 볼 수 있으며, 궁전 내에는 와인 시음장과 고급식당이 있어 차분하게 시간을 보내기 좋다.

---

### 그 외 볼거리

팔름세 이외에도 비훌라(Vihula), 사가디(Sagadi) 등 비슷한 시기에 지어진 멋진 궁전들이 고급 호텔이나 식당으로 개조돼 사용되고 있다. 비훌라 궁전 옆에는 골프장도 있다.

---

**팔름세 궁전**
**주소** 45435 Viitna pk, Palmse küla
**웹사이트** www.palmse.ee
**운영시간** 10:00~18:00(5월에서 9월까지는 휴무 없음, 그 외 기간에는 월요일 휴무)
**입장료** 9유로

**사가디 궁전(Sagadi Mõis, Sagadi manor)**
**주소** Sagadi küla, Vihula vald
**웹사이트** www.sagadi.ee
**사가디 궁전박물관 운영시간**
**매일** 10:00~16:00, 4유로

**비훌라 궁전(Vihula Mõis, Vihula Manor)**
**주소** Vihula, Lääne-Virumaa
**웹사이트** www.vihulamanor.com

### 알트야 마을
**Altja**

라헤마 북쪽 해안 알트야에는 과거 에스토니아 어촌 마을이 보존되어 있다. 실질적으로 어업으로 생계를 꾸려나가는 건 아니고 민속촌 같은 셈이다. 마을 입구에는 에스토니아 생선 요리를 맛볼 수 있는 식당이 있다.

### 비루 라바
**Viru Raba**

비루 라바에 위치한 전망대

라헤마에서 늪지대의 자연을 가까이서 보고 싶다면 비루 라바에 가보자. 접근이 용이한 크고 작은 늪지대가 있으며 약 2㎞ 거리의 전망대에 올라가면 하늘과 숲, 호수가 만드는 아름다운 풍경이 펼쳐진다. 늪지대는 탱크를 삼켜버릴 만큼 지대가 약한 곳이니 이동 시 조심할 것. 나무판자로 길을 만들어놨으므로 산책로만 따라다니면 큰 문제는 없다. 늪지대로 들어가기 전 울창한 숲을 통과해야 하는데 여름철엔 모기가 창궐하니 주의하자. 탈린에서 비루 라바까지는 대중교통으로 이동 가능하다. 탈린에서 라크베레, 나르바 방면으로 가는 버스를 타고 Loksa Tee라는 이름의 정류장에서 내리면 된다. 정류장에서 내린 후 길을 건너 바로 보이는 길을 따라 안쪽으로 약 500m 들어가면 표지판이 보인다. 늪지대 안에서 역 1시간 반 정도 시간을 보내는 일정으로 짜 보자. 에스토니아 국내버스표 예약사이트인 tpilet.ee에서 시간을 미리 확인해 보도록. 탈린으로 오는 버스들의 종착역이 때에 따라 버스터미널이 아닌 기차역 인근 정류소인 경우도 있으니 혹시 도착한 곳이 출발한 곳과 다를 지라도 놀라지 말자. 첫차를 타고 오면 자연과 혼연일치되는 신비한 경험을 할 수 있을 것이다. 라트비아 케메리의 경우 늪지대 산책로가 출발지점과 끝나는 지점이 같지만 이곳 비루 라바는 출발지점과 끝나는 지점이 다르다. 나무산책로가 끝나는 지점에서 왼쪽으로 계속 가다보면 출발점이 나오지만 구글지도를 보고 위치를 확인하는 것이 좋겠다.

무더운 한여름보다는 공기 중 수분이 많아지는 가을에 찾아오면 더 아름다운 풍경을 만끽할 수 있다.

*Haapsalu*

# 합살루
### 아름다운 호수와 바다가 있는 곳

탈린에서 서쪽으로 99㎞ 떨어진 합살루는 에스토니아에서 낭만적이고 아늑한 도시로 손꼽힌다. 다른 유명 해안도시와 비교해도 손색없을 정도로 아름다운 백사장, 그림같이 아기자기한 마을, 잘 보존된 웅장한 성곽이 있다. 대도시이면서도 조용하고 아늑한 분위기까지 있어 러시아 작곡가 차이콥스키(Tchaikovsky)가 여름이면 찾아와 휴양했을 정도로 인근 국가 사이에선 유명한 관광지다.

합살루에는 13세기에 지어진 성곽이 있는데 대주교 성이라 불리는 이 성은 쿠레사레(Kuressaare), 라크베레(Rakvere) 등과 더불어 에스토니아에 남아 있는 중세 성곽 중 보존 상태가 가장 좋다. 시내 한가운데 있는 이 성곽이 말해주듯 합살루는 중세에 에스토니아 서부 해안에서 막강한 요새 역할을 했었다. 에스토니아가 제정 러시아의 지배를 받기 시작한 후에는 차르의 특별한 관심으로 인해 친히 러시아와 합살루를 잇는 철도를 건설하라는 명령까지 내렸다고 한다.

합살루에 오는 방법은 버스뿐. 합살루를 여행 일정에 넣었다면 탈린 체류 기간에 맞추어서 방문하는 것이 좋다. 탈린 버스터미널에서 1시간 반 소요. 합살루에 도착해 버스터미널을 등지고 나오면 시내(kesklinn) 방향을 가리키는 표지판이 있다. 이를 따라가면 관광안내소가 나온다.

기차역인듯 기차역 아닌 합살루역.

### 합살루 철도 박물관(버스터미널)
**Eesti Raudteemuuseum, Estonian Railway Museum**

합살루에 들어오는 버스는 전부 합살루 버스터미널에 도착한다. 일단 버스터미널에 내리면 에스토니아에서는 거의 볼 수 없었던 역청사의 웅장하고 화려한 모습에 놀라게 된다. 그런데 사실 이곳에 정차하는 기차는 없다. 1905년에 건설 당시에는 유럽에서 가장 길이가 긴 기차역 플랫폼으로 유명했고 상트페테르부르크에서도 기차가 올 만큼 꽤 잘 나가는 기차역이었다. 현재는 버스터미널이지만 철도도 나 있고 그 위로는 기차도 놓여있어 기차역이라고 해도 믿을 정도다. 버스터미널 끝 쪽에 에스토니아 철도 박물관이 있다.

합살루 대주교 성
**주소** Kooli 5
**웹사이트** www.haapsalulinnus.ee
**운영시간** 성당 방문시간(성곽은 언제나 개방)
**입장료** 5유로

### 합살루 대주교 성
**Haapsalu piiskopilinnus, Episcopal Castle**

시내 한가운데 위치한 대주교 성은 잘 보존된 중세 성곽 중 하나이다. 라크베레의 성에 비해 당시 모습이 비교적 온전하게 남아있고, 성을 둘러싼 803m 길이의 성벽 역시 보존 상태가 훌륭하다. 13세기에 지어졌지만 16세기 중엽부터 에스토니아 서부 지역을 관할하는 대주교의 성으로 역할이 바뀌었다. 그래서 이 성곽엔 대성당 건물이 딸려 있는데 여기서 하얀 옷을 입은 귀신이 수시로 출몰한다고 한다. 벽 한쪽 길쭉한 창문에 나타난다는 귀신은 대성당 내 수도원의 규율을 어겨 벽에 매장된 여인이라는 전설이 있었으나, 조사 결과 조명이 반사되어 만들어진 환영이라는 결론이 났다. 그럼에도 그 형상은 여전히 '하얀 옷의 여인'이란 애칭으로 불리며 많은 사랑을 받고 있다. 매년 이 여인의 이름을 딴 축제가 열리고 여름에는 공포 영화제도 열린다.

합살루 대주교 성

### 해안가

합살루는 해안도시인 만큼 바다와 인접한 곳에 유원지가 잘 조성되어 있다. 패르누(Pärnu)나 유르말라(Jurmala)처럼 북적이는 분위기보다는 자연스럽게 산책을 하거나 요트를 타고 바다 한가운데로 나갈 수 있는 시설이 많은 편. 북쪽 해안가에는 조용히 요양할 수 있는 곳도 많다.

### 프로메나디 거리
**Promenaadi jalg**

대주교 성에서 나와 북쪽으로 조금만 올라가면 나오는 거리. 산책로라는 그 의미에 걸맞게 잔잔한 바다 주변을 거닐기 딱 좋다. 동쪽으로는 '아프리카 해안(Afrika rand)'이라는 해변이 있는데 공원에 에스토니아 최초의 작곡가인 루돌프 토비아스(Rudolf Tobias)의 흉상이 있다.

프로메나디 거리

사람이 앉기엔 불편하지만 동네 고양이와
비둘기에겐 좋은 휴식처

### 쿠르살
**Kuursaal**

프로메나디 거리를 따라 쭉 걷다보면 보이는 파스텔톤 건물. 1898년에 지어진 전문 사교장으로 현재에도 파티나 무도회가 열린다. 주로 단체예약 손님들이 이용해 내부 입장이 어려울 수 있지만 건물 주변 경관이 훌륭해 가 볼 만하다. 특히 장미 꽃밭이 아름답다.

### 차이콥스키 기념 벤치

쿠르살에서 해안을 따라 위쪽으로 더 올라가면 신경성 질환자 요양소가 있다. 보기에는 호텔 같이 비교적 잘 꾸며졌다. 건물 뒤쪽에 돌로 만든 벤치가 있는데, 1867년 차이콥스키가 휴가차 합살루를 방문했을 때 석양을 감상하던 자리라고 한다. 등받이에는 차이콥스키가 작곡한 악보가 그려져 있다. 가끔은 새똥이 쌓여있기도 하지만 바다가 보이는 풍경은 아주 훌륭하다.

베이케 비크의 모습

### 베이케 비크
**Väike Viik**

합살루 북쪽 해안은 바다 한가운데 반도가 불쑥 튀어나온 형태를 하고 있다. 작은 호수라는 의미의 베이케 비크는 반도 중앙에 자리 잡은 호수인데 주변으로 지어진 자그마한 집들과 물 위에서 노니는 백조와 오리들이 아름다운 풍경을 만든다. 호수 위로 지는 태양을 감상하며 커피 한잔 마셔보자.

수틀레파 메리에서 새 관찰을 해보자.

---

### 수틀레파 메리(Sutlepa Meri)

새 관찰에 취미가 있다면 합살루 인근 수틀레파 메리를 찾아가 보자. 다른 곳에서는 보기 힘든 갈대습지를 볼 수 있는데, 습지 한가운데 새를 관찰할 수 있는 전망대가 있다. 발이 젖기 쉬우므로 고무장화와 망원경은 필수! 대중교통으로는 이동이 어렵고 내비게이션에 Noarootsi lakes, Sutlepa Sea로 검색해 찾아오면 된다.

---

# 라크베레
### 햄과 소시지도 유명한 도시

라크베레는 비옥한 자연환경으로 인해 수백 년 전부터 사람들이 정착해 살고 있었다. 이미 13세기에 그 가치를 파악한 독일기사단이 이곳에 진출해 주요 요새가 건설되었고 지금도 그 흔적들이 남아있다. 2002년에는 라크베레가 공식적으로 도시 건설 700주년이 되는 해였다. 현재는 도시 이름을 브랜드로 내걸어 농축산물을 생산하고 있다. 라크베레산 베이컨과 버터 등은 꼭 한번 맛보자.

탈린에서 동쪽으로 100㎞ 떨어져 있다. 버스를 타면 1시간 반에서 2시간 정도 걸리므로 탈린에 머물 때 당일치기로 다녀오기 좋다. 거의 매시간 버스가 출발한다. 탈린에서 상트페테르부르크로 가거나 반대의 경우라면 나르바(Narva)와 라크베레를 함께 묶어 여행하면 좋다. 라크베레와 나르바를 연결하는 버스도 자주 있다. 타르투(Tartu)에서도 라크베레 가는 버스가 있다.

중앙광장의 모습

### 중앙광장
#### Keskväljak

라크베레는 관광안내소가 있는 중앙광장(Keskväljak)부터 둘러보면 좋다. 중앙광장의 산뜻한 모습은 2004년에 완성된 것으로 벽돌 길로 포장된 다른 도시의 광장들과 달리 비교적 현대적이고 실험적인 구도가 인상적이다. 광장 주변에 역사적인 건물들이 있다.

### 픽크 거리
#### Pikk jalg

중앙광장과 이어져 있는 파크칼리(Parkali) 거리를 따라 조금만 들어가면 나온다. 약 100년 전에 지어진 운치 있는 건물들과 라크베레 시민생활박물관이 있다. 라크베레 성곽으로 가는 길목이니만큼 어차피 지나치므로 시간 나면 박물관도 가보자.

라크베레 시민생활박물관(Rakvere Linnakodaniku majamuuseum)
**운영시간** 화-금 10:00-16:00 / 토 11:00-16:00
**입장료** 2유로

### 타르바스
#### Tarvas

2002년 라크베레 도시 승격 700주년을 기념하여 세워졌다. 높이는 3.5m, 길이는 7.1m인 거대한 물소상. 동상 아래는 조형물 건축 시 도움 준 이들의 이름이 적힌 기념비가 있다.

물소상 앞에서 결혼사진을 찍고 사타구니를 만지면 아기를 갖는다는 소문이 있다.

## 라크베레 성

**Rakvere Linnus, Rakvere Castle**

13세기 덴마크 지배기에 기초가 지어지고 독일기사단에 의해 계속 증축된 성으로, 원형을 대체로 잘 유지하고 있다. 성벽과 건물 대부분이 지금까지 별 이상 없이 사용되고 있을 정도로 튼튼하지만 17–18세기에 여러 전쟁을 겪으면서 많이 파괴되었다. 성 내부에는 독일기사단의 활동과 라크베레 시의 역사를 볼 수 있는 전시물 외에도 당시 고문의 현장을 재현한 방, 사후세계를 표현한 방 등 다양한 볼거리를 마련해 발걸음이 끊이질 않는다. 라크베레에서 가장 높은 곳에 있어 어디에서나 성으로 가는 길을 찾을 수 있다.

## 떡갈나무 숲

**Tammik**

라크베레 성을 나와 주변을 둘러보면 저 멀리 풍차 하나가 날개를 내려놓고 괴괴히 서 있다. 그 풍차를 따라 내려오면 떡갈나무 숲이 나온다. 에스토니아가 기독교화 되기 전엔 이런 떡갈나무 숲 속에 신령한 기운이 있다고 믿어 상당히 신성시되었다고 한다. 기독교화 이후엔 숲이 많이 파손되어 현재 이렇게 울창한 떡갈나무 숲은 보기 어렵다.

라크베레 성
**웹사이트** www.rakverelinnus.ee
**운영시간** 3, 4, 10월 10:00-16:00 (월·화 휴무) / 5, 9월 10:00-18:00 (휴무 없음) / 6, 7, 8월 10:00-19:00 (5월 중 휴무 없음. 9월에는 월, 화 휴무) 그 외 기간에는 단체 예약에 한해서만 입장 가능
**입장료** 9유로

---

*N a r v a*

# 나르바

#### 삼엄한 안보와 따뜻한 화업이 어우러진 아름다운 국경도시

---

육로를 통해 에스토니아에서 러시아로 넘어가는 사람이라면 누구나 거쳐야 하는 국경 도시. 이런 지리적인 위치 때문에 러시아인의 비율이 80%를 넘어 에스토니아어로는 의사소통이 어려울 정도며 레닌 동상과 소련 조형물이 여전히 서 있다. 여기까지만 본다면 구소련 냄새가 풀풀 풍기는 지독한 도시라고 생각하기 쉽다. 그러나 나르바는 깨끗한 도시라고 명성이 나 있을 정도로 깔끔하게 잘 정돈되어 있다.

한때는 한자동맹 중심지로 명성을 날렸었고 아름다운 바로크 건물이 주를 이루고 있었다. 하지만 2차 대전 이후 도시가 많이 파괴되어 과거의 명성은 흔적으로만 남아있다. 지정학적 위치 때문에 주변 국가들과 영토 분쟁이 끊이지 않기도 했다. 현재 나르바 시내 한가운데 러시아와의 국경이 있다. 나르바 강 동편으로 흐르는 비슷한 이름의 나로바(Narova) 강이 국경 역할을 하고 있다. 그 강을 건너 제일 처음 만나는 러시아 도시는 '이반고로드(Ivangrod)', 에스토니아어로는 '야니린(Jaanilinn)'이라 불린다. 사실 이곳은 1차 대전 후 러시아와 체결한 국경조약인 '타르투 협정'에 의해 에스토니아로 귀속되어야 할 땅인데, 독립 후 러시아로 넘어가 지금까지 양국 간 풀리지 않은 문제로 남아있다.

---

에스토니아에서 러시아로 넘어가는 버스와 기차는 전부 이곳에 정차한다. 러시아로 이동할 계획이라면 낮에 나르바에 들러 관광하고 저녁에 러시아행 버스를 타면 된다. 아니면 러시아에서 에스토니아로 들어올 때 먼저 들러도 좋다. 탈린과 타르투 등 에스토니아의 대도시를 오가는 버스도 자주 있다.

## 나르바 구시청사

*Narva Raekoda*

타르투에 있는 구시청사와 비슷한 모습으로 한자무역 도시였을 때의 흔적을 보여주는 대표적인 건물. 17세기 후반기 바로크 양식으로 건설되었을 당시 나르바 시의 법원, 지방정부청사 등 시 운영에 필요한 행정 업무를 담당하는 중요한 건물이었으나 현재는 별다른 쓰임 없이 방치되어 있다. 나르바 구시청사 앞으로는 타르투 대학교 나르바 캠퍼스 건물이 위치해 있다. 아파트 단지 안에 있어 찾기가 쉽지 않다.

## 나르바 성

*Narva Hermanni Linnus, Narva Hermamm Castle*

나르바 최고의 볼거리. 중세에 덴마크, 스웨덴, 러시아가 첨예하게 대립하던 무렵 건설되었다. 2차 대전 때 파괴된 이후 계속 복원 중인데 규모가 아주 크다. 나르바 성에 올라가면 앞으로는 강이 흐르고, 그 앞쪽의 국경선을 지나면 러시아 도시인 이반고로드의 '이반고로드 요새'가 떡하니 자리를 잡고 있다.

이렇게 두 개의 다른 요새가 어깨를 맞대고 있는 경우는 상당히 드물다. 성 안에는 나르바 시의 역사와 관련된 유물이 전시되어 있고, 성 주변을 빙 둘러 보며 산책하기도 좋다. 성 입구의 레닌 동상이 과거의 시간을 상기시켜준다.

아래 사진의 왼쪽은 나르바 성, 오른쪽은 이반고로드 성. 세계에서 가장 아름다운 국경이 아닐까?

타르투 협정에 의하면 이반고로드 성까지 에스토니아 영토여야 하지만 현재는 러시아로 편입되어 있다.

나르바 구시청사와 타르투 대학교 나르바 캠퍼스

**나르바 구시청사**
**주소** Raekoja 1

**나르바 성**
**주소** Peterburi mnt 2
**웹사이트** www.narvamuuseum.ee
**운영시간** 10:00-18:00 (공휴일 및 명절 휴무)
**입장료** 5/20-8/31 8유로, 그 외 기간 4유로

레닌 동상 스타일은 거의 비슷하다. 코트를 입고, 한 손은 앞으로 뻗고 있으며, 머리에는 새똥이 묻어있다.

*———— Pärnu ————*

# 패르누
### 에스토니아 근대 문화의 발상지

에스토니아의 여름 수도라 불리는 휴양지로, 옛 소련 시절부터 소련 각지에서 많은 이들이 찾았다. 하지만 이곳은 단지 에스토니아 최고의 여름 휴양도시라는 의미 이외에도 에스토니아어 신문이 최초로 발간되고 에스토니아 민족의 개화운동이 신호탄을 올린 곳으로 에스토니아의 새로운 역사를 이끌어간 위대한 업적을 일군 도시이기도 하다. 바다에서의 여유과 함께 에스토니아 근대역사의 시작과 관련된 장소를 찾아 시간여행도 같이 해보자.

탈린이나 타르투 같은 에스토니아 주요 도시에서 패르누 가는 버스가 자주 있다. 버스터미널이 시내 한가운데 있어 편하다.

## 패르누 구시가지

중세에는 탈린과 맞먹는 한자동맹 도시로 위용을 떨친 적이 있다. 탈린시보다 규모는 작지만 비슷한 풍의 건물들이 즐비해 중세 분위기를 연출한다. 피크(Pikk), 쿠닌가(Kuninga), 뤼틀리(Rüütli) 거리에 이런 건물들이 집중적으로 몰려있다.

패르누 구시가지

빨간 탑. 유명한 건물은 무조건 가보자.

**빨간 탑**
**주소** Hommiku 11
**찾아가는 길** 뤼틀리(Rüütli) 거리와 홈미쿠(Hommiku) 거리가 맞닿는 곳에 있는 빨간 지붕 건물

**탈린 대문**
**찾아가는 길** 뤼틀리(Rüütli) 거리 옆으로 뻗어있는 쿠닌가(Kuninga) 거리를 따라 쭉 걸어가면 된다.

### 빨간 탑
Punane Torn, Red tower

패르누 구시가지를 대표하는 건물이지만 명성에 비해 규모가 작아 찾기 쉽지 않다. 15세기에 지어진 구시가지 초소로 패르누에선 가장 오래된 건물. 현재는 패르누 예술가들의 작품을 판매하는 곳으로 바뀌었다.

### 탈린 대문
Tallinna värav, Tallinn Gates

17세기 패르누가 한자동맹 도시로 번성하던 시절, 탈린에서 오던 상인들이 항상 이 문을 통과해 패르누로 들어왔다 해서 '탈린 대문'이라는 이름이 붙었다고 한다.

### 발리캐르 호수
Valikäär

탈린 대문을 통과하면 만나는 호수. 강둑을 따라 쭉 걷다보면 과거에 사용했던 등대와 패르누로 들어오던 사람들을 관리하던 초소, 대포 등을 볼 수 있다. 하절기엔 호수 주변 원형극장에서 야외콘서트가 열린다.

## 메레 대로
### Mere puiestee

구시가지는 아니지만 으리으리하고 멋진 집들이 있어 독특한 분위기를 만든다. 고급 호텔인 아멘다 빌라(Ammenda Villa)가 이 거리에 있다. 길을 쭉 따라가면 백사장이 나온다. 물론 해수욕을 즐길 수 있지만 한여름이라도 해수욕을 즐길 만한 무더위가 자주 찾아오지는 않는다. 해안가 주변에는 산책로가 잘 조성되어 있고 야외 스포츠를 즐기는 사람들로 언제나 붐빈다. 여성 나체 해변도 있으니 남성들은 주의를 요한다. 물론 알아보기 쉽게 잘 표시되어 있다.

## 시내 쪽 방파제

배들이 항구에 들어오는 길을 표시하기 위해 바위로 방파제를 쌓아놓은 곳. 조수간만의 차가 크지 않아 우리나라에 비해 비교적 낮은 느낌이다. 그 방파제 위로 걷다보면 끝에 있는 등대까지 걸어갈 수 있다. 하지만 바다 쪽으로 갈수록 상당히 미끄럽다. 만약 실족 사고가 일어날 경우 도움받기 어려우니 주변 산책 시 주의가 필요하다.

## 패르누 탐조전망대
### Vana-Pärnu linnuvaatlustorn, Vana-Pärnu birdwatching tower

시내 쪽 방파제보단 접근성이 떨어지지만 소련 시절 많이 훼손된 해안지대를 목초지로 개간한 곳으로 요즘엔 철새들이 찾아올 정도로 깨끗한 자연환경을 자랑한다. 전망대에서 바라본 발트해와 방파제의 모습이 훌륭하다. 걸어가기엔 무리일 수 있지만 혹시 승용차가 있다면, 그리고 마침 해가 뉘엿뉘엿 지는 저녁이고 낭만적인 추억을 만들고 싶다면, 고민 말고 찾아가서 풍경 속에 풍덩 빠져보자. 주소는 따로 없다. 구글 지도나 내비게이션에서 패르누 바다를 찾아 시내 반대편 방파제를 콕 집어 찾아간다.

운이 좋으면 중세식 복장을 한 어르신들을 만나 기념촬영을 할 수도 있다.

메레 대로
**찾아가는 길** 발리캐르 호수 주변 잔디밭을 따라가면 메레(Mere) 대로로 연결된 길이 있다.

리디아 코이둘라 기념박물관
**주소** Jannseni 37
**웹사이트** www.parnumuuseum.ee/
koidulamuuseum
**운영시간** 6–8월 10:00–18:00(월요일 휴
무) / 9–5월 10:00–17:00(월요일 휴무)
**입장료** 2유로
**찾아가는 길** 시가지에서 걸어서 15분 정
도 소요

## 리디아 코이둘라 기념박물관

**Lydia Koidula Muuseum, Lydia Koidula Museum**

리디아 코이둘라는 19세기 개화기 시절 활동한 에스토니아의 대표적인
신여성이자 민족시인이다. 유로존 가입 전 사용되던 에스토니아 100크론
(한화로 약 만 5천 원 상당) 지폐 도안의 주인공으로 언제나 왼쪽을 바라
보는 머리숱 많은 코이둘라의 이미지는 에스토니아의 대표적인 여성상
중 하나가 되기도 했다. 아버지 발데마르 얀센(Valdemaar Jannsen) 역시 에
스토니아에서 최초로 일간지를 발간하고 민족중흥의 역사적인 사명을
감당한 사람이었다.

리디아 코이둘라는 패르누 태생은 아니지만 근교에서 태어났다. 현재 박
물관이 있는 곳은 코이둘라가 살았던 학교 건물을 개조한 것. 실제로 그
건물에서 에스토니아 최초의 신문이 발간되었다. 당시 모습을 재현한 방
과 학교를 그대로 옮겨놓은 모습은 규모는 작지만 보는 재미가 쏠쏠하다.

리디아 코이둘라 아버지인 발데마르 얀센 동상. 인기 많은 기념촬영 장소다.

# 소마 국립공원
### 도시인들이 찾는 익스트림 여행의 천국

국토의 3분의 1이 울창한 숲으로 덮인 에스토니아. 그래서 어떤 사람들은 이 나라를 유럽의 아마존이라고도 부른다. 그중에서도 소마 국립공원은 원시 자연이 잘 보존된 습지로서 명성이 높다. 패르누(Pärnu)와 빌란디(Viljandi) 사이 에스토니아 중부에 넓게 펼쳐져 있으며 수많은 늪지대와 호수, 그리고 철새 도래지 등 빙하기에 형성된 에스토니아의 천혜의 자연을 엿볼 수 있다. 살쾡이, 엘크, 여우, 비버, 늑대, 물소 등 서식 중인 동물도 수십 종이 넘는다. 현재 국립공원 전체를 유네스코 세계자연유산에 등재시키기 위해 많은 노력을 기울이고 있다.

한편, 소마(soomaa)라는 단어는 '습지의 땅'이라는 의미일 뿐 행정 구역을 일컫는 말은 아니다. 에스토니아 독립 후 1993년에 국립공원으로 조성되었는데 이후 이 지역을 이르는 말로 굳어졌다. 총 390㎢의 넓이로 라헤마 국립공원과 함께 에스토니아의 야생을 그대로 보여주는 양대 산맥이다. 하지만 라헤마 국립공원은 나들이 코스로 이미 많은 개발이 이루어진데다가 인근에 대도시가 들어서서 소마처럼 풍부한 야생을 담고 있진 못하다. 이는 그만큼 소마에는 편안한 관광을 위한 기반 시설이 없다는 뜻이다. 그래도 흔히 맛볼 수 없는 아름다운 경관에 발걸음이 고되지만은 않을 것이다. 어떤 모기라도 한 번에 퇴치할 수 있는 강력한 모기약과 악조건 속에서도 버틸 수 있는 정신만 있다면 대자연에 흠뻑 취할 수 있을 것이다.

가장 오래되고 경험 많은 여행업체
**웹사이트** www.soomaa.com

소마 국립공원 관리사무소
**웹사이트** www.soomaa.ee

## 소마에 가려면?

애석하게도 소마는 배낭여행객이 찾아가기 쉽지 않다. 특정한 중심 도시가
있는 것도 아니고 대도시와 연결된 교통수단도 전무하다. 가장 좋은 방법
은 차를 임대하는 것. 소마 국립공원 관리사무소에서는 여행 경로 및 인근
숙박 정보를 얻을 수 있다. 그 외 소마 카누 여행이나 민박을 알선해주는 여
행업체가 여럿 있다. 인근 휴양도시 패르누에서 당일 출발하여 주요 늪지대
탐험과 비버 사파리, 사우나 등을 한꺼번에 할 수 있는 상품이 많이 나왔다.
여행업체나 패르누 관광안내소에 문의하면 정보를 얻을 수 있다. 왕복버스
와 식사, 음료 등이 포함되어 별 어려움은 없을 것이다.

## 소마의 습지는 언제부터 형성되었을까?

습지라고 하면 발을 잘못 디디는 순간 끝없는 나락으로 빨려 들어가는
진흙수렁을 연상하기 쉽지만, 사실 무수한 물이끼들이 서로 엉켜 만든
땅 위에 여러 동식물이 서식하는 공간이다. 서로 단단하게 엉킨 물이끼
들은 마치 잔디 같기도 한데 한줌 움켜잡으면 손바닥이 흠뻑 젖을 정도
로 부드럽다. 그런 물이끼들이 적어도 7m 이상 층을 이루고 있어 옆 사
람이 발을 구르면 그 충격이 출렁이며 전달된다. 소련 시절에는 이 지역
을 건조시켜 공장 부지를 만든다거나 이끼 자체를 상업적으로 이용해보
려는 연구가 진행되기도 했으나, 자연을 함부로 건드리면 안 된다는 것을
오늘날의 에스토니아 사람들은 잘 알고 있다.

이런 거대한 습지는 한국의 역사가 세 번이나 반복될 수 있는 대략 만 3
천 년 전부터 형성되었다. 물이끼는 보통 1년에 4mm씩 자라는데 위로 퇴
적되는 다른 이끼들의 무게에 눌려 길이가 3mm 정도 줄어든다. 실질적으
로 1년에 채 1mm 자랄까 말까 한 것. 이처럼 오랜 세월을 거쳐 형성된 수
렁이 소마 국립공원 여기 저기 널려있고 그런 수렁들이 모이고 모여 네
개의 더 큰 늪을 만들었다.

# 소마의 즐길 거리

## 카누 타기

소마에서는 꼭 카누를 타봐야 한다. 좁다랗게 뻗어 있는 물줄기를 따라 카누를 젓다보면 늪지대가 선사하는 놀라운 풍경에 잠시 정신을 잃을지도. 운이 좋으면 강둑에서 헤엄치는 비버나 물을 마시러 나온 사슴, 나무를 두들기는 딱따구리, 먹이를 찾아 맴돌고 있는 독수리도 볼 수 있다. '운이 좋으면'이라는 단서를 달아놓은 이유는 동물들이 대본에 짜인 듯 한꺼번에 나타나지 않기 때문이다.

카누는 짧게는 3시간에서 길게는 10시간, 또한 하루 코스와 며칠 동안 강둑에서 야영하며 일주하는 장기 코스까지 다양하게 선택할 수 있다. 주로 강줄기 하류를 내려가는 것이라 그리 어렵지 않지만 그래도 이따금 빠른 물살을 만나거나 수심이 깊지 않은 계곡에서는 벗어나는 데 상당히 애를 먹을 수도 있다. 카누가 뒤집히는 경우도 있으니 만반의 준비를 갖추자.

## 늪지대 탐험

공원관리소에서 늪지대 탐험 경로가 담긴 지도를 받을 수 있다. 대부분의 늪지대는 나무판자로 길을 내 신발을 적시지 않아도 된다. 단, 주의할 점은 나무판자 길 밖으로 나가서는 안 된다는 것. 사람 발자국 하나 때문에 수천 년 동안 자란 물이끼들이 훼손될 수도 있다. 그런 평온한 오지 탐험이 만족스럽지 못하다면 눈길 전용 신발(영어로 'snowshoe')을 신고 즐기는 코스도 있다. 나무판자 없는 자연 그대로의 늪지대를 물이끼 훼손을 최소화하면서 산책하는 것인데 사람 발길이 거의 닿지 않다 보니 엘크나 여우 같은 동물의 흔적을 찾아낼 수도 있고 보기 힘든 새들도 가까이서 볼 수 있다. 망원경이 있으면 더욱 좋다.

## 비버 사파리

비버는 과거 소련 시절, 가죽이나 고기로 사용하기 위해 남획하여 에스토니아에서 한때 완전히 멸종되었었다. 하지만 몇 십 년 전 벨라루스에서 비버를 들여 와 숲에 풀어 자연 서식을 시도했고 이후 개체수가 급격히 늘어 현재는 많은 문제를 양산하고 있다. 이제 비버는 소마에만 사는 특별한 동물이 아니다. 하지만 습지 사이로 흐르는 물줄기와 그 주변으로 우거진 울창한 숲들이 살기 좋은 환경을 마련해주어 비버 둥지와 둑을

카누 타기
소마닷컴(www.soomaa.com)에서는 신체적, 시간적 조건에 따라 적당한 노선을 추천해 준다. 인근 패르누나 빌란디까지 직접 차를 몰고 나와주기도 한다. 내가 친구와 함께한 저 구간은 4시간 짜리라고 했는데, 장정 둘이 부지런히 노를 저으니 2시간 반 만에 주파할 수 있었다.

늪지대 탐험
소마에는 늪지대 산책로가 굉장히 많다. 공원관리소에 문의하면 적절한 산책로를 추천해 준다. 가장 대표적인 탐방로는 리사 탐방로(Riisa õpperada, Riisa trail). 전체 5㎞에 이르는 거리로 휠체어로도 다닐 수 있도록 시설을 마련해 놓았다. 약 5㎞에 이르는 인가치 탐방로(Ingatsi õpperada), 4.4㎞ 길이의 휘파사레 탐방로(Hüpassaare õpperada)에는 수영을 할 수 있는 곳도 있다. 어디서도 경험할 수 없는 늪지대 수영을 하고 싶은 사람에게 적극 추천한다.

**비버 사파리**
비버를 꼭 보고 싶다면 적외선 카메라를 준
비하는 것도 좋을 듯. 공원 관리소 입구 비
버 탐방로를 따라 가면 비버는 볼 수 없지
만 총 2km에 이르는 산책로를 따라가며 곳
곳에 남아있는 비버들이 만든 댐과 둥지를
볼 수 있다. 해가 질 때쯤 하늘을 검게 뒤덮
는 박쥐들도 비버만큼 이 지역에 자리 잡고
있는 터줏대감들이다.

**모기가 많은 에스토니아를 풍자하여 만
든 에스토니아 문장**
원래는 모기 대신 사자 세 마리가 포효하
는 모습이다. 사실 통계상으로 인류를 가
장 많이 죽음에 이르게 한 동물은 사자
같은 맹수가 아닌 모기라고 한다.

다른 곳에 비해 흔하게 볼 수 있다.

소마 국립공원에서는 야행성인 비버들이 활동을 시작하는 해질 무렵, 카
누를 타고 서식지를 돌아다니는 '비버 사파리' 프로그램을 운영하고 있다.
개체수가 늘어나 여러 문제를 일으키고 있지만 정작 비버를 직접 보기는
힘들다. 매우 예민해 근처에 사람이 오기도 전에 피해버린다. 스르륵 갈
대숲을 빠져나와 유유히 헤엄치다가 사람을 발견하고는 꼬리로 물을 내
려쳐 동료들에게 위험을 알리는 모습이나마 볼 수 있으면 그나마 다행.
비버 사파리는 소마에서 지정한 가이드와 꼭 함께 이동해야 한다.

## 소마에 가기 전 참고사항

### 자연 사랑은 기본
소마 국립공원이 강조하는 모토 중 하나는 '소마는 동물들의 거주지고
사람은 방문자일 뿐'이라는 것. 동식물을 함부로 포획하거나 채집하는 행
위는 엄격히 금지!

### 남획 가능한 것이 하나 있다던데……
무자비한 포획과 살상이 허용된 생명체가 하나 있으니, 바로 모기다. 본
격적으로 늪지대에 들어서기 전 숲을 통과해야 하는데 이때 모기들의 습
격을 감수해야 한다. 한여름 밤 한두 마리씩 달려드는 것과는 근본이 다
르다. 모기뿐만 아니라 '등에' 같은 각종 흡혈곤충도 많으니 몸에 뿌리는
해충제거제는 필수! 특히 물살이 빠르지 않고 울창한 숲으로 둘러싸인
카누 코스는 모기들이 살기 아주 좋다. 카누 여행이 모기의 방해를 받지
않도록 미리미리 대비하자. 참고로 한국 제품은 이곳에서 잘 먹히지 않는
다. 공원 관리사무소에서 해충제거제를 판매하고 있으나 역시 큰 효과를
기대하긴 어렵다. 모기의 습격에 무덤덤해지도록 노력하는 수밖에…… 다
행히 이곳의 벌레들이 위험한 전염병을 옮기지는 않는다.

### 소마에는 식당이 없다
끼니를 때울 수 있는 시설이 거의 전무하므로 평상시에 음식과 물을 많
이 준비하는 것이 좋다. 야영지가 아니라면 함부로 불을 피우거나 취식할
수 없으므로 아무데서나 음식을 조리하는 것은 삼가야 한다.

# 사레마
#### 멍 때리는 여유를 부릴 수 있는 한적한 여행지

사레마는 에스토니아 서부의 섬들을 하나로 묶은 구역으로 이 지역에서
가장 큰 섬을 일컫기도 한다. 섬의 중심 도시 쿠레사레(Kuressaare)는 웅
장한 중세 성과 함께 중세 모습을 잘 간직한 구시가지가 인상적인데 다
른 도시에 비해 한적하고 운치가 느껴진다. 여기에 소개된 키흐누(Kihnu)
는 다른 섬들과는 달리 패르누(Pärnu) 시에 속해 있지만 편의상 사레마의
일부로 소개하고자 한다. 놀랍게도 사레마 섬 안에서만 이동하는 경우에
는 대중교통이 모두 무료이다. 이는 외국인들에게도 마찬가지다. 하지만
쿠레사레는 식음료비나 택시요금이 에스토니아 육지에 비해서 상당히 비
싸다.

# 쿠레사레
## Kuressaare

주민 대부분이 섬에서 가장 큰 도시인 쿠레사레(Kuressaare)에 살고 있다. 쿠레사레는 바이킹에 맞먹는 전투력 강한 해적으로 유명한 섬이다. 덴마크, 스웨덴 등 많은 북유럽 국가들이 번갈아가며 통치했으며 그 당시에 건설된 다양한 유적들을 만나볼 수 있다.

탈린, 타르투 등의 주요 도시에서 쿠레사레로 가는 버스가 자주 있다. 탈린에서 출발하면 중간에 약 30분간 배 타는 시간을 포함해 4시간 정도 걸린다. 탈린–쿠레사레 간 비행기도 운행되는데 탈린 국내선 공항이나 쿠레사레 공항에서 바로 표를 구입할 수 있다. 표 값이 아주 저렴하다. 45분밖에 안 되는 비행시간이지만, 자그마한 18인승 비행기로 날아가는 기분이 쏠쏠하다. 이전에는 기내식이 나온 적도 있었다. 공항 앞에서 비행기 도착시간에 맞춰 대기하고 있는 시내버스를 타고 시내로 들어오면 된다.

비행기 예매
www.saartelennuliinid.ee

### 구시가지

터미널 앞 탈린나(Tallinna) 거리를 쭈욱 따라 걷다보면 중세 아기자기한 건물이 들어선 광장이 등장한다. 탈린 구시가지처럼 크고 고색창연하진 않지만 영화 〈시네마 천국〉의 토토가 살던 마을처럼 고즈넉하면서 아늑한 풍경. 나름 분주한 도시로서의 품격을 갖추고 있으면서도 한적한 휴식을 즐기며 감성을 충만히 채울 수 있는 곳이다. 딱히 꼭 봐야 하는 게 있는 건 아니지만 중세의 향기를 가득 머금은 나지막한 건물들은 갤러리, 커피숍, 기념품, 공연장으로 사용되고 있어 발 닿는 곳마다 내륙에서는 느낄 수 없는 독특한 분위기이다.

쿠레사레 구시가지 밤 풍경

## 쿠레사레 화물계량소

**Kuressaare Vaekoda, Weighhouse**

스웨덴 점령기인 17세기에 지어진 이 바로크 양식의 건물은 사레마에서 거래되던 모든 물품들의 무게를 측량하던 곳으로서 무게에 따라 세금이 정해졌다고 한다. 바로 옆에는 과거에 시장이 있던 자리가 여전히 남아 있다. 400년이 지난 후에도 여전히 과거의 모습을 그대로 간직하고 있으며 지금은 꽤 근사한 펍으로 변신했다.

## 쿠레사레 성

**Kuressaare loss, Kuressaare Castle**

14세기에 지어진 이 성은 발트3국에서 유일하게 준공 이후 전쟁이나 화재로 인한 피해를 입지 않아 원형 그대로 전해지는 중세 성곽으로 알려져 있다. 그 옛날 중세 건물을 보고자 한다면 이만한 곳이 없다. 성 내부는 사레마와 쿠레사레의 역사를 보여주는 전시관이 있는데 산책만으로도 흥미롭다. 맨 위층엔 바다와 쿠레사레 시내를 조망할 수 있는 전망대가 있다.

## 거인 틀과 피레트

**Suur Tõll ja Piret, The Giant Tõll and Piret**

2002년 쿠레사레 해안가에 세워진 큼지막한 청동 동상은 사레마 섬의 주민들을 지켜준다는 전설의 거인 틀과 그의 아내 피레트를 형상화한 작품이다. 전설에 따르면 인근 루흐누 섬과 사레마 섬 사이를 걸어서 왔다 갔다 했을 정도로 장대한 거인이었다고 한다. 해가 질 무렵 이 동상에서 바라보는 바다 풍경이 멋지다. 메리 호텔(SPA Hotell Meri) 바로 앞에 위치해 있다. 쿠레사레 성에서 바로 나갈 수 있는 통로는 없다. 성곽 주변 공원에서 완전히 나와 파르기(Pargi) 거리를 따라가면 볼 수 있다.

화물계량소가 뭐하는 곳이었는지 굳이 관심 가질 필요는 없다. 그냥 맥주만 마시다 가도 된다.

**쿠레사레 화물계량소**
**주소** Tallinna 3

**쿠레사레 성**
**주소** Lossihoov 1
**웹사이트** www.saaremaamuuseum.ee
**운영시간** 5-8월 10:00-19:00 (휴무 없음) 그 외 기간 11:00-19:00 (월·화 휴무)
**입장료** 8유로
**찾아가는 길** 광장에서 로씨(Lossi) 거리를 계속 따라간다.

거인 틀과 피레트

발트3국에서 아름다운 중세 성곽으로 손꼽힌다.

# 쿠레사레 인근

### 칼리 운석 충돌지
**Kaali kraater, Kaali crater**

쿠레사레에서 약 16㎞ 떨어져 있는 이곳은 약 4천 년 전 지구에 떨어진 운석이 만든 호수이다. 이 호수를 포함해 전부 9개의 구덩이가 형성되었는데, 이 호수에서 마을 쪽으로(쿠레사레 반대편) 20m 걸어가면 번호 4번이 매겨진 다른 웅덩이만 한 크기의 조그마한 운석 충돌지를 볼 수 있다. 다른 운석 충돌지는 대부분 사유지 안에 있어서 방문이 어렵다. 사실 이 호수가 운석 충돌로 만들졌다는 사실은 비교적 최근인 1930년에 밝혀졌다고 한다. 호수가 생성된 배경과 역사, 운석의 전반적인 자료들이 전시된 아담한 박물관도 있다.

쿠레사레 시내에서 버스로 20분 정도면 갈 수 있으며 쿠레사레 시내에서 자전거를 빌려서 이동하는 것도 가능하다. 쿠레사레 버스 터미널에서 승차하면 되며 www.bussipilet.ee에서 시간을 검색해 일정을 준비해 보자.

이외에도 철새 도래지와 아름다운 해안가로 유명한 빌산디 국립공원과 이름난 절벽, 주변 경관이 아름다운 등대 등 크고 작은 볼거리가 많지만 대중교통으로 다닐 수 있는 곳이 제한적이라 가능하면 렌터카를 이용하는 것이 좋겠다.

이밖에 사레마 지역 섬들 중 독특한 문화가 형성된 섬들을 소개하고자 한다.

## 키흐누
### Kihnu

사레마(Saaremaa)나 히우마(Hiiumaa) 같이 국도가 잘 닦인 다른 섬과 비교하면 보잘것없지만, 이 섬만이 가지는 문화적 가치는 타의 추종을 불허한다. 남자들은 돈을 벌러 육지로 떠나고 여자들만 남아 섬을 지켜서인지 키흐누는 오래전부터 '여성들의 섬'으로 알려져 있었다. 척박한 환경 속에서 키흐누 여인들이 맞닥뜨렸던 현실은 육지에 살고 있는 여성들의 삶보다 더 까다로운 것이었다. 아마 그런 상황들이 '여성들의 섬'이라는 말을 만들어내지 않았을까. 직접 밭을 갈고, 가축을 기르고, 틈틈이 빵을 굽고, 생선을 말리고, 다듬고 절이고……. 지금도 겨울이 되면 집집마다 베틀로 치마단 따는 일을 한다. 섬 여인이라면 누구나 입은 '쾨르트(Kört)'라는 독특한 치마는 이곳의 풍경을 더욱더 색다르게 한다.

키흐누에는 공식적으로 경찰서가 없다. 파출소도 없다. 아스팔트 도로가 하나 나있을 뿐 대부분의 길은 비포장도로이다. 평생 섬에만 살았던 사람이라면 신호등이 뭔지도 모른 채 세상을 하직할 수 있을 정도(!). 그래서 외지인이 많이 모이는 전통 축제(하지축제 6/24, 부활절, 크리스마스) 기간이나 휴가철에는 육지의 경찰들이 섬으로 건너와 잠시 동안 순찰을 돕는다.

가축이나 화물을 실어 나르는 트럭은 대중교통이 전무한 키흐누 섬에서 아주 요긴한 교통수단. 육지에서 온 관광객을 싣고 모래 길을 질주하는 트럭은 짜릿함을 선사한다. 곳곳에 있는 대여소에서 자전거를 빌려 여기저기 다니며 소소한 재미도 느낄 수 있다.

얼핏 보면 외부인에게 마음을 열지 않을 것 같지만, 섬 사람들은 육지에서 온 나그네가 필요로 하는 것을 선뜻 제공해 줄 만큼 친절하며 동양인에 대한 관심은 더욱 특별하다. 젊은 사람들은 영어가 통하지만 나이든 어르신들은 에스토니아어도 아닌 육지 사람들도 잘 알아듣지 못하는 섬 사투리만 사용한다. 마음이 맞는다면 어떻게든 말은 통하게 되어 있으니 좌절하진 말자.

키흐누의 전통생활 방식을 보여주는 민속 마을이 현재 조성 중이다. 아직까지는 메짜무아(Metsamua)라고 하는 전통가옥을 개조한 박물관에서

육지는 스웨덴, 독일, 러시아의 손을 타며 시시각각 변했지만 키흐누는 그에 아랑곳 않고 자신들의 필요와 생활양식에만 맞춘 삶의 방식을 도도하게 고수해왔다. 2003년 이 섬의 문화가 세계무형문화 유산에 등재되었다.

**하지 축제 기간**
키흐누는 하지축제나 부활절 같이 전통문화를 체험해 볼 수 있을 때 찾는 것이 제일 좋다. 한가로운 바다를 함께 걸어줄 이가 없다면 말이다.

**키흐누**
**찾아가는 법**
**– 배 시간 조회**
**웹사이트** www.veeteed.com
**패르누에서 키흐누, 루흐누 가는**
**– 비행기편 예약**
**웹사이트** www.lendame.ee

쾨르트 짜기를 체험하거나 사진, 전통 인형을 관람할 수 있는 볼거리를 제공한다. 직접 만든 맥주나 훈제생선을 맛볼 수도 있다.

### 키흐누에 가려면?

**배 편** | ❶ 패르누 선착장(Pärnu): 운행하는 배가 하루에 두어 편 정도고, 키흐누까지는 2시간 반 소요. 축제 기간에는 배가 추가 배치된다. ❷ 무날라이드 선착장(Munalaid): 패르누 서쪽에 있는 선착장(페르누에서 차로 1시간 거리). 일주일 내내 배가 있고 운행도 자주한다. 키흐누까지는 1시간 소요. 문제는 대중교통으로 이 선착장까지 가는 게 매우 어렵다는 것. 배 안에 차를 실을 수 있으니 개인 차량이 있는 경우에 추천한다. 하지만 차가 없다면 패르누에서 가는 게 최선! 배 시간만 잘 맞춘다면 아침에 섬에 들어가 하루 관광 후 저녁에 다시 육지로 돌아올 수 있다.

**비행기 편** | 이런 번거로운 방식이 싫다면 패르누에서 출발하는 비행기를 타는 것도 괜찮다. 다만 비행기는 바다가 얼어붙는 겨울에만 운행한다. 8명만 탑승할 수 있는 꼬마비행기인데 탑승감이 그리 좋지는 않다고 한다. 그래서 바다가 얼면 직접 차를 몰고 얼음바다를 건너는 사람들이 더 많다. 차를 타고 바다를 건널 수 있는 기간은 신문을 통해 공지된다.

## 루흐누
### Ruhnu

발트해 한가운데 덩그러니 자리 잡은 섬. 거리상으로 보면 에스토니아보다 라트비아에 더 가깝다. 섬 모습은 발트해 바닥에 살고 있다는 여신 유라테(Jurate)가 씹다가 대충 붙여놓은 껌처럼 생겼다. 패르누에서 배로 3시간 정도 가야 한다. 사람이 살고 있는 섬 중 제일 규모가 작고 인구도 50명에 불과한, 에스토니아에서는 가장 작은 행정구역. 그렇지만 볼거리는 아주 풍부하다.

한때 스웨덴에 속해있던 이 작은 섬은 스웨덴과 에스토니아, 라트비아 세 문화권의 점이 지대에 위치해 본토에서는 볼 수 없는 독특함이 있으며 마을 사람들이 옹기종기 모여 작은 사회를 이끌어가는 모습이 재미있다. 발트3국에서 가장 오래된 목조 건물인 루흐누 성당과 최근에 지어진 석조 성당을 중심으로 볼거리가 몰려있고, 파리 에펠탑을 만든 그 에펠(Eiffel)이 설계에 참여했다는 루흐누 등대도 유명하다.

식당이나 카페가 없어서 섬 내에 있는 다섯 개의 민박집에서 모든 숙식을 해결해야 하다 보니 주민들과의 교류는 필수다. 번잡한 도시를 벗어나서 한동안 편하게 쉬고 싶다는 생각이 든다면 루흐누를 적극 추천한다. 무엇보다 호젓한 곳에서 글을 쓰려는 사람들에겐 정말 좋은 작업실이다. 섬 한가운데 꽤 시설 좋은 공공도서관도 있고 인터넷 연결 속도도 아주 빠르다.

---

### 루흐누에 가려면?

사레마 섬에서는 로마싸레(Roomassaare) 항구에서, 육지에는 패르누에서 배로 이동할 수 있다. 패르누에서 출발하는 배를 이용하는 것이 가장 효과적인 듯하지만 시간이 맞는다면 사레마 섬과 연결해도 좋다. 패르누에서 루흐누행 페리를 타는 항구는 패르누 시가지에서 걸어갈 수 있을 만큼 가깝다. 운행시간은 계절에 따라 달라지므로 출발 전 미리 확인하자. 겨울에는 패르누 공항에서 출발하는 8인승 비행기가 있다. 루흐누 섬에 있는 항구 이름은 링수(Ringsu)로 조회한다.

---

섬 한가운데를 가로지르는 루흐누 대로 표지판. 루흐누에는 공식적으로 길이 하나 밖에 없다.

에펠이 설계했다는 등대. 현재는 이것보다 더 멋드러진 등대가 바다를 지키고 있다.

루흐누
#### 찾아가는 법
패르누에서 키호누와 루흐누로 가는 배는 모두 Kalda tee 2번지 선착장에서 출발한다. 구시가지에서 그리 멀지 않다.
- 페리 운행 정보
**웹사이트** www.tuulelaevad.ee

패르누와 루흐누를 연결하는 루뇌호와 루흐누 선착장 풍경

숙소 리스트
웹사이트 www.ruhnu.ee

땅바닥을 기어가는 달팽이들을 가만히 지
켜보는 게 결코 지겹지 않은 묘한 여유가 생
기는 섬

## 편의 시설이 거의 없는 루흐누

루흐누 전체 약 5개 숙박업소 중 부킹닷컴(booking.com)에 등록된 업체는 한
개에 불과하기 때문에 일일이 숙박업소와 연락하여 예약하는 수밖에 없다.
방문객이 많아지는 7~8월에는 루흐누 항구 앞 카페가 잠시 문을 열긴 하지
만, 시내에는 식당이나 카페가 전혀 없으므로 숙박업소에서 제공하는 식사
로 끼니를 해결하거나 직접 음식을 해먹는 수밖에 없다. 섬 내 가게도 적고
파는 것도 제한적이므로 음식을 직접 해먹을 거라면 뭍에서 미리 준비해
와야 한다.

루흐누 항구에 도착해 앞으로 나있는 아스팔트길을 따라 쭉 걸으면 마을
에 도착한다. 약 3㎞ 거리로 25분 정도만 걸으면 된다. 숲 사이로 난 평지
이다 보니 그리 어렵지 않다. 초행길이라 부담되고 짐이 많을 경우 숙박
하게 될 민박집에 문의하면 항구로 마중을 나올 것이다.

섬 한가운데 있는 박물관

# 히우마
에스토니아 젊은이들이 가장 많이 찾는 국내 여행지

히우마는 사레마나 키흐누 섬에 비해 국제적으로 비교적 덜 알려진 섬이지만 한번 방문하면 잊지 못할 기억이 각인될 놀라운 곳이다. 섬 전체 인구는 약 만 명 정도, 그 중 가장 큰 도시인 캐르들라(Kärdla)에 약 4천 명 정도의 인구가 몰려 있다. 젊은 층이 많이 상주하고 있고 고급 주택과 자동차들을 쉽게 볼 수 있다. 인구에 비해 나이트클럽, 펍, 고급 카페가 아주 많으며 에스토니아 유명 셰프들이 있는 '고급진' 레스토랑들도 여러 개 있다.

그래서인지 요즘 들어 히우마는 에스토니아 젊은이들이 가장 많이 찾는 국내 여행지이자 주변 스칸디나비아에서 개인 요트를 타고 찾아오는 이들도 점차 늘어나고 있어, 관광에 필요한 기반 시설들이 더 늘어나고 있는 중이다. 먹을 것과 놀 곳이 많은 곳에서 별 일정 없이 멍 때리거나 빈둥거릴 수 있는 여행지를 찾는다면 히우마보다 좋은 곳은 없다. 내게 주어진 시간의 흐름을 온몸으로 느낄 수 있을 것이다.

선박 운행 시간표
웹사이트 www.praamid.ee

비행기 운행 시간
**탈린─캐르들라**
07:00─07:30 / 17:00─17:30
**캐르들라─탈린**
07:45─08:15 / 17:45─18:15 / 주말에는
운행시간이 하루에 한 차례로 줄어든다.
(2019년 4월 기준)
**티켓 구매는 웹사이트에서만 가능**
www.saartelennuliinid.ee

18인승 비행기

## 히우마에 오는 방법

**버스와 배** | 탈린에서 히우마의 중심도시인 캐르들라(Kärdla)와 캐이나(Käina)를 연결하는 버스가 하루에 두어 차례 있다. 중간에 약 45분 정도 배를 타고 이동하는 시간까지 포함해 4시간이면 섬에 도착한다. 탈린에서 출발한 버스는 보통 합살루를 거치기 때문에 합살루 여행과 같이 일정을 짜면 좋다. 자가용이 있을 때는 로후퀼라(Rohuküla) 항구에서 배를 타고 헬테르마(Heltermaa) 항구로 가면 된다. 배는 약 2시간에 한 대꼴로 다닌다.

**비행기** | 탈린에서 캐르들라까지 아침과 저녁 두 차례 18인승 꼬마 비행기가 운행된다. 배와 버스를 타고 올 시간 여유가 없다면 탈린에서 아침 비행기를 타고 와 하루를 보낸 후, 캐르들라에서 저녁 비행기로 탈린으로 돌아가는 것도 한 가지 방법. 비행시간은 20분. 요금은 편도에 단돈 25유로. 그러나 날씨가 안 좋으면 200미터쯤 추락하는 듯한 극한의 공포를 느낄 수도 있으니 마음의 준비를 단단히 하자. 공항에 도착하면 시간에 맞추어 캐르들라 시내로 가는 버스가 대기하고 있다.

**일정 Tip** | 가장 좋은 방법은 탈린에서 버스와 배를 타고 캐르들라에 도착하여 1박을 하면서 히우마 곳곳을 둘러보고 다음 날 비행기를 타고 탈린으로 가는 것이다. 참고로 캐르들라는 일요일이 되면 거의 모든 편의시설들이 문을 닫는다. 가능한 주중에 방문하기를 권한다.

캐르들라 공항

## 캐르들라

### Kärdla

히우마 섬에서 가장 큰 도시인 캐르들라는 전반적으로 루흐누 섬의 한적
함과 쿠레사레의 번화함을 적절히 섞어 놓은 분위기이다. 19세기 중반에
서 제2차 세계대전 발발 전까지는 에스토니아 최대 규모의 섬유회사가
활동하며 주변 지역으로 물건을 수출하곤 했다. 전쟁 이후 섬유공업은
중지되었지만 공장지대가 여전히 남아 있어 과거의 모습을 추억하게 한
다. 또 섬마을 특유의 모양새를 갖춘 알록달록한 나무집들과 나름 번화한
시가지의 형태를 보여주는 중심거리, 이탈리아에서 온 주방장이 있는 정
통 피자집과 에스토니아에서도 손꼽히는 고급 카페 등이 꽤 독특하고 특
별한 분위기를 연출한다.

버스터미널에서 시내까지 걸어서 10분이면 도착하지만 탈린에서 올 경우
굳이 종점까지 가지 말고 과거 소방서 건물을 개조한 관광안내소가 보일
때 버스에서 내리면 된다. 관광안내소에서 시내 지도를 얻을 수 있고 자전
거도 빌릴 수 있다. 여유롭게 마을을 돌아다니면서 시간을 보내면 되지만
다음 볼거리들을 중심으로 일정을 짜면 도움이 될 것이다.

소방서 건물을 개조한 관광안내소

Resto Kuur 식당 내부

캐르들라 시내에 있는 식당 Resto Kuur

**기다란 집**
주소 Vabrikuväljak 8
웹사이트 www.muuseum.hiiumaa.ee
운영시간 5~9월 10:00~17:30(휴무가 없다고는 하나 내가 방문했던 일요일엔 영업을 하지 않았다) 그 외 기간 10:00~17:00(일요일 휴무)
입장료 4유로
찾아가는 길 관광안내소가 있는 중앙광장에서 걸어서 20분

## 기다란 집

### Pikk maja, Long house

1840년대에 지어진 건물. 길이 60m의 외관 때문에 '기다란 집'으로 불렸다. 섬유회사가 번성하던 당시에는 회사 사장이 살던 집이었으며 소련 시절에는 관공서, 학교, 도서관 등으로 다양하게 사용되었다. 현재는 히우마 섬과 캐르들라의 역사를 보여주는 박물관으로 개조되었다. 그 당시를 재현한답시고 아무렇게나 갖다놓은 듯한 마네킹들 때문에 깜짝깜짝 놀라기도 하지만 우리나라 군산의 근대역사박물관을 보는 것 같은 분위기를 느낄 수 있다. 건물 한 구석 발코니에 마련된 아담한 카페에서 차를 마시는 기분이 참 좋다.

## 캐르들라 항구

### Kärdla sadam, Kärdla harbor

탈린에서 오는 대형 선박이 아니라 개인 요트들이 정박해 있는 곳. 바로 앞에서 요트를 대고 식사할 수 있는 식당도 있다. 여름에만 운영하고 가격도 조금 비싼 편. 날씨가 좋은 날 해가 지는 풍경은 정말 일품이다. 약간 센치한 느낌을 불어 넣어주는 잔잔한 재즈음악과 블루투스 스피커를 꼭 가지고 가자. 발트해에서 불어오는 바람에 날리는 재즈음악이 환상적인 기분을 만들어 줄 것이다. 애석하게도 주변에 커피를 파는 곳은 없다.

캐르들라 항구의 노을

캐드롤라 항구
**찾아가는 법** 중앙광장 앞 로코플리(Rookopli) 거리에서 이어지는 사다마(Sadam) 거리를 쭉 따라 걸으면 도착

---

### 캐르들라의 힙한 장소들

현재 캐르들라 시내에는 분위기 좋은 펍이 두 곳, 해변가의 나이트클럽이 한 곳, 꽤 근사한 카페가 한 곳, 고급 식당 두 곳 정도가 운영 중이다. 특히 바바두세(Vabaduse) 거리 15번지에 있는 바브릭(Wabrik) 펍은 과거 섬유공장 지대에 자리 잡아 특별한 분위기를 뽐내며 독특한 맛의 수제맥주로 많은 사랑을 받고 있다. 카페는 시내에 있는 가흐바(Gahwa) 카페를 추천한다.

---

## 캐이나

### Käina

카스사리 해안

히우마 섬의 두 번째 도시인 캐이나는 캐르들라에서 남쪽으로 약 20㎞ 떨어져 있다. 시간대에 따라 30분에서 2시간에 한 대꼴로 버스가 다니며 20분 정도 소요된다. 사실 캐이나는 시내 관광보다는 섬의 남쪽 캐이나 만(Käina laht, Käina gulf)을 따라 도는 자전거 코스로 유명하다. 약 30㎞ 코스로 꽤 긴 거리이지만 높은 지대가 없어 자전거로 둘러보기에 큰 어려움이 없고 조류탐방로, 등대 등의 명소를 지나가므로 지루하지 않다.

캐이나 시내의 호텔에서 자전거를 빌릴 수 있으나 캐르들라에서 자전거를 빌려 버스에 싣고 캐이나로 가는 것이 제일 확실하고 편하다. 물론, 기사 아저씨에게 잘 이야기해 보아야 한다. 최남단인 카스사리(Kassari) 마을에 있는 'Lest & Lamma(레스트 앤 람마스)'라는 레스토랑은 에스토니아에서 꽤 유명한 식당으로 손꼽힌다. 그릴에 고기를 구워 파는 곳으로 식당 이름을 번역하면 '도다리와 양'.

# 타르투
### 발트3국 최대의 교육 도시이자 에스토니아 문화융성의 시발점

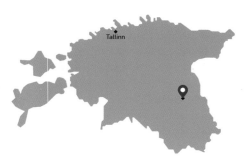

타르투는 에스토니아의 제2의 도시다. 그렇다고 해봐야 에스토니아 전체 인구가 120만에 불과하기 때문에 제2의 도시여도 인구는 10만에 불과하다. 하지만 1632년에 설립된 에스토니아 최고의 대학교가 들어서 있어 도시 인구 20%가 20대 초반의 젊은 층이고, 도시 경제권도 주로 교육과 문화 사업에 맞추어져 있다. 탈린이 에스토니아의 정치·경제적 수도라면 타르투는 교육·문화적 수도이다. 다른 정부 부처들은 모두 수도 탈린에 집중되어 있지만 교육부와 최고법원은 타르투에 있다. 게다가 19세기 에스토니아인들의 민족문화중흥 운동을 이끈 대다수가 타르투 출신이며, 현재 에스토니아 공화국의 3색기(청·백·흑)도 당시 운동에 앞장섰던 타르투 학생회에서 사용하던 깃발이었다.

문화적인 측면 외에도 1030년 건설되었다는 기록이 있어 명실공히 발트3국 중 가장 오래된 도시이다. 탈린과 마찬가지로 중세에는 무역 중심지로 명망 높았지만 그때의 구시가지와 건물들은 전쟁과 화재로 파괴되었다. 남은 게 거의 없어 관광지로서 탈린에 여러모로 뒤처질 것 같지만 대학 도시라는 명성에 걸맞은 독특한 면모를 도시 곳곳에서 볼 수 있다.

탈린에서 약 180㎞ 떨어져 있다. 탈린에서 타르투로 출발하는 버스가 수시로 있으며 약 2시간 반 정도 소요된다. 버스터미널에서 시청광장까지는 걸어서 15분 정도. 라트비아 리가와 타르투를 잇는 버스도 많으므로 리가-탈린 구간 이동 시 들러도 된다. 타르투에도 국제공항이 있으나 헬싱키를 경유하는 핀에어 노선이 유일하고 일정이 조금 불편하다. 타르투 국제공항에 도착하면 시간에 맞춰 공항 앞에서 대기 중인 버스를 타고 시내로 들어올 수 있다. 탑승은 무료이다.

타르투의 구시가지는 탈린처럼 고지대와 저지대로 나뉜다. 고지대라고 해봐야 토메매기(Toomemägi)라 불리는 야트막한 야산으로 타르투 대학교와 관련된 유명인의 동상들과 건물 몇 채가 남아있고, 다른 볼거리들은 시청광장과 대학교가 있는 저지대에 몰려 있다.

기차역에 매표소가 없다고 놀라지 말자.

### 기차로 가기 좋은 타르투

버스보다 연결편이 적고 소요 시간이 길 수도 있으나 마을 분위기를 더 자세히 느끼고 싶다면 기차보다 좋은 것은 없다. 탈린 구시가지와 인접한 발티얌(Baltijaam)에서 기차를 탈 수 있으며 승차권을 사기 위해 줄을 설 필요가 없다. 그냥 시간 확인 후 열차에 올라 승무원에게 바로 구입하면 된다. 타르투 기차역은 시내에서 약간 외진 곳에 있다. 한동안 비어 있었다가 얼마 전 공사를 거쳐 산뜻하게 바뀌었는데 아직도 여행객을 위한 편의시설은 없는 편. 기차역 앞길을 따라 쭉 따라가면 시청광장까지 도보로 25분 정도 소요된다.

타르투 공항 셔틀버스 신청
**웹사이트** www.tartaline.ee

에마 강. 5월이면 타르투 대학교 학생들의 놀이터로 변한다.

# 저지대

타르투의 상징인 키스하는 학생상. 이 동상이 언제나 이 옷을 입고 있는 것이 아니니 다른 모습을 보더라도 당황하지 않도록 한다.

**타르투 현대 미술관**
**주소** Raekoja plats 18
**웹사이트** www.tartmus.ee
**운영시간** 수–일 11:00–18:00, 목 11:00–20:00 (월·화 휴무)
**입장료** 5유로(매달 마지막 금요일 1유로)

안에 들어간다고 해서 어지럽거나 그렇진 않으니 걱정 말자. 나름 볼 만한 작품들이 꽤 있다.

### 시청광장과 시청사, 키스하는 학생상
**Tartu Raekoda & Suudlevad tudengid**
**Tartu Townhall & Kissing students**

광장 한가운데 서 있는 붉은 지붕 건물은 타르투 시청사다. 타르투 시는 리보니아 전쟁을 마치고 에스토니아 남부를 차지한 폴란드의 왕 스테판 바토리(Stefan Batory)를 기념하기 위해, 폴란드 깃발인 적백기 한가운데 시청사 건물을 그려놓은 깃발을 공식적인 상징으로 사용한다. 매일 정오와 저녁 여섯 시엔 타르투 시청 종탑에서 차임벨 연주를 한다. 광장 전체에서 무선인터넷을 사용할 수 있으며 분위기 좋은 바와 식당이 많다.

### 타르투 현대 미술관
**Tartu kunsti muuseum, Tartu Art Museum**

키스하는 학생상을 뒤로하고 강 쪽으로 쭉 내려가면 어딘가 기울어져 있는 어정쩡한 건물을 만난다. 마치 이탈리아 피사의 사탑 같다. 1793년에 지어졌으며 현재는 미술관으로 사용되고 있다. 오른편은 성벽 터에 걸려 있지만 왼편이 모래밭에 있어 무게 중심을 잃고 계속 쓰러지고 있다고 한다.

### 퀴니 거리와 뤼틀리 거리
**Küüni, Rüütli**

시청광장을 가운데 두고 양쪽으로 두 개의 번화한 거리가 시작된다. 각각 퀴니(Küüni) 거리와 뤼틀리(Rüütli) 거리. 둘 다 타르투의 대표 번화가이다.

서편에 위치한 퀴니 거리에는 번화한 상점들이 많은 반면, 동편의 뤼틀리 거리는 과거의 목조 건물이 많이 남아있어 한적하다.

## 야니 성당

**Jaani kirik, St. John's Church**

뤼틀리 거리 가운데 있는 성당으로 14세기에 지어졌다. 전쟁으로 파괴되었지만 16년이 넘는 긴 복구 작업을 마치고 2005년 다시 문을 열었다. 야니는 예수의 제자 요한의 에스토니아식 이름. 당시 북유럽의 고딕 양식이 잘 드러난 건물이라고 하는데 안으로 들어가면 복원이 끝난 자리와 그렇지 않은 자리가 너무 확연히 구분되어 조금 아쉽다. 관광객이 많이 몰리는 때에는 꽤 수준 높은 연주회를 즐길 수 있다.

## 타르투 대학교

**Tartu ülikool, University of Tartu**

타르투 대학교의 본관이다. 1632년 스웨덴 국왕 아돌프 구스타프 2세가 설립하였으며, 에스토니아뿐 아니라 북유럽과 러시아, 발트3국에서도 손꼽히는 명문 대학이다. 본관 다락방에는 학생 감옥이 있던 자리가 아직도 남아있는데 건물 내 안내소에 문의하면 입장할 수 있다.

연주회 시간을 확인하고 방문하면 좋다.

**야니 성당**
**주소** Jaani 5
**웹사이트** www.jaanikirik.ee
**운영시간** 성당 화-토 10:00-18:00 / 전망대 7-9월 월-토 10:00-19:00(그 외 기간은 성당과 동일)
**입장료** 성당은 개인 방문객 무료 / 전망대는 2유로

**타르투 대학교**
**주소** Ülikooli 18
**웹사이트** www.ut.ee
**찾아가는 길** 시청사 뒤편 월리콜리(Ülikooli) 거리에 있다.

# 고지대

천사의 다리
진짜 천사와는 관련 없다.

악마의 다리
겉모습만 보고 판단하면 안 되겠지만 이름 때문인지 몹시 암울해 보인다.

타르투 대학교 역사박물관
**주소** Lossi 25
**웹사이트** www.muuseum.ut.ee
**운영시간** 5~9월 10:00~18:00 (월요일 휴무) 그 외 기간 11:00~17:00 (월·화 휴무)
**입장료** 5유로(5~9월 6유로)

많이 파괴되었지만 잔해만으로도 과거의 모습을 충분히 보여주고도 남는다.

### 천사의 다리
Inglisild, Angel's bridge

윌리콜리(Ülikooli) 거리와 바로 연결된 로찌(Rootsi) 거리를 따라 위로 쭉 올라가면 첫눈에 노란 다리가 보인다. 1802년부터 타르투 대학교 총장을 맡았던 게오르그 프리드리히 파로트(Georg Friedrch Parrot)를 기념하기 위해 1838년에 만든 것으로, '천사의 다리'라고 불린다. 천사가 왔다가서가 아니라 다리 주변 풍경이 마치 영국 같다고 말한 데서 그 이름이 나왔다. 에스토니아어로 '영국'과 '천사'를 의미하는 단어의 음가가 아주 흡사하기 때문이다.

### 악마의 다리
Kuradisild, Devil's Bridge

천사의 다리 건너편으로 멀리 마주 보이는 거무튀튀한 다리. 역시 악마와 연관된 게 아무것도 없지만 다리를 설계한 독일인의 이름이 독일어로 악마라는 단어와 비슷하게 들렸기 때문에 악마의 다리라고 불린다는 설이 있다. 천사의 다리보다 더 오래돼 보이지만 사실 100년 정도밖에 안 됐다. 1913년에 러시아 로마노프 왕조 300주년을 기념해 만들어졌다.

### 타르투 대성당과 그 주변
Tartu toomkirik, Tartu Cathedral

천사의 다리에서 언덕으로 올라가면 바로 보이는 붉은 벽돌 건물. 바실리카 양식으로 13~15세기에 걸쳐 지어졌다. 전쟁과 화재로 파괴되었다가 현재 일부분이 복원되어 타르투 대학교 역사박물관으로 사용되고 있다. 설립부터 지금까지 학교 역사에 대한 자료가 전시되어 있고 대성당 다른 편 꼭대기에 위치한 전망대에 올라가서 타르투 시내를 조망할 수도 있다.

## 고지대의 유명인 동상들

대성당을 지나 오른편으로 가면 지팡이를 든 남자의 동상이 있다. 에스토니아 민족시인 크리스티안 약 페터슨(Kristjan Jaak Peterson)으로 독일인이 아닌 에스토니아 농노로서는 최초로 타르투 대학교의 학생이 된 사람이다. 그는 라트비아인인 어머니를 따라 리가에 살고 있었는데 타르투와 리가를 걸어 다니면서 통학했다고 한다. 그래서 손에 지팡이를 들고 있다.

이 주변으로 많은 동상들이 있는데 꼭 봐야 할 것은 울타리 안에 있는 에른스트 본 바에른(Ernst von Baern) 동상이다. 그는 다윈 진화론에 결정적인 영향을 준 발생학을 창시한 학자로 매해 5월 그의 탄생일마다 타르투 대학교의 생물학과에서 동상의 머리를 샴페인으로 감겨주는 행사가 열린다. 이 옆으로는 돌무더기 같은 것들이 쌓여 있는데 기독교화 되기 이전 에스토니아 사람들이 자신의 신들에게 제사를 지내던 곳이라고 한다. 지금은 '키스의 언덕'으로 불리는데, 여기에서 사랑 고백을 하거나 키스를 청하면 무조건 받아 주어야 한다는 말이 있다.

크리스티안 약 페터슨 동상. 리가에서 타르투를 걸어서 다니던 시절. 그의 소중한 친구였던 지팡이가 인상적이다.

## 타르투 천문대
### Tartu Tähetorn, Old Observatory

천사의 다리를 건너 쭉 가다보면 에스토니아 국기가 휘날리는 2층 건물이 보인다. 바로 그 유명한 타르투 천문대이다. 1839년까지는 유럽 최대의 천문대였다. 자오선이라는 개념을 만들어낸 세계적인 천문학자 스트루베(Struve)가 직접 설계하고 일했던 곳인데, 그가 일하던 당시 이 천문대에 있던 망원경은 세계 최대 규모였다. 지금은 천문대 내 전시실에 보관되어 있다.

타르투 천문대
**주소** Lossi 40
**웹사이트** www.tahetorn.ut.ee
**운영시간** 5~9월 10:00~18:00 (월요일 휴무) 그 외 11:00~17:00 (일, 월요일 휴무)
**입장료** 4유로

# 구시가지
## 근처 카를로바와
## 수필린

**Karlova & Supilinn**

- - - - - - - - - - - - - - - - - - - - - - - ●

**빌라 마르가레타 부티크 호텔**
**주소** Tähe 11
**숙박료** 65~150유로

╭─────────────────────────╮
  TRAVEL TIP
╰─────────────────────────╯

매년 5월이면 문학과 예술을 주제로 한
성대한 축제가 열린다. 에스토니아에서
열리는 다른 축제들에 비해 조금은 학구
적인 행사이지만 에스토니아의 문화에
관심이 있다면 찾아보는 것이 좋겠다. 5
월에 열리지만 일정은 매년 차이가 나니
www.karlova.ee에서 일정을 확인해보
는 것이 좋다.

이 두 지역은 타르투 구시가지에는 포함되지 않지만 100년 넘은 목조 주
택들이 거리에 늘어서 있어 운치를 더한다. 도시화가 진행되어 높은 건물
이 서 있는 중심가와는 달리, 이곳 사람들은 과거의 모습을 간직한 채 아
스팔트보다는 흙냄새, 시멘트보다는 나무냄새 속에서 맨발로 살아가고
있다. 그야말로 보기 드물게 사람 사는 냄새가 나는 곳.

### 카를로바
**Karlova**

타르투 구시가지에서 동편으로 떨어진 마을. 발길 닿는 대로 아무 곳이나
걸어도 멋지지만 주로 알렉산드리(Aleksandri), 케스크(Kesk), 패에바(Päeva)
거리가 대표적인 풍경을 자랑한다.

특히 태헤(Tähe) 거리 11번지 빌라 마르가레타(Villa Margaretha) 호텔은 100
년 된 나무 건물을 개조한 것으로, 낭만적인 분위기로 유명해 기념일을
보내려 많은 사람들이 찾고 있다. 원래는 1911년에 어느 부유한 사진가가
마르가레타라는 이름의 부인을 위해 지어준 건물이라고 한다. 외관에서
도 그의 예술적 취향이 느껴진다. 호텔에서 묵지 않더라도 1층 테라스 카
페에서 카를로바의 풍경을 감상하며 저녁 시간을 보내는 것도 좋다.

## 수필린

### Supilinn

수필린은 카를로바에 비해 조금 더 원색적(?)이다. 한때는 낙후 지역의 상징으로 전쟁이나 소련 시절이 배경인 영화 촬영지로 주로 사용될 정도였다. 마을 공동펌프에서 물을 길어다 쓰고, 날씨가 더운 날에는 먼지가 날리지 않도록 살수차가 지나다닐 정도였으나 도시 이미지를 개선하기 위해 낡은 집들을 개조하고 축제 등 다양한 행사를 개최하며 많은 정비를 하고 있다. 타르투 대학교 식물원 뒤편 헤르네(Herne) 거리가 수필린의 풍치를 느끼기 가장 좋다. 거리의 이름은 수프에 들어가는 콩, 배추, 완두콩 같은 야채 이름에서 따왔다. 그래서 마을 이름도 수프 마을이다.

야채들이 모여 사는 수프 마을 풍경

## 알 레 코크 맥주박물관

### A. Le Coq Õllemuuseum, A. Le Coq Beer Museum

1898년에 타르투에 설립된 에스토니아 대표 맥주 회사가 운영하는 맥주박물관. 맥주 마니아들에게 적극 추천!

⌐ TRAVEL TIP ⌐

매년 4월이면 수필린 전역에서 성대한 축제가 열린다. 봄에 방문을 하게 된다면 꼭 찾아보자. 축제 일정은 www.supilinn.ee에서 확인 가능하다.

**알 레 코크 맥주박물관**
**주소** Laulupeo puiestee 15
**웹사이트** www.alecoq.ee/en/beer-museum
**운영시간** 목 14:00 / 토 10:00, 12:00, 14:00 가이드의 안내를 받아 내부 견학이 가능하며 미리 예약할 필요는 없다. 미성년자도 입장 가능
**입장료** 18세 이상 10유로, 18세 이하 3유로

# 그 외 볼거리들

### 부자상

타르투는 조각의 도시라 해도 과언이 아닐 만큼 여기저기 인상적인 조형물이 많다. 가장 대표적인 것은 퀴니(Küüni) 거리 초입의 벌거벗은 부자상으로 월로 으운(Ülo Õun)이라는 조각가가 1977년에 만든 것을 2004년에 여기로 옮긴 것이다. 작가 본인과 한 살배기 아들의 모습이라는데 아기와 아버지의 키가 똑같은 것이 재밌다.

### 빌데 동상

부자상에서 그리 멀지 않은 곳에 있는 '빌데(Wilde)'라는 펍에서도 재미있는 동상을 만날 수 있다. 건물 아래쪽으로 남자 둘이 마주 앉아 대화하는 동상이 있는데, 왼쪽은 아일랜드 태생의 작가 오스카 와일드(Oskar Wilde)이고 오른쪽은 타르투 출신 작가 에두아르드 빌데(Eduard Vilde)다. 정작 두 사람은 실제로 단 한 번도 만난 적이 없지만, 단지 성이 같다는 이유로 그 자리에 앉아서 계속 대화를 나눠야 하는 운명을 맞았다. 더 재미있는 건 현재 펍이 위치한 건물이 한때는 출판사였는데 당시 건물 사장의 성도 빌데(Wilde)였단다. 시간이 된다면 이 펍에서 우아한 저녁을 즐겨보자.

### 바네무이네 대극장

Vanemuise teater

타르투에서 가장 높은 곳에 있는 붉은 건물. 핀위구르 신화에 자주 등장하는 음악의 신 바네무이네(Vanemuine)에서 이름을 따왔다. 탈린에 있는 에스토니아 대극장보다 명성은 뒤처져 있으나, 사실 19세기 말 20세기 초 에스토니아 문화운동을 주도했던 역사적인 곳으로 에스토니아에서 내로라하는 많은 유명 배우들이 이 극장 출신이다. 바네무이네 극단이 활동을 시작한 것은 1865년이지만 지금 건물은 1930년대 말에 지어졌다. 발레나 오페라를 비롯해서 '캣츠', '웨스트 사이드 스토리', '지붕 위의 바이올린' 등 유명 뮤지컬을 자주 무대에 올리고 있다. 외국인을 위한 영어 자막 공연도 있으며 에스토니아 대극장보다 가격도 저렴하고 수준도 높으므로 관광안내소나 대극장 안내센터에서 공연 일정을 확인해 보자.

타르투의 부자상

빌데 동상
**주소** Vallikraavi 4
**웹사이트** www.vilde.ee

호두까기인형 공연 이후 커튼콜

바네무이네 대극장
**주소** Vanemuise 6
**웹사이트** www.vanemuine.ee

## 에스토니아 국립 박물관

Eesti Rahva Muuseum, Estonian National Museum

2016년 겨울에 문을 연 에스토니아 최대 규모의 역사박물관. 타르투 시내에서 약간 떨어진 라디(Raadi)라는 지역에 있다. 에스토니아 민족이 속해 있는 핀위구르 민족과 우랄 민족의 문화 및 에스토니아의 역사를 다양한 시각 자료와 미디어 기술을 통해 소개한다. 프랑스나 러시아처럼 인류 역사에 한 획을 그은 엄청난 유적이나 미술 작품이 있는 것은 아니지만, 자칫하면 망각 속으로 사라질 뻔한 소수 우랄 민족의 이야기와 에스토니아가 겪은 수난의 역사를 일목요연하게 구성해 놓았다.

박물관은 크게 지하와 지상층으로 나뉘어져 있다. 지하는 우랄 민족의 역사를 보여주는 'uurali kaja(우랄 민족의 메아리)' 그리고 지상은 역사 초기부터 현대에 이르는 자료들이 'kohtumised(만남)'이라는 주제로 상시 전시되고 있다.

계단을 따라 전시관 입구로 내려가면 현재 유럽과 아시아에 남아있는 우랄 민족의 언어적 갈래를 시청각 자료로 재미있게 볼 수 있다. 바닥의 그림을 손으로 만지면 그 단어가 민족 간 어떻게 닮았고 무엇이 차이 나는지 발음과 철자를 통해 알려준다. 약 20여 개 민족의 언어가 소개되어 있는데 그 중 정식으로 국가가 구성된 민족은 3개에 불과하다. 각 민족의 설화를 독특한 기법과 색채로 영상에 담은 애니메이션이 백미다. 이 외에도 크고 작은 전시들이 여기저기 열리므로 적어도 반나절 정도 시간을 갖고 관람해야 본전을 뽑을 수 있다.

박물관 입구. 박물관 내 기념품점에서 건물 모양과 비슷한 디자인의 나무 도마(!)를 판다. 꽤 세련되고 예쁘다.

에스토니아 국립 박물관
**주소** Muuseumi tee 2, Tartu
**웹사이트** www.erm.ee
**운영시간** 화~일 10:00~18:00(월요일 휴관)
**입장료** 전시장 전체 입장 14유로, 개별 입장은 전시 종류에 따라 다르니 현장에서 확인
**찾아가는 법** 타르투 시내에서 강을 건너 로시(Roosi) 거리를 따라 타박타박 걸으면 어른 걸음으로 20분 정도 소요. 크바르탈(Kvartal) 쇼핑센터 정류장 앞에서 27번 버스를 타면 박물관 앞에서 바로 내릴 수 있다.

지구는 둥그래서 자꾸 걸어 나가면 다 만난다더니. 한번도 만난 적 없는 민족들의 언어가 이렇게 비슷비슷하다.

────── *V i l j a n d i* ──────

# 빌랸디
### 에스토니아 민속음악의 성지

리보니아 시절에 만들어진 성곽의 잔해가 호숫가 언덕 위에 위치하여 호수와 푸른 들판, 그리고 웅장한 중세 성을 한 장의 사진으로 담을 수 있다. 성을 중심으로 볼거리들이 밀집되어 있는데 길진 않지만 나름 스릴 넘치는 구름다리, 잘 조성된 녹지공원 등 알록달록한 시가지는 산책하기 좋다. 무엇보다 매년 6월에 열리는 빌랸디 민속음악 축제 기간이면 전 세계에서 찾아드는 손님으로 도시 전체가 북적인다. '민속음악축제'라고 쓰고 '록음악축제'라고 읽는다고 말하는 것이 좋을 정도. 축제일정은 홈페이지(www.viljandifolk.ee)에서 확인 가능하다.

빌랸디는 타르투에서 버스로 약 1시간 정도 거리라 타르투 여행 중 반나절 코스로 다녀오기 좋다.

## 빌란디 성터
### Viljandi ordulinnuse varemed
### Ruins of the Viljandi Order Castle

원래 라트비아의 시굴다 체시스 성에 맞먹는 대규모 성곽이었으나 현재는 폐허만 남아있다. 그래도 대회의장, 성벽, 대문 등 일부가 남아있어 성의 크기와 구조 및 당시 분위기를 짐작케 한다. 성 아래쪽으로는 빌란디 호수가 있고 아름다운 자연을 배경으로 중세 분위기를 뽐내고 있다. 특히 여름이면 성터에서 민속음악제가 열리는데 거의 락 페스티발이 되어 관광객으로 장사진을 이룬다. 빌란디 버스터미널에서 이 성터까지는 도보로 10분 이내이다.

빌란디 성터

빌란디 전통 음악 헛간
**주소** Tasuja pst 6
**웹사이트** www.folk.ee/ait
**찾아가는 길** 시내에서 성터로 가는 길목에 있다.

## 빌란디 전통 음악 헛간
### Pärimusmuusika Ait, Estonian Traditional Music Centre

한때 헛간이었던 건물을 현대식 공연장으로 개조해 이런 이름이 붙었다. 하절기에는 에스토니아 전통 민속공연을 비롯한 다양한 이벤트가 열린다. 공연장 2층의 아이다 카페(Aida kohvik)는 아름다운 경치를 바라보며 식사와 음료를 즐길 수 있는 빌란디 최고의 장소.

야니(요한) 성당

───── *V õ r u* ─────

# 브루
### 에스토니아 안의 또 다른 에스토니아

에스토니아 동남쪽 깊숙이 자리해 탈린에서 갈 수 있는 내륙 도시 중 가장 멀다. 인구가 1만 명에 불과한 작은 도시로 시내 자체에 그리 큰 볼거리가 있는 것은 아니지만 주변 경관과 브루 출신의 위대한 시인 크로이츠발드(Kreutzwald) 생가, 매년 열리는 성대한 국제민속 축제, 그리고 발트3국에서 가장 높은 산인 수르나매기가 눈길을 사로잡는다. 넓은 들판과 호수 등 자연을 직접 발로 밟으며 경험하고 싶다거나 정말로 에스토니아의 구석구석을 전부 '훑어보고자' 한다면 적극 추천. 마음먹기에 따라서 브루는 정말 훌륭한 관광지가 될 수도 있다.

탈린을 비롯한 여러 지역에서 브루 가는 버스가 자주 운행되고 있다. 탈린에서는 거의 매시간 버스가 출발하는데 약 4시간 15분 정도 소요된다. 그리고 어느 도시에서든 브루로 가는 버스는 모두 타르투를 통과하며 타르투에서는 1시간 20분 정도 걸린다. 따라서 타르투 여행과 함께 계획하면 시간과 에너지를 아낄 수 있다. 아침 일찍 출발하면 당일치기도 가능하지만 주변 지역까지 다 돌아보는 건 무리일 수 있다.

## 크로이츠발드 기념관

**Dr. Fr. R. Kreutzwaldi Memoriaalmuuseum**

크로이츠발드는 에스토니아에 전해 내려오던 신화를 수집해 민족대
서사시를 창조해냈다. 크로이츠발드가 수집, 정리한 《칼레비포에그
(Kalevipoeg)》는 외세의 압박 속에서 신음하던 에스토니아인들에게 새로운
바람을 불어넣었다. 그는 이곳에서 출생하여 작품 활동을 계속해 왔으며
근대 에스토니아 건설에 지대한 역할을 한 만큼 브루 시민들의 존경심이
대단하다.

## 타물라 호수

**Tamula järv**

브루 시가지 인근에 꽤 큰 호수가 있다. 여름철엔 피서지가 되어 해안도
시와 맞먹는 시설이 갖춰진다. 해수욕장처럼 노천카페와 맥줏집들이 들
어서고 야외공연도 종종 열린다. 산책하는 기분으로 가볍게 거닐기 좋다.
호수 구석 작은 철근 다리는 보행자 전용다리인데 사람이 올라가면 휘청
휘청 흔들린다. 새들에게 모이를 주는 사람들이 많아 백조와 오리들이
관광객을 보면 꼬리를 흔들며 따라오는 진풍경을 볼 수 있다.

# 브루 시내의
볼거리

●--------------------------------

브루 주변엔 독특한 전통 문화를 자랑하
는 세토 주민들이 많이 살고 있다.

**크로이츠발드 기념관**
**주소** Kreutzwaldi 31
**웹사이트** www.lauluisa.ee
**운영시간** 4–9월 10:00–18:00 그 외 기
간 10:00–17:00(월·화 휴무, 예약 시에는
방문 가능)
**입장료** 3유로

# 브루 주변 지역

풍력발전소 옆으로 전통 그네가 있다. 그네가 협곡 끝자락에 있어 아찔하다.

여기까지 왔으니 전망대엔 가보자.

**수르무나매기**
**웹사이트** www.suurmunamagi.ee
**운영시간** 11-3월 토·일만 개방 12:00-
15:00 / 4-8월 매일 10:00-20:00 /
9-10월 매일 10:00-17:00
**입장료** 걸어서 오를 시 4유로 / 엘리베이
터 이용 시 6유로

---
TRAVEL TIP
---

매년 3월이면 하냐 군 일대에서 대규모
스키마라톤 대회가 개최된다. 관심 있는
사람들은 www.haanjamaraton.ee에서
일정 및 제반사항을 참조할 수 있다.

## 르우게
### Rõuge

시가지가 거의 형성되지 않은 브루 군내의 작은 마을이지만 곳곳에 아름다운 호수가 있고 푸르른 들판이 펼쳐져 에스토니아의 자연을 한곳에서 모두 느낄 수 있다. 브루 시에서 버스로 30분 내로 도착한다. 텐트 치고 야영할 수 있는 곳이 많아 야생에서의 자유를 만끽할 수 있다.

르우게의 볼거리는 외비쿠오르그(Ööbikuorg)에 몰려있다(우리말로 '나이팅게일의 협곡'). 르우게 버스터미널에 도착한 후 높은 곳을 따라 올라가면 금방이다. 호수 쪽으로 따라 내려가면 협곡 하이킹을 할 수도 있다. 하이킹 정보와 지도는 외비쿠오르그 입구 관광안내소에서 얻을 수 있다.

## 수르무나매기
### Suur Munamägi

르우게 동편 하냐(Haanja) 군에 위치한 산. 나름 발트3국 최고봉이라 불리지만 해발 314m에 불과하고 심지어 지상 위로 솟아오른 것은 90m밖에 안 된다. 산에 올랐다는 생각은 도저히 들지 않을 만큼 야트막하다. 수르무나매기는 '거대한 달걀 산'이라는 뜻인데 이 때문인지 정상으로 가는 길에 달걀 모양 기념품을 많이 판매한다.

포장된 길을 따라 정상에 올라가면 전망대가 나온다. 전망대에는 각 수도까지의 거리가 기록된 나침반이 있는데 아직 서울은 없다. 엘리베이터로 가는 게 조금 더 비싸다. 6층 정도 높이이므로 계단 이용이 그리 힘들진 않을 것이다. 브루 시내에서 하냐 군으로 가는 버스가 자주 있다.

## 세토 지역

### Setomaa

세토, 에스토니아어로는 '세투(Setu)'는 에스토니아 남동부에 거주하고 있는 소수민족의 이름으로, 다른 지역과 차별되는 언어와 전통문화로 유명하다. 세토 민족은 에스토니아와 러시아 국경지대에 넓게 흩어져 살고 있고 배르스카(Värska)와 사체(Saatse) 등에서도 그들의 전통문화를 엿볼 수 있지만 무엇보다 오비니차(Obinitsa) 마을은 세토의 문화와 전통을 홍보하는 정신적인 지주 역할을 담당하는 곳이다. 타르투나 탈린에서 오비니차로 바로 오는 대중교통은 없지만, 브루에서는 버스를 타고 약 한 시간 정도면 도착한다.

세토를 방문하기 가장 좋은 시기는 8월의 첫 번째 토요일이 있는 주간이다. 세토 민족은 전통적으로 페코(Peko)라 불리는 민간 신을 섬기고 있는데, 전설에 의하면 페코는 지금은 러시아 영토로 편입된 페쵸리(Pechory) 마을의 한 수도원에 영원히 잠들어 있다고 한다. 이 기간에는 잠든 그를 대신해 세토 민족의 일을 도맡아 할 대행자를 뽑는 행사를 여는데 세토의 음식, 음악, 이야기 등 모든 것이 총망라된 축제로 에스토니아의 대통령이 참석해서 축사를 한다.

장소는 매년 바뀌지만 오비니차 인근에서 크게 벗어나지 않으며 문화 홍보를 담당하는 웹사이트(www.setomaa.ee)에서 미리 확인할 수 있다. 행사가 없는 기간이라도 세토 지역의 특성을 모티브로 한 농가 민박이나 사우나를 즐길 수도 있다. 게다가 구릉과 울창한 숲이 만드는 풍경이 일품이다. 자세한 정보는 오비니차 박물관에서 살펴보자.

## 오비니차 박물관

### Obinitsa Seto Muuseumitarõ, Obinitsa Seto muuseum

크기는 작지만 지역의 언어, 문화, 전통을 홍보하는 세토 문화의 메카로 1995년 지역문화연구가에 의해 설립되었다. 세토 민족의 다양한 삶의 모습을 보여주는 전시물을 직접 체험해 볼 수 있으며 인근에 세토 전통음식을 제공하는 식당도 있다.

세토어와 에스토니아어로 적혀 있는 표지판

세토 지역 대표 국기. 2003년 지역민들의 투표로 공식 선정되었다.

오비니차 박물관
**주소** Obinitsa küla Meremäe vald Võru
**웹사이트** www.obinitsamuuseum.ee
**운영시간** 화–금 10:00–16:00 (그 외 요일은 별도 예약)
**입장료** 3유로

오비니차 박물관 입구

박물관 내부. 특이하게도 '만지지 마시오' 라는 문구가 없다.

**주소** Piusa küla, Orava vald, Põlvamaa
**웹사이트** www.piusainfo.wixsite.com/
piusa
**운영시간** 5월 12:00–16:00 (휴무 없음) /
6–8월 11:00–18:00 (휴무 없음)
**입장료** 5유로
**찾아가는 길** 오비니차에 차를 가지고 왔
다면 문제없겠지만 브루에서 버스로 왔다
면 4㎞를 걷는 수밖에 없다. 어른 걸음으
로 약 30–40분 정도 예상되지만 한적한
시골도로를 따라 걷는 기분이 나쁘지 않
다. 지나가는 차가 있다면 히치하이킹을
시도해보자

┌─────────────────────┐
│  TRAVEL TIP         │
└─────────────────────┘

주의할 것
요즘 들어 에스토니아를 통해 유럽연합
으로 불법 입국하려는 외국인이 급증하
고 유럽 내 테러 위험이 커짐에 따라 러시
아에서 에스토니아로 연결되는 에스토니
아 동남부 지역에서는 주민들에게 수상
한 외국인을 보면 꼭 경찰에 신고하라는
캠페인까지 진행하고 있다. 그러므로 러
시아 국경과 인접한 세토 지역과 브루 인
근 지역을 다닐 때 불심검문에 대비해 여
권과 신분증명서를 꼭 챙기는 것이 좋다.
아무래도 밀입국자들의 대부분이 동양인
인 만큼 유색 인종이 검문의 주된 대상이
되는 것에 대해 이해가 필요하며 최대한
협조하는 것이 좋다. 그래도 필요 이상의
불편함을 겪었다고 생각되면 한국 외무부
영사 콜센터나 인근 대사관(주 핀란드 대
한민국 대사관)에 알리는 것이 좋겠다.

# 피우사 모래 동굴

**Piusa Koobaste Külastuskeskus ja muuseum**
**Piusa visitor center**

오비니차에서 4㎞ 떨어진 이곳은 과거 유리 제작을 위해 모래를 채굴했
던 광산이다. 지금은 채굴이 이루어지지 않지만 덕분에 갈 곳 없는 유럽
박쥐들에게 소중한 서식처를 선사해 주어 현재 동유럽 최대의 박쥐 동면
지로 자리 잡았다. 모래 광산의 일부가 관광객에게 개방되어 있고 광산
내부 견학, 광부 체험, 박쥐의 생태에 관련된 입체 영상 등 다양한 볼거리
를 제공한다.

주의할 것은 방문자 센터 주변, 과거에 광부들이 드나들던 입구가 여전히
남아 있는데 섣불리 들어갔다가 큰 사고를 당할 수 있으니 절대 들어가
서는 안 된다.

- 02 -

# 라트비아

### LATVIA

# 라트비아라는 나라, 리가라는 도시

발트3국 중 한가운데 위치한 라트비아. 면적은 남한
의 절반 정도이며 인구는 대구광역시와 비슷하다.
수도 리가에는 전체 인구의 3분의 1이 거주하고 있
다. 한국인의 입장에선 '애걔' 할 만큼 작고 보잘것없
어 보이겠지만 라트비아 시골에만 살던 사람들이 리
가에 오면, 눈 깜빡하면 코 베어간다는 우리 속담이
떠오를 정도로 억! 소리 나오는 시끌벅적한 도시이
다. 발트3국 전체를 두고 보아도 나름 경제와 행정의
중심지이다 보니 세 나라 수도 중에서는 가장 도시
로서의 면모가 느껴진다.

리가는 중세 한자동맹 시절부터 발트해 연안 주요
무역 거점 도시여서 항구도시로서 이름이 높았다. 소
련 시절에는 전체 공화국 중 서유럽과 제일 인접해
있고, 개방적인 지정학적 특성으로 인해 한때 발트
해의 라스베이거스라 불릴 만큼 향락 산업이 활발했
었는데 이젠 그 모습은 거의 찾아볼 수 없다.
시내 전체를 둘러보려면 버스를 타고 두어 시간은
걸릴 만한 규모이지만 관광객이 몰리는 구시가지는
걸어서 반나절도 안 돼 끝날 정도로 아담하다. 전쟁
을 수없이 치렀던 이 작은 구시가지는 20세기 말까
지도 소련의 지배를 겪으며 많은 건물들이 부서지
거나 사라졌다. 그리고 그 자리엔 애매한 색깔과 엉
성한 콘크리트 건물이 들어섰다. 라트비아의 볼거리
는 그렇게 어색하게 조성된 자그마한 구시가지에 집
중되어 있다. 그러니 이 도시를 두고 마치 잘 조성된
놀이공원 같다는 사람도 있을 정도.

여행자들은 이 같은 풍경을 보고 감동받거나 실망하기도 하고, 그저 이도 저도 아닌 애매한 감흥만을 느끼고 돌아가기 쉽다. 작은 구시가지를 후다닥 보고 서둘러 다른 곳으로 발길을 돌리는 일정이 대부분이다 보니 이 땅을 밟은 사람들 치고 라트비아인들이 정말로 어떻게 사는지, 자연환경이 얼마나 청정한지 등을 제대로 느낀 이는 드물 수밖에 없겠다.

하지만 그렇다고 벌써부터 실망하긴 이르다. 겉모습은 그러할지 모르겠지만 이곳의 삶을 깊이 있게 들여다보면 또 다른 모습이 펼쳐진다. 모든 것이 흔적 없이 사라져 버릴지 모르는 어려운 상황에서도 소중한 것들을 지키고자 벌였던 눈물겨운 싸움의 흔적이나, 말이 안 통하는 이웃들과 소통하며 화합하고자 한 아름다운 노력, 자원도 산업도 고만고만한 환경에서 여러 번 쓴맛을 보았지만 지금의 위치에 이를 때까지 참고 인내했던 그들의 품성 같은 것들 말이다.

한편 리가는 독일의 사상가인 요한 헤르더(Herder)와 오페라 작곡가 바그너(Wagner) 등 유럽 명사들에게 사상적, 예술적 동기를 부여한 무대가 되기도 했다. 바그너의 오페라 대표작 '방황하는 네덜란드인'은 그가 1837–1839년 짧은 기간 동안 리가에 머물며 받은 영감에서 탄생했다고 한다. 이외에도 유럽 건축사에 어마어마한 족적을 담긴 미하일 아이젠슈타인(Mikhail Eisenstein)이 설계한 아르누보 양식 건물들은 유럽에서 최고로 인정받고 있으며, 역시 리가에서 태어난 그의 아들 세르게이 아이젠슈타인(Sergei Eisenstein)도 영화사에서 명작으로 손꼽히는 〈전함 포템킨〉의 감독으로 유명하다.

1985년 우리나라에서 개봉되어 선풍적인 인기를 끌었던 영화 〈백야〉의 주연 미하일 바리시니코프(Mikhail Baryshnikov)의 고향 역시 리가이다. 러시아 노래로 잘 알려진 '백만 송이 장미'도 알고 보면 리가 출신 라이몬즈 파울스(Raimonds Pauls)가 작곡한 라트비아의 노래다. 러시아 여가수의 음반에 수록되면서 러시아 노래로 널리 알려졌지만, 그 내용은 러시아와 상관없는 라트비아 전설 속 이야기다. 이밖에 세계 최경량 카메라인 미녹스 카메라가 최초로 개발되어 생산된 곳도 바로 라트비아라고 한다.

리가에서 조금만 벗어나면 하얀 모래들이 끝없이 이어진 발트해의 백사장을 만나게 될 것이다. 청정한 환경이 아니면 살지 않는다는 황새들이 둥지를 튼 마을 풍경이나, 소일거리로 시어머니, 며느리, 딸 삼대가 집에서 천을 짜고 있는 시골 촌부들의 소박하면서도 알토란 같은 삶은 다른 국가에서는 이미 사라지고 없는 모습이기도 하다.

어디나 그렇지만 정말 중요한 것은 눈에 잘 보이지 않는다. 이제부터 이 작은 나라에 감춰진 비밀스러운 이야기를 찾아 떠나보자.

## 리가에
## 가는 법

How to come to
Riga

**리가국제공항**
**주소** Starptautiskā lidosta Rīga
Mārupe
**웹사이트** www.riga-airport.com
**짐 보관소 하루 이용료** 기본 8시간 1.5
유로
**환전소 운영시간** 마지막 비행기 운행 시
까지

**기차역**
**주소** Stacijas laukums
**웹사이트** www.ldz.lv

**라트비아에서 버스 탈 때 주의사항**
버스터미널에서 버스를 타고 국내 도시로
이동할 때 문이 열렸다고 서둘러 승차해
서는 안 된다. 문이 열리면 운전기사가 문
옆에서 무언가 중얼중얼 말하는데 바로
좌석번호다. 운전기사가 내 번호를 부르
면 그때 들어가야 한다. 라트비아어를 모
르는 외국인이라면 당황할 수 있으니 주
변 사람에게 표를 보여주면서 언제 승차
하면 될지 물어보자.

**버스터미널**
**주소** Pragas iela 1
**웹사이트** www.autoosta.lv

● 항공 ✈

리가국제공항은 리가 도심에서 약 8km 정도 남서쪽에 있다. 발트3국 중 가장 규모가 큰 국제공항이며 24시간 짐 보관소, 환전소 및 여행안내소, 우체국 등이 갖추어져 있다. 공항에서 구시가지까지는 택시 종류에 따라 10~15유로 정도의 비용이 든다. 공항 앞에서 항상 대기 중인 택시들은 가격이 조금 비싼 편이나, 그만큼 라트비아를 처음 방문한 이들에게 친절하고 차 안도 쾌적하므로 크게 걱정할 필요는 없다. 공항을 나와 주차장을 가로지르면 나오는 버스정류장에서 22번 버스를 타도 된다. 중앙역 방향이라면 322번 미니버스, 시내(래디슨 라트비아 호텔) 방향일 경우 241번 미니버스를 타면 쉽고 빠르게 올 수 있다. 표 구입 방법은 다음 페이지 참조할 것.

● 기차 🚃

기차역은 버스터미널 바로 맞은편 Origo 백화점 안에 있다. 백화점이 역사 안에 있어 쇼핑이나 식사를 하며 시간 보내기 좋다. 국제선 기차는 2번 플랫폼으로 들어온다. 기차역에서 구시가지에 가기 위해서는 지하보도만 건너면 된다.

● 버스 🚌

리가에는 버스터미널이 하나밖에 없으므로 어느 도시에서 무엇을 타고 오든 무조건 시내 버스터미널에 도착한다. 역사 안 구석에 관광안내소가 있어 시내 지도와 안내를 받을 수 있다. 버스터미널은 24시간 영업하지만 자정 이후로는 유효 버스표가 있어야만 입장 가능하며, 없을 시 2유로 정도의 입장료를 내야 한다. 터미널과 구시가지는 터널 하나만 두고 떨어져 있어 구시가지로 이동하기 위해 굳이 대중교통을 이용할 필요는 없고, 여기서 시내 거의 모든 곳을 도보로 갈 수 있다. 터미널 앞에 대기 중인 택시가 많지만 바가지 씌울 가능성이 크므로 미리 확인하고 탑승하는 것이 좋다. 구시가지라면 어느 곳이든 5유로를 넘을 일이 없다.

● 페리 ⛴

스톡홀름에서 배를 타고 입국할 수 있다. 페리터미널과 요트 정착지는 구시가지에서 북쪽으로 1km 거리에 있다. 5, 7, 9번 트램을 이용해 두 정거장이면 구시가지에 도착한다.

## ● 대중교통

전차(라트비아어로 '트람바이스'), 트롤리버스, 일반버스, 그리고 미니버스가 리가 시내 곳곳을 연결한다. 요금체계가 통일되어 모두 같은 가격으로 이용할 수 있다. 가장 간단한 방법은 타자마자 기사에게 바로 표를 구매하는 것. 1인당 2유로 정도다. 시내에 있는 편의점(주로 Narvessen)에서 표를 구매하면 한 사람당 1.15유로 수준으로 더 저렴하게 구입할 수 있다. 단말기에 표를 갖다 대면 개찰된다. 표가 없거나 개찰하지 않은 표를 갖고 있을 경우 벌금을 내야 한다. 1회씩 표를 구입해도 되지만 하루치, 3일치, 10회분 등 필요에 따라 요금 방식이 다양하다. 충전식 카드를 별도로 구입하지는 않아도 된다. 리가 시민이라면 몰라도 며칠 체류하는 관광객에겐 그다지 필요하지 않다.

미니버스는 리가 공항에서 시내로, 혹은 그 반대로 이동할 때 주로 이용한다. 가격은 다른 대중교통과 동일하지만 훨씬 빠르고 편안하다. 역시 일반버스처럼 탈 때 기사에게 바로 표를 구매할 수 있고 편의점에서 구입할 수도 있다. 그러나 10회, 20회처럼 횟수제 요금으론 이용 가능하지만, 1일권, 3일권처럼 기간을 기준으로 구입한 경우에는 이용할 수 없다.

## ● 택시 🚗

택시 회사에 따라 가격이 천차만별. 원하는 택시를 불러 이용할 수 있으며 이때 콜택시 비용이 별도로 부과되지는 않는다. 가격이 비싸더라도 좋은 승차감과 최상의 서비스를 원한다면 Baltic Taxi, Red Cab Taxi를 추천. 저렴한 택시로는 Panda Taxi, Joker Taxi 등이 있으나 기사들이 영어를 못하는 경우가 많고 택시를 오래 기다려야 하므로 Bolt나 Yandex 같은 어플을 사용하면 좋다.

---

### <sup>Tip</sup> 여행 파트너 '리가 패스(Riga pass)'

구시가지와 시내 관광을 조금 더 쉽고 저렴하게 할 수 있는 방법이 있다. 리가 카드 한 장으로 모든 대중교통 무료, 대부분의 관광지 입장료 무료, 리가 관광안내소에서 진행하는 단체 관광 프로그램 무료 혹은 할인, 식당 및 카페 내 할인 등의 혜택을 누려보자!

---

## 리가 시내 교통수단

Transportation in Riga

벽에 걸려있는 저 단말기에 표를 가져다 대면 개찰 완료!

**교통카드 요금 체계(2017년 기준)**
**시간제 요금** 1일권(24시간): 5유로 / 3일권: 10유로 / 5일권: 15유로 ※ 미니버스 이용 불가능
**횟수제 요금** 1회: 1.15유로 / 10회: 10.90유로 / 20회: 20.70유로 ※ 미니버스 이용 가능

**리가 패스**
**시간제 요금** 1일권(24시간): 25유로 / 2일권: 30유로 / 3일권: 35유로 리가 공식 관광홍보처 웹사이트에서 10% 할인된 가격으로 구입할 수 있다.
**웹사이트** www.liveriga.com

# 리가
### 라트비아의 수도

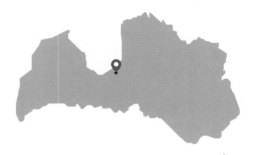

리가의 주요 볼거리는 유네스코에서 세계유산으로 지정한 구시가지[A]와 아르누보 양식 밀집 지역[B], 중앙시장 부근[C], 그리고 인근 시 외곽 지역으로 나뉜다. 에스토니아에서 리투아니아로 가는 도중 잠깐 두어 시간 체류하는 목적이라면 구시가지에 집중적으로 투자해야 한다. 이 책의 안내를 따라 움직인다면 약 두 시간 안에 주요 명소를 사진으로 거의 모두 담아갈 수 있다.

만약 시간을 더 내 리가에서 하루 숙박을 계획한다면 첫날은 구시가지를 여유 있게 둘러보고, 구시가지에서 걸어서 20분 거리에 있는 아르누보 건물 밀집 지역을 살펴본 후, 다음 날 시간 여유나 개인 취향에 따라 중앙시장이나 인근 해안도시를 둘러보면 된다.

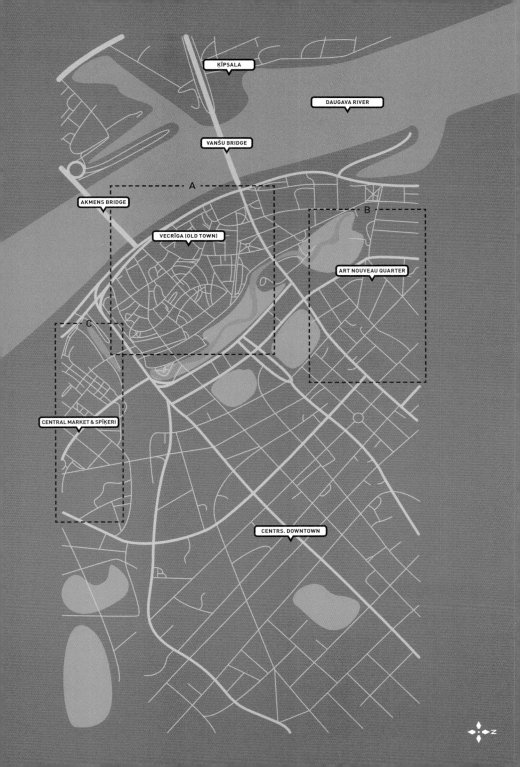

KĪPSALA

DAUGAVA RIVER

VANŠU BRIDGE

A

AKMENS BRIDGE

B

VECRĪGA (OLD TOWN)

ART NOUVEAU QUARTER

C

CENTRAL MARKET & SPĪĶERI

CENTRS. DOWNTOWN

N

# 리가 구시가지

리가에 어렵게 찾아왔으니 구시가지는 꼭 들여다보
자. 각 명소마다 내부 관람은 하지 않고 겉만 보고
움직인다면 두 시간 내에 관광을 마칠 수도 있지만,
관심 가는 화랑이나 박물관을 둘러보거나 노천카페
에 앉아 리가 시민들의 삶을 맛보면서 여유 있는 관
광을 해보길 권한다.
리가 구시가지는 현지어로 베츠리가(Vecrīga)라 불리
는데 '오래된 리가'라는 의미다. 하지만 리가 시민들
에게 구시가지는 단지 오래된 도시만을 의미하지 않
는다. 라트비아의 행정기관, 관공서, 대통령 집무실
등 정부 기관들이 들어서 있어 행정의 중심이라는
인식이 더 강하다. 구시가지 도보 관광은 자유기념탑
에서 시작하는 것이 좋다.

Daugava River

Vanš

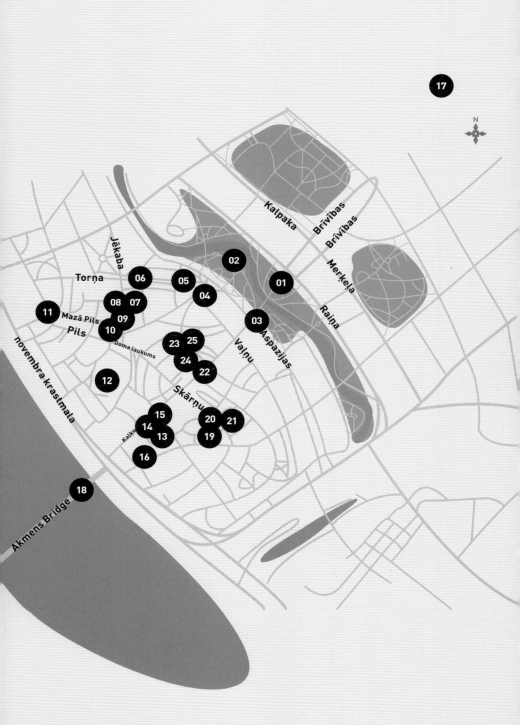

매일 아침 10시부터 오후 5시까지 악천후나 지나치게 더운 날이 아니면 매 정각마다 교대식이 열린다.

### 자유기념탑 01

**Brīvības piemineklis, Freedom monument**

'자유의 여신상'이라고도 알려진 자유기념탑은 오랜 지배에 맞서 싸운 라트비아인들의 투쟁의 흔적을 보여주는 대표적인 상징물. 1차 대전 종전 후 잠시 독립을 이루었던 1차 공화국 시절에 만들어진 42m 높이의 푸른색 석상이다. 본래 1차 대전 발발 전까지 이 자리에는 제정 러시아 황제인 표트르 1세의 조각이 있었으나, 라트비아 조각가 카를리스 잘레(Karlis Zāle)와 건축가 에르네스츠 스탈베르그스(Ernests Štālbergs)가 1930년에 설계하여 1935년에 공사를 끝냈다.

국민들의 성금을 모아 완공된 이 석상은 자유와 독립을 위한 투쟁의 상징으로 자리 잡았고, 지금까지도 2차 대전 도중 소련에 의해 시베리아로 끌려가거나 독립전쟁으로 목숨을 잃은 라트비아인들을 추모하는 헌화가 끊이지 않고 있다. 이런 역사적 가치를 파악한 소련 정부는 라트비아가 소련 공화국으로 복속된 직후 이 조각을 없애버리려고 하였으나, 러시아에서 인민예술가 칭호를 받은 라트비아 출신 조각가가 이 조각의 예술성을 강조하며 소련 정부를 설득한 끝에 해체의 위기에서 벗어날 수 있었다. 1987년 최초로 열린 반소운동의 시발점이기도 하다.

탑에서 가장 돋보이는 파란색 여인은 자유와 사랑의 신 '밀다(Milda)'라고 알려져 있다. 19m 오벨리스크 위 9m 높이의 석상으로 별 세 개를 들고 서 있다. 이는 라트비아의 비제메, 라트갈레, 쿠르제메 지역을 상징하는 것으로 여신상이 만들어질 당시에는 라트비아가 이 세 지역으로 이루어져 있었다. 독립 이후 쿠르제메에서 젬갈레가 분리되어 현재 4개의 지역이 되었으나 별도로 별을 하나 더 추가하는 작업은 하지 않았다.

---

#### 곰을 찢는 사나이, 라츠플레시스

여신상 아래로는 라트비아의 역사와 오늘, 자유를 위한 투쟁 등을 상징하는 조각들이 빙 둘러있는데 그중 눈여겨 볼만한 것은 '라츠플레시스(Lāčplēsis)'다. 라츠플레시스는 시인 안드레이스 품푸르스(Andrejs Pumpurs, 1841-1902)가 정리한 민족서사시의 제목이다. 그는 러시아-터키 전쟁 시 장교로 활동한 전적으로 문학 서적에서는 군복을 멋지게 차려입은 모습으로 소개되고 있다.

이 작품은 19세기 말 라트비아에서 솟구친 민족애와 자유 투쟁의 정신을 반영한 것으로, 민요와 전설을 토대로 라트비아의 건국부터 독일인들이 라트비아를 점령하기 시작한 12세기까지의 고대 이야기를 담고 있다. '곰의 턱을 맨손으로 잡고 찢어 죽이는 엄청난 힘을 가진 사나이'라는 이름을 가진 주인공 라츠플레시스는 라트비아를 침략하려는 독일기사단 및 그들의 배후에 있는 검은 악마들과 맞서 싸운 인물로 묘사된다.

라트비아 신화에서 라츠플레시스의 어머니는 곰이었다. 그래서 라츠플레시스는 어머니로부터 곰의 귀를 물려받았고 바로 그 귀에서 신비한 힘이 솟아났다. 라츠플레시스는 독일의 검은 기사와의 전투 중 장렬하게 전사하고 마는데, 악마들이 검은 기사에게 라츠플레시스의 힘의 원천인 귀를 제거하면 된다고 일러주었기 때문이다. 이후 독일인들이 라트비아를 차지해 19세기까지 이 땅의 주인 노릇을 하며 살게 되었다.

라츠플레시스

## 바스테이칼른스 공원과 운하 02

**Bastejkalns**

다우가바 강 옆에 자리 잡은 리가는 한자동맹 시절 발트해 무역의 주요 거점지였기 때문에 이곳을 차지하려는 주변국들 간의 전쟁이 끊이지 않았다. 라트비아뿐만 아니라 리보니아 전체에서도 핵심 도시였던 리가를 외적으로부터 보호하기 위해 이 주변으로 운하가 형성되어 있었는데, 무역이 점점 발전하며 운하의 활용도가 더욱 높아졌다. 자유기념탑에서 구시가지로 들어가기 전 운하의 모습이 남아있다.

현재 3.2km에 이르는 운하의 모습은 19세기 말에 완성된 것으로, 자유기념탑을 뒤로 두고 오른편에 바스테이칼른스 공원이 조성되어 있다. 공원 내 선착장에서 운하를 따라 구시가지를 한 바퀴 도는 유람선 관광을 할 수 있다.

유람선을 타고 운하를 따라 가면 볼 수 있는 고요한 풍경

**운하 유람선**
**운영시간** 5~9월만 운행 약 40분 소요
**이용료** 자유기념비와 인접한 선착장이 눈에 가장 잘 띄지만 그 외에도 여러 군데 선착장이 있으므로 발품을 좀 팔면서 가격대를 비교해 보는 것이 좋다. 회사에 따라서 12유로로에서 18유로까지 가격대가 다양하다.

주말마다 운행되는 100년 전 스타일의 전차 '마나 리가(Mana Riga)'가 시계탑 옆 도로로 달리고 있다

**화약탑 전쟁박물관(Latvijas kara muzejs, Latvian War Museum)**
**주소** Smilšu 20
**웹사이트** www.karamuzejs.lv
**운영시간** 4~10월 10:00~18:00 그 외 기간은 17:00까지 (휴무 없음)
**입장료** 무료
**찾아가는 길** 자유기념탑을 등지고 곧장 앞으로 가면 발뉴(Vaļņu) 거리가 나온다. 이 거리를 따라가다 우회전하면 그 길 끝에 있다.

사실 이 건물은 장동건 주연의 〈마이웨이〉에 살짝 나온 적이 있다. 영화에서는 런던에 있는 건물로 소개되었다.

### 라이마 시계탑 03
Laima Clock

자유기념탑 광장 끝 쪽 '라이마'라는 시계탑이 있다. 라이마는 발트 지역 신화에 자주 등장하는 행운의 여신 이름이면서 라트비아가 자랑하는 초콜릿 회사명이기도 하다. 사실은 소련 시절에 이 지역 관공서와 사무직 직원들의 지각을 방지하기 위해 세워진 시계탑이라고 하는데, 독립 이후 초콜릿 회사가 인수하여 브랜드 홍보에 사용하고 있다. 시민들 사이에선 주요 약속 장소로 통한다. 시계탑은 위성으로 조정된다니 그 정확성엔 의심의 여지가 없다.

### 화약탑 04
Pulvertornis, Powder Tower

담쟁이덩굴로 둘러싸인 이 건물은 과거 화약을 보관하던 곳이라 화약탑이라 불리고 있지만 원래 이름은 '모래탑'이었다. 리가 구시가지를 지키던 성곽의 일부로 축조되었고, 1330년 이 자리에 최초로 건물이 들어선 이후 수차례 증축을 거듭하다 17세기에 현재의 모습을 갖추었다. 지금은 전쟁박물관이 들어서 있다. 1차 대전 직후부터 독립에 이르기까지 라트비아 땅에서 벌어졌던 전쟁과 함께, 자신과는 상관없는 외국인들의 전쟁 속에서 생존하고자 싸워야 했던 라트비아 민족의 한 많은 역사를 느낄 수 있다.

여기 어딘가 바닷가재로 유명한 식당이 있다.

## 토르냐 거리 05
### Torņa iela

화약탑을 지나 왼편으로는 중세 때 모습을 본떠 복원한 성벽이 있다. 오른편엔 기념품 가게와 카페, 식당이 늘어선 거리가 있는데 18세기 구시가지를 지켰던 군대 막사가 있던 곳으로, 한때 이곳에 있던 예캅스(Jēkabs) 능보의 이름을 따서 '예캅스 막사'라 불렀다. 18~19세기 건물이 밀집되어 있으며 1997년 공사를 거쳐 깔끔한 분위기의 카페와 아기자기한 기념품 가게가 즐비한 아름다운 골목으로 변신했다. 좀 더 들어가면 왼쪽으로 대포가 보이고 그 뒤편에 리투아니아 트라카이와 비슷한 모양의 성벽이 있다. 1970년대 중반에 복원된 것으로 화약탑이 진짜 화약탑으로 활용되던 당시 분위기를 조금이나마 느낄 수 있다.

## 스웨덴 문 06
### Zviedru Vārti, Swedish Gates

성벽을 따라 쭉 걸어가면 왼편으로 보이는 대문. 리가 구시가지는 한때 전체가 육중한 성곽으로 둘러싸인 성곽도시였으나 여러 전쟁과 침략으로 전부 파괴되었고 현재는 그 일부만이 구시가지 동편에 복원되었다. 스웨덴 문은 성벽이 파괴되기 전, 주요 대문을 거치지 않고 구시가지로 바로 들어갈 수 있도록 지름길처럼 만든 것이다. 총 8개의 대문이 있었는데 현재는 이것 하나만 남아있다. 1621년, 스웨덴이 라트비아를 지배하던 폴란드와의 전쟁에서 승리했고 이를 기념하기 위해 '스웨덴 문'이라고 불렀다. 문 위쪽에서 사람들을 내려다보고 있는 사자 형상이 스웨덴을 상징하는 문양이다. 그러나 문이 만들어진 지 몇 년 지나지 않아 스웨덴은 러시아와의 전쟁에서 패하고, 라트비아 전역이 제정 러시아의 지배에 들어간다.

유명세에 비해 그리 볼만한 것이 아니라는 차원에서 벨기에 브뤼셀의 '오줌 누는 소년'이 떠오른다.

스웨덴 문
**주소** Torņa 11

사람이 없는 조용한 시간에 호젓이 걷다
보면 또 다른 느낌이다.

겉모습 때문에 초콜릿이라는 별명이 있다.

국회의사당 새이마
**주소** Jēkaba 11
**웹사이트** www.saeima.lv

성 예캅스 성당
**주소** Jēkaba iela 9
**웹사이트** www.jekabakatedrale.lv
**운영시간** 하절기 07:00–19:00 / 동절기
07:00–18:00
**미사** 일요일 08:00, 11:00, 18:30 / 평일
08:00

### 트록슈뉴 거리 07
**Trokšņu iela**

스웨덴 문을 통과해 바로 오른쪽으로 꺾으면 좁다랗고 예쁜 길이 보인다.
리가에서 가장 폭이 좁은 도로이지만 자갈이 보기 좋게 깔려있어 사진
찍기 좋다. 13세기에 형성되었을 당시에는 가게들이 즐비해 시끌벅적하
여 '소음의 거리'라는 의미를 가지고 있었다. 하지만 지금은 리가에서 제
일 조용하고 아늑한 골목이다.

### 국회의사당 새이마 08
**Saeima**

트록슈뉴 골목을 통과하면 나오는 밀크초콜릿 모양의 건물. 본래 라트비
아 북쪽 지역인 비제메 기사들의 회합 장소로 지어진 건물이었는데, 현재
는 국회의사당으로 사용되고 있다(라트비아어로 '새이마'). 고딕 양식이 주
를 이루는 구시가지와는 달리 플로렌스 르네상스 궁전 형태로 설계되어 독
특한 분위기를 연출한다. 1867년에 세워져 구시가지 내 '오래된 건물' 중에
서는 가장 최신식이며, 유일하게 라트비아 태생 건축가가 설계한 것으로도
유명하다. 스웨덴 문에서 국회의사당으로 올라올 때 만나는 트록슈뉴 거리
끝에 끝에 있는 방문자 안내소에서 내부 견학을 신청할 수 있다.

### 성 예캅스 성당 09
**Sv. Jēkaba Katedrāle, St. Jacob's Cathedral**

국회의사당 정문 맞은편에 있는 성당. 예캅스는 성서에 나오는 인물 중
야고보를 일컫는 말이다. 성당 입구에 적힌 설립연도가 말해주듯 라트비
아에서 오래된 성당 중 하나이다. 1225년에 자리 잡은 후 수차례 증축되
었고 종교개혁의 물결이 거세던 1523년에는 최초로 라트비아어 미사가
열렸다. 현재 리가 시내 대부분의 성당들이 원래 기능을 잃고 전망대나
연주회장 등으로 사용되고 있지만, 이 성당은 여전히 종교적 기능을 이어
가고 있다. 라트비아는 독일 루터교가 주를 이루는데 이곳은 가톨릭 성
당이므로 구시가지 성당들과는 조금 다른 분위기다.

## 삼형제

**Trīs brāļi, Three brothers**

성 예캅스 성당 바로 왼편에 있다. 에스토니아의 탈린에 있는 '세 자매'와 견줄만한 이 세 건물은 리가의 주거용 건물 중 제일 오래된 것으로, 15세기부터 18세기에 걸쳐 만들어진 집 세 채가 어깨를 맞대고 나란히 서 있다. 오른쪽 흰 건물이 15세기에 세워진 가장 맏형이고 왼쪽으로 갈수록 나이가 한 세기씩 젊어진다. 유럽 건축사의 변천사를 한눈에 볼 수 있어 높이 평가된다. 건물의 크기가 점차 작아지는 것이 재미있는데 리가에 집이 점점 늘어나 집 지을 공간이 줄어들어서라고 한다.

맏형 건물이 완성된 직후 초기에는 빵집이 있었는데 1층은 빵을 굽고 2층은 일반 가정집, 3층은 물건을 보관하는 구조였다고 한다. 중세 한자무역 시절에는 이렇게 한 건물이 다양한 기능을 수행했다. '삼형제'는 중세 리가 상인들의 생활상을 잘 보여주고 있으며 현재는 건축박물관으로 이용된다. 뒤뜰로 나가면 서로 다른 세 개의 건물이 하나로 연결된 조화로운 모습도 볼 수 있다.

외국인을 보면 국적을 귀신 같이 알아맞히고 그 나라의 국가를 연주하는 거리의 악사들. 우리의 애국가도 연주한다.

삼형제
**주소** Mazā Pils 17, 19, 21
**웹사이트** www.archmuseum.lv
**운영시간** 월 09:00–18:00, 화·수·목 09:00–17:00, 금 09:00–16:00 (주말은 휴관)
**입장료** 무료

"지금처럼 대도시가 아니었던 당시에 이 집에 사는 기분은 어땠을까?"

2013년 대형 화재 이후 복원된 모습

리가 성

**주소** Pils laukums 3
**웹사이트** www.president.lv
**찾아가는 길** 삼형제 건물 앞에서 마자필스(Mazā Pils) 거리를 따라 조금 더 가면 나온다.

## 리가 성 🔟

**Rīgas pils, The Castle of Riga**

다우가바 강변에 위치한 리가 성은 1354년 리보니아 기사단 사령관의 관저로 건설되었으나 이후 폴란드, 스웨덴, 제정 러시아 등 라트비아 점령 국가들의 지역사령부로 줄곧 사용되었다. 리가 성 위에 어떤 나라의 깃발이 휘날리는가를 통해 라트비아의 현재 주인이 누구인가를 파악해야 했던 시절도 있었다. 지금은 물론 라트비아 공화국의 국기가 펄럭이고 있다. 1918년부터 대통령 집무실로 쓰이고 있고 이외에 라트비아 역사박물관, 외국 예술박물관이 있어 내부 관람이 가능하다.

# 돔 성당 🔟

**Rīgas Doms, Dome Cathedral**

필스(Pils) 거리를 따라 쭉 걸어가면 리가의 또 다른 볼거리인 돔 성당이
나온다. 리가에서 아름다운 장소로 손꼽히는 이 성당은 라트비아의 역사
에서도 아주 큰 비중을 차지한다. 리가 건설의 시작은 1201년으로 거슬러
올라가는데, 발트해 무역거점으로서의 가치가 점차 부각되던 무렵이었다.
당시 독일은 발트해에서의 위치를 확고히 하기 위해 리가를 거점지로 선
택했으며 독일 브레멘의 알베르트(Albert) 대주교가 리가 만에 배를 댄 것
이 바로 리가 역사의 시작으로 기록된다.

성당은 1211년 공사가 시작된 후 19세기까지 증축이 이어져 다양한 건축
양식이 한곳에 모여 있다. 동편은 전형적인 로마네스크 양식, 북쪽 편은
고딕 양식이다. 140m에 이르렀던 종탑은 1547년 화재로 손실되었고 현재
모습은 1775년 바로크 양식으로 재건된 것. 초기 고딕 양식 기반 위에 바
로크 양식 첨탑, 그리고 바실리카 양식이 혼합된 웅장한 모습뿐만 아니
라 성당 내부에선 16세기까지 활동했던 수도원의 흔적도 볼 수 있다. 종
교개혁 이후 수도원 자리는 한때 시장으로 바뀌었고 동쪽에는 도서관
이 들어서 있었다. 1884년 완성되어 한때는 세계 최대 규모였다는 파이
프 오르간 역시 이 성당의 자랑거리. 관광객이 몰리는 여름철에는 공연이
자주 열린다. 돔 성당은 울림이 아주 좋아서 무반주 합창만으로도 귀에서
젖과 꿀이 흐르는 착각에 빠질 정도로(!). 돔 성당 안쪽 과거 수도원 자리
엔 리가의 역사가 담긴 유물들이 전시되어 있다. 뜰 안 성당 벽에 리가를
세운 알베르트 대주교의 동상이 있다. 원본은 1차 대전 중 러시아로 옮겨
졌으나 현재 행방이 묘연하며 지금의 모습은 2001년 리가 800주년을 기
념해 만들어진 모조품이다.

돔 성당
**주소** Doma laukums
**웹사이트** www.doms.lv
**운영시간** 5~9월 월·화·목·토 09:00~
18:00, 수·금 09:00~17:00, 목 09:00~
17:30 그 외 기간 일 14:00~17:00
**미사**
일요일 12:00, 평일 08:00(목요일은
18:00 한 차례 더 열림)
**입장료** 3유로

돔 성당 앞 광장. 여름이면 노천카페와 야
외주점이 들어서 리가에서 가장 북적인
다. 맥주 값이 조금 비싸지만 분위기가 좋
으니 잠깐 짬을 내보자.

## 검은머리전당

**주소** Rātslaukums 7

**웹사이트** www.melngalvjunams.lv

**찾아가는 길** 돔 성당 건물 맨 끝에 맞닿아 있는 야우니엘라(Jauniela) 거리를 걷다 바로 만나는 길을 따라 왼쪽으로 꺾어진다. 쭉 가다 칼큐(Kaļķu) 거리와 만나는 곳에서 오른쪽으로 방향을 틀면 검은머리전당, 리가시청, 라트비아 점령박물관 등이 모여 있는 광장이 나온다. 아니면 자유기념탑에서 200m 정도 직진해도 된다.

검은머리전당 광장 앞 한쪽 구석에는 세계 최초로 크리스마스트리가 세워졌다는 자리가 표시되어 있다. 전설에 의하면 1510년 겨울, 길드 회원들이 그 자리에 갖가지 장식을 한 전나무를 세우고 밤새도록 파티를 즐긴 것을 시작으로 트리가 전 세계로 퍼졌다고 한다.

## 검은머리전당 13

### Melngalvju nams, The house of Blackheads

에스토니아 탈린에서 검은머리길드를 만든 조직이 리가에 지은 집. 탈린에 있는 것보다 더 화려하고 정교한 장식이 인상적이지만 2차 대전 중 독일군의 폭격으로 인해 80%가 파괴되고, 독일의 잔재라는 이유로 소련 정부가 완전히 철거해버린 가슴 아픈 사연을 가지고 있다. 지금의 모습은 2001년 리가 건설 800주년을 기념하기 위해 복원한 것. 원래는 상인들이 리가에 머무는 동안 묵는 여관이나 연회 장소로 사용되었다. 초반에는 지금과 다른 모습이었으나 17세기에 길드 회원들에 의해 대대적인 보수공사를 거친 후 이 모습으로 이어지게 되었다. 리가 성 화재 이후 잠시 임시 대통령 집무실로 사용되었으나 지금은 공연장, 전시장 등으로 이용된다.

검은머리전당, 롤란드 석상, 점령박물관, 베드로 성당 등 리가가 자랑하는 볼거리가 한 장소에 모여 있는 보물 같은 곳

## 롤란드 석상 🔢

**Rolands**

검은머리전당 앞 광장은 시청광장(Rātslaukums, Townhall Square)이라고 불린다. 중세에는 야외시장이 열리곤 했다. 광장 한가운데 서 있는 기사 복장 석상은 한자동맹 시절 공정 무역과 안전한 여행을 위한 수호신으로 여겨져 한자동맹 거점지에서는 자주 찾아볼 수 있던 롤란드 상이다. 원래는 목상이었던 것을 1897년에 독일인들이 석상으로 개조했는데 독일의 상징이라는 이유로 소련이 1945년 철거해버렸다. 현재는 2000년대에 재건된 것으로 19세기 말의 원형 조각은 페테르스 성당 내부에 전시되어 있다.

## 리가시청 🔢

**Rātsnams, Town Hall**

롤란드 석상을 마주보고 리가시청이 있다. 시 조직이 최초로 형성된 것은 1210년경이지만, 시청 건물이 생긴 것은 그보다 100년 후인 1334년이다. 그 후 400년 뒤 새로운 청사가 들어섰으나 2차 대전을 겪으며 파괴되었고 얼마 남지 않은 건물터까지 불도저로 훼손되었다. 현재의 모습은 2003년도에 복원된 것.

## 라트비아 점령박물관과 소총수 석상 🔢

**Latvijas okupācijas muzejs & Piemineklis Latviešu strēlniekiem**

**Latvian occupation museum & Latvian Riflemen monument**

검은머리전당 바로 앞 검은색 상자 모양 건물은 원래 소련 시절 독일군과의 전쟁에서 혁혁한 공을 세우고 그 이후 모스크바로 건너가 스탈린의 개인 호위병으로까지 활동했던 라트비아 출신 소총수들의 업적을 기린 기념관이었다. 하지만 지금은 1차 대전 종전부터 1991년 독립까지 라트비아인들의 독립투쟁사를 전시해 놓은 점령박물관으로 변화되었다. 한때 기념관의 주인공이었던 소총수들의 붉은 석상이 여전히 그 옆에 서 있어 아이러니하다.

롤란드 석상

**라트비아 점령박물관**
**주소** Latviešu strēlnieku laukums
**웹사이트** www.okupacijasmuzejs.lv
**운영시간**
11:00–18:00 (휴무 없음)
**입장료** 무료이지만 약간의 후원금을 받고 있음
**주의사항** 현재 대대적인 보수공사에 들어가 지금은 Raiņa bulvāris 7에서 임시 개관하고 있다(2019년 5월 기준).

**스투라 마야**
**주소** Brīvības iela 61
**웹사이트** www.okupacijasmuzejs.lv
**주의사항** 2019년 5월 현재 재개장을 준비하며 공사 중에 있다. 방문을 하기 전 웹사이트에서 공사 일정을 확인하는 것이 좋다.
**찾아가는 법** 브리비바스(Brivibas) 거리를 따라 쭉 올라오면 어른 걸음으로 20분 정도 소요된다. 힘들다면 브리비바스 거리에서 시내 반대 방향 트롤리버스를 타고 계르투르데스(Gertrudes) 정류장에 내려 버스 진행 방향으로 약간만 걸어 올라가면 된다.

## 소련 시절 KGB의 비밀 감옥, 스투라 마야 [17]

### Stūra māja, Corner House

소련 시절의 라트비아 현대사에 관심이 많다면 이곳을 눈여겨보자. 자유기념탑을 뒤로하고 쭉 뻗어있는 브리비바스(Brivibas) 거리를 따라 올라가다보면 스타부(Stabu) 거리와 만나는 지점에 약간 음침한 외관의 건물이 하나 있다. 1991년 독립된 후 잠시 경찰청 건물로 사용되었지만, 그 이후로 약 20년 정도 계속 비어 있는 채 정리가 전혀 안 되고 있다. 사실 이곳은 소련 시절 라트비아 국민들을 잔혹하게 유린했던 소련 비밀경찰 KGB의 본부가 있던 어마무시한 곳(!). 소련 지배 당시에도 일반인 출입이 엄격히 금지되었기 때문에 이 안에서 어떤 일이 자행되는지 알 수가 없었다. 현재까지도 건물 내부가 어떻게 구성되었는지 알아보기 위해 발굴 작업이 진행되고 있을 만큼 베일에 싸여있다.

리가 사람들은 이 건물이 두 거리가 만나는 구석진 자리에 있다고 해서 스투라 마야(Stūra māja], 즉 '구석 집'이라고 불렀다. 오랫동안 먼지 속에 묻혀있던 이 건물은 불과 몇 년 전부터 공개되기 시작했다. 아르누보 양식의 대표적인 건물 중 하나이기도 하다. 알렉산드르스 바낙스(Aleksandrs Vanags)가 설계했는데 전쟁의 풍랑에 휘말려 설계자 자신 역시 이 감옥에서 유명을 달리한 비극적인 사연이 전해진다.

2차 대전 발발 직후 1940년에서 1945년 사이 집중적으로 학살과 고문이 자행되었다. 당시 KGB는 아직 만들어지지 않았고 그 전신격인 체카(Ceka)가 활동했었다. 체카 시절 라트비아 정치범들을 몰래 사살하고 시체를 치우던 장소들과 정치범들이 처형을 기다리면서 마지막 순간을 지냈던 감옥, 수감실이 원형 그대로 전시되어 있다. 거의 20년간 방치되어 당시 모습이 잘 남아있는 편. 전기나 난방시설이 전혀 없어 아무리 더운 날씨에도 실내는 서늘할 정도로 온도가 뚝 떨어진다. 10월 말까지만 개방하고 겨울에 문을 닫는 이유도 난방이 안 돼 추운 날씨에는 관람이 불가능하기 때문이다.

스투라 마야는 유료 관람과 무료 관람 두 가지로 나뉜다. KGB의 역사와 시민들의 희생을 보여주는 전시관과 체카 비밀경찰들이 정치범 뒤에서 총을 쏜 후 시체를 트럭에 싣고 밖으로 나갈 수 있도록 설계된 총살집행실은 무료이며, 그 외 내부시설과 수용시설을 보려면 가이드의 안내를 받아 단체로 입장해야 한다. 입장권은 현장에서 구매할 수 있지만 워낙 인기가 많아 매진되는 경우가 많으므로 방문 하루 전 인터넷이나 시내 공연티켓 예약센터에서 예매하는 것이 좋다.

## 아크멘스교와 라트비아 국립도서관 [18]

### Akmens tilts & Latvijas Nacionālā Bibliotēka
### Akmens bridge & National Library of Latvia

검은머리전당 앞 광장에서 강쪽으로 멋진 다리 하나가 보인다. 다우가바강의 다리 중 하나인 아크멘스교이다. 다리 건너편 세모난 건물은 2014년 가을에 준공된 국립도서관. '빛의 성(Castle of light)'이란 별칭을 가진 이 도서관은 라트비아 전통설화에 나오는 신비의 성을 모티브로 디자인되었다. 1층 안내데스크에서 도서관 내부 견학을 신청하면 맨 꼭대기 전망대에서 멋진 시내 풍경을 감상할 수 있다. 외국인도 여권만 있으면 내부 출입과 도서 열람이 가능한 일반 열람증을 만들 수 있지만, 그 열람증으로는 가이드의 안내 없이 전망대에 오를 수 없다. 단지 뭔가 특별한 기념품을 만들어보고 싶거나 책과 함께 잠시 쉬어가고자 한다면 한번쯤은 시도해 볼만하다. 안내데스크에서 일회용 방문자 카드를 받아 입장만 하는 것도 가능하며, 노트북을 펼쳐 놓고 작업할 수도 있다. 5층 라트비아학(Letonika) 열람실에 가면 라트비아와 발트3국 관련 서적을 볼 수 있고(열람실에 전시된 책은 신청 없이 거의 열람 가능), 2층의 아시아연구 열람실(Asia Res)에는 한국 관련 책들이 매해 늘고 있는 중이다.

아크멘스교

5층에서 보는 경치가 일품! 국립도서관 앞뜰이나 맞은편 호텔 쪽에서 구시가지 쪽을 보면 돔 성당과 페테르스 성당 첨탑이 만들어내는 멋진 스카이라인을 감상할 수 있다. 아크멘스교 가운데서 보이는 풍광도 좋다.

국립도서관 내부. 1층에 꽤 괜찮은 카페가 있다.

**라트비아국립도서관**
**주소** Mūkusalas iela 3
**웹사이트** www.lnb.lv
**운영시간** 월−금 09:00−20:00, 주말 10:00−17:00

성 페테르스 성당

**주소** Skārņu 19
**웹사이트** www.peterbaznica.riga.lv
**이용시간** 5-8월 화-토 10:00-19:00 /
일 12:00-19:00 (월요일 휴무) 그 외 기간
1시간 단축 근무
**입장료**
전망대 9유로 / 성당만 입장 시 3유로

# 성 페테르스 성당

**Rīgas Svētā Pētera baznīca, St. Peters Church**

광장에서 주변을 둘러보면 아주 높은 첨탑을 자랑하는 성당이 보인다. 성 페테르스 성당으로 페테르스는 예수의 제자인 베드로의 라트비아식 이름 이다. 돔 성당과 마찬가지로 리가가 자랑하는 아름다운 건물 중 하나다. 리가 시내에서는 유독 높은 첨탑이 많이 보인다. 그리고 첨탑마다 금빛 찬란한 수탉 모양의 풍향계가 서 있는데, 리가의 도시 분위기를 만들어주는 특별한 상징이 되고 있다.

이 건물이 처음 기록에 등장한 것은 1209년이지만 현재의 모습이 된 건 15세기경 대단위 증축 공사를 마친 이후라고 한다. 특히 14세기 말에 완공된 130m의 첨탑은 그 당시 세계 최고 높이의 첨탑으로 기록되어 있으나 몇 번의 벼락을 맞고 훼손되었다. 제정 러시아 황제 표트르 1세의 명으로 1746년 복원되었으나, 2차 대전으로 인해 성당 대부분이 폐허로 변하는 비극을 겪었다. 그 후 몇 차례 공사를 거치고 1973년 공식적으로 복원 공사를 끝냈다(첨탑 높이는 123.25m). 내부 승강기를 타고 72m 위치의 전망대에서 구시가지를 조망할 수 있다. 성당 꼭대기의 금수탉은 랜드마크가 되었고, 현재 시내 건물 고도를 결정하는 기준이 되어 그 어떤 건물도 이 성당보다 높게 지을 수 없다.

한편 무역도시인 리가에서 풍향은 중요한 의미를 갖는다. 전해지는 이야기에 의하면 수탉 모양 풍향계가 가장 먼저 생긴 곳이 이 베드로 성당이라고 한다. 예수가 십자가에 못 박히기 전 베드로에게 새벽닭이 울 때까지 자신을 세 번 부인할 것이라 말한 구절에서 비롯되었다고 한다. 또한 닭이 어둠을 내쫓고 새벽을 부르는 신령한 동물이라는 토속 신앙과도 연결되어 리가의 높은 첨탑에는 어김없이 수탉이 올라가게 되었다.

"이 성당 위에
올라가보지 않고는
리가에 왔다고
말하지 말지어다"

## 브레멘 음악대 동상 [20]

**Brēmenes muzikanti, the Town Musicians of Bremen**

성당 뒤쪽 골목에는 그림 형제의 유명한 동화 《브레멘 음악대》를 모티브로 한 동상이 있다. 리가 건설과 관련된 독일의 브레멘 시에서 기증한 것. 소원을 빈 뒤 손을 뻗었을 때 높은 곳에 닿을수록 잘 이루어진다는 이야기가 있다. 브레멘에도 브레멘 동상이 있는데 구조는 조금 다르다. 리가의 브레멘 동상은 독일 통일 이후에 만들어진 것으로 베를린 장벽의 붕괴를 상징하여 네 마리 동물이 조금씩 앞으로 나온 모양이다.

## 성 야니스 성당과 콘벤타 세타 [21]

**Sv. Jāņa baznīca & Konventa Seta**

**St. John's Church & Konventa Seta**

야니스는 세례 요한의 라트비아식 이름. 1234년 성당 겸 가톨릭 수도원으로 건설되었는데 종교개혁 이후 철거되어 가구 공장, 무기 보관소 등 다양한 용도로 사용되었다. 하지만 건물 자체가 완전히 파괴된 것은 아니어서 아직 남아있는 중세 수도원 건물 일부가 카페, 식당, 선물가게 등으로 활용되고 있다. 성당 입구 앞 작은 골목길 안쪽의 공터는 과거 수도원 분위기를 그대로 보여준다.

15세기경 두 수도승이 자신들이 죽고 난 후 성인으로 인정받기 위해 죽기 전 모든 돈을 기부하고 성당 바깥쪽 벽에 만든 작은 공간 안에서 음식을 받아먹으며 평생을 살았다는 전설이 전해진다. 애석하게도 교황청은 그들을 성인으로 인정하지 않았다고…… 그 가엾은 두 주인공의 모습은 성당 벽을 잘 찾아보면 발견할 수 있다. 야니스 성당 왼편으로 나있는 문(노천카페로 들어가는 골목 옆, 큰 문)으로 들어가면 오래된 광장 중 하나인 콘벤타 세타가 나온다. 원래 리보니아 기사단이 세운 성이 있던 자리였으나 18세기에 중세 무역상들의 건물이 들어서 현재의 모습으로 바뀌었다. 도자기 박물관, 골동품 가게, 커피전문점 등 다양한 시설이 모여 있다.

꼬마야, 그렇게 만지는 건 반칙!

**성 야니스 성당**
**주소** Jāņa 7
**웹사이트** www.janabaznica.lv
**운영시간** 11:00-20:00 (휴무 없음)

맥주 좋아하는 사람이라면 이 문을 그냥 지나치지 못할 것이다. 저 문을 지나면 분위기 좋은 노천카페가 펼쳐진다.

**리부광장**
**찾아가는 법** 콘벤타 세타를 완전히 통과해 바로 보이는 좁은 골목을 따라 왼쪽으로 조금만 걸으면 광장이 보인다. 또는 자유기념탑에서 화약탑 쪽으로 꺾지 않고 바로 직진하면 된다.

**대길드**
**주소** Amatu iela 5
**웹사이트** www.lnso.lv

## 리부광장 22

Līvu laukums, Livu Square

독일은 라트비아와 에스토니아를 병합해 리보니아 공국을 건설하여 발트해안 일대를 지배하기 시작했으며, 라트비아인들은 농노로 전락했다. 이후 폴란드, 스웨덴, 제정 러시아가 번갈아가면서 라트비아를 점령했지만 발트독일인이라 불리던 독일 귀족들은 자신들의 고유 권리를 인정받으며 1차 대전 전까지 라트비아에서 지위를 유지할 수 있었다. 이런 배경으로 구시가지에는 발트독일인들과 리가를 거점 삼아 무역하던 중세 상인들이 건설한 건물이 아주 많다. 이 리부광장은 그런 길드 건물들이 몰려있다. 이 주변 유명한 길드 건물로는 대길드, 소길드, 고양이 집이 있다.

## 대길드 23

Lielā Ģilde, Great Guild

대길드는 '성모 마리아 길드'라는 별칭을 가지고 있다. 1857년 영국식 고딕 양식으로 설계된 이 건물은 보석공예자나 무역상들이 조직한 길드를 위해 만들어졌으며, 1965년에 전문 연주장으로 개축되어 현재는 라트비아 국립 관현악단 소유로서 다채로운 공연이 자주 열린다.

대길드 내 라트비아 필하모니의 공연도 놓치지 말자.

## 소길드 24

**Mazā Ģilde, Small Guild**

대길드 맞은편 소길드 역시 영국식 네오 고딕 양식으로 대길드보다 조금 늦은 1866년에 완공되었다. 400여 개 소상공 직업군에 종사하는 이들이 가입되어 있고 대길드보다는 경제적, 정치적 의미가 확연히 떨어진다는 이유로 대길드와 구분코자 소길드라 불렸다. 1930년경 대단위 보수공사를 거치면서 지금의 모습이 되었고, 현재는 라트비아 공예업자 협회 본부가 있다.

소길드
**주소** Amatu iela 6
**웹사이트** www.gilde.lv/maza

## 고양이 집 25

**Kaķu nams, Cat house**

대길드 바로 건너편 메이스타루(Meistaru) 거리에 있는 이 건물은 1909년 만들어진 비교적 최신 건물로, 지붕 위 검은 고양이상으로 유명하다. 한때 대길드 회원이었던 건물주가 부당한 이유로 대길드에서 제명되자 그에 반발하여 고양이 꽁무니를 대길드 쪽으로 향하도록 세워놓았고, 고양이를 원상태로 돌려놓으라는 대길드의 요구와 이를 거부하는 건물주의 고집으로 큰 소송까지 벌어졌다는 일화가 전해진다. 1층에는 24시간 영업하는 식당 겸 클럽이 있고 건물 내부에는 사무실들이 입주해 있다.

고양이 집
**주소** Meistaru iela 10

"이 건물 덕분에 고양이는
수탉과 함께 리가를 대표하는
주요 상징이 되었다.
그만큼 길고양이도
많이 돌아다니고 있는데
한국과 달리 풍성한 관심 속에
토실토실 무럭무럭 잘도 자란다"

# 아르누보 양식 밀집 지역

리가는 19세기 말과 20세기 초 집중적으로 건설된 아르누보(Art Nouveau) 양식 건물로도 명성 높다. 아르누보 양식은 유럽적인 소재에 국한하지 않고 이집트, 이슬람, 자연적 요소 등 다양한 형식을 일반 건물에 과감히 차용한, 당시로서는 획기적인 건축 양식이었다. 리가는 브뤼셀, 헬싱키 등과 함께 19세기 말 아르누보 양식을 대표하는 도시로서 이름을 알리게 되었다.

리가 태생의 유대인 미하일 아이젠슈타인(Mikhail Eisenstein)을 중심으로 콘스탄틴스 페크센스(Konstantins Peksens), 에이젠스 라우베(Eizens Laube) 등 당대 최고 라트비아 건축가들에 의해 대대적으로 만들어진 이 건물들은 구시가지에서 그리 멀지 않은 곳에 밀집되어 있다. 화려한 외관의 건물들은 현재 학교, 관공서, 아파트 등의 다양한 용도로 사용되고 있으며, 중세부터 무역도시로서 명성을 날리던 리가가 얼마나 부강한 도시였는지를 잘 보여주고 있다.

특히 알베르타(Alberta) 거리는 리가 아르누보 양식을 대표한다. 20세기 초 리가 700주년을 기념으로 당시 기술로는 초현대식 건물들이 이곳에 건설되기 시작했는데, 리가 건설을 시작한 알베르트 주교의 이름을 따서 '알베르타 거리'라는 이름이 붙여졌다.

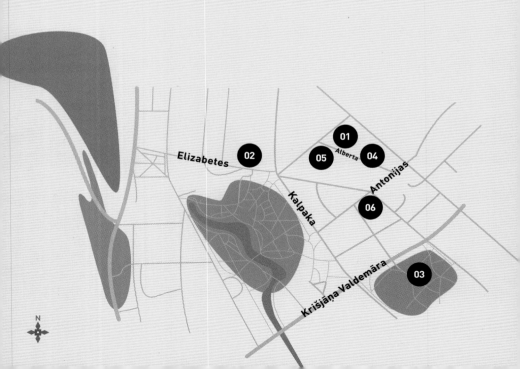

### 아르누보 박물관 [01]

**Art Nouveau Museum, Jügendstila muzejs**

알베르타 12번지에는 리가 아르누보 양식의 역사를 보여주는 박물관이 있다. 당시 유행하던 복장을 한 직원들의 안내를 받으며 그 옛날 리가 시민들의 생활상을 엿볼 수 있다.

### 엘리자베테스 거리 [02]

두 건물 모두 미하일 아이젠슈타인의 초기 작품으로 독일 양식을 상당히 차용했지만 그만의 독특한 감성을 상당히 첨부했다는 찬사를 듣는다. 사실 아이젠슈타인은 건축을 공부한 사람이 아니라 철도노동자였으나 우연한 기회에 건축 설계에 입문한 후 리가 건축사에 한 획을 긋는 인물이 되었다. 현재 주거용 아파트와 상점이 입주해 있다.

---

**절충적 장식 양식**

비교적 초기 건물에서 나타나는 양식으로, 건물 용도와 관계없이 외부 장식을 과도하게 화려하게 만들었다. 19세기 말 유럽에서 유행하던 전형적인 패턴이나 장식적 요소를 반복적으로 사용해 이전 유럽의 스타일과 큰 차이를 느끼기 힘들다. 미하일 아이젠슈타인 초기 작품에서 주로 발견된다.

---

**아르누보 박물관**
**주소** Alberta iela 12
**웹사이트** www.jugendstils.riga.lv
**운영시간** 10:00–18:00 (월요일 휴무)
**입장료** 5유로
**찾아가는 법** 인근에 버스나 트램이 있지만 구시가지에서 이동하는 데 딱히 도움이 되진 않는다. 지도를 보고 방향을 파악해 15분 정도 걸으면 된다. 주 라트비아 한국대사관 근처에 위치해 있다.

**엘리자베테스 거리**
**주소** Elizabetes 10a, 10b

### 라트비아 국립 미술관 [03]

**Latvijas Nacionālais mākslas muzejs**

**The National Art Museum of Latvia**

아르누보 지역을 거리 하나를 두고 떨어져 있는 우아한 건물. 오랜 기간의 내부공사를 마치고 2016년에 새로 개관한 라트비아 국립 미술관은 근대와 현대 라트비아 미술의 진수를 맛볼 수 있는 곳이다. 16세기 유럽 미술부터 현대 디자인에 이르기까지 다양한 작품이 전시되어 있어 라트비아 미술사에 관심이 있다면 꼭 방문해 보자.

**라트비아 국립 미술관**
**주소** Jaņa Rozentāla laukums 1
**웹사이트** www.lnmm.lv/lv/lnmm (국립 미술관 이외에도 리가에 위치한 다양한 박물관 정보 있음)
**운영시간** 화–목 10:00–18:00, 금 10:00–20:00 토, 일 10:00–17:00
**입장료** 전체 통합권 6유로

**알베르타 거리**
**주소** Alberta 2, 2a, 4, 6, 8, 13

### 알베르타 거리 04

알베르타 거리 초입에 줄지어 서 있는 이 다섯 동의 건물은 모두 아이젠 슈타인의 작품으로 관광객이 기념촬영을 가장 많이 하는 곳이다. 그 외 이 양식을 볼 수 있는 대표적인 장소로는 엘리자베테스 33번지, 스트렐 르니에쿠(Strelnieku) 05 4a번지 등이 있다.

**안토니야스 거리**
**주소** Antonijas iela 8

### 안토니야스 거리 06

콘스탄틴스 페크센스의 대표적인 건물로 입구의 화려한 장식과 옆면으로 웅장하게 표현된 용의 형태가 인상적이다. 이 외에도 테르바타스 33번지 (Tērbatas 33), 알렉산드라 차카 26번지(A. Čaka 26, 콘스탄틴스 페크센스와 에이젠스 라우베 공동 설계), 브리비바스 37번지(Brivības 37, 에이젠스 라 우베), 알베르타 11(Alberta 11, 에이젠스 라우베)에 위치한 건물들이 대표적 이다.

---

#### 국가적 낭만주의 양식

1905-1911년 사이 설계된 건물에서 주로 보이는 양식으로, 라트비아 태생 건축가들에 의해 모습을 드러냈다. 태양, 꽃, 라트비아 전통 문 양 같은 라트비아인에게 익숙한 방식으로 건물 외벽을 장식했다. 초 기 과장된 양식에 비해 상당히 절제되고 단순화된 디자인이 주를 이 룬다. 리가 시내에 남아있는 아르누보 건물의 70% 이상이 여기에 속 한다.

---

# 중앙시장 부근

전통시장 구경은 어느 나라든 재미있다. 미화되지 않은 서민들의 숨소리와 삶의 모습을 있는 그대로 들여다 볼 수 있기 때문이다. 리가 전통시장은 그런 차원에서 방문해볼 만하다. 지나치게 서민적인 품목밖에 없다는 것이 쇼핑애호가들에게는 큰 충격이겠지만 말이다.

01 중앙시장
02 스피케리
03 리가 게토 유대인 학살 박물관
04 라트비아 학술원

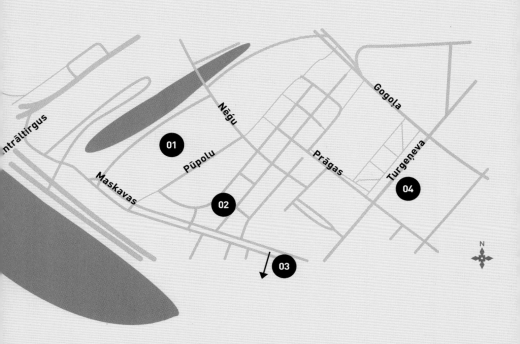

소매치기주의보 발령. 가방은 꼭 앞으로 메고 다니자

중앙시장
**웹사이트** www.rct.lv
**운영시간** 공식 근무 시간은 매일 07:00-18:00 그러나 폐장 시간은 건물마다 30분에서 1시간씩 차이 남
**찾아가는 법** 리가에 오면 제일 처음 마주치는 버스터미널, 중앙역과 인접해 있다. 버스에서 내리면 이곳을 지나칠 수 없을 정도로 가깝고, 중앙역에선 지하통로를 따라 바깥으로 나가면 바로 이어진다. 구시가지 어디든 걸어서 20분 거리

스피케리
**웹사이트** www.spikeri.lv

### 중앙시장 01

Centrāltirgus, Central market

버스터미널과 마주보고 있는 중앙시장은 유럽에서도 규모가 큰 편에 속한다. 1909년 리가가 러시아와 유럽을 잇는 교통의 요충지로 발전하기 시작할 무렵 형성되었고, 독일인들이 사용하던 열기구 보관소를 리가 시가 정식으로 사들여 시장을 건설한 것으로 알려져 있다. 현재도 열기구 보관이 충분히 가능할 만한 대형 건물 다섯 동이 있고, 그 주변 야외시장까지 합치면 2만 2천㎡에 이른다. 지금도 하루에 수만 명이 방문하는 대표적인 시장이다. 최근에는 대대적인 공사가 이루어지고 있으며 세계 여러 나라의 음식을 맛볼 수 있는 길거리음식전문식당가가 새로 문을 열었다. 일본의 오코노미야키, 카프카스의 힌칼리, 베트남 쌀국수, 라트비아 전통 음식까지 다양한 음식이 한곳에 모여 있고 음식 값도 아주 저렴하다. 현재 확장 공사가 여전히 진행 중이라 조만간 새로운 식당들이 개업을 하게 될지도 모른다.

### 스피케리 02

Spīķeri

스피케리는 중앙시장 바로 옆 마스카바스(Maskavas), 투르게녜바(Turgeņeva), 크라스타(Krasta) 거리 일대를 말한다. 소련 시절 만들어진 창고나 군수물자 공장 건물이 오랫동안 흉물스럽게 남아있었으나 몇 년 전부터 예술가들의 창작 활동을 지원하는 예술 중심지로 새롭게 태어났다. 19세기에 지

리가 게토 유대인 학살 박물관

어진 창고 건물에는 인형 박물관, 예술 스튜디오, 라이브 카페, 소규모 공연장 등이 들어섰다.

## 리가 게토 유대인 학살 박물관 03
**Rīgas Ghetto muzejs, Ghetto Museum in Riga**
리가 게토 박물관은 2차 대전 중 유대인 학살로 희생된 라트비아 유대인의 생활상과 전쟁범죄의 참상을 알리기 위해 조성되었다. 당시 희생된 라트비아 유대인 7만여 명의 명단을 비롯해 그들의 저항운동과 유대인을 도와준 시민들의 모습 등 다양한 전시물이 일목요연하게 전시되어 있다.

## 라트비아 학술원 04
**Latvijas Zinātņu Akadēmija, Academy of Sciences**
중앙시장 한가운데 위치한 고층빌딩. 라트비아 학술원 건물로 러시아의 모스크바 대학교나 폴란드의 바르샤바 문화과학궁전 같은 스탈린 양식 건물이다. 2차 대전 이후 소련에 복속된 후 지어져 지금까지도 그 시대의 압제를 상기시켜 리가 시민들은 '스탈린의 송곳니', '스탈린의 생일 케익', '크레믈린' 등 다양한 별칭으로 부르고 있지만 철거는 하지 않고 있다. 리가 구시가지와 시장을 한눈에 볼 수 있는 전망대가 있다.

리가 게토 유대인 학살 박물관
**주소** Maskavas 14a, 입구는 크라스타 (Krasta) 거리 쪽
**웹사이트** www.rgm.lv
**운영시간** 10:00~18:00(토요일과 유대인 명절 휴관)
**입장료** 공식적으로 입장료는 없으나 일정 금액 기부를 해야 한다

라트비아 학술원
**주소** Akadēmijas laukums 1
**웹사이트**
– 학술원 www.lza.lv
– 전망대 www.panoramariga.lv
**운영시간** 매일 09:00~20:00
**입장료** 5유로

# 시 외곽 볼거리

라트비아 야외민속박물관
**주소** Brīvības gatve 440
**웹사이트** www.brivdabasmuzejs.lv
**운영시간** 5−9월 10:00−20:00 (휴무 없음) 가옥 내부 입장은 17:00까지 그 외 기간 10:00−17:00 (2, 3월은 월, 화 휴무)
**입장료** 5−9월 4유로 그 외 2유로
**찾아가는 법** 시내(리가 서커스 앞 정류장)에서 1, 19, 28번 버스로 20분 소요

메자파크 공원
**찾아가는 법** 시내에서 11번 트램 이용. 5−9월에는 주말에만 다니는 마나 리가(Mana Riga) 트램도 있다. 차에 올라 기사에게 바로 표 구입. 요금은 2유로

샤슬릭 가게
**주소** Mores iela 22
**운영시간** 매일 09:00−21:00
**찾아가는 법** 11번 트램을 타고 종점인 메자파크 정류장에서 내려서 공원으로 들어간다. 자전거가 다니는 큰길을 따라 약 1km 걷다보면 길이 양쪽으로 갈리는데 오른쪽으로 가면 호수, 왼쪽으로 약 1.5km쯤 걸어가면 북쪽 후문이 보인다. 그 후문을 지나면 바로 노란 지붕의 샤슬릭 가게가 보인다. 식사를 마치고 굳이 다시 온 길을 돌아서 정문 앞 정류장에서 11번 전차를 타고 시내를 돌아가는 것이 부담된다면 바로 앞 큰길에서 버스와 미니버스를 타고 바로 시내로 나올 수도 있다.

## 라트비아 야외민속박물관
### Latvijas Etnogrāfiskais brīvdabas muzejs
### Latvian Ethnographic Open-Air Museum

1924년에 지어져 유럽에서도 오랜 역사를 지닌 야외민속촌 중 하나로 손꼽힌다. 라트비아 각 지역의 대표적인 농가 주택 118채가 있으며, 각각의 풍속과 문화를 엿볼 수 있다. 부활절과 크리스마스, 그리고 6월 23일 하지축제에 라트비아 전통명절과 과거 풍습 재현 행사를 열며 관광객이 몰리는 여름과 주말엔 전통 공연도 자주 열린다.

## 메자파크 공원
### Mežaparks

'숲 공원'이라는 이름으로, 17세기 스웨덴 왕의 전용 사냥터로 만들어진 거대한 공원이다. 대략 1200ha에 이르며 노래대전이 열리는 합창무대를 비롯해 동물원, 사격장, 호숫가 백사장, 카페 등 다양한 시설이 갖추어져 있다. 리가 시민들이 사랑하는 휴식처로 손꼽힌다.

---

### 메자파크 맛집 샤슬릭 가게 "Šašliki Mangaļos"

메자파크 북쪽 후문 옆 샤슬릭 집은 리가에서도 소문난 맛집. 신용카드를 받지 않으니 꼭 현금을 지참하자! 남쪽 정문에서 직진하다가 합창무대 쪽으로 꺾어지는 길을 따라가면 보인다. 남쪽 정문에서 2.5km 거리로, 택시를 탄다면 주소를 확인하자.

---

메자파크의 대표적인 산책로.

메자파크에는 노래대전 축제가 열리면 사용되는
합창무대가 자리잡고 있다. 노래대전을 기념하는
노래하는 사람들 조각이 입구에서 손님들을 맞는다.

---————————— *J ū r m a l a* —————————---

# 유르말라
### 발트해안 최고의 휴양도시

유르말라는 리가에서 불과 십여 킬로미터 떨어진 해안도시로 발트해안 최고의 휴양지이며 라트비아어로 '바닷가'를 의미한다. 그러므로 같은 단어에서 첫글자가 소문자이면 일반적인 바닷가를 일컫는 일반명사, 대문자이면 지역명이다. 인근 몇 개의 마을을 연합해 1959년에 정식 도시로 승격되었다. 고려인 가정에서 태어나 자유와 해방을 노래하여 소련 시절 새 시대의 상징이 되었던 록 음악 가수 빅토르 최가 눈을 감은 곳으로도 알려져 있다.

리가에서 기차나 버스로 20분 정도면 도착할 수 있고, 자전거로도 이동이 가능하다. 만약 개인자동차로 진입할 경우 유르말라로 진입하는 지점에서 통행료를 납부해야 한다(2019년 6월 현재 2유로).

## 마요리 해수욕장
**Majori**

유르말라는 리가 만과 리엘우페 강을 따라 총 32㎞ 길이로 길게 형성되어 있다. 여러 마을 중 마요리가 유르말라의 중심 역할을 하고 있다. 리가에서 슬루오카(Sloka)나 투쿰스(Tukums)로 가는 기차를 타면 마요리에 도착하고, 기차역을 따라 이어진 요마스(Jomas) 거리를 걷다보면 해안가가 나온다. 마요리에 도착하기 전 리엘우페(Lielupe) 역에 내리면 발트해 최대 규모의 물놀이 공원인 리부 물놀이 공원(Livu Akvaparks)에 갈 수 있다. 기차 외에 리가 시내에서 출발하는 버스도 자주 있으며 날씨가 좋을 때는 자전거로 가는 것도 시도해 볼 수 있다.

마요리-리가 자전거 대여
**웹사이트** www.rigabikerent.com

케메리 습지 표지판

관광안내소 메자 마야(숲속의 집, Meža Māja)
**웹사이트** www.kemerunacionalaisparks.lv

> TRAVEL TIP

케메리역 건물에 자전거를 빌려주는 곳이 있지만 문을 닫는 경우가 많아 리가에서 자전거를 빌려서 오는 것이 제일 낫다. 기차에 자전거를 실을 수 있다.

냄새가 독하니 굳이 마시진 말고 피부에 양보하자.

## 케메리 국립공원

Ķemeru Nacionalais parks, Ķemeri National Park

에스토니아의 유명한 이탄습지대인 라헤마(Lahemaa)나 소마(Soomaa) 국립공원은 이동이 어려워 단독 여행자가 가긴 어렵다. 또한 소마 국립공원은 공원 하나만 관광하는 데에도 며칠씩 소요되므로 시간이 많지 않으면 망설여지기 마련. 그런 사람들에게 딱 좋은 곳이 바로 케메리 국립공원이다. 리가에서 멀지 않아 대중교통으로 가기 쉽고 하루 정도면 이탄습지의 아름다움을 만끽할 수 있다. 리가에서 자전거를 빌려가도 좋다.

케메리 국립공원은 이탄습지대를 포함해 울창한 소나무 숲이 드넓게 펼쳐져 있어 라트비아의 자연환경을 즐길 수 있는 최적의 장소이다. 리가에서 케메리(Ķemeri) 역까지는 투쿰스(Tukums) 방향 기차를 타면 된다. 1시간 반에서 2시간에 한 번씩 리가에서 출발하고 1시간 정도면 도착한다. 역에서 습지대까지는 약 4㎞, 케메리 광천수 정원과 관광안내소까지는 2㎞ 정도 거리. 하절기에는 기차역에서 자전거를 빌릴 수 있고, 관광안내소에선 하이킹에 필요한 국립공원 지도를 얻을 수 있다.

## 케메리 광천수

sēravota paviljons. Mineral spring pavilion

기차역에서 나와 관광안내소로 가는 길목에 정자 모양 우물이 있다. 이탄습지 아래를 흐르는 지하수가 땅 위로 터져 나오는 곳으로, 이 물이 치료와 미용에 좋다고 알려져 19세기부터 근처에 요양원이 들어서기 시작했다. 이 요양원들은 꽤 명성이 높아 주변 국가에서 소문 듣고 찾아오는 사람들이 있을 정도. 물에서 썩은 달걀노른자 냄새가 심하게 나 썩 마시고 싶진 않을 것이다. 이 냄새는 습지대를 흘러오는 도중에 물속에서 배양되는 박테리아 때문이라고 한다. 물의 효능은 의학적으로 검증되었지만 너무 많이 마시면 부작용을 일으킬 수 있다니 한 모금 정도로 만족하자. 이 물로 효과를 보기 위해서는 의사의 처방에 따라서 일정한 양을 꾸준히 복용해야 한다. 일단 맛을 보면 삶은 달걀노른자를 백 개 정도 먹고 트림하는 듯한(?) 느낌이다. 미용에 탁월한 효과가 있으니 차라리 세수하는 것을 추천한다.

## 케메리 이탄습지

**Lielā Ķemeru tīreļa laipa, Large Ķemeri Moorland**

한국에서 볼 수 없는 늪지대가 펼쳐져 있다. 이탄이끼가 가득한 신비로운
분위기는 절경을 자아낸다. 진흙이나 모래가 아닌, 발밑으로 빽빽하게 자란
이끼들이 토양을 구성하고 있으며 바닥에 손을 뻗어 한 움큼 떼어보면 이끼
의 생김새를 자세히 살펴볼 수 있다.

늪지대로 가는 길에는 적송들이 하늘에 닿을 듯 솟아있는 소나무 숲을
지나야 한다. 숲을 지나 늪지대 입구에 들어서면 두 개의 산책로가 나오
는데, 1.5㎞ 길이의 짧은 코스와 3.5㎞의 긴 코스가 있다. 3.5㎞ 코스는
한가운데 전망대가 있어 늪지대 전경을 사진에 담고자 한다면 적극 추천
한다. 두 코스 모두 바닥의 나무판자를 따라가면 되므로 걷는 데 그리 불
편하진 않다. 라트비아어로만 표시되어 있어서 어디가 긴 코스이고 짧은
코스인지 알아보기 힘들 수 있으나, 길을 걷는 도중 옆으로 꺾어지는 길
이 나왔을 때 그 길을 무시하고 앞으로만 쭉 걸어가면 긴 코스로 이어진
다. 전망대까지 갔다가 출발 지점까지 돌아오는 데 2시간 정도 소요된다.

**TRAVEL TIP**

시간이 있으면 카니에리스 호수(Kaņiera
ezers)에도 들러보자. 케메리 광천수에서
운전하여 약 14분쯤 걸리는 지역으로 운
치 있는 호수에서 배를 타거나 새를 감상
하면서 호젓하게 시간을 보낼 수도 있다.
갈대밭을 거닐 수 있는 우아한 산책로도
있다. 대중교통으로 방문하는 것은 불가
능하다.

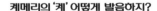

### 케메리의 '케' 어떻게 발음하지?

Ķemeri 도시명에는 한국어로는 표기하기 어려운 'Ķ'가 맨 앞에 나와
있다. 이 글자는 라트비아어에만 존재하는 소리로 영어나 러시아어,
한국어로는 표기가 불가능한 발음이다. 간단히 말해서 'ㅌ'과 'ㅋ'의
중간소리로, 한글로 적을 수 있는 가장 가까운 글자는 'ㅊ'이다(라트
비아 사람들은 '닭꼬치'의 ㅊ소리를 이 Ķ로 적는다). 외국인들은 그
냥 단순히 K로 읽기 때문에 '케메리'라고 해도 통한다. 대략 혀와 윗
니로 'ㅌ' 소리를 낼 것처럼 만들어놓고 'ㅋ' 소리를 낸다고 보면 된다.

*—————— V i d z e m e ——————*

# 가우야 국립공원과 비제메
### 라트비아 북부

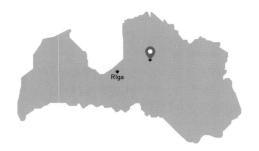

비제메는 에스토니아와 국경을 맞대고 있는 라트비아 북부 지역으로 과
거 에스토니아와 함께 리보니아의 영토였다. 리보니아를 건설한 독일기
사단이 지은 웅장한 성곽과 구릉지에 자리 잡은 숲과 강은 상당히 독특
한 자연환경을 연출한다. 비제메에는 시굴다(Sigulda), 체시스(Cēsis), 발미
에라(Valmiera)와 같은 큰 도시들이 위치하며 그중 발가(Valga)라는 도시는
마을 한가운데에 에스토니아와의 국경선이 지나가므로 '발트의 베를린'
이라는 별칭이 있다. 여기서는 비제메 지역 최고의 볼거리인 가우야 국립
공원을 중심으로 소개하고자 한다.

## 가우야 국립공원
**Gaujas Nacionālais Parks, Gauja National Park**

리가에서 에스토니아로 올라가는 길목에 가우야 강을 따라 조성된 국립공원으로 산이라곤 찾아볼 수 없는 라트비아에서 유일하게 산간지방 분위기를 느낄 수 있는 곳이다. 이 지역을 두고 '라트비아의 스위스'라고 부르기를 주저하지 않는 현지인들의 홍보에 너무 집착하지 않는다면 나름 울창한 숲과 협곡을 감상할 수 있고, 12세기부터 중동부 유럽을 호령했던 독일기사단의 활동 모습과 그들이 남겨놓은 생생한 흔적을 살펴볼 수 있다. 그리고 라트비아와 에스토니아의 전신인 리보니아가 형성되기 이전, 이 땅에 자리 잡고 있던 리브인들의 생활상뿐만 아니라 외부의 침략으로부터 자신들을 지키기 위해 벌였던 싸움의 흔적도 고스란히 남아있어 라트비아인들에게 그 의미가 깊다.

발트3국 중 유일하게 케이블카를 운행하며 여름에는 번지점프, 트래킹, 카누 등 다양한 활동을 할 수 있다. 겨울에는 스키, 썰매 같은 스포츠를 즐길 수 있어 사시사철 관광객의 방문이 끊이지 않는다. 가우야 국립공원은 시굴다를 중심으로 체시스, 리가트네 등지에 볼거리가 몰려 있다. 리가에서 라트비아-에스토니아의 국경 도시 발가로 가는 기차가 시굴다와 체시스를 지나기 때문에, 리가에서 에스토니아로의 (혹은 반대 방향으로) 여행에서 중간 거점지로 삼아도 좋다. 발가에 도착한 후 에스토니아의 타르투나 탈린으로 여행을 이어가면 된다.

리가에서 가우야 국립공원까지
리가에서 가우야 국립공원의 중심도시 시굴다에 가는 기차와 버스가 자주 있다. 대중교통으로는 1시간 10분, 자동차로는 50분이면 충분하다. 리가에서 버스로 올 경우 시굴다가 종점이 아니라면 버스터미널이 아닌 시내에서 거리가 꽤 되는 외곽 국도변에 내릴 수도 있다. 가능하면 기차를 타는 것이 좋다.

## 시굴다

**Sigulda**

가우야 국립공원의 관문격인 시굴다는 13세기 독일기사단의 침략이 본격화되던 시절, 이 지역에 살던 리브인과 독일기사단이 경합을 벌이던 곳이다. 리보니아 기사단의 전신격인 '검의 형제기사단'이 가우야 강변에 지은 세게발드(Segewald)에서 도시의 이름이 나왔다. 이 성은 현재 폐허이지만 당시의 모습을 거의 유지한 채 시내 한가운데 자리 잡고 있다. 검의 형제기사단은 세게발드 성을 시작으로 투라이다. 크리물다 등 세력 확장과 지역 관리를 위해 인근에 요새를 더 건설하였다. 그 후 라트비아와 에스토니아의 주요 교역로로서 검은머리길드 등 중심 길드의 활동무대가 되기도 했다.

시굴다는 가우야 국립공원 방문 시 꼭 들르는 곳으로 시굴다 성, 투라이다 성, 구트마니스 동굴 등 다양한 볼거리들이 있으며 접근성도 좋아 라트비아에서는 리가 다음으로 관광객이 많이 찾는 곳이다. 멋진 자연경관과 장엄한 중세 성으로 유명세를 타 1차 대전 발발 전부터 인근 국가에서 휴가를 보내기 위해 찾아왔다고 한다.

## 시굴다 중세 성

**Siguldas viduslaiku pils, Sigulda Medieval Castle**

높은 절벽과 거센 강 한가운데 위치한 시굴다 성은 검의 형제기사단이 건설한 요새이다. 기사단 조직이 점차 확장됨에 따라 1236년 다시 한번 증축했다고 한다. 리보니아가 쇠퇴하고 주변 국가들과의 전쟁이 심화되던 16–17세기 동안 몇 차례 전화에 의한 피해를 입었고 그 후에는 별다른 증축이 없었다. 현재는 13세기 독일기사단이 건설한 요새의 잔해가 상당히 남아있어 당시 성곽의 규모와 구조를 느낄 수 있다. 성 주변 산책로나 전망대에서 멀리 숲 한가운데 웅장하게 서 있는 투라이다 성을 배경으로 기념촬영을 할 수 있다. 성곽 내 야외무대는 공연장으로도 활용된다.

**시굴다 중세 성**
**주소** Pils iela 18
**운영시간** 5–9월 09:00–20:00 / 10월
월–금 09:00–17:00, 주말 09:00–19:00
그 외 기간 09:00–17:00
**입장료** 성인 2유로

## 시굴다 시청사

**Siguldas Jaunā pils, New Sigulda Castle**

시굴다 시내에서 중세 성으로 들어가는 길목에 서 있는 우아한 성. 1881년에 지어진 건물로 시굴다 중세 성보다 최근에 지어졌기 때문에 현지어로는 '시굴다 새 궁전'이라 불린다. 현재는 시굴다 시청. 재미있는 것은 이 성이 본래 로마노프 왕조 이전 러시아를 다스린 루릭 왕조 출신, 스몰렌스크의 왕자 표트르 크로포트킨의 개인 사저로 지어졌다는 사실이다. 크로포트킨 가족이 사용하던 예배당이나 곡물 창고 등이 그대로 보존되어 있으며 20세기 초반에는 작가들의 창작촌 및 심장병 환자들을 위한 요양소로 사용되었다. 내부 입장은 할 수 없지만 입구에 조성된 꽃길이 기념촬영지로 제격.

시굴다 중세 성에 가기 전에 반드시 방문하게 되는 건물

## 스베트쿠 라우쿰스

**Svētku laukums**

축제광장이란 뜻으로 2007년 시굴다 건설 800주년을 기념하기 위해 특별히 조성되었다. 가우야 강과 투라이다 성 등이 한눈에 보이는 멋진 풍광을 자랑한다. 국립공원의 풍경을 즐길 수 있는 대관람차와 다양한 놀이기구가 설치되어 있어 동심으로 돌아가 볼 수 있다. 운이 좋으면 파란 하늘을 울긋불긋 물들이며 날아오르는 열기구들을 볼 수도 있다.

관광철엔 대관람차를 타고 가우야의 멋진 풍경을 조망해볼 수 있다.

**스베트쿠 라우쿰스**
**찾아가는 법** 체수(Cēsu) 거리를 따라가면 나온다.

시굴다 열기구 예약은 이곳에서
**웹사이트** www.davanuserviss.lv

---

### 시굴다에서 열기구를 타보고 싶다면?

아름다운 강, 울창한 숲, 파란 하늘, 그를 배경으로 우뚝 서 있는 중세 성…… 시굴다는 열기구 타기 정말 좋은 곳이다. 라트비아 내 열기구 관광을 제공하는 업체가 상당수 있는데 일정한 운행 시간이 있어 미리 예약해야 한다. 열기구 한 대를 빌리는데 보통 350~500유로이며 운전기사 외에 2~3명이 탑승할 수 있다. 가격이 비교적 비싼 편이지만 평소 열기구에 관심이 있었다거나 시굴다에서 특별한 경험을 맛보고자 한다면 적극 추천! 시굴다에 오기 전 리가 관광안내소나 호텔에 문의하면 예약 정보를 제공해줄 것이다. 가장 저렴한 방법은 백화점이나 대형 할인매장에서 선물용 선불카드를 구입하는 것. 이 경우 한 대당 최저 320유로로 선에서 대여할 수 있다.

**시굴다 케이블카**
**주소** Poruka iela 14
**웹사이트** www.cablecar.lv
**운영시간** 5-10월 매일 10:00-17:00
**탑승권** 편도 8유로, 왕복 12유로
**찾아가는 법** 시굴다 중앙역에서 시굴다 중세성으로 가는 길목에 있다. 가는 길 중간중간 표지판이 있어 어렵지 않게 찾을 수 있다.

번지점프 예약
**웹사이트** www.bungee.lv

## 시굴다 케이블카

발트3국 내 유일한 케이블카. 42m 높이에서 가우야 강을 바라보는 묘미가 짜릿하다. 소련 시절에 건설되어 안전성 위험이 몇 차례 제기되었으나 2015년 봄 대대적인 정비를 마쳤다. 관광철이면 저녁마다 케이블카에서 강으로 뛰어드는 번지점프도 체험해 볼 수 있다. 일 년에 한 번, 완전 나체로 뛰어내릴 시 번지점프가 무료인 날이 있다. 보통 7월에 있으니 관심이 있다면 웹사이트를 확인해보자. 이때에는 실오라기 하나 용납되지 않는다.

케이블카에서 보이는 가우야 강 전경

## 투라이다 중세 성채
**Turaidas pils, Turaida castle**

라트비아는 물론이거니와 발트3국 전체에서 보존 상태가 아주 좋은 중세 성 중 한 곳이자 규모 또한 최대로서 시굴다 방문의 하이라이트다. 리가 대주교 명으로 착공된 이 성채는 라트비아 역사의 시작을 알리는 중요한 의미가 담겨있다. 1214년 당시 원주민인 리브인들이 건설해놓았던 목재 요새가 있었는데, 독일인들이 이 자리에 새로이 성을 쌓았다. 총 42㏊에 이르는 유적지에는 중세 기사와 일반 시민들의 생활상을 볼 수 있는 건물이 거의 원형 그대로 남아있다.

투라이다 성은 시굴다 시내에서 5㎞ 떨어져 있다. 시굴다 버스터미널에서 투라이다 성으로 가는 버스가 있지만 두 시간에 한 대 간격이라 그리 편하지는 않다. 시굴다에 도착하는 즉시 버스터미널에서 투라이다 버스 시간을 확인하자. 시간이 맞지 않으면 도보 외에 방법이 없지만 중간중간 구트마니스 동굴이나 숲을 감상하면서 걷는 여정이 지루하지 않을 것이다. 하절기에는 시굴다 시내와 투라이다 성을 잇는 임시차량이 배치되기도 한다. 투라이다 성 입구에서 한국어 안내문을 판매하고 있다. '투라이다(Turaida)'라는 단어의 뜻은 이곳의 원주민인 리브인들의 언어에서 나왔다. 앞음절 투르(Tur)는 우리가 익히 알고 있는 북유럽 신인 토르(Thor)의 핀위구르식 표현으로 전통적으로 이 지역에서 신성시되던 천둥의 신을 일컫는 말이고, 뒷부분 아이다(Aida)는 현대 에스토니아에서도 '정원'이라는 뜻이 있다. 두 단어를 합치면 '신의 정원'이라는 뜻이 되는데, 이는 과거 이곳에 신을 섬기는 제단이 있었거나 이전부터 신이 살고 있다고 믿을 정도로 아름다운 풍경 때문에 이런 이름이 나왔을 것이라고 추측할 수 있다.

시굴다 중세 성 전망대에서 보이는 투라이다 성의 웅장한 모습

**투라이다 성**
**웹사이트** www.turaida-muzejs.lv
**운영시간** 5~9월 09:00~20:00 그 외 기간은 19:00까지 (휴무일 없음) 성채 내부 입장은 10:00~18:00
**입장료** 5~10월 6유로 그 외 기간 3유로
**찾아가는 법** 시굴다에서 투라이다 성까지는 버스로 5분 거리

투라이다 성

▶ 투라이다의 장미 기념 묘비

입장권 구매 후 안으로 들어가면 목조 성당이 바로 보인다. 그 주변에 '투라이다의 장미'라고 불리며 순정한 여인이라 칭송 받는 마이야의 묘비가 있다. 라트비아의 로미오와 줄리엣 격인 이 사랑 이야기는 17세기에 실제 발생한 사건을 바탕으로 하고 있다. 이 아름다운 사랑 이야기는 오페라로 제작되었으며 현재도 라트비아 국립 오페라단의 레퍼토리로 자주 공연된다.

# 라트비아의
# 로미오와 줄리엣

1601년 투라이다 성채가 스웨덴 군에게 점령된 적이 있었다. 맹렬한 전투가 끝난 직후 스웨덴 종군사관인 그레이프는 사망자들 사이에서 태어난 지 몇 달밖에 안 된 아기를 발견하고는 자신의 양녀로 삼아 키우고자 했다. 그 아이를 발견한 것이 5월이었기 때문에 라트비아어로 5월을 의미하는 '마이야(Maija)'라는 이름을 붙였다. 세월이 지나 마이야는 아름다운 여인으로 성장했다. 빼어난 미모 덕분에 사람들은 그 소녀를 '투라이다의 장미'라 불렀다. 마이야는 시굴다 성 근처에 살고 있던 정원사 빅토르와 결혼을 약속했고 두 젊은이는 매일 저녁 구트마니스 동굴에서 만나 사랑을 꽃피웠다.

당시 그 성 안에는 야쿠봅스키와 스쿠드리티스라는 폴란드 탈영병이 살고 있었다. 야쿠봅스키는 마이야에게 첫눈에 반해 그녀에게 청혼했으나 거절당하고 말았다. 이에 몹시 화가 난 그는 억지로라도 마이야와 결혼하기 위해 계략을 꾸몄다. 어느 날 저녁 야쿠봅스키는 정원사의 이름을 빌려 마이야에게 편지를 보내 그녀를 구트마니스 동굴로

나오도록 유혹했다. 동굴에 도착한 마이야는 자신이 속았음을 금세 알아차렸다. 마침 마이야는 목에 붉은 스카프를 두르고 있었는데, 그녀는 야쿠봅스키에게 그 스카프에는 강한 검의 공격을 막아주는 마법의 힘이 있으니 한번 시험해보기를 권했다(당시는 마법의 힘을 신봉하던 시기였다). 그 말을 믿은 야쿠봅스키는 온 힘을 다해서 마이야를 찔렀고 그녀는 그 자리에서 목숨을 잃었다. 마이야는 그 폴란드 병사에 의해 더럽혀질 바에야 차라리 죽음을 택했던 것이다. 놀란 야쿠봅스키는 숲으로 달려가 스스로 목을 맸다.

그날 저녁 동굴에서 마이야의 사신을 발견한 빅토르는 투라이다 성에 달려가 도움을 청했다. 그러나 그 근처에서 그가 사용하던 도끼가 발견되면서 빅토르가 마이야를 죽인 범인으로 지목되었다. 다행히 그 내막을 모두 알고 있는 또 다른 폴란드 병사 스쿠드리티스가 재판장에서 모든 진실을 이야기한 덕에 빅토르는 사면되고 마이야의 사신은 투라이다 성당 옆 언덕에 안치되었다.

## 베르그프리드 중앙 망루

중앙 망루는 비교적 초기에 지어져 초창기 성채의 모습을 잘 보여준다. 이 망루는 주로 주변 동태를 감시하는 용도로 사용되었으나 공격이 있을 시 대피소로도 사용되었다. 5층 건물이며 총 높이는 38m이다. '베르그프리드(Bergfried)'란 독일어에서 나온 단어로, 성내 거주민 보호 및 주변 감시 기능을 동시에 수행하는 건물을 일컫는다. 맨 꼭대기의 전망대에 올라서면 그림 같은 가우야 계곡과 투라이다 역사 지구 전경, 망루 앞 안뜰이 어우러지며 장엄한 풍경을 연출한다.

저 가운데 우뚝 솟은 성탑이 베르그프리드 중앙 망루

중앙 망루 위에서 본 성 뜰의 모습. 투라이다에 다녀온 사람이라면 거의 다 가지고 있을 법한 모습

1985년 공원 개막식 때. 당시에는 금지되었던 라트비아의 국기가 정식으로 게양되었던 역사적인 장소

### 민요동산

Dainu kalns, Hill of Songs.

투라이다 성 주변에 조성된 민요동산은 '다이누 언덕'과 26점의 조각상이 있는 '노래정원' 두 부분으로 나뉜다. 조각상들은 라트비아인들의 삶의 지혜와 민요를 향한 애정, 그리고 민요를 수집해 정리한 민속학자 크리샤니스 바론스(Krisjanis Barons)에 대한 이야기를 담고 있다. 민요의 아버지라 불리는 그는 말년인 1922년을 투라이다에서 보냈다. 노래의 언덕이라는 의미의 다이누 언덕은 크리샤니스 탄생 150주년을 기념하여 1985년에 조성되었다. 매년 다양한 민속축제와 민요공연이 열린다. 1996년에는 워싱턴 세계조각공원 명단에 이름을 올리기도 했다.

### 구트마니스 동굴

Gūtmaņa ala, Gutmanis' cave

시굴다 성에서 투라이다 성으로 가는 길목에 있는 구트마니스 동굴. 앞서 언급했던 마이야의 슬픈 사랑 이야기가 숨어있는 곳이다. 라트비아에서는 가장 규모가 큰 천연동굴로 동굴 벽에는 이곳을 찾았던 이들이 남겨놓은 낙서들이 빼곡하다. 그중에는 17세기의 낙서도 있다. 구트마니스 동굴 한구석에서 샘솟는 물은 한때 치료 효과가 있던 것으로 알려져 있으나 그다지 권하지 않는다.

동굴로 가는 길목에서 아주머니 한 분이 직접 만들어 파는 과자가 참 맛있다. 혹시 예쁜 봉지와 상자에 담긴 과자를 맛보라고 권하는 사람이 있다면 한번 맛이나 보자.

## 체시스
### Cēsis

역시 가우야 국립공원 안에 위치한 체시스는 투라이다(Turaida), 룬달레(Rundale)와 함께 라트비아 3대 성곽 중 하나이다. 누군가가 딱히 그런 분류를 해놓은 것은 아니지만 이 외의 다른 성곽들은 원형 보존 상태나 유물 가치가 상당히 떨어진다. 체시스는 성채인 체시스 요새와 더불어 주변에 아기자기하게 구시가지가 조성되어 있어 동화 같은 중세 도시를 느껴볼 수 있다.

체시스는 라트비아 현지인들 사이에선 도시 이름을 딴 '체수(Cēsu) 맥주'로도 유명하다. 라트비아 전역에서 판매하고 있지만 아무래도 원산지에서의 맛은 특별하다. 시내 한가운데 맥주 공장에서 매주 수요일에 한 번씩 공장 내부 견학 프로그램을 운영하는데 미리 신청서를 제출해야 하고 과정이 복잡하다.

체시스는 에스토니아와 라트비아를 잇는 교통의 요충지이므로 리가에서 기차, 버스 등 여러 가지 방법으로 이동할 수 있다. 가장 쉬운 방법은 버스를 이용하는 것으로 경유 도시에 따라 1시간 40분에서 2시간 정도 걸린다. 기차는 하루 다섯 대 정도로 드문 편이지만 버스보다 요금이 저렴하고 소요시간은 버스와 비슷하다. 시굴다로 가는 기차는 모두 예외 없이 체시스를 거친다. 시간 여유가 있다면 아침 일찍 출발해 체시스를 관람하고, 기차나 버스를 이용해 시굴다로 이동하는 것이 좋다.

분단 도시 발가(Valga)

체시스를 통과하는 기차들은 라트비아-에스토니아의 국경도시인 발가가 종착역이다. 여기는 한국의 판문점처럼 도시 하나가 두 나라로 분단(?)되어 있는데 라트비아어로는 발카, 에스토니아어로는 발가라고 불린다. 기차가 도착하는 쪽은 에스토니아 땅. 여기에서 기차나 버스를 갈아타 에스토니아 탈린이나 타르투로 이동해도 된다.

체시스 중세 성

## 체시스 중세 성과 체시스 신축 궁전

**Cēsu viduslaiku pils & Cēsu Jaunā pils,**

**Cēsis Medieval Castle & Cēsis New Castle**

체시스 중세 성과 체시스 신축 궁전
**주소** Pils laukums 9
**웹사이트** www.cesupils.lv
**운영시간** 5-9월 10:00-18:00(신축 궁전 월요일 휴무) 그 외 기간 화-토 10:00-17:00, 일 10:00-16:00 (월요일 휴무)
**입장료** 5-9월 중세 성과 신축 궁전 각각 4유로(그 외 기간에는 3유로와 5유로)

체시스의 볼거리는 시굴다 성과 비슷한 시기에 지어진 중세 성채와 18세기에 그 옆에 새로 증축된 궁전 및 성채 주변 공원과 구시가지이다. 원래 체시스에는 800년 전 지역 원주민들이 목재로 지은 성이 있었다고 하는데, 현재는 16세기경에 증축된 성채가 남아있다. 내부는 당시 상황을 보여주는 것들이 거의 남아있지 않지만 돌로 만든 성벽과 망루가 이전의 웅장함을 느끼게 해준다.

한편 라트비아어로도 '체시스 새 궁전'으로 불리는 신축 궁전은 이 성을 관할하던 발트독일인에 의해 18세기 중반에 건축되기 시작했고, 현재 모습은 19세기 초반에 완성되었다. 지금은 체시스와 이 도시가 속한 비제메의 역사·문화를 보여주는 박물관이 있다. 신축 궁전 위에는 전망대가 있어 체시스 시내와 주변 풍경을 한눈에 볼 수 있다. 버스나 기차 모두 역에서 15분 정도면 성 앞에 도착한다. 굳이 설명하지 않아도 오른편이 신축 궁전, 왼편이 중세 성채임을 알 수 있다. 시내 이동을 위해 별도로 교통수단을 이용할 필요는 없다.

두 건물 사이에 체시스 관광안내소가 있는데 성 입장권 매표소와 관리사무소가 같이 운영되고 있다. 표를 구매하면 직원들이 지도를 보여주며 관람 순서를 안내해준다.

성 내부에 조명 시설이 따로 없어 관람객은 초를 들고 이동해야 한다. 호롱불 하나 들고 왔다 갔다 하는 기분이 은근 재미있다. 하지만 실내가 지나치게 어둡고 수백 년간 사람들이 오르락내리락해 어떤 길은 바닥이 심하게 미끄러우니 조심하자.

중세 성채 관람을 마치고 신축 궁전에 들어가면 그림과 사진, 멀티미디어를 이용한 다양한 자료를 볼 수 있다. 이 중 지하 전시실에 만들어진 한 여인의 두상이 인상 깊다. 16세기 중반 리보니아의 영유권을 두고 스웨덴, 독일, 러시아 등 주변 국가들이 다투던 리보니아 전쟁 당시, 체시스 성을 함락한 러시아 군대에 끝까지 항복하지 않고 성에 남아있던 여인이라고 한다. 이 이야기는 전설처럼 내려오고 있었으나 실제로 최근 대규모 발굴 작업 중 성 지하에서 여자와 아이들의 뼈가 다수 발견되었다. 이 두상은 그 중 여성으로 추정되는 두개골을 실제 얼굴로 복원한 것이다. 당시 출토된 다른 유골들의 사진도 같이 전시되어 강대국의 침략 속에 라트비아인들이 겪었던 질곡의 역사를 느낄 수 있다.

중세 복장을 한 사람으로부터 안내받을 수도 있다.

성 내부를 관광할 때 들고 다니는 초

"중세 성곽도 훌륭하지만
그 주변 호수 공원 풍광도
아주 좋으니 시간을 내어
호수 주변을 둘러보자"

신축 궁전

리가트네에는 약 5km 길이의 자연탐방로도 만들어져 있다. 자연림을 이용해 코끼리와 사슴 등을 전시하는 일종의 자연동물원 역할을 하고 있다. 리가트네 시내에서 대략 7km 떨어져 있는데 대중교통이 전무해 개인 승용차가 없으면 방문이 불가능하다. 네비게이션으로 Līgatnes dabas takas (Ligatnes Nature Trails)를 입력하고 찾아간다.

**리가트네 자연탐방로(Līgatnes dabas takas, Ligatnes nature trails)**
**운영시간** 4~10월 09:00~18:00 그 외 기간 09:00~16:00 (연중 무휴)
**입장료** 3.60유로

**리가트네 소련 지하벙커**
**주소** SIA Rehabilitācijas centrs Līgatne, Skaļupes, Līgatnes pag
**웹사이트** www.visitligatne.lv
**찾아가는 법** 지하벙커는 리가트네 시내에서 조금 떨어져 있다. 시내에서 벙커까지 가는 버스가 평일에는 2시간에 한 대 꼴로 운행되며 '스칼류페스(Skaļupes)'라는 정류장에서 하차하면 된다.

## 리가트네
### Līgatne

가우야 국립공원 안에 위치한 리가트네(Ligatne)에는 이색적인 볼거리가 있다. 미국과의 냉전이 심화되었던 무렵, 소련의 장관들과 고위공직자들은 핵 전쟁에 대비해 지하에 대단위 피난시설을 만들었다. 라트비아만 해도 리가, 시굴다 등에 그런 시설들이 만들어졌지만 일반 시민들은 까맣게 모르고 있었다. 21세기 초에 이르러서야 리가트네 시내에서 비밀벙커가 발견되었는데, 라트비아의 다른 벙커들에 비해 시설이 월등히 훌륭하다. 50여 년 전 불순한 생각을 품고 있었던 소련 지도부의 두뇌 속을 탐험해 볼 수 있다.

리가에서 리가트네로 가는 버스나 기차가 자주 출발한다. 대략 1시간 30분 정도 소요. 리가에서 곧장 리가트네에 가는 것보다는 체시스나 시굴다와 연결하여 보는 것이 가장 좋다. 시굴다와 체시스로 가는 기차는 모두 리가트네에 정차하고(시굴다와 리가트네는 기차로 한 정거장 차이), 체시스 시내에서 리가트네 가는 버스가 많이 있다.

## 리가트네 소련 지하벙커
### Padomju Slepenais Bunkurs, Soviet Secret Bunker

아주 평범해 보이는 요양원 지하에 벙커가 있다. 소련 시절엔 장교들이 이곳에 와서 여름휴가를 보냈다고 한다. 여기서 쉬었다 간 사람들은 지하 시설물에 대해 이미 알고 있었고 핵 전쟁 발발이라는 위기의 조짐이 보이면 바로 숨을 수 있도록 만반의 준비를 해두었다. 물론 주변에 살고 있는 사람들은 저 평범한 건물 밑에 종말을 준비하는 장소가 있을 거라곤 꿈에도 상상하지 못했다.

이 건물은 지금도 요양원으로 사용 중이다. 지하벙커 규모가 워낙 커 가이드의 안내를 받아 들어가야만 한다. 보통 미리 예약한 단체 관광객만 입장할 수 있고, 혼자 여행한다면 지하벙커를 관리하고 있는 요양원 웹사이트에서 방문 가능 시간을 확인하는 것이 좋다.

요양원 입구. 저 아래에 또 다른 지하세계가 펼쳐져 있을 거라
곤 그 누구도 상상하지 못했을 것이다.

## 지하벙커는 어떤 모습일까?

지하 약 9m 아래 벙커에는 살아남은 자들끼리 연락을 주고받을 수
있는 통신시설과 암울한 미래를 어떻게 대처해 나갈 것인지 논의할
회의실, 약 3개월 동안 버틸 수 있을 만큼의 전기 공급 장비, 가끔씩
지상에 올라가 방사능 지수와 공기질을 측정할 수 있도록 만들어진
비밀통로 등이 있다. 밖에서 사람이 얼마나 죽어나가든 상관없이 어
떻게든 살아남기 위한 기술들이 총집합되어 있는, 당시로서는 최고
의 기술을 이용한 초현대식 시설이었다. 한 가지 재미있는 점은 침대
를 찾아볼 수 없다는 것. 오직 당서기관 한 명을 위한 별도의 침실만
있을 뿐 다른 이들은 모두 매트리스를 깔고 생활하도록 되어 있다.
벙커 내 식당에서 점심을 먹을 수도 있는데 단체 관광객에 한해 미리
신청해야 한다. 실제로 사용된 적은 없지만 그래도 언젠가는 사용하
기 위해(?) 만든 것이다 보니, 보안 유지상 함부로 사진을 찍으면 안
되는 장소들이 있다. 물론 그런 곳은 입장 전 가이드가 주의를 준다.

통신시설과 식당

핵 전쟁 이후 지상 상황을 점검하는 용
도로 만들어진 통로

# 바우스카와 룬달레
### 라트비아 남부

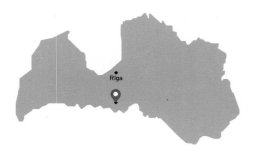

리투아니아와 국경이 맞닿는 라트비아 남서부 지역은 한때 쿠르제메 (Kurzeme)라는 이름으로 통일되어 있었으나 현재 젬갈레(Zemgale)가 따로 분리되어 별도의 행정 구역으로 자리 잡았다. 중세에 리보니아의 일부로 편입되었는데 1561~1795년에는 쿠를란드 공국이라는 이름으로 잠시 동안 나라가 만들어진 적이 있었다. 비록 면적이 작고 역사도 짧았지만, 쿠를란드 공국은 아프리카와 카리브 해까지 진출해 식민지를 건설했을 정도로 당시에는 상당히 번성한 국가였다. 여기에는 쿠를란드의 전성기를 이끈 에른스트 요한 본 비론(Ernst Johann Von Biron) 대공작의 공을 빼놓을 수 없다. 그에 대한 이야기는 룬달레 궁전에서 좀 더 자세히 알아보기로 하자.

현재 쿠르제메는 바다와 인접한 서쪽, 젬갈레는 내륙에 자리 잡고 있다. 지금은 역사 속으로 사라진 쿠를란드 공국의 모습과 발트독일인들이 지어놓은 궁전이 많이 남아있어 독일인을 비롯한 여행객들의 방문이 끊이지 않는다. 여기에서는 젬갈레 지역의 가장 유명한 관광지인 바우스카와 룬달레를 중심으로 소개하고자 한다.

바우스카와 룬달레는 리가에서 1시간에서 1시간 30분이면 도착한다.

바우스카는 룬달레(Rundale)로 들어가기 위한 관문으로 리가에서 룬달레 궁전을 갈 때 반드시 거치게 된다. 인구가 만 명도 채 안 되는 작은 도시 이지만 나름 독특한 특색을 갖춘 구시가지와 도시 역사를 보여주는 박물관, 쿠를란드 공작들의 관저로 사용된 바우스카 성 등 아기자기하고 재미있는 볼거리들이 남아있어 룬달레 궁전과 함께 방문하기 좋다.

## 바우스카 중세 성
**Bauskas pils, Bauska Castle**

15세기 중엽부터 17세기까지 리보니아 기사단의 거점 요새였던 이 성은 쿠를란드 공국 건설 후 공국의 1대 왕조였던 케틀레르 가문의 관저로 사용되었다. 중세 리보니아의 건축 양식을 잘 보여주는 유서 깊은 건물이지만 18세기 초 스웨덴과 제정 러시아 간 전쟁으로 상당히 훼손되어 성벽과 성탑 일부만 남아있었다. 1970년대에 들어 대대적인 복원 작업을 시작해 현재는 케틀레르 가문의 관저 시절을 재현해 놓았으며 쿠를란드 공국과 케틀레르 가문의 역사, 그리고 중세 라트비아 시민들의 생활상을 보여주는 전시관이 들어서 있다. 인근 룬달레 궁전에 비해 전시 내용이나 건물 상태가 많이 열악하지만 복원 사업이 계속 진행 중이므로 조만간 룬달레 궁전과 어깨를 나란히 할 만한 라트비아 남부의 대표 관광 명소로 발전할 가능성이 충분하다. 특히 성 아래로 흐르는 강줄기와 그 주변으로 조성된 공원에서 바라보는 성의 자태, 그리고 성의 전망대에서 바라보는 풍광은 투라이다 성 못지않은 장관을 이룬다.

# 바우스카

바우스카 중세 성
**주소** Pilskalns, Bauska
**웹사이트** www.bauskaspils.lv
**운영시간** 5-9월 09:00-19:00 / 10월 09:00-18:00 (휴무 없음) 그 외 기간 11:00-17:00 (월요일 휴무)
**입장료** 4유로

내부는 여전히 복원 공사가 진행 중이라 텅 빈 느낌이 들 수 있다.

# 룬달레

## 룬달레 궁전

**Rundāles pils, Rundale Palace**

'작은 베르사유'라고 불릴 만큼 최고로 손꼽히는 룬달레 궁전은 라트비아 뿐 아니라 발트3국 전체에서도 가장 화려하고 웅장한 궁전으로 사랑받고 있다. 궁전이 지어지던 당시 라트비아 남부에 존재했던 쿠를란드 공국에 대한 자료가 한국에는 거의 없어 룬달레 궁전을 이해하기 위해서는 좀 긴 설명이 필요하다.

룬달레 궁전과 정원

아카데미아 페트리나. 쿠를란드 공국 시절 지어진 교육기관으로 현재는 옐가바 시 역사박물관이다.

**옐가바 역사 박물관**(Jelgava history and art museum)
**주소** Akadēmijas iela 10
**웹사이트** www.jvmm.lv
**운영시간** 화~일 10:00~17:00 (월요일 휴무)
**입장료** 3유로

### 시간이 있다면 인근 옐가바(Jelgava)도 둘러보자

옐가바는 쿠를란드 공국의 수도였던 곳으로 과거 이 지역의 중심 대학이었던 아카데미아 페트리나(Academia Petrina, 현재는 옐가바 역사 박물관)와 옐가바 성(Jelgavas pils, 현재는 라트비아 농업대학 건물) 등 당시 유적들이 많이 남아있다. 리가에서 기차나 버스로 40분 정도 소요되며, 룬달레 성이 옐가바 시 안에 있으므로 옐가바 시내에서 대중교통으로도 룬달레 성에 갈 수 있지만 버스가 드문 편이다. 옐가바에서 룬달레 성가는 버스는 하루에 대략 5번꼴이며 이른 아침과 오후에 몰려있다.

# 쿠를란드 공국의 역사와
# 룬달레 궁전

쿠를란드 공국은 라트비아 전역이 폴란드–리투아니아 연합국 세력 아래 있던 1561–1795년 라트비아 남서부에 존재하던 제후국으로, 리보니아 기사단 출신 공작 고트하르트 케틀레르(Gotthard Kettler)가 쿠를란드 왕조의 포문을 연 장본인으로 알려져 있다. 쿠를란드 공국은 설립 시 남자 후손이 없을 경우 폴란드에 지배권이 넘어가는 것을 조건으로 제후국 지휘를 얻었다.

케틀레르 가문이 종국에 남자 후손이 없던 관계로 쿠를란드가 폴란드의 손에 넘어갈 것을 우려한 러시아는 이 가문에서 일했던 마부의 아들인 에르스트 요한 본 비론(Ernst Johann von Biron)을 1737년 공작으로 지명하여 쿠를란드 2대 왕조인 비론 왕조가 등장했다. 그는 룬달레 궁전을 이해할 때 빼져서는 안 되는 핵심 인물로서 쿠를란드 공국의 7번째 군주이자(20년 후 다시 11번째 대공작으로 즉위), 여름 궁전으로 룬달레 궁전을 건설한 사람이다.

그는 아주 매력적이고 사교적인 인물로 알려져 있다. 궁전 곳곳에 남아있는 그의 초상화만 보면 그리 호감형이 아니라 신빙성이 있어 보이진 않지만, 1730년부터 10년간 제정 러시아를 지배한 안나 이바노브나(Anna Ivanovna)의 마음을 사로잡은 것으로 보아 매력이 보통은 아니었던 모양이다. 안나 이바노브나는 로마노프 왕조의 4번째 군주로 비론 가문과 어린 시절부터 상당한 친분을 유지하고 있었다. 그녀의 남편인

쿠를란드의 풍운아 에른스트 요한 본 비론

쿠를란드 공작 출신의 표트르 2세가 의문사하자 그녀는 바로 쿠를란드 대공작 겸 러시아 차르 자리에 올랐다. 그리고 가까운 인물들로 원로원을 새로 구성하고 반대파는 서슴지 않고 숙청하는 공포정치를 실행했다. 그녀는 남편 사망 후 여러 남자를 만났지만 교제만 했을 뿐 공식적으로는 재혼한 적은 없었다.

비론은 이바노브나의 여러 남자들 중 특별한 총애를 받는 행운의 주인공이었다. 그녀가 즉위 후 10년이 지났을 무렵, 병세가 위중해져 조카 손자인 이반 안토노비치를 후계자로 삼고 어쩔 수 없이 정계에서 은퇴했다. 장래에 이반 6세가 될 안토노비치가 황제로 즉위할 당시 나이는 생후 2개월. 따라서 이바노브나는 갓난아기를 대신할 섭정황제로 그의 애인인 비론을 지목하였다. 결국 비론은 이바노브나의 총애 덕분에 제정 러시아의 섭정황제직까지 맡게 된 것이다.

그러나 러시아 왕가와 아무 관계없는 독일 출신이 섭정황제에 오른 것에 대해 러시아 내각의 반발이 거셌다. 이바노브나는 애인에게 힘을 실어주지 못하고 그를 섭정황제

로 임명한 후 얼마 지나지 않아 사망했고, 비론의 황제직은 단 22일 천하로 끝나고 말았다. 든든한 방어막이었던 이바노브나가 죽자 제정 러시아 내각은 그를 처치하기 위해 온갖 죄를 덮어씌우고 끝내 사형시키기로 결정했다. 다행히 운 좋게도 사형 집행은 철회되었으나 대신 일가친척이 모두 시베리아 유형을 떠나게 되었다.

쿠를란드의 마지막 세 공주들

이 룬달레 궁전은 비론의 힘이 최고에 올랐던 1736년 건설되기 시작했다. 건설에는 상트페테르부르크의 겨울궁전을 설계한 이태리계 건축가 바르톨로메오 라스트렐리가 참여했고, 그 외 미하일 그라프, 주키니 등 유럽의 유명 건축가와 예술가들이 거들었다. 건축이 시작된 지 4년 만에 거의 완공 단계에까지 이르렀으나, 1740년 비론 일가족이 시베리아로 유형을 떠나면서 궁전 건축은 중단되고 거의 버려진 상태였다. 그 후 약 20년 후 비론이 유형에서 돌아와 11대 대공작이 되어 다시 공사가 재개되었다. 하지만 상태는 매우 심각했다. 이미 궁전 내부가 당시로서는 한물간 바로크 양식이었던 것. 이에 비론은 엄청난 돈을 퍼부어 궁전 내부를 거의 모두 로코코 양식으로 개조했고 이 모습이 현재까지 이어지고 있다.

이후 그의 아들인 피터 요한네스 본 비론(Peter von Biron)이 12대 대공작으로 즉위한 후 얼마 지나지 않아 쿠를란드 공국은 완전히 역사 속으로 자취를 감춰버리게 된다. 남자만이 대공작으로 즉위할 수 있다는 폴란드와의 계약조건 때문에 피터 본 비론은 세 명이나 부인을 갈아치웠는데, 세 번째 부인 역시 딸만 넷

을 낳고 말았다. 비운의 부인과 딸들의 모습은 궁전 내 당구장에 있는 초상화에 남아있다.

1795년 쿠를란드와 리투아니아–폴란드 연합국이 제정 러시아에 편입되자 룬달레 궁전은 예카테리나(Ekaterina) 대제의 소유로 전환되었고, 그녀는 궁전을 정부였던 주보프(Zubov)에게 선물로 바쳤다. 주보프는 안타깝게도 일찍 생을 달리했는데 공교롭게도 그의 동생 역시 예카테리나 대제의 총애를 받고 있었다. 두 형제를 동시에 사랑했던 예카테리나는 그들을 위해서 궁전의 일부를 친히 개조까지 해주었다. 일찍 세상을 떠난 주보프에겐 아내가 있었는데 그 궁전의 공식 소유자였던 남편이 죽자 룬달레 궁전의 소유권은 바로 그 아내에게 넘어갔고, 그녀는 곧바로 러시아 왕가인 슈발로프(Shuvalov) 가문의 남자와 결혼하였다. 그 결과 슈발로프 가문은 1차 대전 발발 전까지 룬달레 궁전의 실질적인 주인 노릇을 할 수 있었으며, 이후 전쟁 전 룬달레 사람들은 부엌에 있는 숟가락까지 모두 바리바리 싸들고 성을 떠났다. 그래서 남아있는 것이 거의 없는 상태로 소련 시대를 맞았다. 그 기간 동안 주인 없는 성은 학교, 관공서, 창고 등으로 다양하게 사용되었고, 심지어 궁전 응접실은 농구 연습을 하는 체육관이 되기도 했다.

1972년이 되어서야 궁전의 가치가 인정되어 복원 사업이 시작되었고 2014년 본래의 모습을 되찾았다. 사교력만으로 제정 러시아의 황제직까지 이르렀던 비론은 선견지명도 있었던지 관광객의 이동이 가장 많은 길목에 궁전을 지어 라트비아 사람들에게 엄청난 관광 수익을 가져다주고 있다. 이곳을 방문하는 모든 이들은 에른스트 요한네스 본 비론이라는 엄청나게 긴 이름을 가진 영웅(?)을 기억해야 할 것이다.

**공식 의전실**

Parādes zāles, The staterooms

룬달레 궁전의 화려한 볼거리는 의전 장소와 공작의 개인숙소, 집무실에 집중되어 있다. 이외에도 당시 생활상이나 라트비아 역사를 보여주는 박물관이 있고 궁전 밖에 딸려있는 정원에선 베르사유 궁전을 모델로 삼았던 비론 공작의 미적 감각을 느껴볼 수 있다. 궁전 입장권은 '긴 구간(Long Excursion)'과 '짧은 구간(Short Excursion)' 두 가지가 있다. 짧은 구간표로는 비론 대공작의 공식 숙소 및 집무실, 의전 장소 등 궁전의 절반 정도만 관람할 수 있다. 공작부인의 개인 침실 등 내부 전체를 보고자 한다면 긴 구간표를 구입해야 한다. 정원에 입장하려면 추가요금을 내야 한다.

○ **황금의 방(Zelta zāle, The Gold Hall)**

입장하자마자 바로 만나는 화려한 방. 궁전에서 제일 아름다운 곳이라고 손꼽힌다. 방 전체가 금으로 이뤄지진 않았지만 벽 곳곳 금장식으로 인해 이런 이름이 붙었다. 두 가지 색깔의 대리석과 고풍스런 천장화는 방에 운치를 더하며 대공작의 권위를 한껏 강조한다. 원래 비론 자신의 대관식을 위해 설계된 곳이었으나 애석하게도 정작 그는 이 방에서 대관식을 열어보지 못한 채 러시아로 유배를 떠나게 되었다.

화려한 황금의 방

○ **백실(白室)(Baltā zāle, The White Hall)**

초기에는 예배당으로 설계되었으나 비론이 유배에서 돌아온 이후 공식연회가 열리는 연회장으로 바뀌었다고 한다. 내부는 이름처럼 순수한 흰색으로만 칠해져 있으나 실내 장식은 이와 대조적으로 인생의 흐름과 사계절의 변화 등을 묘사해 자칫 투박해 보일 수 있는 연회장 내부를 화려하게 만든다.

백실

○ **대회랑(Lielā galerija, The Grand Gallery)**

황금의 방과 백실을 연결하는 통로이다. 궁정 내 행사가 열리는 날에는 연회장으로도 사용되었다. 벽면에는 그림이 걸려있는데 마치 벽 안쪽으로 깊게 음각된 듯 그려져, 그림을 보고 있노라면 잠시 궁전 밖 정원을 거닐고 있다는 착각에 빠진다.

대회랑

장미의 방

네덜란드식 응접실

공작의 침실

대리석실

## 공작의 공식 숙소 및 집무실
Hercoga parādes apartamenti, The Duke's state apartments

궁전 한가운데에서 정원을 마주보는 남쪽 방향에 있다. 총 10개 방으로 구성되어 있는데 현재는 9개 방만 복원 완료된 상태. 그 중 5개는 비론 자신을 위해, 4개는 쿠를란드 공국의 마지막 공작인 피터를 위해 설계되었다. 공작의 침실을 비롯하여 손님을 대접하거나 식사를 위한 공적인 공간으로 이루어져 있다. 공작의 침실이 공식 숙소에 포함된 이유는 베르사유 궁전을 지은 루이 16세처럼 비론 역시 침소에 가는 것을 공식 일정에 포함시켜 그가 자리에 들 때마다 궁중악사들이 음악을 연주하도록 기획했기 때문이다. 하지만 이 역시 실현되지 못했다.

### ○ 장미의 방(Rožu istaba, Rose Room)
봄과 꽃의 여신인 '플로라'를 주제로 장식된 방. 장미꽃 조각과 함께 장미를 연상시키는 분홍색으로 벽면을 꾸며 화려함의 극치를 달린다.

### ○ 네덜란드식 응접실(Holandiešu telpa, Dutch Salon)
비론 공작이 개인적으로 수집한 예술품이 모여 있는 곳으로 렘브란트 같은 당대 최고 네덜란드 화가들의 작품이 있어 이 같은 이름이 붙었다고 알려진다.

### ○ 공작의 침실
늘 파리의 베르사유 궁전을 동경했던 비론 공작이 루이 14세의 침실을 표방하여 설계했다고 한다. 침대에 누웠을 때 궁전의 정원이 한눈에 들어온다. 아침 햇살이 무척 잘 드는 공간.

### ○ 대리석실(Marmora zāle, Marble Hall)
공작 가족의 식사 공간. 은은한 색감의 대리석 벽면으로 인해 대리석실이라는 이름을 갖게 되었다. 공작의 취향을 그대로 재현한 식탁에는 당시 사용했던 식기들이 전시되어 있다. 이 그릇 디자인은 현재 베를린에서 '쿠를란드 양식'이라는 상표로 제작되어 판매되고 있을 정도로 예술적 가치가 높다.

### ○ 공작의 당구실(Biljarda zāle, Billiard Room)
궁전의 동쪽 끝 구역에 위치한 이 방은 18세기 당시 모습을 재현한 당구대가 전시되어 있으며 벽면으로는 쿠를란드의 마지막 공작부인과 세 딸의 모습이 담긴 초상화가 걸려있다. 본격적으로 궁전 복원이 시작되기 이전인 소련 시절에는 실내 농구장으로 사용되었다.

공작의 당구대

### 공작의 개인 숙소

**Hercoga privātie apartamenti, Private Apartments**

철저히 개인적인 용도로만 사용하기 위해 설계되었다. 궁전 한가운데 위치하나 공식 숙소 및 집무실과 반대 방향인 북쪽에 맞닿아 있다. 환복실, 공작의 개인 서재, 욕실 등이 있다. 특히 양 끝 두 방은 쿠를란드 공국이 아닌 제정 러시아 시절 주보프와 슈발로프가 이 궁전의 주인이었을 때 모습으로 복원되어 룬달레 궁전의 역사를 되짚어볼 수 있다.

룬달레 성 내 전시된 쿠를란드 가문 가계도

### 공작부인의 개인 숙소

**Hercogienes apartamenti, The Duchess' apartments**

궁전의 서쪽. 짧은 구간 티켓으로는 출입이 불가능하다. 말 그대로 비론 부인의 개인 생활을 엿볼 수 있는 공간으로 내실, 침실, 응접실, 서재뿐만 아니라 과거 귀족 여인이 사용하던 화장실도 볼 수 있다.

공작부인의 개인침실

# 그 외 볼거리

룬달레 궁전
**주소** Pilsrundāle, Rundāles pagasts
**웹사이트** www.rundale.net
**운영시간**
- 1~4, 11, 12월
입장권 판매 10:00~16:30 / 궁전·정원
개방 10:00~17:00
- 5, 10월
입장권 판매 10:00~17:30 / 궁전·정
원 개방 10:00~18:00(9월은 정원 개방
19:00까지)
- 6~9월
입장권 판매 10:00~18:30 / 궁전 10:00~
18:00 / 정원 10:00~19:00
**입장료**(긴 구간 관람 기준)
4월 10유로 / 5, 10월 11유로 / 6~9월 13
유로 / 11~3월 8유로

## 정원

궁전을 나오면 바로 보이는 이 정원은 18세기 사료를 바탕으로 복원되었
다. 구획 같은 디자인뿐만 아니라 꽃도 당시의 꽃 위주로 재배하고 있다.
프랑스나 네덜란드 풍으로 정비된 구획과 장미, 라일락, 모란, 수국 같은
특별한 수종을 주제로 한 구획 등으로 구분되며, 정원 옆 작은 물길에서
유람선도 탈 수 있다. 일본과 중국의 집을 약간씩 본뜬 듯한 동양식 구획
도 정원 중앙에 있는데 이는 룬달레 분위기와 그닥 어울리지 않아 보인다.
꼬마기차를 타고 정원을 둘러볼 수 있는데, 궁전의 역사와 정원에 심겨진
꽃들에 대한 정보를 '한국어로(!)' 들을 수 있다.

## 전시실들

공작 가족의 집무실과 숙소 외에도 라트비아의 역사를 보여주는 전시관
이 있다. 또한 공작부인의 숙소 일부 공간에서는 17~19세기 라트비아 패
션의 변천사를 볼 수 있다. 쿠를란드 귀족들이 입었던 화려한 드레스부
터 다른 지역의 의상까지, 귀족들의 취향이 시대에 따라 어떻게 변하는지
한눈에 알아볼 수 있다. 궁전 관람을 마치고 정원으로 나가는 지하 복도
에는 복원 공사 중 출토된 유물과 라트비아 궁전에서 사용했던 철 장식,
비석, 표지석 등이 전시되어 있다.

---

### 룬달레 궁전에 가려면?

리가에서 빌뉴스 가는 길목의 바우스카(Bauska)에서 룬달레 궁전행
버스를 타면 된다. 바우스카까지 대략 1시간 정도 소요. 리가-바우스
카, 바우스카-룬달레 궁전을 연결하는 버스가 비교적 자주 다니기
때문에 어렵지 않을 것이다. 바우스카에서 룬달레 궁전으로 가는 버
스는 약 30분에 한 대꼴. 시간대에 따라 30분에서 1시간 정도 소요
된다. 리투아니아에서 라트비아 국경을 건너면 제일 먼저 만나는 도
시이기 때문에 리가에 오기 전 먼저 들러도 된다. 빌뉴스에서 파네베
지스(Panevėžys)를 거쳐 리가로 가는 버스는 모두 바우스카를 지나가
지만 버스에 따라 바우스카 시내에 정차하지 않는 경우도 있으므로
표 구입 시 꼭 확인하자(*샤울레이(Šiauliai)를 거치는 버스는 바우스카
를 경유하지 않음).

---

# 쿨디가
### 라트비아인들이 사랑하는 폭포가 있는 곳

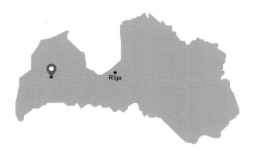

발트3국에는 산이 거의 없기 때문에 계곡도 없다. 그러나 쿨디가에서 만큼은 계곡 분위기를 마음껏 즐길 수 있다. 인구 만 삼천여 명의 작은 도시인 쿨디가는 13세기부터 형성되어 비교적 고풍스럽다. 유럽에서 가장 폭이 넓은 폭포가 있으면서도 구시가지 한가운데는 작은 시냇물이 흘러 '라트비아의 베네치아'라고 불리고 있으나 조금은 과한 홍보문구인 듯하다. 17-19세기 건축물이 훼손되지 않은 채 그대로 있어 현재 유네스코 세계문화유산 등재 준비 중에 있다. 여전히 개발할 곳이 많고 교통도 그다지 편치 않아 해야 할 일이 산적하지만 이미 명성을 듣고 관광객들이 찾아오고 있다.

시내에 맨 처음 들어가 만나는 시청광장을 중심으로 볼거리가 몰려있다. 마음먹기에 따라 반나절이면 다 둘러 볼 수도 있고 하루 숙박을 하며 느긋하게 지낼 수도 있다. 볼거리는 크게 구시가지와 폭포 주변 지역으로 나뉜다. 구시가지와 폭포 하나만 본다면 리에파야(Liepāja)나 벤츠필스(Ventspils) 가는 도중 반나절 정도면 되지만, 폭포가 있는 벤타강 주변까지 돌아볼 경우 하루 숙박을 해야 할 수도 있다.

리가에서 쿨디가로 가는 방법은 버스밖에 없다. 약 2시간 반이면 도착할 거리이지만, 여러 정류장을 거쳐 3시간 이상 걸릴 수 있으니 표 구입 시 소요시간을 미리 확인하자. 리에파야나 벤츠필스로 가는 버스 대다수가 쿨디가에 정차한다.

# 구시가지

쿨디가 버스터미널은 시내에서 약 1.5㎞ 정도 떨어져 있다. 그리 먼 거리는 아니지만 주변에 건물이 전혀 없어 상당히 외진데다가 버스나 택시도 다니지 않아 접근성이 떨어진다. 일단 버스터미널에 도착해서 건물을 등지고 섰을 때 왼쪽 길로 조금 가면 시내로 나가는 표지판이 눈에 보인다 (centrs 1). 그 방향으로 쭉 가다가 교회 첨탑을 향해 걸어가면 15분 이내로 시내에 도착할 것이다.

### 시청광장
시청광장에는 17세기에 목조건물로 지어진 구시청사와 1860년에 르네상스 양식으로 지어진 신시청사가 어깨를 나란히 하고 서 있다. 현재 구시청사 건물은 관광안내소를 비롯한 사무실 등으로 이용되고 있다. 광장 주변엔 중세부터 건설된 다양한 건물들이 모여 있는데, 쿨디가만의 독특한 아름다움을 선보인다.

### 바즈니차스 거리
Baznicas iela

시청광장과 바로 연결된 거리로 쿨디가의 명소 카트리나 성당까지 이어진다. 이 길에는 16-17세기 독일 귀족들의 거주지였던 건물이 원형 그대로 남아있다. 주요 건물은 17번지에 있는 스테판하겐(Stafenhagenanams)과 18세기에 건설되어 한때 시장의 거주지로 사용된 7번지 목조건물, 10번지에 남아있는 17세기 약국 건물 등이다.

바즈니차스 거리.
1622년에 개업한 대공작의 약국

## 카트리나 성당

**Katrinas baznica**

13세기에 건설되어 수백 년간 증축을 거듭해온 루터교 교회로 쿨디가에서 가장 이름난 성당이다. 2차 대전 중 곡식과 화학약품 창고, 심지어 마구간 등으로 쓰이다가 1990년대에 이르러 비로소 원래의 종교적인 기능으로 돌아왔다. 관광객에게 개방된 곳은 아니지만 관리인 아주머니에게 부탁하면 종이 있는 첨탑에 갈 수 있다. 상당히 가파른 나무계단을 따라 올라가면 불그스레한 지붕이 이어진 쿨디가 시내가 한눈에 들어온다. 정해진 관광 명소가 아니다 보니 전망대에 오르는 게 관리인의 재량에 달렸지만, 여기까지 왔으니 아름다운 풍경을 보기 위해서 한번 정중히 부탁해보자. 올라가면 귀청 주의! 15분마다 울리는 종소리가 무척 크다.

## 리에파야스 거리

**Liepājas iela**

쿨디가에서 가장 번화한 거리로 보행자 전용도로다. 쿨디가 시민들의 일상을 느끼며 자연스럽게 산책하기 좋다. 여름철이면 축제나 야외 공연 등 다양한 행사가 열린다.

## 알렉슈피테 강 주변 거리

**Alekšupīte**

쿨디가에서는 가장 유명한 물길(?)이지만 사실 마을 한가운데를 흐르는 작은 하천이다. 주변에 17-18세기 주거용 건물이 많이 모여 있고, 이 하천 위로 대략 16개의 다리가 놓여 있어 독특한 느낌이다. 바즈니차스 (Baznicas) 거리에서 오른편으로 꺾어지는 스쿠올라(Skola) 거리로 가면 또 다른 분위기가 펼쳐진다.

전망을 보고 싶다면 잠시 동안 청각을 포기해야 한다.

카트리나 성당
**주소** Baznīcas iela 31
**웹사이트** www.kuldigas.lelb.lv

멋진 카페나 식당도 많이 들어서 있다.

다리들은 쿨디가를 쿨디가답게 만들어주는 것 중 하나

# 폭포 주변 지역

--------------------------------●

### 벤타스 룸바 폭포
**찾아가는 법** 카트리나 성당 앞 바즈니차스(Baznicas) 거리를 따라 쭉 걸어오면 된다.

### 벤타스 룸바 폭포
**Ventas Rumba**

쿨디가 시내를 흐르는 벤타 강에 난 폭포. 높이는 1m에 불과하지만 폭은 약 230m 정도로 유럽에서 가장 폭이 넓다고 알려졌다. 폭이 넓다는 사실 외에 그다지 훌륭한 볼거리가 있는 건 아니지만 한가롭게 발을 담그며 더위를 식히기 좋다. 폭포 반대편에는 수영 시설도 있다. 쉽게 가로질러 갈 수 있어 보이지만 공식적으로는 금지되어 있으니 되도록 다리를 통해서 건너자. 하지만 수량이 줄어드는 시기에는 딱히 금지되지는 않으며, 날씨가 더워지면 다이빙을 즐기는 사람들도 있으니 분위기에 따라 참여하면 된다.

쿨디가의 자존심. 이래봬도 나름 꽤 깊은 폭포다. 수영을 못하는 사람은 절대 가까이 가지 말자.

## 베차이스 다리
**Vecais tilts**

1874년에 건설되었으며 라트비아어로 '오래된 다리'를 의미한다. 유럽에서 벽돌로 만들어진 다리 중에 긴 편이라고 한다. 2차 대전 때 러시아군의 폭격으로 많이 파손된 것을 유럽연합의 지원금을 받아서 이전 모습으로 완전히 복원해 놓았다. 지도에 따라 '세나이스(Senais) 다리'라고 표기된 곳이 있는데 모두 같은 다리이다. 주말에는 결혼식 후 신랑이 신부를 안고 다리를 건너는 모습을 자주 볼 수 있다.

## 쿨디가 지역 박물관
**Kuldīgas novada muzejs, Kuldīga District Museum**

구시가지에서 베차이스 다리로 진입하는 길목에 위치한 박물관으로 쿨디가의 역사와 민속자료를 전시하고 있다. 박물관 옆으로 폭포를 한눈에 조망할 수 있는 전망대와 벤치가 있고 분위기 좋은 야외 카페도 있다. 믿거나 말거나지만 이 건물은 1900년에 파리에서 배로 통째로 옮겨온 것이라고 한다. 배 주인이 여자 친구에게 선물한 것이라나……

쿨디가 지역 박물관
**주소** Pils iela 5
**웹사이트** www.kuldigasmuzejs.lv
**운영시간** 수-일 10:00-18:00, 화 12:00-18:00 (월요일 휴무)
**입장료** 무료

## 리에주페 모래동굴
**Riežupes smilšu alas, Sand Caves of Riezupe**

쿨디가 시내에서 약 6.5km 떨어져 있는 이 모래동굴은 리가의 유리공장에서 쓰기 위한 모래를 채취하던 곳이다. 설탕처럼 곱고 하얀 입자 때문에 좋은 원료로 인정받았다. 한 가족이 3대째 채굴과 운영을 도맡아 왔으나 현재 의료용 목적 외에는 채취하고 있지 않다. 대신 4대 후손들이 관광용으로 개조해 과거 모래 채취가 이루어지던 동굴 내부를 관광객에게 개방하고 있다. 모래동굴 내부 길이는 총 2km에 이르며 그 중 약 400m 정도 관람이 가능하다. 반드시 가이드와 동행하여 입장해야 하며 '사랑의 방', '신뢰의 방' 등으로 이름 붙여진 채굴장소에서 재미있는 이벤트도 진행한다. 박쥐들의 서식처이기도 하여 모래를 만질 때 박쥐 똥은 없는지 주의하자. 지하로 내려가면 상당히 쌀쌀해지므로 긴 팔 옷을 준비하자.

리에주페 모래동굴
**주소** Riežupes smilšu alas, Kuldīgas nov., Rumbas pag
**웹사이트** www.smilsualas.lv
**운영시간** 매일 11:00-17:00(5-10월까지만 개방)
**입장료** 6유로

# 벤츠필스
### 고즈넉하고 조용한 해안가 도시

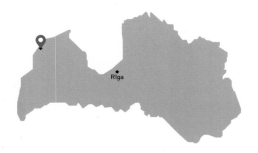

사람이 북적거리는 시끄러운 대도시는 싫고, 교통이 불편한 시골 마을에 찾아가기는 망설여지고. 만약 편의시설을 적당히 갖추고 있으면서도 고즈넉하고 조용한 도시를 찾고 있다면 벤츠필스가 제격이다. 인구 4만에 불과한 작은 도시이지만, 13세기부터 건설되어 고도의 면모를 갖춘 구시가지와 라트비아 최대 항구도시 중 하나라는 현대적인 매력까지 겸비했다. 벤츠필스의 볼거리는 구시가지와 남쪽 신시가지에 몰려있으며 비교적 넓게 흩어져 있는 편이라 다리품을 많이 팔아야 한다. 아름다운 바다와 '여행하는 소'를 주제로 한 거리 곳곳 조각상들, 여름철에 열리는 다양한 축제 등 즐길 거리가 많으므로 시간 여유가 있다면 하루 정도 묵으면서 도시 정취를 마음껏 느껴보자.

리가에서는 버스로 3시간, 또 다른 항구도시 리에파야에서는 2시간 반 정도 걸린다. 리투아니아나 에스토니아로 이동하는 길목이 아니라서 일부러 찾아가야 한다는 부담감이 있지만 리투아니아의 클라이페다(Klaipėda)나 니다(Nida) 여행을 계획하고 있다면 일정에 넣어도 좋다. 여름에는 스웨덴 뉘네스함이나 독일 트라페뮌데 항구에서 유람선으로 들어올 수 있다(www.stenaline.co.uk).

## 벤츠필스 역사박물관

**Ventspils Muzejs, Ventspils Museum**

벤타 강을 따라 산책로와 공원이 잘 조성되어 있다. 벤츠필스의 상징인 소를 주제로 한 조각들을 따라 걷다보면 13세기에 지어진 리보니아 성이 보인다. 그 성은 현재 벤츠필스 역사박물관으로 이용되고 있다. 중세 리보니아 시절 사용되던 유물들과 벤츠필스 인근 역사에 관한 자료들을 구비해 놓았다.

## 시청광장

버스터미널에서 구시가지로 진입하자마자 신고전주의 양식의 으리으리한 건물이 보인다. 19세기에 건설된 니콜라이 성당이다. 그 주변으로 시청광장이 있으며, 여름에는 축제나 다양한 행사가 끊임없이 열린다. 뒤편으로 시장도 있다. 광장과 연결된 쿨디가스(Kuldīgas) 거리나 필스(Pils) 거리에는 아기자기한 건물들이 모여 있어 산책하기에 좋다.

**벤츠필스 역사박물관**
**주소** Jāņa 17
**웹사이트** www.muzejs.ventspils.lv
**운영시간** 10:00~18:00 (월요일 휴무)
**입장료** 2.5유로

니콜라이 성당과 시청광장

**벤츠필스 관광안내소 웹사이트**
**주소** Jāņa 17
**웹사이트** www.visitventspils.lv

---

### 벤츠필스의 벤티 쿠폰

벤츠필스 시 관광안내소에서 '벤티(Venti)'라는 쿠폰 제도를 운영하고 있다. 이곳에서 제공하는 프로그램에 참여하면 약간의 벤티가 지급되는데 벤츠필스 시내에서 이 벤티를 사용해 입장료나 음식 값을 대폭 할인받을 수 있다. 자세한 사항은 관광안내소 웹사이트를 확인하자.

개발이 덜 된 모습도 꽤 볼만하다.

**해변 야외민속박물관**
**주소** Riṇka 2
**웹사이트** www.muzejs.ventspils.lv
**운영시간** 5~10월만 개방 10:00~18:00
(월요일 휴무)
**입장료** 1.40유로로
– 협궤열차 하루 네 차례 정도 운행
짧은 노선 2유로 / 긴 노선 3유로

긴 노선의 마지막 종점에서 기차를 돌리는 모습이 재미있다. 100살 된 기차로 숲 속을 달리는 기분은 과연 어떨까?

### 오스트갈스
### Ostgals

구시가지에서 서쪽으로 약 2㎞ 떨어진 마을. 우리말로 '항구의 끝자락'이라는 뜻으로 고즈넉한 19세기 목조 건물들이 몰려있다. 한동안 별다른 관리 없이 방치되어 있었으나 현재 문화재 거리로 지정되어 복원 사업을 진행해 조만간 벤츠필스를 대표하는 아름다운 거리로 부활할 것이라 기대한다. 시내를 걷다보면 오스트갈스 방향 안내 표지판이 자주 보인다. 이를 따라 가면 된다.

### 남부 방파제 인근

시내에서 벤타 강을 따라 쭉 이동하면 남부 방파제(Dienvidu mols)에 이른다. 발트해를 따라 산책할 수 있는 산책로, 실내수영장, 야외민속박물관, 조각공원 등이 들어서 있다.

### 해변 야외민속박물관
### Piejūras brīvdabas muzejs, Seacoast open-air museum

해안가에 거주하던 라트비아인의 생활상을 엿볼 수 있어 지역 역사에 관심이 많다면 들러 볼만하다. 100년 넘은 증기기관차가 눈길을 끈다. 발트 3국에 남아있는 유일한 협궤열차로서 과거에 사라진 증기기관차를 타는 재미가 쏠쏠하다. 박물관 주변을 도는 짧은 노선과 약 3㎞ 거리를 왕복하는 긴 노선이 있다.

# 리에파야
**백사장이 아름다운 항구 도시**

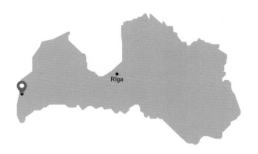

쿠르제메의 중심도시이자 리가 다음으로 큰 항구가 있는 라트비아 제3의 도시. 13세기 사기에 등장할 만큼 유서 깊다. 라트비아 해안가에 살던 리브인들이 정착했었다고 하며, 이곳 역시 독일기사단과 리브인 간 싸움이 꾸준하게 있어 왔다. 15세기부터는 발트해안 무역 중심지로 발돋움했고 18세기에 제정 러시아가 지배하면서부터는 그 이름 높은 '발트함대'의 거점지가 되었다. 굉장한 볼거리가 있는 건 아니지만 백사장이 무척 아름답고 여름에는 음악축제, 해변 배구대회 등이 열려 활력 넘친다. 바다에 인접한 도시답게 '바람의 도시'라는 별명이 있다. 리가에서 버스를 타고 온다면 리에파야에 들어서자마자 지평선 따라 쭉 늘어선 풍력발전소를 보게 될 것이다.

리가에서 버스가 자주 출발하며 노선에 따라 3시간 반에서 4시간 정도 걸린다. 하루 한 차례 저녁 시간에 리가발 기차도 있다. 리투아니아의 클라이페다(Klaipéda)에서 100㎞ 정도 떨어져 있어 클라이페다 여행 후 리가로 이동할 때 당일치기로 들러도 좋다. 버스와 기차는 모두 한 곳에서 정차한다. 시내에서 약 5㎞ 떨어져 있는 카로스타(Karosta) 지역도 둘러볼 만하다.

# 구시가지

키 큰 나무들이 쭉쭉 뻗은 리가스(Rigas) 거리를 따라 역에서 시내까지 2km쯤 걷다보면 로주광장(Rozu laukums)에 금방 도착한다. 리에파야 주요 볼거리는 이 근처에 다 몰려있다. 걷는 게 부담스럽다면 시가전차(트람바이)를 타면 된다. 몇 번을 타야 할지 고민할 필요는 없다. 리에파야에는 노선이 딱 하나! 운전기사에게 바로 표를 구입할 수 있는데, 편의점이나 신문 가판대에서 구입하는 것이 조금 더 저렴하다.

구시가지는 로주광장에서 바로 이어지는 지뷰(Zivju) 거리나 리엘라(Lielā) 거리를 따라가면 곧 나온다. 800년 도시 역사를 보여주는 건물들은 거의 사라졌지만 아기자기하고 화려한 색채의 독일식 건물들이 운치 있다. 구시가지에는 젊은이들이 자주 가는 카페와 바가 많다. 그 중 '록카페이니차(Rokkafejnica)'라는 록 카페는 라트비아에서 꽤 유명하다.

한국에 슬픈 역사를 묻어둔 리에파야
1905년 러일 전쟁이 벌어졌을 때, 일본을 정벌하라는 임무를 받은 꽃다운 러시아의 청년들이 리에파야에서 군함을 타고 극동아시아로 힘찬 항해를 시작했다. 그러나 이는 수개월이나 걸리는 힘든 여정이었다. 오랜 항해에 지친 발트함대 군인들은 우리나라의 부산 앞바다에서 일본군의 기습공격을 받고 무참히 패배하고 말았다. 리에파야에 살면서 제정 러시아 군대에 징용으로 끌려간 누군가는 부산 앞바다에 수장되는 그 순간까지 머나먼 발트해안가를 몹시 그리워했을지도 모른다.

리에파야의 중심 로주광장(장미광장)

## 페테르티르구스 시장

**Pētertirgus, Peter's market**

베드로 시장이라는 뜻의 페테르티르구스. 건물 자체나 내부 시설이 단순한 시장을 넘어서 건축학적으로 디자인에 꽤 신경을 쓴 듯하다. 딱히 살게 없어도 둘러보는 것만으로도 재미있다.

## 성 야젭스 성당

**Sv. Jāzepa katedrāle, St. Joseph's Cathedral**

시장 뒤편의 성 야젭스 성당. 야젭스는 요셉의 라트비아식 이름이다. 내부 장식이 상당히 화려하다.

야젭스 성당의 웅장한 자태

성 야젭스 성당
**웹사이트** www.petertirgus.lv
**운영시간** 08:00-18:00 (일요일은 14:00)

리가 만 안쪽의 유르말라와는 물 색깔이나 분위기가 사뭇 다르다

---

### 리에파야의 백사장

성 야젭스 성당에서 이어지는 펠두(Peldu) 거리를 따라 가면 백사장이 나온다. 해변으로 가는 길은 많지만 이 거리에 이어진 유르말라 공원에는 조각공원, 공연장, 경기장 등이 있고 분위기 좋은 노천카페와 식당도 많다.

*'유르말라'는 리가 인근 도시명 말고도, 라트비아어로 바닷가라는 의미의 일반 명사이다

---

건물 겉면에 노란색 유리를 덧대 호박 빛이 은은하게 풍기는 듯한 자태.
시간이 맞으면 공연도 꼭 보자.

KONCERTZĀLE LIELAIS DZINTARS

**리에파야 박물관**
**주소** Kūrmājas prospekts 16
**웹사이트** www.liepajasmuzejs.lv
**운영시간** 매일 10:00~18:00 (월, 화 휴무)
**입장료** 무료

### 리엘라이스 진타르스 연주회장
Lielais Dzintars, Great Amber Hall

리에파야 시내 한가운데를 가로지르는 티르즈니에치바스 운하
(Tirdzniecības kanāls) 옆으로 노란 건물이 우뚝 서 있다. 2015년 가을에 문
을 연 연주회장이다. '리엘라이스 진타르스'라고 불리는데 거대한 호박이
라는 뜻으로 저녁이면 황금색 조명으로 빛난다. 건축학적으로도 꽤 가치
있는 건물. 공연이 열리지 않아도 내부에 들어갈 수 있다.

### 리에파야 박물관
Liepājas muzejs, Liepāja Museum

쿠르제메와 리에파야의 역사에 관심 있다면 쿠르마야(Kurmaja) 거리 16번
지에 있는 리에파야 박물관도 가 볼 만 하다. 구시가지에선 조금 벗어나
있다.

카로스타는 발트함대 진지로 조성된 군사지대였으므로, 소련 시절에는 해군 관계자만 출입할 수 있는 통제구역이었다. 지금은 군사시설이 모두 해체되고 리에파야 시내에 비해 경제적으로 상당히 낙후된 지역으로 전락했지만 군사시설을 관광지로 개발하려는 노력을 기울이고 있다. 리에파야 시내에서 대중교통으로 쉽게 갈 수 있다.

## 카로스타 감옥

**Karostas cietums, Karosta prison**

카로스타의 볼거리는 누가 뭐래도 소련 시절 군사 감옥이었던 카로스타 감옥이다. 당시 시설을 그대로 공개하고 있을 뿐 아니라 원한다면 웹사이트에서 예약 후 하루 숙박을 체험해 볼 수 있다. 형무 시설과 군사장비가 전시된 박물관, 수감자들이 먹던 음식을 선보이는 식당 등 다양한 프로그램이 있다. 숙박은 일인당 하루 15유로. 과거 감옥생활을 체험하는 프로그램 참가 시에는 17유로가 추가된다(라트비아어 프로그램은 14유로).

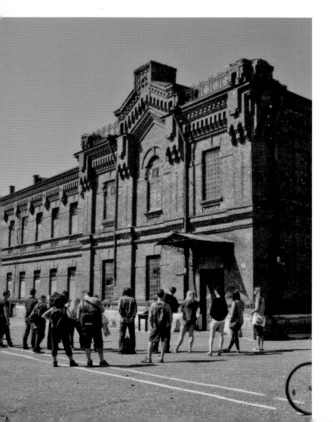

# 카로스타

카로스타 해안

**카로스타**
**찾아가는 법** 시내에서 4, 4a번 버스를 타면 되지만 평일에는 1시간에 한 대, 주말에는 오전, 오후에 한 대꼴로 줄어드니 일행이 있다면 택시를 타는 게 좋다.

카로스타 감옥에 방문하면 다양한 프로그램을 경험할 수 있다.

**카로스타 감옥**
**주소** Karosta, Invalīdu 4
**웹사이트** www.karostascietums.lv
**운영시간** 6~8월 매일 09:00~19:00 / 5, 9월 매일 10:00~18:00 그 외 기간 토·일 12:00~16:00

# 북부 쿠르제메
### 때 묻지 않은 자연이 있는 곳

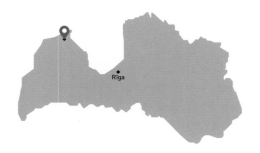

라트비아 지도상에서 꼭짓점에 위치한 콜카(Kolka). 지도를 펼쳐놓고 보면 뭐가 있을지 궁금해 가보고 싶기는 한데, 막상 가려니 교통편이나 숙박시설이 마땅찮아 망설여진다. 그래서 발트 여행을 자주 다니는 이들도 정작 가본 적 없을 정도로 신비롭다.

하지만 둔다가(Dundaga), 슬리테레 국립공원(Slītere National Park), 마지르베(Mazirbe) 등 나름 이름 있는 관광지가 몰려있는 북부 쿠르제메 지역은 전통적인 훈제 생선, 해안가에 살던 리브 민족, 원시림 같은 울창한 숲 등 색다른 볼거리가 있다. 특히 바다 밑바닥을 뒤집어 놓는 폭풍우가 지나가고 나면 해안가로 호박덩어리들이 휩쓸려오기 때문에 호박 수집가들이 많이 찾는다. 보통 바닷가에서 떠내려 온 해초나 나뭇가지 등에 섞여 있는데 찬찬히 헤집어 보면 영롱하게 반짝이는 노란 호박 조각을 발견할 수 있다.

북부 쿠르제메 지역은 라트비아의 꼭짓점 같은 콜카와 약간 내륙으로 치우쳐 있는 행정도시 둔다가, 이 두 지역에 볼거리가 몰려있다.

리가에서 접근하기에는 콜카가 더 용이한 편. 콜카까지는 대략 150㎞인데 거의 모든 버스 정류장에 정차해 4시간 정도 걸린다. 인근 도시 탈시(Talsi)에서 리가와 콜카, 둔다가를 잇는 버스가 운행되고 있다.

## 콜카
### Kolka

콜카는 사실 라트비아어로는 '쿠올카'에 더 가깝다. 바다를 향해 삐죽 나온 라트비아의 꼭짓점 '콜카스락스(Kolkasrags)'는 콜카의 뿔이라는 뜻이다. 마을 한가운데를 가로지르는 길을 따라 쭉 걷다보면 이곳으로 가는 표지판이 나온다. 안으로 들어가면 돌 세 개를 얹어놓은 듯한 조형물을 만난다. 바다에서 목숨을 잃은 이들을 위한 추모비다. 원래부터 물살의 변화가 심하고 수심도 일정치 않아 많은 이들이 목숨을 잃었다고 한다. 현재도 풍랑이나 해류 변화가 심해 수영이 금지되어 있다. 콜카스락스에는 야외 카페가 마련되어 있어 잠시 쉬어가기 좋다. 개인 승용차로 온 경우 관광안내소에서 주차비를 먼저 내야 하니 참고할 것.

라트비아의 꼭지점

멋진 풍경이지만 슬픈 사연이 숨어있다.

## 둔다가
### Dundaga

북부 쿠르제메의 행정과 관광의 중심. 이 둔다가를 기점으로 콜카, 마지르베 등 북부 쿠르제메 볼거리들이 차량으로 30분 내 거리에 있다. 인근 슬리테레 국립공원으로 들어가는 관문이기도 하다. 인구 5천 명에 불과한 작은 마을이지만 13세기 중반에 건설된 둔다가 성(Dundagas pils)이 과거의 자태를 유지하며 마을 한가운데 서 있어 꽤 멋진 풍광을 자랑한다. 리가 대주교에 의해 건설된 후 수세기 동안 독일 가문의 소유였던 이 성은 웅장한 규모와 주변을 흐르는 강줄기가 만들어내는 풍경이 가히 환상적이다.

현재 성 안에는 이발소, 호텔, 신문사 등 다양한 시설과 북부 쿠르제메의 관광정보를 얻을 수 있는 관광안내소가 있다. 관광안내소에서 내부 견학을 신청할 수 있으며 호텔에서는 비교적 저렴한 가격으로 중세 성에서의 하룻밤을 보낼 수 있다. 전설에 의하면 과거 성주의 저주를 받아 성벽에 산 채로 매장된 한 여인이 보름달이 뜨는 목요일이면 귀신이 되어 나타난다고 한다. 라트비아어로 '잘랴 윰프라바(Zaļā Jumprava)', 번역하면 '초록색 옷을 입은 여인'으로 지금도 종종 목격된다고…… 별다른 해코지는 하지 않는다고 하니 겁낼 필요는 없다.

카로스타
**찾아가는 법** 시내에서 4, 4a번 버스를 타면 되지만 평일에는 1시간에 한 대, 주말에는 오전, 오후에 한 대꼴로 줄어드니 일행이 있다면 택시를 타는 게 좋다.

이 성 안에는 둔다가 관광안내소가 있다. 인근 슬리테레 국립공원 하이킹을 원할 경우 이곳에 문의하면 된다.

둔다가 성
**주소** Pils iela 14, Dundaga
**웹사이트** www.visit.dundaga.lv

## 슬리테레 국립공원
### Slīteres nacionālais parks, Slītere National Park

2000년에 국립공원으로 지정된 이곳은 네 곳의 라트비아 국립공원 중

리가를 비롯해 라트비아의 대도시로 들어오는 배들이 정박하는 해안가에 인접해 있어 등대들이 많다. 또한 조류의 변화가 심하고 바다에 암석이 많아 배들이 좌초하는 일이 잦았다. 과거에는 이런 자연환경을 이용해 배가 자주 좌초하는 곳에 일부러 불을 피워 물품을 약탈하는 해적들이 활동하기도 했다.

**슬리테레 등대**
**주소** Slītere, Dundagas pag., Dundagas nov., LV-3270
**운영시간** 매일 10:00~17:00 (휴무 없음). 관광객은 5월부터 9월까지만 등대 입장 가능
**입장료** 1.2유로

**페테르에제르스 호수 자연 탐방로**
**주소** 다음의 좌표를 사용해 찾아간다.
57.65438208982889
22.27059030162809

가장 규모가 작지만 빙하기 원시림의 흔적과 천혜의 자연 그리고 라트비아의 사파리라고 부를 수 있을 만큼 다양한 종류의 야생동물과 새들을 어디서나 쉽게 볼 수 있다. 해가 질 때쯤이면 민가 근처로 풀을 뜯기 위해 나오는 사슴 가족, 전봇대 위에서 날개를 접고 쉬는 황조롱이 같은 야생동물들을 수시로 목도한다. 그러므로 슬리테레에 오면 되도록 국립공원 내 민가에서 숙박을 잡고 천천히 자연을 음미할 수 있도록 일정을 잡는 것이 좋다.

슬리테레 국립공원의 관리소 역할을 하는 둔다가 성(둔다가 마을 한가운데 위치)에서 지도나 관광안내 정보를 구할 수 있다. 그리고 국립공원 내에서는 이용 가능한 식당이나 가게가 거의 없으니 둔다가나 콜카에서 미리 준비해 오는 것이 좋다.

### 슬리테레 등대
**Slīteres bāka, Slītere Light House.**
푸른 하늘과 숲을 배경으로 웅장하게 서 있는 붉은 색의 등대는 슬리테레 국립공원의 상징과도 같다. 깎아지른 듯한 절벽 위에 자리 잡은 이 등대의 높이는 해발 약 100m에 이른다. 등대 안에서 라트비아 서부 해안지대에 있던 등대의 역사 및 해적들의 활동 등에 관한 자료들을 볼 수 있고 꼭대기에 올라서면 탁 트인 발트해와 숲이 만드는 풍경을 감상할 수 있다. 등대 아래쪽으로 1.2km 정도의 산책로가 조성되어 있는데 라트비아에서 원시림의 모습이 가장 잘 보전되어 있는 곳이라서 시굴다나 케메리에서 보았던 숲과는 사뭇 다른 분위기를 느낄 수 있을 것이다. 대중교통을 이용해 방문하기는 어려우며 구글 지도로 등대의 이름을 입력해 찾아가야 한다. 다른 지역에 비해 데이터 송신이 느린 편이므로 이동 중 이정표를 꼼꼼히 확인하는 것이 좋다.

### 페테르에제르스 호수 자연 탐방로
**Pēterezera dabas taka. Pēterezers Nature Trail**
약 4km에 이르는 이 탐방로는 울창한 숲과 개울, 호수들이 이어져 있다. 경관이 아름다워 산책하기 좋다. 그리고 탐방로 마지막에 이르러 눈앞에 펼쳐지는 페테르에제르스 호수와 그 주변에 조성된 기다란 나무 길은 기분이 아찔할 정도의 장관을 선사한다.

## —————— *Latgale* ——————

# 라트갈레
### 라트비아 동부

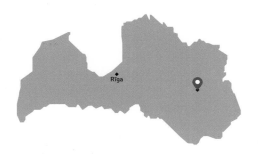

라트갈레는 리투아니아-폴란드 연합국 영토의 일부분으로 존재해오며 슬라브 민족의 영향을 크게 받았다. 따라서 독일 문화가 두드러진 다른 지역과는 역사·문화적인 면에서 많은 차이를 보인다. 라트비아의 종교는 주로 독일 루터교인데 반해 라트갈레는 폴란드와 리투아니아처럼 로마 가톨릭 신자가 대부분이다. 언어도 라트갈레어가 따로 존재한다. 얼마 전까지만 해도 단순히 사투리로 구분되었지만 실제로 라트비아어와는 다른 식으로 발전을 이루었으며, 리투아니아어 및 고대 프러시아어와 연관성 있는 또 다른 발트어의 일종으로 인식되기 시작하였다.

이 사라져가는 언어인 라트갈레어를 라트비아 제3의 공용어로 지정하려는 움직임이 라트비아 정부를 통해 이뤄지고 있고, 라트갈레 문화도시 레제크네(Rezekne)를 주축으로 레제크네 대학을 비롯한 크고 작은 단체가 언어 복원과 교육을 위한 노력을 시작했다는 반가운 소식이 들린다. 레제크네에는 현재 라트갈레어 방송국이 운영 중이다. 깨끗한 자연과 도시화에 물들지 않은 순수한 민속 문화 등이 입소문을 타기 시작하면서 찾는 이들이 점차 늘고 있다.

러시아에서 기차나 버스를 타고 라트비아에 입국하면 처음으로 맞는 지역이니만큼 러시아 여행을 함께 계획하고 있다면 일정에 넣어도 좋다. 리가에서 상트 페테르부르크, 모스크바로 가는 기차들이 레제크네, 다우가우필스, 카르사바 같은 도시에 정차한다. 여기에서는 다우가우필스(Daugavpils)와 라트비아에서 오래된 도시로 손꼽히는 루자(Ludza)를 소개하려고 한다.

# 다우가우필스

**Daugavpils**

다우가스필스

다우가우필스 요새
**주소** Nikolaja 5
**찾아가는 법** 시내에서 3㎞ 정도 떨어져 있으며 3번 전차나 4번 버스를 타면 금방 도착한다.

러시아 내륙에서 라트비아로 들어올 때 제일 처음 만나는 다우가우필스는 라트비아 제2의 도시이다. '다우가프필스'로 불리기도 하지만, v자가 자음 앞에 왔을 때 묵음이 되는 라트비아어의 특성상 '다우가우필스'로 부르는 것이 맞다. 리가를 정복한 리보니아 기사단(검우기사 수도회)이 이 지역에 성을 건설한 1275년을 도시 역사의 시작으로 삼고 있으며, 당시에는 '뒤나부르그(Dünaburg)'라는 이름으로 불렸다. 이때부터 무역 거점으로 발전했지만 16세기 중엽 라트갈레(Latgalē) 지역이 리투아니아-폴란드 연합국의 지배를 받기 시작하면서 리투아니아의 영향을 많이 받게 되었다.

라트비아는 발트3국 중 소련 시절에 가장 러시아화가 많이 진행된 나라인데 다우가우필스가 있는 동부 지역은 특히 더하다. 주민의 80% 이상이 러시아인이라 라트비아 안의 작은 러시아라 해도 과언이 아니다. 2차 대전 이후 교통과 무역의 요충지답게 철강, 섬유, 식품가공업, 경공업 등 원자재를 가공하는 공업단지가 집중적으로 건설되어 소련 고학력 노동자들이 대규모로 이주했다. 하지만 소련 붕괴 후 공장들이 문을 닫아 실업률이 급격히 증가하고 러시아인들의 시민권 취득이나 교육 문제 등이 수면 위로 떠오르면서 여러 가지 사회 문제를 겪어야만 했다. 그러나 90년대 중반에 들어서 주변국들의 투자가 늘어났고 이 도시만의 다문화적 특성을 십분 활용한 축제와 문화 행사가 개최되며 다우가우필스에 대한 고정관념이 조금씩 허물어지고 있다.

다우가우필스에는 국제공항이 없으므로 수도 리가를 통해 들어오는 방법이 가장 편하다. 리가에서 기차를 타고 올 경우 시간대에 따라 2시간 50분에서 4시간까지 걸린다. 버스는 리가에서 거의 매시간 출발하고, 경유 도시에 따라 3시간 반에서 4시간 반 정도 소요된다.

## 다우가우필스 요새
**Daugavpils Cietoksnis, Daugavpils fortress**

요새 전체를 휘감는 성벽, 웅장한 성채, 해자, 소방서, 보루 등의 군사 시설물과 주거 공간, 공공시설 등이 거의 19세기 초 건설 당시 모습으로 남아있어 러시아가 얼마나 큰 공을 들여 서유럽 침공에 대항코자 했는지 엿볼 수 있다. 1940년 소련 붉은군대가 다우가우필스를 점령했을 때, 상트페테르부르크 예카테리나 궁전에 있던 호박실을 약탈한 독일군이 급하게 퇴각을 하면서 이 요새 어딘가에 그 보석들을 숨겨놓았다는 이야기가 전해진다. 현재는 다우가우필스 최고의 자랑거리로 관광객을 유치하기 위해 많은 홍보를 하고 있지만 아직 대부분 지역이 방치되어 있거나 개발 중이다.

시내 관광안내소에 미리 신청하면 가이드의 안내를 받으며 관광할 수 있다. 가이드 없이 요새 여기저기를 돌아다녀도 재미있다. 한편, 요새 안에는 인근 예술가들의 작품 활동과 전시를 돕는 마크 로스코 예술 센터(Mark Rothko Art Center)가 문을 열었으며 라트비아의 미술을 대표하는 도시로 거듭나기 위해 발돋움하고 있다.

1577년 이반 대제의 명으로 최초로 성곽이 세워진 후 여러 차례 증축을 거듭하였으나, 현재의 모습이 완성된 것은 나폴레옹 전쟁이 한창이던 19세기 초. 나폴레옹이 러시아 정벌 야욕에 불타오르던 1810년, 알렉산드르 1세가 러시아 제국의 서부 영토를 수호하기 위해 건설을 명했다. 1812년 나폴레옹 군대가 다우가우필스를 장악하면서 나폴레옹 군대의 진격을 막고자 했던 초기의 계획을 지키지는 못했다. 1833년 니콜라스 1세 때 완공되었다.

## 다우가우필스 시내

다우가우필스에는 특별히 구시가지라고 부를 만한 지역이 따로 없지만, 요새에서 시내로 들어오는 시에톡스냐(Cietokšņa) 거리와 다우가우필스 중앙역 앞에서 이어지는 보행자 전용도로인 리가스(Rigas) 거리, 사울레스(Saules) 거리 등을 중심으로 19세기 후반에 지어진 운치 있는 건물들을 많이 만날 수 있다.

## 리가스 거리

**Rīgas iela, Rigas iela**

중앙역에서 시작되어 다우가바(Daugava) 강까지 약 1km에 이르는 보행자 전용도로. 다우가우필스에서 가장 활기차고 화려한 거리이다. 방문객이 많은 여름철엔 크고 작은 축제가 열리며 분위기 좋은 식당과 카페, 상점이 즐비하다. 특히 보도블록 사이사이에 박힌 조명은 여름밤의 정취를 특별하게 만들어준다.

리가스 거리는 '리가로 가는 길'이란 뜻. 우리나라로 치면 부산에 '서울 대로'가 있는 격이다.

## 통일의 집

**Vienības nams, House of Unity**

리가스 거리 광장 한가운데 위치한 통일의 집은 라트비아 공화국 1대 대통령 카를리스 울마니스(Karlis Ulmanis)가 1934년 이 도시를 방문했을 때 시민들의 요청에 화답하여 지어준 것으로 유명하다. 단순해 보이지만 기능주의와 네오 고전주의를 혼합한 양식으로 현재 대규모 공연장, 문화센터, 시립도서관, 관광안내소 등이 입주해 있다.

통일의 집

## 다우가우필스 지역 정보 및 예술 박물관

**Daugavpils novadpētniecības & mākslas muzejs**
**Daugavpils Regional & Art Museum**

규모가 크고 아름다운 박물관. 다우가우필스 도시의 역사와 함께 중세와 근대의 생활상 및 이 도시에서 태어난 세계적인 추상화가 마크 로스코

박물관 인근 강변에 서 있는 마크 로스코 기념비

다우가우필스 지역 정보 및 예술 박물관
**주소** Rigas 8
**웹사이트** www.dnmm.lv
**운영시간** 화–토 10:00–18:00, 일–월
10:00–16:00

[Mark Rothko]의 작품 등을 전시한다. 물론 수억 달러를 호가하는 작품이라
여기에는 사본만 전시되어 있다.

추상 회화의 본질과 형상에 혁명을 일으킨 화가라 추앙받는 마크 로스코
는 다우가우필스에서 태어나 어린 시절을 보낸 후 가족과 함께 미국으로
이주했다. 미국에 있던 그의 작품 몇 점이 한국에 전시된 적이 있었는데
엄청난 반향을 일으켰었다.

그런데 사실, 그를 라트비아 사람이라고 부르기에는 어려운 점이 있다. 일
생 대부분을 러시아계 유대인으로 뉴욕에서 살았기 때문이다. 그의 원본
작품을 보려면 워싱턴이나 뉴욕으로 가야 한다.

# 루자
Ludza

**루자**
**찾아가는 법** 리가에서 루자 오는 버스는
하루에 한 대. 기차는 오전과 오후 한 차
례씩 운행되며 약 4시간 소요된다. 버스
터미널은 시내 한가운데 있는 반면 기차
역은 조금 떨어져 있다.

인구가 약 만 명 정도인 루자는 라트갈레 문화의 중심지이자 1174년 러시
아 사료에도 언급된 바 있는 오래된 도시이다. 라트비아의 '호수의 수도'
라 불릴 만큼 주변으로 크고 작은 호수가 많은데 특히 루자 시내는 도시
이름을 딴 '작은 루자 호수'와 '큰 루자 호수' 사이에 자리 잡아 중세 요새
터와 함께 장관을 이룬다. 리가에서 꽤 멀고 도시도 아담하여 가서 무얼
할까 고민될 수 있겠지만 하루쯤은 호수가 있는 그림 같은 마을을 벗 삼
아 잠시 쉬어보자. 투명한 호수 옆에서 라트비아 전통 사우나인 '피르츠
(Pirts)'를 할 수 있는 시설도 많다. 또한 루자에는 전통 수공업을 잇는 장
인센터가 위치하여 라트비아의 전통 문화를 체험해 볼 수 있다.

리가에서 모스크바 가는 기차가 루자를 지나지만 따로 정차하지는 않는
다. 하지만 리가–모스크바, 상트페테르부르크 간 기차가 루자 인근 대도
시인 레제크네(Rezekne)에 정차하기 때문에(루자 시내에서 버스로 40–50
분 소요) 러시아에서 라트비아로 기차 여행을 계획하고 있다면 가볼 만
하다. 기차역에서 멀리 보이는 성당을 따라 걸어오면 금방 시내에 들어올
수 있다. 버스터미널은 시내 한가운데에 있으며, 가톨릭 성당과 중세 성
터로 올라가는 길인 바즈니차스(Baznicas) 거리에 관광안내소가 있다.

### 중세 성 주변
*Ludzas viduslaiku pildrupas, Ludza medieval castle ruins*

마을 한가운데 있는 언덕 위에 올라가면 13세기 말 독일기사단이 건설한
성터가 나온다. 대부분 파괴되어 성벽 일부만 남아있지만 파란 하늘과 푸
른 호수를 배경으로 웅장하게 서 있는 풍채가 정말 아름답다. 여름이면
성내 광장에서 전통 시장이나 축제 등 다양한 행사가 자주 열린다. 해질

중세 성 주변

녘 호수 너머로 지는 태양 빛을 받아 이글거리는 성벽의 모습은 한번 보면 잊을 수 없을 것이다.

성으로 올라가는 길에 만나는 흰색 성당은 폴란드인이 17세기 말에 지은 것으로 알려진 성모승천성당이다. 18세기 화재로 소실되었는데 현재는 재건되었다. 성당 주변에 성모의 고행을 체험할 수 있는 순례길이 있다.

## 루자 수공예 센터
**Ludzas Amatnieku Centrs**

중세 성터에서 내려오면 이어지는 탈라비야스(Tālavijas) 거리를 따라 호수 방향으로 올라가면 루자의 자랑 중 하나인 루자 수공예 센터가 있다. 루자를 거점으로 활동하는 장인들이 손수 만든 상품을 판매하거나 강습을 진행한다. 라트비아 전통 수공예에 관심이 있다면 들러보자. 대도시보다 저렴하면서 더 좋은 품질의 상품을 구입할 수 있다.

탈라비야스 거리를 그대로 따라 올라가 다리를 건너면 루자 지역박물관(Ludzas Novadpētniecības muzejs)이 있다. 호수와 이어진 작은 물길을 따라 마을이 그림같이 들어서 있다.

**루자 호수 주변**
누가 먼저였는지는 모르겠으나 도시와 호수가 사이좋게 이름을 나누어 쓰고 있다. 시내 쪽으로 들어와 있는 호수는 '작은 루자 호수', 시내 밖으로 펼쳐진 거대한 호수는 '큰 루자 호수'로 불린다. 여름이면 물놀이 인파로 북적인다.

**루자 수공예 센터**
**주소** Tālavijas 27a
**웹사이트** www.ludzasamatnieki.lv

**루자 관광 웹사이트**
**웹사이트** www.visitludza.lv

---

### 라트비아 전통 사우나 '피르츠' (Pirts)

시내 밖에도 호수가 상당히 많다. 호수 옆에는 대부분 라트갈레 지역의 분위기를 이어받은 민박집이 있는데, 거의 모든 숙소에 라트비아의 전통 사우나인 피르츠가 있다. 피르츠는 핀란드식 사우나와 비슷하다. 굴뚝 없는 목조 사우나 내에 돌을 달구어 온도를 높이고, 몸에 열이 오르면 바로 옆 호수로 뛰어드는 방식. 라트비아어로 '슬로티냐(Slotiņa)'라고 불리는 나뭇가지 다발로 몸을 때리며 사우나를 즐기면 피로가 금방 가신다. 핀란드에는 보통 자작나무 가지를 묶어 몸을 두들기지만 라트비아에서는 단풍나무, 떡갈나무 등 숲에서 자라는 나무들을 모두 이용한다. 루자 관광안내소나 루자 관광 웹사이트에서 자세한 정보를 얻을 수 있다.

---

라트비아 전통 사우나 피르츠

- 03 -
# 리투아니아
## LITHUANIA

# 리투아니아라는 나라, 빌뉴스라는 도시

90년대 중반 빌뉴스를 처음 찾고부터 한동안 나는 이 도시를 두고 '향기 나는 도시'라고 말하곤 했다. 수백 년 된 건물 속에서 한껏 묵은 곰팡이들이 만들어낸 쾨쾨한 냄새가 그다지 기분 나쁘지 않았고 이상하게도 이 도시에 고풍스러움과 이국적인 느낌마저 더해주었다. 그런데 약 20년 정도가 지난 지금은 그 '슴슴한' 곰팡이 냄새가 거의 사라졌다. 골목마다 배어있던 을씨년스러운 풍경은 알록달록한 색으로 덧칠되었고, 오래된 건물 역시 구석구석 새롭게 단장돼 역사의 숨결(?)을 내뿜던 곰팡이들도 자취를 감추었다.

그 곰팡이 냄새는 나에게 있어서 꽤 진한 여운을 남겼다. 이제는 어디를 여행하든 오래된 건물 속에서 슴슴한 냄새를 맡으면 빌뉴스에 처음 발을 내렸던 그날이 생각난다. 요르단 페트라의 동굴 속에서도 그랬고, 캄보디아 앙코르 와트 사원을 거닐 때도 빌뉴스의 향기를 맡곤 했다. 이는 곧 빌뉴스라는 도시가 얼마나 오래되었는지를 보여주면서 또 그만큼 사람의 손길을 덜 탔음을 의미한다. 물론 지금은 현대식 카페와 기념품 가게가 들어서 있지만 관공서나 상업시설은 여전히 적은 편이다.

한편 빌뉴스는 삐죽한 고딕 건물이 즐비한 리가나 탈린과는 달리 그랜드 피아노를 닮은 선 굵은 바로크식 건물들로 인해 발트3국 수도 중 가장 독특한 모습이다. 이는 독립된 나라를 건설한 경험이 거의 없는 이웃 나라들과는 다르게 중세만 해도 북쪽으로는 발트해, 남쪽으로는 흑해에 이르는 거대한 나라를 이룩했었던 리투아니아의 반짝이는 역사를 잘 보여준다. 지금은 영토를 다 잃고 발트해안가 끄트머리에 자리 잡고 있지만 한때는 독일의 동방 진출을 저지할 만큼 거대한 땅덩어리를 자랑했던 선대의 이야기가 여기저기 남아 있다.

화려한 과거는 지금의 모습과 괴리감이 있지만 확실한 것은 이 같은 역사가 다른 유럽에선 만나볼 수 없는 이 나라만의 볼거리를 많이 남겨놓았다는 사실! 신비로운 분위기에 휩싸여 있는 샤울레이(Šiauliai)의 십자가 언덕, 정말 마녀들이 살고 있을 것 같은 유오드크란테(Juodkrante)의 마녀의 언덕, 십자가들이 우리의 장승처럼 나그네를 맞이하는 시골 마을, 활을 든 중세 기사가 금방이라도 튀어나올 듯한 산성터와 울창한 숲들.

이밖에도 리투아니아 제2의 종교라고 불릴 만큼 인기 많은 스포츠인 농구, 이 나라의 문화적 자산인 무대 예술, 감자와 고기만으로도 수십 가지의 맛을 창조하는 다양한 요리 등 여행을 즐겁게 만드는 요소들이 곳곳에 널려있다.

여행을 시작하기 전 감각의 촉수를 모두 세워보자. 리투아니아는 눈보다 마음으로 느낄 게 더 많은 나라일지도 모른다.

## 빌뉴스에 가는 법

How to come to
Vilnius

빌뉴스국제공항. 현재 대대적인 현대화
공사가 진행 중이다.

**빌뉴스국제공항**(Vilniaus tarptautinis
oro uostas)
**주소** Rodūnios kelias 10a
**웹사이트** www.vilnius-airport.lt

**빌뉴스 기차역**(Vilniaus gelezinkelio
stotis)
**주소** Gelezinkelio St. 16
**웹사이트** www.litrail.lt

● 항공 ✈

빌뉴스국제공항은 시내에서 10㎞ 정도 떨어져 있다. 소련 시절에 지어진 공항 외벽에는 당시 모습을 떠올리게 하는 독특한 조각 장식이 있다. 밖에서 보이는 소련식 기괴한 건물이 입국장이며 출국 시엔 뒤편에 있는 건물로 가야 한다. 대중교통을 이용하면 자연스럽게 입국장 안으로 들어가 연결 계단을 이용해 출국장으로 갈 수 있고, 택시를 타면 입국장 뒤편으로 안내해준다.

출국장은 공항 외벽과는 사뭇 다르다. 국제공항답게 탁 트인 전망을 자랑하는 라운지와 항공사 데스크들이 있다. 2층 카페에서 탑승을 기다리며 시간을 보낼 수 있으나 가격이 다소 높은 편. 저가 항공사(이지젯, 라이언에어, 위즈에어 등)를 이용하는 경우, 빌뉴스국제공항이 아닌 카우나스국제공항(Kaunas)으로 입국할 수도 있으니 주의해야 한다. 빌뉴스국제공항에서 무려 100㎞나 떨어져 있으니 잘 확인하자.

● 기차 🚂

러시아의 모스크바나 벨라루스의 민스크에서 기차로 갈 수 있다. 노선과 시간대에 따라 모스크바에서는 13시간에서 15시간, 민스크에서는 2시간 반에서 4시간 정도 소요. 기차역 규모는 기차 운행 횟수에 비해 으리으리하다는 인상이 들만큼 크다. 국내선과 국제선 매표소는 분리되어 있는데 금방 찾을 수 있다. 버스터미널처럼 개조하여 깔끔하게 정리되었다. 이곳의 화장실은 빌뉴스에서 유일한 무료 화장실이며 24시간 열려있다. 청소도 수시로 해 깨끗하다. 기차역에서 버스터미널은 걸어서 10분 거리이고 길 건너편 구시가지 입구인 '새벽의 문'까지도 걸어서 10분이면 된다. 트롤리버스와 일반버스 정류장이 약간의 거리를 두고 한데 모여 있다. 대성당 광장까지는 2, 20번 트롤리버스를 타는 것이 가장 좋다.

## 공항에서 시내까지

**공항철도** | 가장 편한 방법. 공항에서 나오면 공항철도로 갈 수 있는 표지판이 보인다. 1시간에서 1시간 30분에 한 대씩 있어 시간 맞추기 애매할 수 있지만 시간만 맞는다면 철도가 제일 빠르다. 공항 입구에 운행 시간표가 게시되어 있다. 7분이면 중앙역에 도착한다고 홍보하고 있지만, 중간에 다른 기차가 지나가면 대기 시간이 길어져 늦는 경우가 잦다. 비용은 0.70유로로, 기차 안에서 바로 구매할 수 있다.

**셔틀버스** | 공항과 빌뉴스 버스터미널을 바로 연결하는 미니버스. 40분에 한 대꼴로 비교적 자주 다니며 가격도 1유로로 아주 저렴하다. 입국장 버스정류장에서 정보 확인 가능

**시내버스** | 1번과 2번을 타면 유스호스텔이나 저렴한 호텔이 밀집한 중앙역으로 이동할 수 있다. 구시가지 내 구시청사나 대성당 등으로 가려면 88번을 타면 된다. 시내로 가는 버스는 저녁 11시쯤 운행이 끝나므로 그 이후에 공항에 도착한다면 택시를 이용하는 수밖에 없다.

**택시** | 초행길엔 가장 빠르고 확실하지만 애석하게도 입국장 앞에는 외국인에게 바가지를 씌우려는 택시가 많다. 콜택시가 안전하고 저렴하겠지만 사실 택시회사 전화번호를 알아도 의사소통이 어려운 경우가 다반사이니 별 도움은 안 될 것이다. 어쩔 수 없이 입국장 앞 택시를 이용해야 한다면 영수증을 꼭 발급받자. 타기 전에 물어보고 발급하지 않겠다고 하면 그 택시는 과감히 타지 않는다. 영수증이 있으면 추후 현지 친구나 호텔 직원에게 문의해 바가지를 씌웠는지 확인해 볼 수 있으며 택시회사에 전화해 항의할 수 있는 증거물이 된다. 우버나 볼트 같은 택시 어플을 사용하는 것이 가장 좋다.

공항철도

빌뉴스 버스터미널(Autobusų stotis)
**주소** Sodų St. 22
**웹사이트** www.toks.lt

● 버스 🚌

발트3국을 비롯해 러시아, 폴란드, 독일, 우크라이나 등에서 버스로 올 수 있다. 터미널 직원들이 친절하고 여행 필수품은 전부 구입 가능할 정도로 편의시설도 잘 갖추어져 있다. 국내 버스표는 대기실 안쪽에서, 국제 버스표는 복도쪽에서 구매할 수 있다. 짐 보관소는 터미널 안이 아닌 승차장 끄트머리 화물 택배소 사무실 내에 있다. 24시간 영업하는 게 아니니 문 닫는 시간을 꼭 확인하자.

## 빌뉴스 시내 교통수단
### Transportation in Vilnius

매번 기사에게 표를 구매하는 것이
부담스럽다면?
'빌니에치오 코르텔레(Vilniečio Kortelė)'
라는 카드를 구입해 필요한 만큼 충전해
사용하자. 편의점, 우체국, 대형마트에서
1.5유로면 구입 가능하다.
30분권: 0.65유로
60분권: 0.90유로
24시간권: 5유로
3일권: 8유로
한 달 이용권: 29유로

● 버스 🚌

빌뉴스에는 유럽에서 흔히 볼 수 있는 전차가 다니지 않는다. 2009년부터 전차를 설치한다는 계획이 있었지만 언제쯤 길이 놓일지 여전히 불투명한 상태. 빌뉴스에는 트롤리버스와 일반버스, 미니버스 총 세 종류의 버스가 있다. 관광객은 보통 트롤리버스와 일반버스를 이용한다. 구시가지 안에서 숙소를 구한다면 대중교통을 이용할 일이 전혀 없을 수 있지만, 외곽 쇼핑센터(아크로폴리스, 오자스, 파노라마) 등에 다녀오거나 숙소가 구시가지와 떨어져 있다면 대중교통을 이용해야 한다. 트롤리버스와 일반버스는 요금제가 동일하다. 기사에게 1유로를 내고 바로 1회 탑승권을 구매할 수 있다. 키오스크나 편의점에서는 1회용 표를 팔지 않으니 참고하자.

● 택시 🚗

탈린이나 리가에 비해 승객에게 바가지 씌우는 기사들이 많은 편. 특히 버스터미널이나 역 앞에 줄 서 있는 택시를 주의하자. 택시 탈 땐 차 옆면에 택시회사명이 적혀있는지 확인하고, 내릴 때 영수증을 반드시 챙긴다. 호텔이나 식당에서는 출발 시 택시를 불러달라고 부탁하면 된다. 볼트(Bolt), 우버 택시를 이용하면 편하다.

# 빌뉴스
## 리투아니아의 수도

빌뉴스는 14세기부터 도시가 형성되기 시작했으며 지금까지 초기 중세 도시 모습을 잘 보존하고 있다. 볼거리가 구시가지에 집중되어 있고 다른 구경거리도 대부분 구시가지에서 걸어서 20분 내에 있어 산책하는 기분으로 여유롭게 돌아보기 좋다. 구시가지에는 러시아 정교회에서부터 가톨릭까지 각 종파의 성당이 모두 모여 있는데 바로크 양식이 주를 이룬다. 광장을 중심으로 거리가 펼쳐지는 방사형 양식이 나타나기 이전이라 프라하나 리가, 탈린처럼 대표적인 광장은 존재하진 않지만 대신 다양한 크기의 광장들이 구시가지 곳곳에 조성되어 있다. 빌뉴스의 볼거리는 크게 새벽의 문 주변(A)과 대성당 광장 근처(B), 그리고 우주피스 지역(C)으로 나눠진다. 이에 따라 동선과 일정을 조절하면 좀 더 효율적으로 돌아볼 수 있다.

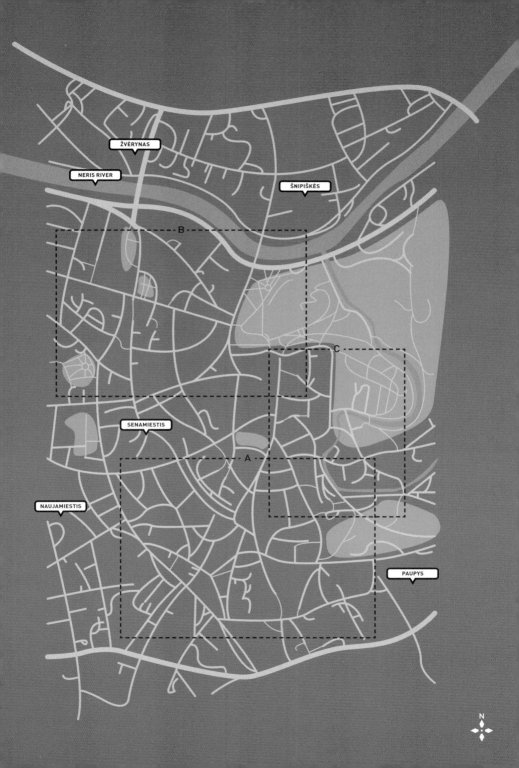

# 새벽의 문 주변

새벽의 문을 뒤로하고 곧장 앞으로 나가면 구시가지 주요 거리 중 하나인 '디죠이(Didziojil)' 대로를 만난다. 버스터미널과 기차역에서 걸어서 10분 거리로, 터미널 옆 호스텔 밀집 지역에서 숙박하는 경우 이곳을 구시가지 관광의 시작점으로 삼으면 좋다.

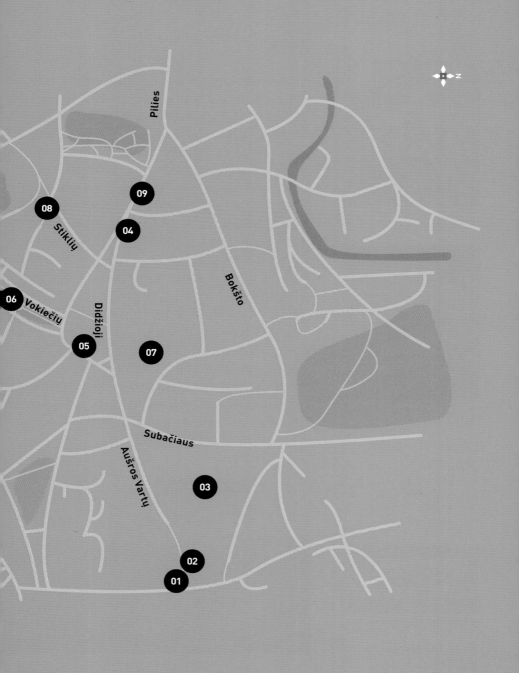

Pilies

09

08

Stiklių

04

Bokšto

06 Vokiečių

Didžioji

05

07

Subačiaus

Aušros Vartų

03

02

01

구시가지 쪽에서 바라본 새벽의 문

검은 마리아상

┌─────────────────────────┐
│    TRAVEL TIP           │
└─────────────────────────┘

아슈메나
현재는 벨라루스 국경지대의 이름 없는
작은 도시에 불과하지만 중세에는 리투아
니아 영내에 속했던 도시로서 빌뉴스 인
근 무역 거점지로 명성 높았다.

비티스라는 이름의 리투아니아 기사의 모
습이 담긴 문양

## 새벽의 문 01

Aušros Vartai, The Gate of dawn

리투아니아 주변에 거주하던 타타르인과 러시아인의 관계가 악화되던 16
세기 초, 빌뉴스는 도시 전체를 보호하고자 성벽을 건설하기 시작했다.
정확히 언제 완공되었는지 확실치 않지만 1522년 빌뉴스 시내가 성곽도
시가 되었다는 기록이 있다. 당시 빌뉴스의 공식적인 입구 역할을 했던
이 성문은 '아우슈로스 바르테이(Aušros Vartai)'라 불리며 구시가지에서 가
장 유명한 건축물이 되었다. 우리말로 번역하면 '새벽의 문'이라는 뜻이지
만 사실 새벽과는 큰 관련이 없다. 유럽에서는 그 길이 향하는 도시로 거
리명을 짓는 풍습이 있었는데 이에 따라 이 성문은 초기에 '아슈메나로
가는 성문'으로 불렸다. 그러다 아슈메나라는 이름이 그 단어의 음가와
비슷한 '새벽(아우슈라 Aušra)'으로 바뀌었다고 한다. 그러므로 굳이 새벽에
와서 봐야 할 이유는 없다!

17세기 후반 성모 마리아 초상화를 옮겨온 후 이 성문은 리투아니아의 가
톨릭 문화를 대표하게 되었다. 그 성화는 기적을 행한다고 알려져 리투아
니아의 성지로 손꼽히며 주변국 가톨릭 신자들이 많이 찾고 있다. 특히
성모승천일로 알려진 8월 15일과 부활절, 종려주일이 되면 거리 전체가
신도들로 가득 찬다.

구시가지 바깥쪽에서 보면 입구에는 흰말을 탄 전통문양 비티스(Vytis)가
양각되어 있고 반대편 2층에는 은으로 장식된 아름다운 성모 마리아상
이 보인다. 이를 마주본 채 왼쪽을 바라보면 성화로 가는 입구가 있다. 그
성화의 실제 인물은 리투아니아 역사상 가장 아름다운 사람으로 손꼽히
는 '바르보라 라드빌라이테'라는 설이 있다.

## 성 삼위일체 성당 02

**Sv. Trejybės Bažnyčia, Holy Trinity Uniate Church**

성 삼위일체 성당은 새벽의 문과 바로 연결된다. 마리아상이 모셔진 이곳
이 바로 이 성당의 부속 기도실인 셈. 1635~1650년 빌뉴스 사령관이었던
스테포나스 파차스(Steponas Pacas)의 후원으로 건설된 바로크 양식 건물
로, 파차스 가문은 이 성당 말고도 구시가지 외곽에 위치한 성 베드로 바
울 성당 건설을 후원하기도 했다. 한때 수도원도 있었던 대규모 성당이었
으나 1861~1915년 제정 러시아 시절엔 여학교로, 그 후에는 여학생 전용
기숙사로 사용되기도 했다.

성 삼위일체 성당

**주소** Ausros vartų 7b
**운영시간** 07:00~12:00, 16:00~19:15(두
차례 나눠 개방)

러시아 정교회 성당은 의자와 제단이 없는데 여기엔 모두 있는 점이 독특하다.

성령 성당
**주소** Ausros Vartu g. 10
**운영시간** 매일 10:00-17:00

날씨가 맑은 날에는 햇빛을 한껏 받은 금빛 지붕이 눈이 부실 정도로 아름답다.

성 미칼로유스 성당
**주소** Didzioji g. 12

## 성령 성당 03

Sventosios Dvasios čerkvė, Orthodox Church of the Holy Spirit

새벽의 문을 통과해 조금 더 가다보면 바로 보이는 러시아 정교회 성당. 조각 대신 성화를 중시하는 일반적인 러시아 정교회 건물들과는 달리 리투아니아의 전통을 꽤 수용하여 바로크 양식에 가톨릭 성당의 요소를 많이 담았다. 성당 옆에는 리투아니아 유일의 러시아 정교회 수도원이 있다. 성당 내부에는 리투아니아가 기독교화 되기 전 14세기 빌뉴스에서 순교한 성인 세 명의 시신이 안치되어 있다. 그들은 기독교가 금지된 시절 선교 활동을 하다가 체포당했고, 부활절 시작 전 금식 기간에 고기를 먹으라는 명에 복종하지 않았다고 한다. 놀랍게도 현재까지 시신이 부패하지 않고 성당 안에 보존되어 있다. 리투아니아어로 안타나스(Antanas), 요나스(Jonas), 에우스타히우스(Eustachijus)로 불리는 이 세 성인의 얼굴은 성당 입구 위쪽 벽화에서 볼 수 있다.

## 성 미칼로유스 성당 04

šv. Mikalojaus čerkvė, Orthodox Church of St. Nicholas

햇살이 좋은 날엔 태양빛을 받아 온 지붕이 금빛으로 빛난다. 16세기에 고딕 양식 가톨릭 성당으로 지어졌지만, 19세기 중엽 러시아 정교회로 변하면서 현재의 모습이 되었다. 특이한 것은 가톨릭 성당에서 러시아 정교회로 바꾼 주인공이 제정 러시아 시절 리투아니아를 가장 악랄하게 통치했던 미하일 무라비요프(Mikhail Muraviyov) 사령관이라는 것. 그는 리투아니아 민족의 러시아화를 앞장서 주도하며 반러시아 봉기를 잔인하게 탄압했고 리투아니아 내 몇몇 가톨릭 성당을 러시아 정교회 성당으로 바꾸어놓았다. 성당 벽면에는 여전히 그에게 헌정된 석판도 볼 수 있다. 내부에는 초기 고딕 양식의 일부가 남아있다.

## 구시청사 05

### Rotušė

구시청사는 중세 빌뉴스의 행정과 정치의 중심지였다. 15세기경부터 건물이 들어서 문서보관소, 재판소 등의 업무를 진행했다. 시청 앞 광장은 시민들의 소통 장소였으며 범죄자 공개 처형식이 열리기도 했다. 현재 모습은 18세기의 것으로, 빌뉴스에서 가장 유명한 건물인 대성당을 설계한 스투오카 구체비츄스(L. Stuoka Gučevičius)의 작품이라 그와 색감이나 분위기가 비슷하다. 지금도 시에서 중요한 행사가 있을 경우 손님을 영접하는 영빈관으로 사용되며 관광안내소도 있다.

구시청사
**주소** Didzioji g. 31

## 보키에츄 거리 06

### Vokiečių gatvė

구시청사 광장에서 서쪽으로 이어지는 거리로 비교적 큰 길에 속한다. 보행자 전용도로가 거리 양 옆, 그리고 길 가운데 한 개 더 조성돼 있어 걷기 편하다. 젊은 사람들이 주로 찾는 식당과 분위기 좋은 커피숍, 펍이 밀집해 있으며 여름에는 야외 카페가 들어선다. 식사할 곳을 찾지 못했거나 잠시 카페에서 쉬어가고 싶은데 마땅히 어디에 갈지 모르겠다면 이곳이 딱이다.

독일 사람들이 많이 살았었는지 '독일인의 거리'라는 의미가 담긴 이 길은 한때 꽤 유명했었다.

279

성 카지미에라스 성당
**주소** Didzioji g. 34
**운영시간**
4–9월 월–토 10:00–18:30, 일 08:00–
18:30 그 외 기간 월–토 10:30–18:30, 일
08:00–14:00
**미사**
토요일 미사 없음, 일요일 09:00, 10:30,
12:00, 평일 17:30

## 성 카지미에라스 성당 07

**šv. Kazimiero baznyčia, Church of St. Casimir**

리투아니아 폴란드 연합국을 이룩한 요가일라 대공작의 아들 카지미에라스의 이름을 딴 성당이다. 카지미에라스는 살아있을 때 많은 선행을 베풀어 리투아니아에서 유일하게 성인으로 등극했다. 400년 넘은 유서 깊은 건물이라는 것 외에도 많은 시련을 겪은 것으로도 유명하다. 17세기 가톨릭 성당으로 지어진 이후 19세기 제정 러시아 시대에는 러시아 정교회 건물로 개조되었다. 러시아의 문호 도스토옙스키(Dostoevskii)도 이곳을 찾아 기도한 적이 있다고 전해진다. 그 후 제정 러시아에 반대하는 봉기가 있던 시기에는 잠시 정치범 수용소가 되었고 나폴레옹 군대는 이곳을 포도주 창고로 사용했었다.

성당은 1차 대전 이후 독립이 되어 제 기능을 찾는 듯했으나 소련으로 복속되자 어이없게도 종교의 무익함을 선전하는 무신론 박물관이 되었다. 창조론의 허구성, 러시아의 우주개발 등 신이 없다는 것을 증명할 만한 자료들을 집중적으로 전시했었다. 이렇게 여러 풍상을 겪다가 지금은 원래의 기능을 되찾았지만 건물 자체는 놀라울 정도로 원형에 가깝다.

리투아니아의 파란만장했던 역사의 흔적이 가장 많이 서려 있는 장소

## 빌뉴스 게토 08
### Vilnius Ghetto

스티클류(Stiklių), 지두(Zydų), 야트쿠(Jatkų), 가오노(Gaono), 슈바르초(Svarčo) 등 구시청사 광장 서편에 거미줄처럼 이어진 골목. 2차 대전 시 유대인이 집단으로 거주했던 지역이다. 유대인의 생활을 알 수 있는 유물은 거의 남아있지 않다. 식당, 호텔, 공예품점 등이 숨은 그림 찾기처럼 골목마다 숨어있다.

빌뉴스는 한때 '북방의 예루살렘'이라고 불렸을 정도로 유대인이 많이 살았다. 2차 대전 전까지만 해도 전체 인구의 30%가 유대인이었다. '리트박(Litvak)'이라고 불렸던 리투아니아계 유대인들은 독일 방언과 히브리어 등 여러 언어가 융합된 언어인 이디시(Yiddish)를 구사했다. 2차 대전을 거치며 리투아니아의 유대인이 95% 이상 처형되어 현재는 거의 종적을 감추었고, 그들이 사용하던 이디시도 사어(死語)가 되었지만, 빌뉴스 대학교에서 여전히 이디시 강의가 진행되고 있어 과거 유대인 연구의 메카가 되고 있다. 게토 입구에 들어서면 과거 유대인의 생활과 전쟁의 참상이 담긴 동영상을 볼 수 있다. 유대인 박물관도 있으니 유대인 역사에 관심이 있다면 방문해보자.

과거의 아픔과는 관계없이 현재는 빌뉴스에서 가장 아기자기하고 귀여움이 묻어나는 거리

유대인 문화정보센터(Žydų kultūros ir informacijos centras, Jewish Culture and Information Center)
**주소** Mėsinių g. 3A
**웹사이트** www.jewishcenter.lt
**운영시간** 월-금 12:00-18:00, 토 12:00-16:00 (일요일 휴무)

뽀뉴 라이메
**주소** Stiklių g. 14/1
**운영시간** 월-금 09:00-20:00, 토 10:00-20:00, 일 11:00-19:00

---

### 뽀뉴 라이메(Poniu Laime)

게토를 산책하다보면 입구가 초록색인 예쁜 가게를 만나게 된다. 빌뉴스 시민이라면 남녀노소 누구나 아는 곳으로 구시가지 내 가장 오래된 제과점이다. 빠른 속도로 늘어가는 프랜차이즈 업체들의 세력 확장에도 아랑곳 않고 굳건히 명성을 지키고 있다. 손님이 많아 주문하기까지 약간의 인내심이 필요하지만 달콤한 케이크를 한 입 베어 물면 피로가 싹 풀린다! 디저트 종류와 각자 위장 용량에 따라 다르겠지만 5유로 정도면 맛있는 커피와 달콤한 디저트를 즐길 수 있다.

### 디죠이 거리와 필리에스 거리 09

Didzioji & Pilies gatvė

새벽의 문을 통과해 나오면 바로 이어지는 디죠이 거리는 '큰 거리'라는 뜻
으로, 말 그대로 빌뉴스 구시가지에서 가장 넓고 큰 거리다. 교회와 성당,
박물관, 대사관이 있으며 야외 카페, 기념품 가게도 많아 빌뉴스에서 제일
활기차다.

한편 필리에스 거리는 구시청사 광장을 지나면 바로 연결되는 길로 디죠이
거리보다는 규모가 작지만 바로크 양식 건물들이 줄지어 있어 중세에 왔다
는 착각에 빠질지도 모른다. 필리에스 거리를 따라 쭉 걸으면 대성당 광장
을 만난다. 더 걷다보면 중간쯤에서 대통령 궁, 빌뉴스 대학교, 오나 성당으
로 빠지는 골목들과 연결되므로 시간이 된다면 대성당에 가기 전에 미리 둘
러보면 좋다.

"필리에스 거리의 의미는
성(城)으로 가는 길"

# 대성당 광장 주변 지역

리투아니아의 심장이라 불리는 대성당 광장. 서울의 광화문 광장 격이라 보면 된다. 내가 처음 방문했던 1997년경만 해도 이곳은 자그마한 노점상들이 늘어선 시장 같았다. 이때와 비교해도 얼마나 많은 변화가 일어났는지 체감할 수 있는데, 종교 자체가 금지되었던 소련 시절을 생각하면 정말 뽕나무 밭이 푸르른 바다가 된 셈이다.

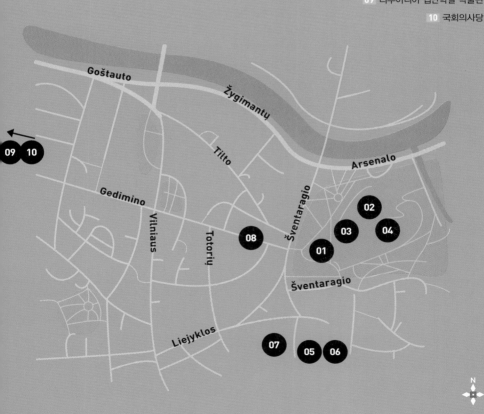

종탑과 대성당 사이 땅바닥에 'STEBUKLAS'라고 적힌 석판이 있다. '기적'이라는 뜻으로 빌뉴스에서 탈린까지 이어진 발트의 길을 기념하기 위해 만들어졌다. 이 위에서 세 바퀴 돈 후 소원을 빌면 이뤄진다 하여 늘 사람들로 붐빈다. 그런데 사실 발트의 길 공식 시작점은 여기가 아니다. 진짜 시작점은 게디미나스 성탑 아래에 표시되어 있다.

대성당 오른편엔 빌뉴스로 수도를 옮긴 게디미나스의 동상이 서 있다. 게디미나스가 빌뉴스로 수도를 옮기게 된 이야기가 조각으로 표현되어 있고, 동상 아랫부분에는 리투아니아 5대 공작의 얼굴들이 그려져 있다.

종탑(전망대)
**운영시간** 5-9월 10:00-19:00 그 외 기간 10:00-18:00 (휴무 없음)
**입장료** 4.5유로

## 대성당과 대성당 광장 01

Arkikatedra, Vilnius Cathedral

리투아니아의 심장이라 불리는 광장. 옥외스포츠를 즐기는 젊은이들과 종탑 앞에서 연인을 기다리는 사람들로 항상 붐빈다. 한가운데는 하얀색의 으리으리한 성당이 있다. 리투아니아가 기독교화되기 전 이교도 신에게 제사를 지낸 제단이 있었다고 알려져 있지만 현재는 리투아니아 최대 규모의 성당이 들어서 있다. 일반적으로 단순히 대성당(Arkikatedra)이라 불리지만 원래 명칭은 폴란드 성인들의 이름을 따 '성 스타니슬라브와 블라디슬라브 대성당(šv. Stanislovo ir Vladislovo arkikatedra bazilika)'. 이 성당 역시 종교가 금지되었던 소련 시절에 인물화 박물관으로 개조되었던 아픈 역사가 있다.

지붕 위 삼 성인상은 박물관이었을 때 철거되었다가 독립 직후 다시 복원된 것. 90년대 중반만 해도 이 자리엔 조각상 대신 하얀 상자 세 개만 놓여있었다. 성당 지하에는 역대 리투아니아 공작들의 무덤이 안치돼 있다. 지금의 모습은 1783년 신고전주의 양식으로 재건된 것으로, 디죠이 거리의 구시청사와 같은 사람이 설계했다. 맞은편 종탑은 현재 전망대로 사용된다. 과거에 공식적으로 대성당의 종탑으로 사용되던 당시 종들의 원형을 가까이서 볼 수 있고 대성당과 종탑의 역사를 보여주는 자료들이 전시되어 있다. 꼭대기에 올라가면 빌뉴스 구시가지의 풍경을 조망할 수 있다.

리투아니아어로 '대성당'이라고 하면 무조건 이 성당으로 통한다.

## 리투아니아 국립 박물관 [02]

**Lietuvos nacionalinis muziejus, National Museum of Lithuania**

프랑스나 영국의 국립박물관 같은 규모와 전시품을 자랑하지는 않지만, 명실공히 리투아니아 최대의 박물관으로 고대 유품과 민속자료가 전시되어 있다. 대성당 광장 뒤쪽에 있으므로 어렵지 않게 찾을 수 있다.

## 대공작 궁전 [03]

**Valdovų rūmai, Palace of the Grand Dukes of Lithuania**

리투아니아의 대공작들과 폴란드의 왕들이 살았던 웅장한 성. 15세기에 지어졌으나 1801년 제정 러시아 때 완전히 파괴되었고 19세기 후반엔 공원으로 조성되어 자취가 완전히 사라진 전설의 궁전이었다. 그러다 리투아니아 건설 1000주년과 빌뉴스가 유럽 문화 수도로 지정된 2009년을 기념해 복원 공사에 들어갔다. 본래 2009년에 맞춰 공사를 마칠 계획이었으나 재정문제로 지연되었다. 지금도 여전히 공사가 진행 중이지만 현재 대부분 구간이 관광객에게 개방된 상태. 출토된 유물을 통해 궁전의 역사를 보여주는 전시관과 예전 모습 그대로 복원된 태관식장, 대공작 집무실을 볼 수 있다. 리투아니아 역사에 관심 있다면 박물관 내 역사해설가의 안내를 받아 관람해보자.

리투아니아 국립 박물관
**주소** Arsenalo g. 1
**웹사이트** www.lnm.lt
**운영시간** 10:00–18:00 (월요일 휴무)
**입장료** 3유로

대공작 궁전
**주소** Katedros a. 4
**웹사이트** www.valdovurumai.lt
**운영시간** 6–8월 월, 화, 수, 일 10:00–18:00, 목, 금, 토 10:00–20:00 그 외 화, 수, 금, 토 10:00–18:00, 목 10:00–20:00 일 10:00–16:00 (월요일 휴관)
**입장료** 총 4개의 관람 구간이 있다. 4개 구간 통합권은 7유로이며 각 구간마다 입장료가 다르다.

사실 인근의 폴란드나 라트비아, 에스토니아의 성곽들에 비해 볼거리가 그닥 화려하진 않다.

게디미나스 성탑

**주소** Arsenalo g. 5
**웹사이트** www.lnm.lt/gedimino-pilies–bokstas
**운영시간** 4–9월 10:00–21:00 그 외 기간 10:00–18:00
**입장료** 5유로 / 승강기는 편도 1유로, 왕복 2유로
**찾아가는 법** 성으로 올라가는 길은 두 가지. 대성당 광장에서 연결된 길을 따라 언덕으로 올라가는 방법과 광장 뒤쪽 국립박물관 옆에서 전용 승강기를 타는 방법이다. 해발 48m 정도라 걸어가도 그리 힘들진 않다.

## 게디미나스 성탑 04

Gedimino pilies bokštas, Gediminas' tower of the Upper Castle

빌뉴스가 자랑하는 볼거리 중 하나. 대성당 뒤쪽으로 나지막한 성이 하나 있고 그 위로 리투아니아 국기가 펄럭인다. 빌뉴스로 천도한 게디미나스 (Gediminas)가 처음으로 지었다는 성의 일부분으로 현재는 탑만 남아있다. 내부에는 빌뉴스 시의 역사를 알 수 있는 전시물을 비롯하여 고대의 무기들이 전시되어 있다. 꼭대기인 전망대에 올라가면 구시가지가 한눈에 펼쳐지는데 붉은 지붕들이 만들어내는 풍경을 넋 놓고 바라보게 될 것이다.

게디미나스 성탑

# 빌뉴스 대학교 05

**Vilniaus universitetas, Vilnius University**

1568년 설립된 유럽 최고(最古) 대학 중 하나. 소련 시절에도 전체 공화국에서 역사가 오래된 대학으로 명성 높았다. 유럽은 우리나라와 달리 대학 건물이 한 군데 모여 있지 않고 도시 곳곳에 흩어져 있다. 구시가지에 있는 빌뉴스 대학교에는 총장실, 인문학부, 리투아니아 국문학부, 대학 도서관 등이 있으며 주요 볼거리는 어문학대학 2층의 벽화, 구내서점, 성 요나스 성당, 도서관 열람실 등이다.

빌뉴스 대학은 건물 자체가 유네스코 세계문화유산이기 때문에 관광객은 입장료를 내야 한다. 입구에서 입장료를 지불하면 대학의 역사와 지도가 담긴 안내책자를 받을 수 있다. 도서관 웹사이트에서 미리 신청하면 문화해설사의 안내를 받으며 도서관 내 유서 깊은 공간들을 가까이서 볼 수 있다. 동양학부 열람실이나 도서관 전망대에선 특별한 풍경을 감상할 수 있다. 사실 가방을 잔뜩 짊어진 관광객처럼 보이지만 않는다면, 신분증만 있으면 누구든지 도서관 열람증을 만들어 자유롭게 입장할 수 있다.

한편 대학 전체가 문화유산이다 보니 편의성이나 안전보다는 건물 보전에 더 신경 쓰는 듯하다. 복도나 계단은 두 사람이 겨우 들어설 정도이며 강의실 문이 좁은 것은 말할 필요도 없다. 건물 자체는 화려하고 벽화는 예술이지만 아직도 어느 강의실 벽에는 몇 백 년 묵은 곰팡이 냄새가 자욱하고 칠판과 의자 상태가 아주 심각한 곳도 있다. 400년이 넘은 유적지에서 공부하려면 이렇게 약간의 불편함은 감수해야만 한다. 하긴 꼭 신식 건물에서 공부가 잘 되는 것도 아니다. 수세기 동안 많은 인물을 배출한 대학이니만큼 이곳을 스친 이들의 학구열이 강의실 구석구석 이끼처럼 쌓여있는 것은 확실하다.

빌뉴스 대학교
**주소** Universiteto g. 5
**웹사이트** www.vu.lt (대학교 정보) / www.muziejus.vu.lt (관광 정보)
**도서관 투어 신청** www.mb.vu.lt/en/about-library/guided-tour
**운영시간** 3-10월 09:00-18:00 그 외 기간 09:30-17:30(일요일 및 국가공휴일 휴무)
**입장료** 1.5유로
**찾아가는 법** 대성당 광장에서 바로 보이는 켐핀스키 호텔 앞 우니베르시테토(Unversiteto) 거리를 따라 조금만 걸으면 된다. 대통령 궁과 인접해 있다.

"관광객에겐
입장료를 받지만
그만한 가치가 있다"

빌뉴스 대학교 구내서점. 책을 사기보단 주로 천장화를 보러 온다.

인문학부 2층 프레스코

철학부 2층 프레스코. 빌뉴스 대학교를 거쳐 간 문학인들의 작품을 주제로 한다.

# 400년 넘은 유서 깊은 대학교에서 공부한다는 것은 어떤 기분일까?

### 미로 속에서 강의실 찾기

학교 내부는 미로가 따로 없다. 강의실 찾는 것이 여간 힘든 일이 아니다. 예를 들어 100번대 강의실은 이 건물에, 110번대 강의실은 저 건물에 있다거나, 계단을 수없이 오르락내리락하고 왼쪽 오른쪽을 뱅뱅 돌고 나서야 강의실이 나오기도 한다. 심지어 강의실 내부에 또 다른 강의실 입구가 있는 경우도 있어서 수업 중인 강의실을 통과해야 할 때도 있다. 늦으면 따가운 눈총을 온몸으로 받아야 한다. 하지만 내부가 복잡한 만큼 건물이 서로 긴밀히 연결되어 위치 파악만 잘하면 밖에 나가지 않고도 건물 간 이동이 가능하다. 물론 밖에 나가서 곧장 다른 건물로 가는 게 빠르긴 하지만 비가 오거나 추운 날씨에는 복도를 따라 가는 게 좋다.

### 빌뉴스 '여자' 대학교

빌뉴스 대학교에는 여자들이 정말 많다. 통계상으로 70% 이상이 여학생이라고 한다. 수업이 끝나면 금색, 은색, 빨강의 색동 머릿결이 광장을 가득 메운다. 실제로 한때는 리투아니아어과(우리나라로 치면 국문과)에 단 3명의 남학생만 있었다고 한다. 규모가 큰 강의실에 가도 상황은 마찬가지. 수강생이 100명에 육박하는 큰 강의실에서도 남학생은 그 수를 셀 수 있을 만큼 적다. 구시가지 대학 건물에는 인문학부가 대부분이라 그렇다고 한다. 남학생들은 구시가지에서는 조금 멀리 떨어진 기술대학이나 물리학과, 경제학과, 정보학과 등을 선호하는 편.

### 호그와트 대학교

해리포터 영화에 나오는 호그와트 마법학교를 보면 계단도 많고 복도도 많고 벽마다 신기한 벽화들이 걸려있다. 빌뉴스 대학교가 꼭 그렇다. 복도에는 벽이면 벽, 천장이면 천장에 온갖 기묘한 그림이 가득하다. 강의실도 마찬가지. 리투아니아 신화를 담은 벽화가 벽면을 장식하고, 발트어 관련 학과 사무실이 모여 있는 층에는 발트인의 역사를 주제로 한 프레스코가 있다. 이 프레스코의 예술적 가치는 아주 높아서 설명을 듣는 데만 무려 두 시간이 걸릴 정도.

## 성 요나스 성당

**šv. Jonų baznyčia, St. Johns' Church**

빌뉴스 대학교 안에 있다. 14세기 말 고딕 양식으로 건축되었다가 18세기 이후부터 바로크 양식이 첨가되었다. 음향과 울림이 아주 좋아 소련 시절에는 음악원 건물로 사용되었으며 지금도 연주회가 열린다. 요나스는 성경 인물 요한의 리투아니아식 명칭으로 이 성당은 특이하게 세례 요한과 사도 요한 두 명의 이름을 따온 것으로도 유명하다. 성당 2층에는 빌뉴스 대학교의 역사를 보여주는 박물관이, 성당 옆 종탑 위에는 전망대가 있다. 대학 입구에서 별도로 입장권을 구매해야 한다.

연주회가 열린다면 다른 일정을 미루고서라도 꼭 가보는 것이 좋다.

성 요나스 성당 종탑
**주소** Šv. Jono g. 12
**웹사이트** www.jonai.lt
**운영시간** 4, 5, 9월 10:00~18:30 / 6, 7, 8월 11:00~19:30 (그 외 기간엔 개방하지 않음)
**입장료** 2.5유로 (빌뉴스 대학교를 통해서 입장할 시 1.5유로로 추가요금)

## 대통령 궁

**Prezidento Rūmai, Presidential Palace**

빌뉴스 대학교 정문과 맞닿아 있다. 중세 시대부터 리투아니아 대주교들이 거주했던 곳. 제정 러시아 시대에는 리투아니아 지역을 관할하던 사령관들의 관저로 사용되었다. 1812년에는 러시아로 향하던 나폴레옹이 여기에서 하루를 묵었던 것으로 유명하다. 방들이 옛 모습이 그대로 남아있다. 대통령 궁 웹사이트에 내부 견학 방법이 안내되어 있다.

대통령 궁
**주소** S. Daukanto a. 3
**웹사이트** www.lrp.lt/lt

---

### 궁 내부를 잠시 '훔쳐' 보고 싶다면

대통령 궁과 빌뉴스 대학교 사이 우니베르시테토(Universiteto) 거리 4번지에 위치한 이탈리아 식당 안으로 들어가면 한때 빌뉴스 대학교 부속 건물이었던 알룸나타스(Alumnatas) 광장을 볼 수 있다. 르네상스식 고풍스러운 스타일의 이 광장은 현재 이탈리아 식당과 이탈리아 문화센터가 들어서 있다. 궁 내부가 잘 보이는 테라스에 앉아 쉬면서 이탈리아식 카푸치노를 즐겨보자.

---

싸움만 아니면 궁 앞에서 어떤 일을 해도 제지하는 사람이 없다. 우리의 입장에선 참 신기한 곳

### 게디미나스 대로 08
**Gedimino prospektas**

소련 시절엔 레닌 대로라고 불렸으나 독립 직후 바로 게디미나스 대로로 이름을 변경했다. 빌뉴스에서는 최고로 번화한 도로. 고급 백화점, 식당, 카페 등이 있으며 유럽 최고 수준을 자랑하는 국립드라마극장뿐만 아니라 국립학술원, 국립음악원이 위치해 리투아니아 예술의 중심이라 불러도 손색없다. 역사적인 장소도 있어 큰 계획이 없어도 여유롭게 둘러보기 좋다.

**리투아니아 집단학살 박물관**
**주소** Aukų g. 2A
**웹사이트** www.genocid.lt/muziejus
**운영시간** 수-토 10:00-18:00, 일 10:00-17:00 (월·화 휴관)
**입장료** 4유로
**찾아가는 법** 게디미나스(Gedimino) 대로를 따라 쭉 가다보면 대로를 가운데 끼고 오른편엔 공원이, 왼편엔 돌을 쌓아놓은 기념비가 보인다. 기념비 뒤편으로 박물관 입구가 있다.

### 리투아니아 집단학살 박물관 09
**Genocido aukų muziejus, Museum of Genocide Victims**

과거 KGB 본부의 지하실로 'KGB 박물관'이라는 이름으로 알려져 있다. 많은 리투아니아인들이 이곳에서 고문당하고 쥐도 새도 모르게 처형되었다. 아무리 소리를 질러도 밖에서는 들리지 않는 고문실, 증거인멸을 위해 잘게 찢어놓은 자료들, 잠을 못 자게 서 있게 했던 방, 몰래 총살을 자행한 장소 등이 당시 모습 그대로 남아있다. 90년대까지만 해도 실제로 수감되었던 사람들이 자신들의 상처를 보여주며 실감나는 안내를 해주었지만 현재는 사진 자료와 출토된 유물만 볼 수 있다. 감방 내부가 초록색 페인트로 칠해져 어두운 분위기가 많이 줄어들었는데 보존을 위해 어쩔 수 없었다고 한다.

입구가 안쪽에 있지만 이 기념비를 보면 쉽게 찾을 수 있다. 1층 벽면에는 2차 대전 당시 반소련 게릴라전에 참가했던 이들의 이름이 빼곡히 적혀 있다.

## 국회의사당

**Lietuvos Respublikos Seimas**

건물 자체는 특별해 보이지 않지만 1991년 1월 13일 독립투쟁을 저지하고자 소련군이 탱크를 끌고 빌뉴스로 진격했을 당시 리투아니아인들의 투쟁 흔적이 여기저기 남아있다. 빌뉴스 시에서 14명이 소련군에 의해 목숨을 잃었던 이 날은 '피의 일요일'이라고 불린다. 당시 국회의사당을 수호하기 위해 시민들이 쌓아둔 바리케이트가 국회의사당 옆쪽에 보존되어 있다. 리투아니아인들이 소련에게 보내는 한이 담긴 낙서도 볼 수 있다. 피의 일요일에 대한 이야기는 'TV 타워'에서도 접할 수 있다. 국회의사당과 어깨를 마주하고 서 있는 건물은 리투아니아 국립도서관이다. 최초의 리투아니아어 서적을 편찬한 이의 이름을 따 '마즈비다스(Mazvydas)' 도서관이라는 이름으로 유명하다.

국회의사당
**주소** Gedimino pr. 53
**웹사이트** www.lrs.lt
**찾아가는 법** 게디미나스(Gedimino) 대로를 끝까지 쭉 따라가면 나온다.

기념관

# 우주피스
# 주변 지역

우주피스(Užupis)는 파리 몽마르트르(Montmartre)처럼 빌뉴스의 예술인 마을이라 불린다. 한때는 빌뉴스에서 가장 발전이 더딘, 버려진 지역이었지만 최근 몇 년 사이 구시가지를 능가하는 인기를 얻으며 떠오르고 있다. 우주피스를 제대로 보려면 필리에스(Pilies)에서 이어진 리테라투(Literatų) 거리를 따라 오는 것이 좋다. 리테라투 거리에서 대성당 쪽으로 좀 더 올라와 오른쪽으로 연결되는 미콜로(Mykolo) 거리를 통해 들어올 수도 있다.

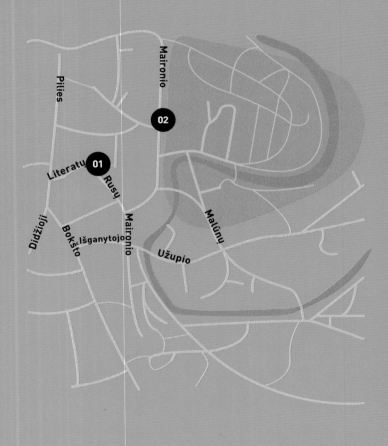

## 문학인들의 거리, 리테라투 01

**Literatų gatvė**

우주피스 마을로 가는 길목. 리투아니아 문학사를 장식한 유명 작가들을 테마로 한 다채로운 장식을 골목 곳곳에 심어놓았다. 이 거리에 있는 성 오나 성당 근처에서 폴란드 문호 아담 미츠키에비츠(Adam Mickiewicz)가 거주했었다는 이유로 19세기 말부터 '문학인의 거리'라는 별칭이 붙었다. 성 오나 성당 옆 광장에 그의 동상이 있다. 문신 스튜디오나 식료품 가게조차 멋스러운 거리.

## 성 오나 성당과 아시시의 프란체스쿠스 성당 02

**šv, Onos baznyčia & Šv. Pranciškaus ir Šv. Bernardino bažnyčia**

**Church of St. Anne & Church of St. Francis and St. Bernard**

빌뉴스에서 외형이 아름답다 손꼽히는 성 오나 성당. 전체가 붉은 색이다. 1495-1502년 사이에 건축되었고 화재 등으로 몇 차례 수리와 복원을 거치긴 했지만 대체로 당시 모습 그대로 보존되어 있다. 1812년 나폴레옹이 러시아로 진격하던 도중 빌뉴스에 들렀을 때 이 성당에 매료되어 '손바닥에 얹어 파리로 가져가고 싶다'고 했다는 이야기가 있다. 하지만 전투에서 대패한 프랑스 군대가 다시 빌뉴스를 지나면서 혹독한 겨울을 견디지 못하고 성당 내부 의자와 제단들을 모두 땔감으로 썼다고 한다. 당시 많은 수의 프랑스 군인들이 겨울을 나지 못하고 빌뉴스에서 사망했는데 이 시신을 집단으로 매장한 곳이 대형할인매장 건축 중 우연히 발견되어 화제가 되었다.

성 오나 성당 뒤에 있는 아시시의 프란체스쿠스 성당은 15세기에 이탈리아 수도사들에 의해 지어졌다. 프란체스쿠스는 프란체스코 수도사의 리투아니아식 명칭. 성 오나 성당과 함께 빌뉴스 최고의 고딕 양식 건물로 손꼽힌다. 초기에는 목조 건물이었다가 18세기 무렵부터 현재 모습을 갖추게 되었다.

리테라투 거리
**웹사이트** www.literatugatve.lt

리투아니아 문학이 아직 우리에게 낯설어 이해하기 어려울 수 있지만 분위기를 즐기며 산책만 해도 좋다.

나폴레옹은 이 성당에 명성과 붕괴를 동시에 가져다 준 장본인이다.

성 오나 성당
**주소** Maironio g. 8
**웹사이트** www.onosbaznycia.lt
**운영시간** 5-9월 매일 11:00-18:00 그 외 매일 17:00-19:00 (휴무 없음)
**미사** 화-토 17:30, 일 09:00, 11:00
**찾아가는 법** 필리에스(Pilies) 거리에서 동쪽으로 난 미콜로스(Mykolos) 거리를 따라 들어서면 길이 끝나는 지점에 있다.

우즈피스

### 우주피스

Uzūpis

'강 건너 마을'이란 뜻의 독특한 예술인 마을. 빌넬레 강 건너편에 위치해서 이런 이름이 붙었다. 1998년 몽마르트르와 공식적으로 결연을 맺기도 했다. 빌넬레 강은 빌뉴스의 젖줄인 네리스 강의 지류로, 사실 강보다는 도랑에 가깝다. 성 오나 성당을 따라 내려오면 하얀색 러시아 정교회 건물이 보인다. 이 뒤편에 있는 다리를 건너면 된다. 다리를 지나 바로 나타나는 펍은 빌뉴스에서도 유명한 곳으로 우주피스 예술인의 아지트로서 우주피스 공화국의 헌법 전문, 행사 안내 같은 정보를 얻을 수 있다. 빌넬레 강변에 앉아 맥주 마시는 기분이 일품!

큰길을 따라 들어가지 말고 왼편으로 꺾어 강쪽을 따라 조금 가다 보면 알록달록한 벽화와 조각이 인상적인 갤러리가 나온다. 이곳은 우주피스의 '수도' 역할을 하고 있으며 '독립기념일'인 4월 1일이 되면 주요 행사가 열린다.

마을로 들어오는 다리. 매년 4월 1일이면 국경으로 변한다

## 1년에 단 하루만 존재하는 우주피스 공화국

리투아니아의 저명한 다큐멘터리 영화감독 로마스 릴레이키스(Romas Lileikis)의 제창으로 매년 4월 1일 만우절 하루 동안 이 마을 예술인들이 독립 선언을 한다. 그래서 또 하나의 독립국, '우주피스 공화국'이라고 불린다. 엄밀히 말하면 우주피스 사람들은 이날을 독립기념일보다는 '빌붙지 않기 기념일'이라 부른다. 마치 빌뉴스에 속해있지 않은 것 마냥, 그날만은 부모 없이 물가에 나온 어린아이들처럼 신나게 하루를 보내는 것이다.

4월 1일, 다리를 건너는 모든 사람들은 여권을 지참해야 하며 입국 도장을 받아야만 들어갈 수 있다. 우주피스 공화국의 볼거리는 단순히 이런 다리 위 해프닝으로 끝나지 않는다. 우주피스 공화국을 최초로 선언했던 로마스 릴레이키스 감독은 대통령으로 장기집권하고 있다. 그 밑으로 재정부 장관, 경제부 장관, 국방부 장관 등 여러 신하들이 대통령을 보좌하고 있고, 전 세계에 우주피스의 예술정신과 자유를 홍보하는 200여 명의 대사들이 활동하고 있다. 한때는 군대까지 있었다고 하는데 요즘은 보안관 한 명이 노란색 차를 타고 다니며 우주피스를 지키는 것이 전부다.

우주피스 공화국의 수도이자 예술의 인큐베이터라 불리는 갤러리

골목에 전시된 우주피스 헌법 전문. 20여 개국 언어로 번역되어 있는데 그 중 한국어도 있다.

"우주피스의 천사상.
2001년에 세워진
8.5m 높이의 검은 동상으로,
자유와 예술을 대표하는
이 마을의 상징"

빌뉴스 요새
**주소** Boksto g. 20
**운영시간** 매일 10:00~18:00 (월요일 휴무)
**입장료** 4유로
**찾아가는 법** 우주피스 다리를 건너 시내로 가다보면 요새의 방향을 알려주는 이정표가 보인다.

## 빌뉴스 요새

Vilniaus Bastionas, The Bastion of Vilnius City Wall

빌뉴스는 한때 구시가지 전체에 성벽이 둘러진 성채 도시였다. 하지만 이를 느낄 만한 유적은 거의 남아있지 않다. 그나마 중세 성벽과 요새의 흔적을 보고 싶다면 이곳에 들러보자. 17세기 초 독일 군사전문가들에 의해 설계된 빌뉴스 요새는 그 후 벌어진 러시아와의 전쟁으로 다소 파괴되었으나, 여기에는 빌뉴스의 서부 지역을 수호하던 성벽 일부가 원형 그대로 남아있다. 우주피스를 배경으로 펼쳐지는 요새의 모습이 꽤 웅장하다. 내부에는 현재 남아 있지 않은 빌뉴스 성채에 대한 자료들과 인근 지역에서 출토된 중세 유적들이 전시된 박물관이 마련되어 있다.

구시가지와는 다른 색다른 풍경을 느낄 수 있다.

# 구시가지 외곽 지역

구시가지를 모두 둘러보았다면 분위기 좋은 카페에서 잠깐 휴식을 취한 후 그리 멀지 않은 외곽으로 나가보자. 구시가지에서 보았던 고풍스러움과 빌뉴스 시민들의 일상, 그리고 현대사의 아픔을 함께 느껴볼 수 있을 것이다.

01 콘스티투치요스 대로
02 삼 십자 산
03 성 베드로 바울 성당

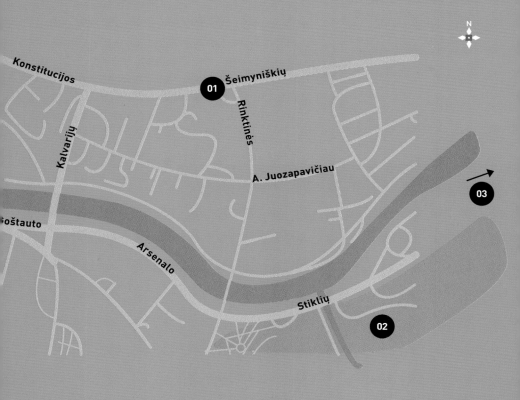

콘스티투치요스 대로

### 삼 십 자 산
**찾아가는 법** 빌뉴스 대성당에서 성 베드로 바울 성당 가는 길목 사이에 네리스 강에서 삐져나와 우주피스까지 흘러가는 작은 지류 빌넬레 강이 있다. 이를 건너면 바로 오른편에 주차장 안내표시와 야외 공연장이 나온다. 공연장 옆으로 난 샛길을 조금만 올라가면 하얀 십자가가 빌뉴스 시내를 내려다보고 있는 작은 광장에 이른다.

### 콘스티투치요스 대로 **01**
Konstitucijos prospektas
네리스 강변 북쪽에 위치한 거리. 고층 빌딩들이 들어서 있어 붉은 색조의 바로크 양식이 지배적인 구시가지와는 또 다른 분위기이다. 빌뉴스의 대표적인 비즈니스 호텔 리에투바(Lietuva)를 중심으로 최대 규모 백화점인 에우로포스 센트라스(Europos Centras), 빌뉴스 시청 신관, 은행 본사 등 주요 시설이 밀집되어 있다.

### 삼 십 자 산 **02**
Trijų kryžių kalnas, Hill of three crosses
이 광장은 세 개의 십자가가 있어 '삼 십자 산'이라고 불린다. 리투아니아인들이 복음을 전하러 온 프랑스 프란체스코 수도회의 선교사들을 십자가에 매달아 강으로 떨어뜨려 처형했다는 이야기가 내려온다. 그리고 바로 그 자리에 리투아니아의 유명 조각가 안토니오 비불스키(Antoni Wiwulski)가 십자가를 세워놓았다. 종교적 상징이라면 치를 떨었던 소련 시절, 이 십자가도 철거되었다가 독립 이후 복원되었다. 올라가는 길이 조금 외져 가야 하나 망설여질 수 있지만 게디미나스 성과 대성당 광장이 한눈에 보이는 풍경은 오래도록 기억에 남을 것이다. 게다가 무료다!

"여름에는 산 아래
야외 공연장에서
다채로운 공연이 열린다

## 성 베드로 바울 성당  03

**šv. apastalų Petro ir Povilo baznyčia**

**Church of St. Peter and St. Paul**

겉만 보면 빌뉴스 구시가지에 널려있는 일반적인 바로크식 건물 같지만 내부 장식은 유럽 최고 수준. 리투아니아—폴란드 연합국 시절 리투아니아를 다스렸던 스테포나스 파차스(Steponas Pacas) 사령관이 자신의 군대가 러시아와의 전투에서 승리한 것을 기념하고자 직접 어마어마한 돈을 기증하여 지었다고 한다. 이탈리아, 폴란드, 리투아니아 등이 건축에 참여했다. 천장과 벽은 인물 조각으로 촘촘히 장식되어 있으며 석고와 대리석 가루를 하나하나 손으로 빚어낸 것으로 유명하다.

성 베드로 바울 성당
**주소** Antakalnio g. 1
**운영시간** 06:00-18:30
**미사** 07:00, 07:30, 17:00(폴란드어), 18:00
**입장료** 따로 없지만 성당 입구에서 거의 반강제적으로 헌금을 받는다.
**찾아가는 법** 게디미나스 성 관람 후 강 쪽으로 나와 코스츄스코스(Kosciuškos) 거리를 따라가면 된다. 걷기에 그리 부담 되는 거리는 아니다. 시내에서 오는 경우라면 안타칼니스(Antakalnis) 방향 트롤리버스를 타고 성당 이름 정류장에서 내리면 된다. 2번 트롤리버스가 가장 편하다.

---

### 성당 말고 뭔가 특별한 다른 종교 건축물을 보고 싶다면?
### 빌뉴스 시나고그(유대인 회당)

한때 동방의 예루살렘이라고 불릴 정도로 유대인이 많이 살아 빌뉴스에만 약 200개의 시나고그가 있었다. 이 건물은 1903년에 지어졌으며 지금도 하루에 몇 차례씩 유대교식 미사가 거행된다. 2차 대전 이후 유대인들이 모여 미사를 드리는 유일한 회당이다.

---

빌뉴스 시나고그
**주소** Pylimo g. 39
**운영시간** 월-금 10:00-14:00

*"성 베드로 바울 성당은 리투아니아뿐 아니라 동유럽에서 내부 장식이 가장 아름답기로 유명"*

299

TV 타워
**주소** Sausio 13-osios g. 10
**웹사이트** www.tvbokstas.lt
**운영시간**
– 타워 일–목 11:00–21:00, 금·토 11:00–
22:00
– 식당 11:00–22:00(금·토 23:00까지)
**입장료** 평일 7유로, 주말 및 공휴일 9유로
**찾아가는 법** 시내에서 그리 멀지 않아
택시로 금방이다. 기차역에서 54번, 16번
트롤리버스를 타고 같은 이름의 정류장에
서 내려도 된다.

## TV 타워

Televizijos Bokštas, Television Tower

우리나라 남산타워와 비슷하다. 국회의사당과 함께 1991년 피의 일요일
사태 당시 소련군들이 리투아니아인들의 독립투쟁을 저지하려고 탱크로
포위한 장소 중 하나. 여기에서만 12명의 젊은이가 탱크에 깔려 숨을 거
두었다. 엘리베이터 앞 전시물엔 그날의 기록이 생생하게 남아있다. 소련
군이 TV 타워를 포위할 때까지 방송이 계속 진행되었는데 더 이상 자리
를 지킬 수 없게 되자 아나운서는 '우리는 꼭 승리할 것이다'라는 멋진 말
을 남기고 방송을 마쳤다고 한다. 한편, 건물 꼭대기에 있는 회전식 레스
토랑에서는 빌뉴스의 풍경을 감상하면서 낭만적인 식사를 할 수 있다.

"멋진 풍경 뿐 아니라
살아있는 역사의 현장도
경험할 수 있는
중요한 곳이다."

# 빌뉴스 인근 도시

## 트라카이 · 케르나베 · 드루스키닌케이

빌뉴스에 며칠 머무를 여유가 있다면 리투아니아의 아름다운 자연을 맛볼 수 있는 트라카이(Trakai), 케르나베(Kernavė), 드루스키닌케이(Druskininkai)에 가보자. 반나절에서 하루 일정으로 쉽게 다녀올 수 있다. 이 지역은 주키야(Dzūkija)라는 지역에 포함되어 있다. 특히 드루스키닌케이는 지역 이름을 딴 주키야 국립공원의 중심도시로서 천연 온천과 자연경관으로 많이 알려진 곳이다. 아름다운 호수, 울창한 숲, 리투아니아의 역사가 숨쉬고 있는 산성(山城)터 등 리투아니아를 가장 리투아니아답게 하는 요소들이 총집합한 보석함 같은 지역이다.

# 트라카이

Trakai

- - - - - - - - - - - - - - - - - - - - - - ●

누군가는 말했다. 트라카이를 보지 않고 리투아니아에 가봤다는 말은 하지 말라고. 이곳에 오면 그 의미를 이해할 수 있을 것이다.

과거 리투아니아의 수도였던 곳으로 빌뉴스에서 불과 28㎞ 떨어져 있다. 수십 개의 호수, 나무가 우거진 숲, 그리고 섬 한가운데 붉은 성곽이 만들어내는 모습이 환상적이다. 지하수에서 발원한 호수는 바닥이 보일 만큼 맑고 날씨 좋은 여름날엔 수상스포츠를 즐기는 사람들로 붐빈다. 수질 관리를 위해 트라카이 주변으로 산업 시설 건설이 전면 금지되어 있다. 버스터미널에서 성으로 가는 길목에는 빌뉴스에서는 볼 수 없는 작고 아기자기한 나무집들이 늘어서 있어 독특한 분위기이다. 과거 리투아니아 대공국 시절, 왕족 가문의 호위를 위해 크림 반도에 살던 타타르인들을 리투아니아로 많이 이주시켰는데 그때 타타르인의 집 형태에서 유래되었다고 한다. 타타르인의 일파인 카라임족의 전통요리 '키비나스(Kibinas)'도 눈길을 끈다. 빵에 저민 고기를 채워 오븐에 구운 것으로 만두 같이 생겼다. 여러 종류의 고기가 사용되는데 특히 양고기 키비나스와 포도주의 궁합이 좋다. 트라카이 호숫가에 키비나스를 파는 식당들이 있다.

빌뉴스 버스터미널에서 트라카이 가는 버스가 수시로 출발한다. 버스에서 내려 비타우타스(Vytauto) 거리를 따라 쭉 올라가면 트라카이 성에 도달한다. 2.8㎞ 정도 떨어져 있고 약간의 오르막길을 30분 정도 이동해야 하지만 나무집과 멋진 호수 풍경을 감상하며 걷다보면 별로 지루하지 않다. 버스 요금은 회사마다 조금씩 다르지만 대략 1.70유로 수준이다.

## 트라카이 성

**Trakų pilis, Trakai Castle**

14세기에 건설된 이후 여러 전쟁을 거치며 파손되었고 1960년부터 대대적인 보수 공사를 통해 지금의 모습이 되었다. 중세가 배경인 영화 촬영지로 활용되며 성 내부에는 과거 모습이 담긴 다양한 사료와 기록물이 전시되어 있다.

내부 전시관은 여러 주제로 나뉘어져 있다. 성내로 들어가자마자 보이는 왼쪽 건물 말고, 오른쪽 계단 뒤편의 성채부터 관람하는 게 좋다. 트라카이 지역과 트라카이 성의 역사, 대공작들이 다스리던 시절의 리투아니아 역사, 트라카이에 살던 타타르인들과 시민들의 생활, 그리고 트라카이에서 발굴된 유물들과 당시의 생활을 보여주는 가구 및 인테리어 소품들을 볼 수 있다. 성 관람 후 섬을 한 바퀴 둘러보거나 성 입구에 늘어서 있는 요트를 타보는 것도 재미있다.

트라카이 성
**주소** Karaimų g. 41
**웹사이트** www.trakaimuziejus.lt
**운영시간** 5-9월 10:00-17:00 (휴무 없음) / 3·4·10월 10:00-19:00 (월요일 휴무) 그 외 기간 09:00-17:00 (월요일 휴무)
**입장료** 8유로(성내 사진 촬영 시 1.5유로 추가요금 발생)

리투아니아와 폴란드의 합병을 막으려 노력했던 비타우타스 대공작은 사촌인 요가일라의 야욕을 이기지 못하고 여기에서 화병으로 죽었다고 한다.

게디미나스, 비타우타스, 케스투티스 등 리투아니아 역사에 자주 등장하는 대공작들이 이 성에 살았다.

# 케르나베

Kernavė

케르나베 역사 박물관(Kernavės kultūrinis rezervatas, Cultural Reserve of Kernavė)

**주소** Kerniaus gatvė 4
**웹사이트** www.kernave.org
**운영시간** 4–10월 10:00–18:00(월·화 및 국가공휴일 휴무) / 11–3월 10:00–16:00 (일·월 및 국가공휴일 휴무)
**입장료** 2유로

빌뉴스에서 서쪽으로 50㎞ 떨어져 있다. 1040년 리투아니아 최초의 수도 였으며 이미 수만 년 전부터 사람이 살고 있었다. 이를 증명하는 유물들 이 현재에도 계속 발견되고 있어 고고학적 가치가 높다. 당시에는 케르나 베 주변으로 여러 성곽들이 만들어져 있었으나 현재는 잔디로 뒤덮인 터 만 남아 조금 높은 언덕이 둘러져 있는 느낌. 대략 만 년 전부터 이곳에 진출하기 시작한 원시 발트인의 유적과 고대 성곽도시의 흔적을 잘 갖추 고 있다는 가치를 인정받아 유네스코 세계 문화유산으로 지정되었다.

케르나베에는 특별한 시가지가 조성되어 있지 않지만 고대부터 내려온 드넓은 초원과 그 사이를 흐르는 아름다운 강들이 장관을 이루므로 하루 정도 평온한 기분을 맛보며 휴식을 취하기 좋다. 여름이면 중세 시대를 재현하는 축제가 열리기도 한다. 빌뉴스 버스터미널에서 케르나베로 가 는 버스가 하루 7차례 정도 있으며 노선에 따라 1시간에서 1시간 30분이 소요된다.

중세 이전 유럽이 어떤 모습인지 궁금하다면 적극 추천!

체코의 카를로비 바리(Karlovy Vary)와 견줄 만한 리투아니아 최대의 휴양 도시. 리투아니아, 폴란드, 벨라루스 3국이 국경을 맞댄 곳에 위치하고 빌뉴스에서는 약 130㎞ 떨어져 있다. 수천 년 전까지만 해도 바다가 있었는데 이곳에 집중적으로 소금이 축적되면서 현재 모습이 되었다. 염분 있는 물로 질병을 치료하는 요양소들이 많이 들어서 있는데, 이미 17세기경부터 주변 국가에서 요양하러 오는 사람들이 많았다고 한다.

1차 대전 발발 전까지 제정 러시아 전체 인구의 약 10%가 이곳을 찾았다고 하지만, 리투아니아 독립 이후 관광객 수가 급감해 한때 도시 전체가 도산 위기에 놓였었다. 요즘은 도시를 정비하고 현대적인 시설을 갖춘 요양소를 건설하며 이전의 명성을 되찾기 위해 안간힘을 쓰고 있다. 빌뉴스에서 당일치기로 충분히 다녀올 수 있지만 넉넉하게 하루 정도 잡고 숙박을 해도 좋다.

빌뉴스를 비롯해 리투아니아 주요 도시에서 드루스키닌케이로 가는 버스가 자주 있다. 거리상으로는 2시간 거리이지만, 작은 도시마다 정차해 더 걸린다. 도착하기 전 마지막으로 정차하는 곳은 '바레나(Varėna)'인데 이를 기점으로 드루스키닌케이로 오는 길목까지 장승같은 나무 조각상들이 줄지어 서 있다. 이는 리투아니아 전통공예 중 하나로 유네스코에서 이 나무 공예 기술을 세계무형문화유산으로 지정했을 만큼 가치 있다.

버스로 도착해 주변을 둘러보면 우거진 숲이 있고 그 가운데 호수가 있다. 호수 쪽으로 가다 보면 멀리 붉은 벽돌의 교회가 있는데 시가지 내 볼거리는 모두 그곳에 몰려 있다. 호숫가에서 배를 타거나 오리나 백조에게 빵조각을 던져줄 수도 있다. 교회 왼편 보행자 도로에는 분위기 좋은 카페와 식당이 많으며 길을 따라 쭉 걷다 보면 리투아니아 또 다른 젖줄인 네무나스 강변에 도달한다.

# 드루스키닌케이

Druskininkai

폴란드에서도 꽤 알려진 관광지이기 때문에 바르샤바에서 빌뉴스 오는 길에 드루스키닌케이에 정차하는 버스가 있다. 폴란드어로 '드루스키엔느니키(Drunskienniki)'라고 불린다.


자전거로 둘러보는 드루스키닌케이
볼거리가 5㎞ 반경에 흩어져 있기 때문에 자전거를 타고 다녀도 좋다. 시내에 대여소가 있고, 관광안내소에서 하이킹 지도를 구할 수 있다. 자전거로 숲을 둘러 볼 수도 있다.

폴란드에 있는 쇼팽 생가 '젤라조바 볼라'
와 상당히 비슷한 느낌

츄를료니스 기념박물관
**주소** M. K. Čiurlionio g. 35
**웹사이트** www.ciurlionis.lt
**운영시간** 11:00~17:00(월요일, 국가공휴
일 휴무)
**입장료** 2유로

드루스키닌케이 치료원과 물놀이 공원
**주소** Vilniaus al. 13-1
**웹사이트** www.akvapark.lt

### 츄를료니스 기념박물관
*M. K. Čiurlionio memorialinis muziejus*
**Memorial museum of M. K. Čiurlionis**

리투아니아 현대 예술에서 츄를료니스를 거론하지 않는 것은 불가능할
정도로 리투아니아 예술계의 대표적인 인물이다. 음악, 회화, 문학 등 모
든 방면에서 두각을 나타냈는데 특히 피아노, 오르간 연주곡과 환상적인
세계를 넘나드는 회화 작품은 유럽 전체에서도 인정받았다. 츄를료니스
는 드루스키닌케이에서 멀지 않은 바레나(Varena)라는 마을에서 태어났다.
이 박물관은 그의 가족이 살았던 가정집을 개조해 1963년 문을 열었다.
실내 장식과 분위기를 가족들의 기억에 따라 비교적 똑같이 재현해냈다.
츄를료니스의 생활 모습과 작품 활동에 관한 전시물을 볼 수 있으며, 주
말이나 여름철에는 주변 공원에서 그의 작품을 연주하는 야외공연이 자
주 열린다.

### 드루스키닌케이 치료원과 물놀이 공원
*Druskininkų gydykla & Druskininkų vandens parkas*

네무나스 강변에 도달하기 전 왼편으로 보이는 초록색 건물은 유명한 요
양소 중 하나인 '드루스키닌케이 치료원'이다. 드루스키닌케이에서 나오
는 생수를 이용해 하는 치료를 받으려면 미리 예약해야 한다. 치료원 바
로 옆에는 대규모 물놀이 공원이 있으며 일 년 내내 이곳의 물로 물놀이
를 즐길 수 있다. 입장료나 운영시간은 시기에 따라 달라지므로 웹사이트
에서 확인하자. 물놀이 공원과 치료 시설을 집중적으로 이용하고 싶다
면 호텔을 예약해도 좋다.

드루스키닌케이 치료원

## 그루타스 공원
### Grūto Parkas

소련 시절 리투아니아 전역에 있던 레닌, 스탈린 등의 조각들을 전부 모아 테마공원을 만들었다. 드루스키닌케이 시내에서 약 5㎞ 정도 떨어져 있다.

## 숲의 메아리
### Girios Aida

숲 관련 전시품을 모아놓은 박물관. 드루스키닌케이 시내에서 약 2㎞ 정도 떨어져 있다. 인근 숲에 살고 있는 동물들의 박제를 비롯, 숲을 모티브로 한 여러 볼거리가 있다. 자연과 숲을 좋아한다면 추천한다. 주변 공원도 둘러 볼만하다.

**그루타스 공원**
**주소** Grūtas, 66441 Druskininkai
**웹사이트** www.grutoparkas.lt
**운영시간** 1~2월 09:00~18:00 / 3~4월 09:00~20:00 / 5월 09:00~21:00 / 6~8월 09:00~22:00 / 9월 09:00~20:00 / 10월 09:00~19:00 / 11~12월 09:00~17:00
**입장료** 7.5유로
**찾아가는 법** 버스로 빌뉴스에서 드루스키닌케이 시내에 들어오기 전 공원 입구에서 하차. 기사에게 미리 공원에서 내리고 싶다 하면 '그루타스 공원 1㎞(Gruto Parkas 1㎞)'라는 푯말에서 세워준다. 깜빡하고 시내까지 들어왔다면 2번 버스를 탄다.

**숲의 메아리**
**주소** M.K.Čiurlionio 116
**운영시간** 10:00~18:00 (월요일 휴무)
**입장료** 2유로
**찾아가는 법** 빌뉴스에서 버스로 온다면 시내 들어오기 직전 하차. 만약 드루스키닌케이 시내에서 온다면 중심 거리인 츄를료니스(Čiurlionio)를 따라 시내 반대 방향으로 오면 된다. 도보로는 약 20분 소요

"사람에 따라
정말 재미있는 곳일 수도,
지루한 곳일 수도……"

## 안타나스 체스눌리스 조각공원

*Antano Česnulio skulptūrų ir poilsio parkas*

*Sculpture and leisure park of Antanas Česnulis*

작은 전시장으로 시작해 이제는 드루스키닌케이를 대표하는 어엿한 관광명소가 되었다. 원래는 안타나스 체스눌리스라는 조각가가 할아버지로부터 물려받은 땅에 직접 만든 조각으로 조성한 개인 공원 같은 곳이었다. 그는 원래 통나무집을 만드는 건축가이지만 틈날 때마다 돌과 나무들을 모아 깎고 다듬었다. 그렇게 20여 년간 작업한 크고 작은 조각상이 100점이 넘는다. 4층 건물 높이의 풍차 안에는 리투아니아의 독립을 주제로 한 작품들이 전시되어 있다. 대부분 해외 전시회에 출품되어 수상한 것들이다. 풍차 앞 50m 길이의 돌담은 인근 지역에서 직접 돌을 날라 만든 것으로 그 속에는 리투아니아 전역에서 모은 예수상이 가득하다. 대중교통이 잘 연결되어 있는 게 아니라 자가용이 없이 혼자 여행한다면 찾기 어려울 수 있다. 하지만 드루스키닌케이 시내에서 약 3㎞ 정도 떨어져 있기 때문에 날씨 좋은 날은 걸어서도 충분히 갈 수 있고, 택시를 이용해도 그리 비싸지 않다.

"명성이 자자해져
관광버스가 몰리는 날이면
이 앞에 수공예 제품을 파는
작은 시장이 형성된다"

# 카우나스
### 리투아니아 현대사를 주도한 제2의 수도

인구 약 40만 명의 리투아니아 제2의 도시. 카우나스가 정식 도시로 인정받은 것은 1408년으로 600년이 넘는 오랜 역사를 간직하고 있다. 리투아니아의 양대 젖줄 네무나스 강과 네리스 강이 만나는 입지적 조건으로 일찍부터 터전이 일궈졌다. 러시아, 폴란드, 독일 등의 주요 거점지로 통하고 있어 군사적, 경제적 영향력 역시 대단했다. 15세기 독일기사단이 기세를 떨쳤을 때 리투아니아 고대 수도인 트라카이(Trakai)와 빌뉴스를 호위했으며 1차 대전 직후 폴란드에게 수도 빌뉴스를 불법 점령당했을 때는 임시 수도가 되기도 했다.

현재 카우나스는 유럽을 통틀어 최강이라 자부하는 리투아니아 농구팀 잘기리스(Žalgiris)의 연고지로 유명하다. 몇 년 전부터는 아일랜드 저가항공사인 라이언에어의 동유럽 허브로 지정되면서 유럽 전역에서 관광객을 불러들이고 있다.

빌뉴스에서 카우나스까지 버스로는 약 1시간 반 정도 걸리며 기차로도 갈 수 있다. 볼거리가 카우나스 역에서 걸어서 20분 정도의 자유로 주변에 몰려 있으며, 아침 일찍 서두른다면 빌뉴스에서 하루 코스로 다녀올 만하다.

# 자유로와
# 비에니베스 광장
# (통일광장)

Laisvės Alėja & Vienybės aikštė

버스든 기차든 카우나스에 오면 비타우토 프로스펙타스(Vytauto Prospektas) 거리에 도착한다. 이를 따라 쭉 올라가면 시가지 진입을 알리는 거대한 소보라스 성당 지붕이 보인다. 그럼 바로 카우나스 최대 거리 라이스베스 알레야(Laisvės alėja), 즉 자유로에 들어선다. 카우나스 한가운데를 관통하는 1.6km의 보행자 전용거리로, 양 옆으로 유명브랜드 상점과 분위기 좋은 바와 극장들이 있어 산책만으로도 즐겁다.

이곳은 역사적으로 매우 뜻 깊은 장소다. 레닌 대로, 스탈린 대로, 가가린 대로처럼 소련 영웅 이름으로 거리명을 지었던 그 서슬 퍼렇던 시절에도 이 길의 이름은 '자유로'였다. 한때 금연도로로 지정된 적이 있었지만 현재는 남에게 피해를 주거나 사회 미덕을 해하는 행동이 아니라면 그 어떤 것도 공식적으로 금하지 않는, 거의 완벽한 자유가 보장된 거리이다. 자유로를 따라 쭉 걷다보면 카우나스 구시가지가 나온다.

자유와 혁명의 도시 카우나스

## 자유와 혁명의 도시 카우나스

1972년 5월 14일, 자유로 한가운데에서 당시 스무 살이던 로마스 칼란타(Romas Kalanta)라는 청년이 몸에 휘발유를 들이붓고 분신자살하는 사건이 발생했다. 근처에는 '나의 죽음에 대한 죄를 물을 수 있는 것은 오직 정치체제뿐이다'라는 유서가 한 장 남아 있었다. 그 후 이틀 동안 카우나스는 소련의 붉은 군대나 경찰이 통제할 수 없는 혁명의 도시로 변화하였다. 이전에도 소련 지배에 반대하는 분신자살이 곳곳에서 있어 왔지만 이처럼 엄청난 파급력을 불러일으키지는 못했다(따라서 약 20년 후에 나타난 소련 붕괴의 시발점이라는 평가를 받기도 한다). 이 사건 이후 카우나스에서는 당시 소련에서 금지하던 장발 문화와 비틀즈 록 음악을 어떤 어려움 없이 감상할 수 있었으며, 그 결과 전 소련 내 히피문화의 메카로 부상할 만큼 자유로는 자유에 대한 갈망 그 자체를 보여주었다. 이런 배경 덕에 리투아니아는 다른 국가에 비해 비교적 소련화가 덜 진행될 수 있었다. 로마스 칼란타가 분신했던 곳엔 공원이 조성되어 있다.

## 소보라스(Soboras)

**Šv. Arkangelo Mykolo (Įgulos) bažnyčia**

**St. Michael the Archangel Church**

버스터미널에서 자유로 가는 길에 제일 먼저 눈에 들어오는 은색 지붕
성당. 입지에 비해 역사적 가치는 그리 크지 않다. 초기에 러시아 정교회
로 설계되어 러시아풍 분위기가 많이 남아있으나 현재는 가톨릭 성당으
로 사용되고 있다. '가장 중요한 러시아 정교회 성당'이라는 의미의 슬라
브어 '소보르(собор)'를 리투아니아식으로 표현한 '소보라스'라는 이름으로
더 많이 알려져 있지만, 사실 공식 명칭은 '천사장 성 미가엘 성당'이다.
군인들의 예배 장소로도 사용되었기 때문에 사령부 성당이라 불리기도
한다. 주변 광장에 카페나 저렴한 식당들이 있어 성당의 우아한 분위기를
감상하며 쉬어가기 좋다.

## 미콜라스 질린스카스 미술관

**Mykolo Žilinsko dailės galerija, Mykolas Zilinskas**

성당 옆으로 그가 가진 모든 것을 자랑스럽게 드러낸(!) 벌거벗은 남자 동
상이 서 있는데 바로 카우나스 최대 규모의 미술관이다. 국립박물관의 일
부로 리투아니아 현대미술의 걸작들을 감상할 수 있다.

미콜라스 질린스카스 미술관
**주소** Nepriklausomybės a. 12
**운영시간** 11:00–17:00
(목요일은 19:00까지, 월요일 휴무)
**입장료** 4유로

# 통일광장과
# 그 주변

**Vienybės aikstė**

자유로 한가운데를 가로지르는 다우칸토(Daukanto) 거리 중 강 반대편 방향에 있는 광장. 자유의 천사상과 리투아니아 근현대사를 이끈 위인들의 동상을 비롯해 군사박물관, 츄를료니스 기념박물관 등이 있다. 자유로로 올라가는 길에 있는 자그마한 분수가 다우칸토 거리와 자유로가 만나는 지점이다.

국립 츄를료니스 기념박물관
**주소** Putvinskio g. 55
**운영시간** 11:00~17:00 (목요일은 19:00까지, 월요일 휴무)
**입장료** 5유로
**찾아가는 법** 자유의 천사상에서 광장을 가로질러 시내 반대 방향으로 걸어가면 나오는 푸트빈스키오(Putvinskio) 거리에 있다

### 자유의 천사상

깃발을 들고 서 있으며 자유를 상징한다. 1928년에 완성된 이후 소련 시절에 완전히 파괴되었다가 1989년에 복원되었다. 리투아니아가 유로화를 사용하기 전까지 현지 지폐를 장식했다. 이 앞에는 위인들의 흉상이 진열되어 있으며 그들의 업적을 기리는 꺼지지 않는 불꽃이 타오르고 있다.

### 국립 츄를료니스 기념박물관

*M. K. Čiurlionio dailės galerija, Art gallery of M. K. Čiurlionis*

리투아니아의 현대문화를 이끌었던 츄를료니스의 기념박물관. 드루스키닌케이의 생가에도 기념관이 있지만 이곳에는 원본 회화 작품이 전시되어 있다. 신비주의로 분류되는 그의 작품은 수채화나 템페라가 대부분이라 해외 전시가 용이치 않아 여기가 아니면 보기 힘들다. 츄를료니스는 음악 분야에서도 두각을 나타냈는데 그가 만든 곡을 언제든지 감상할 수 있는 연주회장도 있다.

리투아니아 예술에 관심이 있다면 꼭 가봐야 할 곳

## 악마 박물관

**Velnių muziejus, Museum of devils**

어느 예술가가 평생 동안 수집한 전 세계의 악마 조각들이 전시되어 있다. 유럽뿐만 아니라 중국, 일본 그리고 우리의 도깨비까지 볼 수 있다. 리투아니아 땅 위에서 춤추고 있는 스탈린과 히틀러의 악마 모양 조각 앞에서는 사뭇 엄숙해지기까지 한다. 전시관과 이어진 갤러리에는 수집가 즈무이즈나비츄스(Zmuidzinavičius)의 작업실을 비롯해 매년 다른 주제로 전시가 열린다.

## 예수부활성당과 푸니쿨라

**Kristaus prisikėlimo bažnyčia**

**Church of Resurrection of Jesus Christ**

카우나스 시내 어디에서나 보이는 언덕 위의 하얀 성당. 이 성당의 꼭대기에서 바라보는 카우나스 구시가지 모습이 환상적이다. 성당 아래쪽에 언덕 위로 올라가는 푸니쿨라가 있다.

악마 박물관
**주소** Putvinskio g. 6
**운영시간** 11:00-17:00 (목요일은 19:00 까지, 월요일 휴무)
**입장료** 4유로
**찾아가는 법** 츄를료니스 박물관 길 건너편에 바로 있다.

예수부활성당과 푸니쿨라
**주소** Aušros 6
**운영시간** 월-금 07:00-19:00, 토-일 09:00-19:00
**이용료** 1.5유로 (1회 탑승)
**찾아가는 법** 악마 박물관 앞 푸트빈스키오(Putvinskio) 거리를 따라 올라가면 푸니쿨라 정류장이 있다. 2019년 5월 현재 보수공사가 진행 중이다.

성당 구경보다 푸니쿨라 타는 재미가 더 쏠쏠하다.

# 구시가지

카우나스의 구시가지는 관공서 같은 행정기관이 없고 상업시설도 많지 않아 한산하다. 이 말은 현대화의 흐름에서 살짝 비껴나 과거 모습을 보존하고 있다는 뜻이기도 하다. 곳곳의 오래된 공중전화와 고풍스러운 카페들이 빌뉴스와는 또 다른 풍경을 선사한다. 자유로 끝에 바로 연결되는 빌뉴스(Vilnius) 거리를 따라 쭉 가다 보면 구시가지에 이른다.

### 빌뉴스 거리
**Vilniaus gatvė**

16세기에 만들어진 거리로 중간에 여러 차례 보수되었지만 아직도 고즈넉한 분위기를 잘 간직하고 있다. 리투아니아에서는 가장 번화한 거리에 빌뉴스라는 이름을 붙이곤 한다. 이 거리에는 분위기 좋은 카페, 식당, 기념품 가게들이 즐비해 시간 보내기 좋다.

구 대통령 궁
**주소** Vilniaus g. 33
**웹사이트** www.istorineprezidentura.lt
**운영시간** 11:00~17:00(목요일은 19:00까지, 월요일 휴무)
**입장료** 3유로

### 구 대통령 궁
**Istorinė prezidentūra, Historical Presidential Palace**

1차 대전 직후 공화국 시절 카우나스가 임시 수도였을 때 대통령 궁으로 사용되었다. 현재는 리투아니아 근현대사를 엿볼 수 있다. 자유로와 빌뉴스 거리가 연결되는 인근에 위치하며, 정원 안으로는 카우나스에서 대통령직을 역임했던 초대 대통령 3인의 조각상이 있다.

리투아니아 근현대사에 관심이 있다면 꼭 들러보자.

## 카우나스 대성당

Šv. apaštalų Petro ir Povilo bažnyčia

Cathedral Basilica of apostles St Peter and St Paul

카우나스의 중심 성당. 흔히 카우나스 대성당으로 불리지만 원래 명칭은 베드로 바울 성당이다. 리투아니아에서 유일하게 고딕 양식과 바질리카 양식이 혼합된 것으로 건물 자체의 아름다움도 대단하지만, 리투아니아인들로부터 추앙받는 문학가 마이로니스(Maironis)의 시신이 안치되어 있다. 그는 작가이자 주교로 살았으며 실제로 이 성당에서 근무했었다고도 한다. 제정 러시아의 지배를 받던 혼돈의 시기에 리투아니아인들의 민족의식을 일깨우는 아름다운 민족시를 지어 많은 사랑을 받았다. 성당 입구에서 그의 얼굴이 조각된 석조상을 찾아보자.

## 마이로니스 리투아니아 문학박물관

Maironio lietuvių literatūros muziejus

Maironis Lithuanian Literature Museum

리투아니아 문학에 관심 있다면 구시청사 인근 문학박물관에 들러보자. 마이로니스 생가에 만들어진 것으로 리투아니아 대표 문학인들에 대한 자료를 전시한다.

카우나스 대성당
**주소** Vilniaus g. 1
**웹사이트** www.kaunoarkikatedra.lt
**미사 시간** 평일 07:00, 08:00, 09:00, 18:00 / 토요일 08:00, 09:00, 10:00, 18:00 / 일요일 08:00, 09:00, 10:30, 12:00, 13:30, 18:00

마이로니스 리투아니아 문학박물관
**주소** Rotušės a. 13
**웹사이트** www.maironiomuziejus.lt
**운영시간** 화–토 09:00–17:00
**입장료** 3유로

도도한 백색 이미지 때문에 '흰 백조'라는 별명이 있다.

**카우나스 구시청사**
**주소** Rotušės a. 15
**웹사이트** www.kaunomuziejus.lt
**운영시간** 화–토 10:00–18:00, 일 10:00–
16:00 (월요일 휴무)
**입장료** 2.5유로

**카우나스 성**
**주소** Pilies g. 17
**웹사이트** www.kaunomuziejus.lt
**운영시간** 6–8월 화–토 10:00–18:00,
일 10:00–16:00 (월요일 휴무) 그 외 화–
금 10:00–18:00, 토 10:00–17:00 (일, 월
요일 휴무)
**입장료** 2.5유로

## 카우나스 구시청사

### Rotušė

시청광장 한가운데 서 있다. 1542년 최초로 이 자리에 들어선 이래 성당, 감옥 등 여러 가지 기능으로 사용되다가 18세기 말 지금의 모습으로 개조되었다. 지금은 결혼식장으로 활용되어 주말만 되면 드레스와 턱시도를 입은 신혼부부와 들러리들로 광장이 가득 찬다.

건물 한쪽에 도자기 박물관이 있고, 건물 뒤편으로는 리투아니아 가톨릭 신학교의 대표격인 성 삼위일체 성당 및 수도원이 있다. 이 수도원에서 마이로니스가 총장직을 역임했다.

## 카우나스 성

### Kauno pilis, Kaunas Castle

카우나스 성은 구시가지 끝에 있는 갈색 건물로, 리투아니아 최초의 방어요새이다. 트라카이가 수도였을 당시 독일기사단의 침공으로부터 수도를 보호하기 위해 건설되었다. 기록에 의하면 1030년에 지어졌다고 하는데 공식적으로 성 이름이 역사에 등장한 건 훨씬 뒤인 1361년이다. 이후 십자군 등 주변 국가의 끊임없는 침략을 겪으며 파괴와 보수를 반복하다 지금에 이르게 되었다. 현재는 관광안내소 및 회화, 사진을 감상할 수 있는 전시장으로 사용되고 있다. 성 주변에 조성된 공원은 카우나스 시민들의 휴식공간이다.

저 성 어딘가에 성을 수호하는 중세 기사를 만날 수 있는 비밀통로가 있다고 한다.

# 페르쿠나스의 집
## Perkūno Namas, Perkunas House

15세기경 카우나스를 거점으로 활동하던 상인들이 건축했다. 카우나스에서 중세 모습을 그대로 간직한 몇 안 되는 건물 중 하나. 19세기에 이 건물에서 천둥의 신 페르쿠나스의 석상이 발견되었기 때문에, 오래전 이곳에서 페르쿠나스에게 제사를 지냈을 것이라고 추정된다. 현재는 폴란드 출신 문호 아담 미츠키에비츠(Adam Mickiewicz) 기념관이 입주해 있다.

**페르쿠나스의 집**
**주소** Aleksoto g. 6
**웹사이트** www.perkunonamas.lt
**운영시간** 월–금 10:00–17:00 그 외 기간에는 최소 10명 이상 예약한 단체 관광객에게만 개방
**입장료** 2유로

리투아니아에서 몇 안 되는 중세 상인 건물

# 카우나스 근교

시내에서는 좀 멀리 떨어져 있지만 시간을 내어 꼭 방문해보자.

제9 요새
**주소** Žemaičių pl. 73
**웹사이트** www.9fortomuziejus.lt
**운영시간** 10:00~16:00 (월, 화요일 휴무)
**입장료** 3유로
**찾아가는 법** 시내에서 떨어져 있어 도보 이동이 불가능하다. 카우나스 시내 버스터미널에서 표를 구입할 수 있고, 샤울레이 방면 시외버스는 거의 모두 정차한다. 매표소에서 이 요새의 이름을 말하면 된다.

스기하라 기념관
**주소** Vaižganto St. 30
**웹사이트** www.sugiharahouse.com/lt
**운영시간** 월~금 10:00~15:00 (주말 휴무)
**입장료** 성인 4유로
**찾아가는 법** 비타우토(Vytauto) 거리가 자유로와 만나기 직전, 과거 공동묘지였던 안식의 공원(Ramybės parkas) 한 구석에 이슬람 사원이 있다. 그 뒤쪽 계단으로 올라가 오른쪽으로 꺾어 약 50m 정도 가다보면 보인다.

## 제9 요새
### Devintasis Fortas, The Ninth fortress
19세기 러시아의 서쪽 국경관리를 위해 지은 요새. 2차 세계대전 중 독일군의 유대인 수용소로 쓰였고, 그 후 소련도 정치범 처형 장소로 이용했다. 여기서 눈여겨보아야 할 것은 '일본의 쉰들러'로 불리는 전 리투아니아 주재 일본영사 '스기하라 치우네'의 기념관이다. 그는 약 6000명의 유대인을 살렸다고 전해진다. 쉰들러보다 많은 사람을 구했음에도 많이 알려지지 않은 게 안쓰럽기도 하다.

## 스기하라 기념관
### Sugiharos namai, Sugihara house
1층은 한때 카우나스 소재 비타우타스 마그누스(Vytautas Magnus) 대학교의 아시아 연구소로 사용된 적 있었으나 현재는 모두 스기하라 기념관으로 바뀌었다. 비교적 시내 쪽에 위치해 있긴 하지만 외진 곳이라 찾기 쉽지 않다.

---

### 일본의 쉰들러, 스기하라 치우네

소련에게 점령된 리투아니아가 독일의 손아귀로 넘어가기 직전, 폴란드와 리투아니아의 유대인들은 남미의 섬(네덜란드·덴마크령)으로 이주하면 목숨을 부지할 수 있다는 소식을 듣게 되었다. 하지만 이주를 위해 통과해야 하는 소련 땅에서 어이없게도 일본의 통과허가를 받을 것을 요구했고, 수천 명의 유대인들이 일본 통과비자를 받기 위해 일본 영사관 앞에 장사진을 이루었다. 독일과 돈독한 관계였던 일본 정부는 여러 이유를 들어 비자 발급을 불허했으나, 일본영사 스기하라는 정부 방침에도 불구하고 자체적으로 통과비자를 발행해 6천 명의 유대인들에게 새 생명의 길을 열어주었다.

---

## 파자이슬리스 수도원
### Pažaislio Vienuolynas, Pažaislis Monastery
정통 이탈리아 바로크 양식으로 베네딕트 계열 수도사들이 17세기에 세웠다. 수도원 자체도 아름답지만 인근에 조성된 공원과 인공호수 주변을 산책하는 것도 즐겁다. 인공호수는 그 규모가 상당히 커서 '카우나스의 바다(Kauno Marios)'라 불릴 정도. 여름철이면 공원에서 다양한 행사가 열린다.

## 룸시스케스 야외민속박물관
**Lietuvos liaudies buities muziejus Rumšiškėse**
**Open Air museum in Rumšiškės**

1974년 개장한 민속박물관. 얼핏 한국의 민속촌과 흡사해 보이지만 체험 활동보다는 전통 가옥이나 전시물을 둘러보는 박물관에 더 가깝다. 리투아니아 각 지방별 민속문화 특징을 한 자리에서 볼 수 있다. 주말이나 부활절, 성탄절, 하지 축제 같은 명절에는 전통문화 행사들이 열린다. 한국의 민속촌보다 볼거리가 없다고 느껴질 수 있지만 옛 모습을 들여다보기엔 이보다 좋은 곳이 없다.

꽤 알려진 관광지임에도 교통편이 많이 없다. 카우나스에서 22km 거리여서 카우나스 여행 시 연계하면 좋다. 카우나스에서 빌뉴스 가는 버스는 거의 룸시스케스를 통과하는데, 카우나스 버스터미널에서 룸시스케스행 표 구입 후 'Rumsiskes 2km' 표지판이 보이면 내려서 차도를 따라 이동하면 된다. 기사에게 이야기하면 맞춰서 내려주지만 인도가 없어 위험하다. 특히 카우나스 방향 버스 정류장에 가려면 차들이 쌩쌩 달리는 고속도로를 혼자 알아서 눈치껏 건너야 한다. 여름철에는 파자이슬리스 수도원에서 룸시스케스 가는 유람선이 하루 두 차례 운행된다.

파자이슬리스 수도원
**주소** T. Masiulio g. 31
**웹사이트** www.pazaislis.org
**운영시간** 화–금 10:00~17:00 (토요일은 16:00까지)
**입장료** 4유로
**찾아가는 법** 시내에서 5, 9, 12번 페트라슈네이(Petrašiūnai) 방면 트롤리버스를 타고 종점까지 가서 그 앞으로 잘 뻗어있는 숲길을 따라가면 된다.

리투아니아의 전통 겨울 축제 우즈가베네스(Užgavėnės, 부활절 7주 전에 열리는 가면축제) 기간 동안 전시되는 악마의 모형

룸시스케스 야외민속박물관
**주소** L. Lekavičiaus St. 2, Rumšiškės
**웹사이트** www.llbm.lt
**운영시간**
– 전통가옥 내부 개방 시간 5–9월 10:00~18:00, 10월 1–15일 10:00~17:00 그 외 기간 야외공원만 입장 가능(전통가옥 내부는 볼 수 없다)
– 야외공원 개방 시간 4월 10:00~17:00, 5–9월 18:00~20:00, 10월 16일–3월 10:00~16:00(매년 관람 시간 변동이 있으므로 웹사이트에서 미리 확인하자)
**입장료** 5유로

# 샤울레이

#### 십자가의 언덕으로 대표되는 리투아니아 현대사의 성지

인구는 약 14만 명에 불과하지만 북부에서 가장 크고 리투아니아에서는 나름 네 번째 대도시이다. 북부지역 교통의 요충지이자 산업도시라는 명성에 비해 관광도시로서의 면목은 상당히 떨어진다. 이곳을 찾는 이유는 대부분 비즈니스 때문이거나 '십자가의 언덕(kryziu kalnas)'을 보기 위함이다. 여행자 대부분이 샤울레이 시내는 들르지 않고 십자가의 언덕만 보고 간다. 하지만 최근 들어 깔끔하고 정갈한 모습으로 도시를 단장해 눈길을 끌고 있다. 나름 괜찮은 호텔도 늘어나고 있고 여름에는 각종 축제가 열리므로 하루쯤 묵어볼 만하다.

빌뉴스, 카우나스, 클라이페다 등 리투아니아의 대도시에서 기차와 버스로 어렵지 않게 이동할 수 있다. 리가에서도 샤울레이로 오는 버스가 자주 다닌다. 현지인들의 발음으로는 '숄레이'로 들릴 수가 있다.

## 빌뉴스 거리
*Vilniaus gatvė*

샤울레이의 주요 볼거리는 중심가인 빌뉴스 거리에 모여 있다. 빌뉴스 거리는 말 그대로 수도 빌뉴스를 의미하며 리투아니아 각 도시 중심지에서 종종 등장한다. 한국으로 치면 수원, 부산, 영월 어디든 가장 번화하고 멋진 곳에 서울의 이름을 딴 거리가 있다는 말. 빌뉴스 거리는 보행자 전용 도로이며 박물관, 공연장, 쇼핑센터, 카페 등이 몰려 있다. 거리 곳곳 조각상들이 소소한 재미를 더한다.

## 자전거 박물관
*Dviračių muziejus, Bicycle museum*

샤울레이의 어느 자전거 회사에서 설립했다. 자전거의 역사와 무동력 이동수단 등 재미있는 전시물을 볼 수 있다. 자전거를 빌릴 수도 있다.

## 사진 박물관
*Fotografijos muziejus, Museum of photography*

사진기와 사진 기술에 관한 전시물을 선보인다.

## 세계 전통인형 박물관
*Nacionalinių lėlių muziejus, Museum of national dolls*

세계 각국의 전통인형을 전시. 101개국에서 수집된 900점 정도의 인형 중 한국 인형은 아직 없는 것으로 알고 있다.

## 해시계 광장
*Saulės laikrodžio aikštė, Sundial Square*

황금 궁수 기둥을 중심으로 해시계가 놓여 있다. 명성에 비해 잘 정리되어 있지 않아 막상 가서 실망할 수 있으나, 날씨 좋은 날 햇빛을 받아 반짝이는 모습이 환상적이다. 에제로(Ežero) 거리와 샬카우스키오(St. Šalkauskio) 거리가 만나는 곳에 있다. 치안이 좋지 않으니 해가 진 후 방문은 삼가자.

# 샤울레이 시내

자전거 박물관
**주소** Vilniaus g. 139
**웹사이트** www.ausrosmuziejus.lt
**운영시간** 화·목·금 10:00-18:00, 수 10:00-19:00, 토 11:00-17:00 (월·일 휴무)
**입장료** 2유로

사진 박물관
**주소** Vilniaus g. 140
**웹사이트** www.ausrosmuziejus.lt
**운영시간, 입장료** 자전거 박물관과 동일

세계 전통인형 박물관
**주소** Vilniaus g. 213
**웹사이트** www.facebook.com/nationaldollmuseum
**운영시간** 5-9월 화-금 10:00-18:00, 토 10:00-15:00 (월·일 휴무), 10-4월 화-금 10:00-17:00, 토 10:00-16:00 (월·일 휴무)
**입장료** 5-9월 2.32유로, 그 외 기간 1.74 유로

황금 궁수상. 샤울레이라는 이름은 리투아니아어로 태양을 뜻하는 '샤울레(saulė)'와 궁수라는 뜻의 '샤울리스(Šiaulys)'와도 흡사해 곳곳에서 이를 모티브로 한 조각과 장식을 자주 볼 수 있다.

십자가의 언덕

길 한켠 도만타이 정류장. 겨울엔 무조건 따뜻하게 입을 것! 눈과 비를 피할 곳이 전혀 없다. 버스가 시간을 안 지키는 경우가 다반사니, 이럴 땐 과감히 히치하이킹을 시도해보자.

## 십자가의 언덕

Kryžių Kalnas, Hill of Crosses

작은 언덕에 크고 작은 십자가가 촘촘히 박혀있다. 이문열 작가의 장편소설 《리투아니아 여인》 도입부에도 등장하는 등, 특별한 인상을 심어주는 이곳의 독특한 풍경은 리투아니아의 상징 중 하나로 자리 잡았다. 막상 가보면 생각보다 규모가 작고 주변에 십자가가 널려 있는 것 외에 특별한 게 없어 놀랄 수도 있다.

이곳에 십자가가 많은 이유를 정확히 설명해 줄 수 있는 사람은 거의 없을 것이다. 전해지는 이야기에 따르면 어떤 사람이 여기에 십자가를 세운 후 지병이 완쾌됐다고도 하고, 과거 러시아 차르의 딸 중 한 명이 십자가를 세우고 병을 고쳤다고도 한다. 여러 설 중 정확하다고 볼만한 건 없지만, 확실한 사실은 원래부터 리투아니아에 십자가가 많았다는 것. 여행자의 안전을 빌거나 거리, 방향 등을 표시하는 우리나라의 장승 역할을 리투아니아에선 십자가가 수행했었다. 유럽에서 제일 마지막으로 기독교화된 리투아니아는 십자가를 단순 기독교 상징으로만 보지 않고, 잊혀져가는 고대 상징과 이야기를 전달하는 도구로 삼아 다른 곳에선 볼 수 없는 독특한 문화로 발전시켰다. 유네스코는 이를 높이 평가해 리투아니아 전통십자가를 세계무형문화유산으로 등록했다.

현재까지 연구된 바에 의하면, 14세기 기독교화 전까지 십자가 언덕은 이 지역을 수호하기 위한 요새로 여겨지며 소규모로 거주 지역이 형성됐으나 독일기사단의 침범으로 허물어졌다고 한다. 종교가 금지된 옛 소련 시절에는 리투아니아 민족정신의 상징인 가톨릭 신앙과 소련의 전제정치가 맞서 싸우는 장소로 변했다. 십자가 세우는 걸 막기 위해 밤낮으로 삼엄한 경비가 이뤄졌지만 모두 막을 순 없었다. 결국 밤에 몰래 십자가를 세우고 낮엔 철거하는 일명 '십자가 전쟁'이 이어졌다.

리투아니아 독립 직후인 1993년, 로마 교황 바오로 2세가 이곳을 방문하고 독립 전쟁과 관련된 이야기가 알려지면서 십자가 언덕은 종교적 힘으로 정치적 어려움을 극복하고 압제에 투쟁한 성스러운 장소로 여겨지며 세계적으로 이름을 떨쳤다. 지금까지도 리투아니아 사람들은 개인에게 뜻 깊은 일이 생길 때마다 여기에 십자가를 세워 기념하곤 한다.

## 십자가의 언덕에 가려면?

빌뉴스에서 리가로 넘어가는 길목에 있어 단체 관광객은 쉽게 들렀다 가지만, 자가용이 없는 개인 여행자는 방문하기 쉽지 않다.

**리가에서 출발** | 리가에서 리투아니아 샤울레이로 오는 버스를 타고 오는 경우 시내에 들어오기 전인 이곳에서 내리면 된다. 가장 편한 방법이지만 여기서 내려주지 않는 기사도 있으므로 승차 전 꼭 물어보자.

**샤울레이 시내에서 출발** | 버스터미널에서 인근 도시인 요니슈키스 (Joniškis)행 버스를 타고 도만타이(Domantai) 정류장에 내린다. 그리고 정류장 앞으로 길게 난 가로수길을 따라 2㎞ 정도 걸어간다. 샤울레이 시내로 나갈 때도 마찬가지로 돌아온 길을 그대로 걸어야 하는데 시간을 잘 맞춰야 한다. 요일에 따라 다르지만 대략 아침 8시부터 저녁 7시 반까지 약 1시간 반 간격으로 운행한다.

십자가의 언덕
**주소** Jurgaičių k., Meškuičių sen., Šiaulių r
**웹사이트** www.kryziukalnas.lt

# 파네베지스
### 리투아니아 교통의 요충지이자 공연예술의 중심지

빌뉴스나 카우나스에서 라트비아의 리가로 가는 길목에 있는 도시. 빌뉴스-파네베지스 구간엔 발트3국에서 유일하게 고속도로가 깔려 있다. 500년이 넘는 역사를 갖고 있지만 구시가지가 따로 없고 유명한 관광지가 있는 것도 아니어서 많이 찾는 곳은 아니다. 하지만 리투아니아 거의 모든 도시에서 파네베지스 가는 버스가 운행되므로, 다른 도시에서 리가를 갈 때 여기서 버스를 갈아탈 확률이 높다. 그럴 때 한두 시간 여유를 갖고 둘러볼 만하다.

시내 한가운데 호수 공원에는 유럽에서 내로라하는 작가들이 만든 조각들이 있다. 이밖에 리투아니아 연극을 세계적 수준으로 끌어올린 유오자스 밀티니스(Juozas Miltinis)가 활동했던 극단과 리투아니아 최고 수준의 인형극단이 있어 문화적 카리스마가 꽤 있는 도시.

파네베지스의 볼거리는 모두 버스터미널에서 걸어서 15분 내에 있다. 빌뉴스에서는 버스로 2시간 정도 걸린다.

## 유오자스 밀티니스 드라마 극장
**Juozo Miltinio dramos teatras**

리투아니아 무대 예술 연출의 신기원을 세운, 연극계의 전설 유오자스 밀티니스가 설립한 극단이자 공연장. 이 극단은 그가 죽은 이후에도 리투아니아를 대표하는 극단 중 하나로 활동하고 있다. 안타깝게도 모든 공연이 리투아니아어로만 이루어진다.

## 파네베지스 유랑인형극장
**Panevėžio lėlių vežimo teatras**

1986년에 설립되었다. 주로 덴마크 작가 안데르센의 동화를 무대에 올리고 있다. 리투아니아와 주변 국가들의 작품도 볼 수 있다. 물론 리투아니아어로 진행되지만 한국인들에게도 익숙한 스토리도 자주 무대에 올리므로, 동심으로 돌아가 인형극을 즐겨보자.

유오자스 밀티니스 드라마 극장
**주소** Laisvés a. 5
**웹사이트** www.miltinio-teatras.lt

파네베지스 유랑인형극단. 우리에게도 익숙한 동화라 언어를 몰라도 그리 어렵지 않다.

파네베지스 유랑인형극장
**주소** Respublikos g. 30
**웹사이트** www.leliuvezimoteatras.lt

한적한 호수 공원

# 해안 지역

## 클라이페다 · 팔랑가 · 쿠르슈 네리야

리투아니아는 라트비아나 에스토니아에 비해 해안가 비중이 적다. 이 얼마 안 되는 해안 지역은 꽤 오랜 기간 칼리닌그라드에 있었던 프로이센 제국에 편입되어 있었다. 비록 면적은 작지만 라트비아의 유르말라(Jūrmala)나 에스토니아의 패르누(Pärnu) 같은 해변 도시의 면모는 물론이거니와 모래사구 등 다른 유럽에선 보기 드문 신비한 풍경도 만날 수 있다.

최대의 무역항 클라이페다(Klaipėda)는 한때 프로이센 제국의 중심도시였던 만큼 과거 독일의 모습을 간직한 구시가지가 있다. 바로 옆 팔랑가(Palanga)는 리투아니아의 여름 수도라 불리는 대표적인 해안도시이다. 칼리닌그라드로 이어지는 좁은 모래사구(Kuršių Nerija)는 유네스코 세계자연유산으로 지정될 정도로 멋진 풍광을 자랑하며 그 끝자락에 위치한 아담하고 귀여운 도시 니다(Nida)와 유오드크란테(Juodkrantė)는 이국적인 매력을 최대한 끌어 모아 발트3국 그 어디에서도 볼 수 없는 리투아니아만의 독특한 풍경을 만들어낸다.

리투아니아 최대 항구 도시. 1252년 유럽사기에 공식적으로 언급돼 리투아니아에서 가장 오래된 도시라는 타이틀을 갖고 있다. 프로이센 제국의 중심 도시였고 1차 대전 후 히틀러 군대가 잠시 이곳을 무력 점령했을 만큼 독일에게는 특별한 의미가 있는 곳이기도 하다. 과거에는 독일식으로 '메멜(Memel)'이라 불리기도 했다. 리투아니아의 내륙 도시들과 달리, 라트비아의 리가나 에스토니아의 탈린처럼 중세 상인들의 집이 많이 보존되어 길드의 모습을 엿볼 수 있다.

리투아니아 대도시에서 클라이페다행 버스가 자주 있으며, 빌뉴스나 카우나스에서 출발하면 버스로 클라이페다까지 약 4시간 반 정도 걸린다. 버스에 따라 중간에 팔랑가를 경유할 수 있으니 표 구입 시 물어보자. 빌뉴스에서 기차로 가는 방법도 있지만 기차가 하루에 두 번밖에 없다. 게다가 5시간 정도 걸려 버스보다 느리다. 그래도 발트3국에서 기차 여행할 기회가 그리 많지 않으니 한 번쯤은 시도해볼 만하다.

## 구시가지

구시가지는 드라마 극장(Teatro g. 2)과 그 앞 테아트로 광장(Teatros aikstė) 주변으로 조성되어 있다. 규모가 크지 않아 식당가와 상점들을 둘러보며 가볍게 산책하기 좋다. 시내 한가운데를 흐르는 다네 강 주변에도 카페와 식당이 많다.

## 클라이페다 조각 공원
### Klaipėdos Skulptūrų Parkas

클라이페다 역에서 시내로 가는 길에 있는 조각공원. 1977년까지는 묘지였다고 한다. 전쟁에서 목숨을 잃은 용사들을 기리는 조각들이 넓게 펼쳐져 있다.

# 클라이페다
**Klaipėda**

클라이페다의 다네 강변

클라이페다의 구시가지는 리투아니아에서 가장 독일스러운 분위기를 띠고 있다.

구시가지는 자갈길이 많아 구두를 신으면 애를 먹는다.

# 팔랑가

Palanga

리투아니아 최대의 여름 휴양지로 클라이페다에서 30㎞ 정도 떨어져 있다. 끝없이 펼쳐진 백사장 외에도 세계 최고라 자부하는 발트해의 호박들을 전시한 호박 박물관으로도 유명하다. 클라이페다 버스터미널 앞에 팔랑가행 미니버스가 있다. 손님이 다 차면 출발하지만 여름에는 관광객이 많아 수시로 출발한다. 국제공항이 있어 코펜하겐, 오슬로, 리가 등에서 비행기로 올 수도 있다.

날씨가 좋은 날이면 강태공들로 장사진을 이룬다. 물고기가 꽤 잘 잡힌다. 여름이면 바다엔 고기 반 사람 반!

해수욕은 못하더라도 여기는 꼭 가봐야 한다.

호박 박물관
**주소** Vytauto g. 17
**웹사이트** www.pgm.lt
**운영시간**
6–8월 화–토 10:00–20:00, 일 10:00–19:00 그 외 기간 화–토 11:00–17:00, 일 11:00–16:00 (공휴일 전날 1시간 단축 근무, 월요일·국가공휴일 휴무)
**입장료** 4유로

## 바사나비쳐우스 거리와 유로스 틸타스(바닷가 나무다리)

J. Basanavičiaus gatvė & Jūros tiltas

버스터미널에서 내려 바사나비쳐우스 거리를 찾자. 팔랑가 최대 번화가이자 보행자 전용도로로 볼거리가 한 곳에 몰려있다. 1920년대 리투아니아의 역사학자이자 민속학자인 바사나비쳐우스가 이곳을 찾은 것을 기념해 그의 이름을 붙였다. 사실 딱히 이것을 보라고 콕 집을 만한 것은 없지만 '리투아니아에서 가장 아름다운 거리'라는 명성에 걸맞게 우아한 호텔, 카페, 식당 등이 들어서 있으며, 여름에는 다채로운 공연이 펼쳐진다. 이 길을 따라 쭉 가면 해안가에 도착하는데 해변 위 나무다리는 바다를 느끼기에 더없이 좋다.

## 호박 박물관

Gintaro muziejus, Amber museum

리투아니아는 호박 원산지로 유명하다. 빌뉴스를 비롯한 다른 도시에도 사설 호박 박물관이 여럿 운영되고 있지만 팔랑가의 호박 박물관에 비할 바 못 된다. 이곳에선 호박이 생성되는 과정과 종류, 세공 과정, 역사 등을 소개한다. 시중에서 보기 힘든 고가의 호박도 볼 수 있다. 박물관 건물 자체는 1897년에 건설된 네오 르네상스식 궁전으로 식물원과 어우러지는 풍경이 아주 일품이다.

칼리닌그라드로 이어지는 발트해의 좁은 반도로 아무것도 안 하고 맘 편히 쉬기 좋은 '리투아니아의 샹그릴라'라고 감히 말해본다. 해양 활동으로 인해 모래가 퇴적되어 사구가 형성되었는데 이 사구 전체가 국립공원이며 2000년에는 유네스코 세계자연유산으로 지정되었다. 쿠르슈 네리야는 클라이페다(Klaipėda)와 네링가(Neringa)라는 도시로 분리되어 있는데, 클라이페다에서 배를 타면 도달하는 스밀티네(Smiltynė) 인근을 제외하곤 모두 네링가로 편입되었다. 네링가는 바다의 모래를 모아 이곳에 길을 만들었다는 신비한 소녀의 이름으로 유오드크란테(Juodkrantė)에서 그 모습을 볼 수 있다.

쿠르슈 네리야는 클라이페다 선착장에서도 바로 보인다. 다리를 놓아도 될 만큼 가까운 곳에 있지만 자연을 보호하고 사람들의 통행을 막는다는 차원에서 그러지 않고 있다. 그래서 얼마 안 되는 짧은 구간을 배를 타고 건너야 하는데, 약간의 불편함만 감수하면 천혜의 자연을 맘껏 즐길 수 있을 것이다. 한편 모래가 많다보니 바람과 파도에 의해 지형이 소실되는 경우가 많아 이전부터 소나무를 심어 사막화를 막아왔다. 지금도 모래밭에 나무 심는 광경을 흔히 볼 수 있다.

먼저 이곳에 가려면 클라이페다 선착장에서 배를 이용해 쿠르슈 네리야 끝에 위치한 스밀티네로 이동해야 한다. 구 선착장(Senoji perkėla)과 신 선착장(Naujoji perkėla) 두 군데서 승선할 수 있다. 시내에서 올 경우 구시가지와 가까운 구 선착장이 좀 더 쉽다. 구 선착장의 배차 간격은 1시간에 한 대꼴. 신 선착장은 30분에 한 대꼴이다. 자동차로 이동 시엔 꼭 신 선착장에서 배를 타야 한다. 자동차 싣는 비용은 웹사이트를 참고하자. 바다를 건너는 데 10분도 걸리지 않으며 스밀티네 선착장에 내리면 그 시간에 맞추어 사구 내부로 들어가는 버스가 대기하고 있다. 스밀티네에는 리투아니아 최대 규모의 해양박물관이 있다.

# 쿠르슈 네리야

Kuršių Nerija

●-----------------------------

TRAVEL TIP

**쿠르슈 네리야**
쿠르슈 네리야는 특정 도시가 아니라 클라이페다에 속하는 스밀티네, 그리고 독립된 행정구역인 네링가를 통합해서 일컫는 말이다. 지도상에서 리투아니아 동부 해안에 비쭉 나온 사구 전체라고 보면 된다.

클라이페다에서 스밀티네로 이동하는 구 선착장 내부에는 전망 좋은 식당이 있다.

구 선착장
**주소** Senoji perkėla, Danės g. 1
**요금** 선착장에 상관없이 1인당 0.8유로

신 선착장
**주소** Naujoji perkėla, Nemuno g. 8
**웹사이트** www.keltas.lt

사람이 오를 수 있는 조각상도 있으나 비와 바람에 부식돼 위험할 수 있으니 안전한지 확인부터 하자.

## 유오드크란테

### Juodkrantė

모래사구 끝자락 니다로 가는 길목에서 처음 만나는 도시. 스밀티녜에서 20㎞ 떨어져 있다. 발트해가 아닌 사구에서 육지 쪽을 바라보는 안쪽 바다를 배경으로 아름다운 마을이 형성되었다. 리투아니아 특산물인 말린 가자미를 맛볼 수 있는 식당을 비롯해 해안가 풍경을 즐기며 머무를 수 있는 고급 숙박시설이 많다.

마녀의 언덕(Raganų Kalnas)에는 마녀가 살았었다는 전설이 전해지며 리투아니아 민담에 등장하는 마녀와 악마를 소재로 한 나무 조각상들이 여기저기 흩어져 있다. 입구에 머리를 길게 늘어뜨리고 모래를 나르는 그 소녀가 바로 네링가다. 언덕 아래로는 기념품 파는 곳이 많다. 모기가 많으니 주의하자.

바닷가지만 싱싱한 생선을 먹을 수는 없다. 대신 훈제 생선을 파는 가게들은 여기저기 많다

비타우타스 케르나기스
좌측의 사진에서 보이는 동상은 리투아
니아 음악의 개척자라 불리던 비타우타스
케르나기스에게 헌정된 동상이다.

## 니다

Nida

네링가 가장 남쪽에 있는 니다는 독일 작가 토마스 만(Thomas Mann)이 여
름을 지낸 곳으로 유명하다. 여기저기 노니는 돛단배들과 해안가 풍경이
아주 아름답다. 특히 모래 언덕이 바람 불 때마다 그 모습을 바꾼다 하여
'움직이는 사막'이라고도 불린다. 모래 언덕 위에는 해시계 공원이 있어
멋진 풍경을 감상할 수 있다. 여름철에만 잠시 관광객이 몰리다보니 한때
물가가 꽤 비싸다는 악명이 있었지만 최근 저렴한 숙박업소도 많이 생겼
으므로 하루 정도 묵기 좋다. '아무것도 하지 않기 위해 간다'는 마음으로
가보자. 단, 성수기인 5-8월을 제외하면 니다 전체에서 문을 여는 식당
이 하나밖에 없으니 주의하자.

발트해의 바깥 해안과 안쪽 바다. 그리고
칼리닌그라드를 한눈에 볼 수 있는 해시
계 공원

## 토마스 만 박물관

Thomo Manno memorialinis muziejus, Thomas Mann Museum

니다 마을로 진입하는 길의 나지막한 산 위로 노벨문학상 수상 작가 토
마스 만의 여름 별장이 있다. 그는 이곳에서 1930년부터 2년간 머물면서
《요셉과 그의 형제들》을 썼다. 토마스 만의 행적이 담긴 전시물을 볼 수
있으며 문학 행사도 열린다.

'니다'는 아기자기, 알록달록, 귀여움, 한적
함을 의미한다.

토마스 만 박물관
**주소** Skruzdynės g. 17
**웹사이트** www.mann.lt
**운영시간** 5-9월 10:00-18:00 (휴무 없
음) 그 외 기간 10:00-17:00 (일요일 휴무)
**입장료** 2.5유로

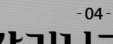

- 04 -

# 칼리닌그라드

## KALININGRAD

# 발트해 연안의 러시아 영토, 칼리닌그라드

비자가 필요 없어지고 입국 절차가 간소해지면서 러시아를 찾는 여행객이 급증하고 있다. 하지만 러시아 본토가 아닌 리투아니아와 폴란드 사이에 위치한 칼리닌그라드 지역은 관광객의 발길이 거의 닿지 않아 아직 한국인들에게는 잘 알려지지 않은 곳이다. 발길이 뜸한 이유는 과거 러시아 비자가 필요하던 시절 칼리닌그라드에 가려면 더 비싸고 까다로운 복수 비자를 받아야 했는데 그런 수고에 비해 딱히 훌륭한 볼거리가 보장된 게 아니었기 때문이다.

한때는 세계사를 호령했던 프로이센의 수도 쾨니히스베르크(Königsberg)가 위치해 칸트(Kant)나 쉴러(Schiller) 같은 위인을 많이 배출하였지만, 2차 대전 중 도시가 파괴되고 러시아화가 급속히 진행돼 이전의 고풍스러운 모습은 거의 찾아볼 수 없다. '프로이센'이라는 국가명은 독일기사단이 진출하기 전 그 지역에 살고 있던 발트계 민족 '프루사'에서 따온 것이다. 죽어서 가죽만을 남긴다는 호랑이처럼 이 땅의 원래 주인이었던 민족은 이름만 남기고는 그 자취를 감추었다. 그들에게서 땅을 빼앗은 사람들도 그 기운(?)을 이어받았는지 역시 역사에서 이름만 남기고 사라지고 말았다. 참 이상한 상황이 아닐 수 없다.

21세기 현재 이곳을 차지한 러시아에게는 부동항이자 발트함대의 거점기지로서 군사적 의미가 크지만 리투아니아에게도 이곳의 의미가 아주 대단하다. 프로이센 지역은 대대로 '작은 리투아니아'로 불릴 만큼 리투아니아 문화운동이 많이 일어났다. 1545년 리투아니아어로 최초로 발간된 서적인 《교리문답

(Katekizmas))이 바로 이곳에서 나왔고, 리투아니아의 민요를 최초로 수집하고 정리한 레자(Rêza), 프로이센 지역에 살던 리투아니아 농노의 생활을 아름다운 서사시로 표현한 〈사계〉의 작가 도넬라이티스(Donêlaitis) 등 리투아니아 문화의 핵심 인물들이 이곳에서 태어나 자랐다.

한편, 1544년 호엔촐레른 왕가 출신 초대 프로이센 공작이며 37대 튜턴 기사단의 단장인 알브레히트 프로이센(Albrecht Preußen) 공작이 설립한 쾨니히스베르크 대학교는 유럽 사상과 철학사에 혁혁한 공을 세웠다. 설립자의 이름을 따서 '알베르티나'라고도 불리는데 동유럽 내 개혁신학 전파에 중추적인 역할을 하기도 했다. 이 대학이 배출한 졸업생 중 가장 유명한 인물은 누가 뭐래도 임마누엘 칸트다. 그 외에도 라트비아, 리투아니아 등 인근 지역의 언어로 발간된 최초의 책이 모두 이곳에서 출판되었으며 독일 민족주의의 아버지 요한 고트프리드 헤르데르(Johann Gottfried Herder), 최초의 리투아니아어 서적을 편찬한 마즈비다스(Mazvydas) 등 내로라하는 거물들이 전부 이곳을 거쳤다.

20세기 초 쾨니히스베르크는 함부르크, 브레멘, 슈체친, 단치히(현재 폴란드 그단스크) 등과 어깨를 나란히 하며 발트해 무역을 좌지우지하는 엄청난 항구도시로 발전했다. 바그너(Wagner), 리스트(Liszt), 리하르트 스트라우스(Richard Strauss), 슈만(Schumann) 등이 이곳을 방문해 작품 활동을 했으며 심지어 바그너는 결혼도 했다. 1918년 독일이 1차 대전에서 패전하자 독일 황제 겸 프로이센 왕인 빌헬름 2세는 퇴위하고, 1919년 폴란드가 발트해의 항구를 차지하며 독립하자 쾨니히스베르크는 폴란드를 사이에 두고 독일 본토에서 분리되었다. 그 후 동프로이센이라는 작은 지역으로 전락하고 말았다. 하지만 이런 상황

칼리닌그라드 역사박물관에 재현된 '쾨니히스베르크의 폭풍우' 당일의 참상

도 쾨니히스베르크의 발전에는 제동을 걸지 못했다.

미하일 칼리닌 동상

독일의 화학과 철강 산업의 40%가 이곳에서 생산되어 공급되었다. 1922년에 이미 쾨니히스베르크와 모스크바를 연결하는 민간항공노선이 개설되었고 이는 항공역사상 거의 최초의 민간항로라고 볼 수 있다. 당시 쾨니히스베르크에서 모스크바까지는 9시간 정도 소요됐는데 비행기 여행은 대성황을 이루었다고 한다. 모스크바에서 쾨니히스베르크로 오는 첫 탑승객 중엔 유명 무용수 이사도라 던컨(Isadora Duncan)도 있었다. 러시아 유명 작가인 마야콥스키(Mayakovsky)는 비행기 탑승 이후 〈모스크바 – 쾨니히스베르크〉라는 시를 지었다고 전해진다.

하지만 2차 대전의 포화는 이런 과거의 영화를 무색하게 만들었다. 프로이센은 유럽에서 나치와 연합군 간의 전투가 가장 지리멸렬하게 또 치열하게 벌어졌던 곳이다. 1944년 8월 26일 밤, 영국군의 공격이 시작되면서 비극은 시작되었다. 자그마치 3일 동안 600대의 비행기가 미사일을 퍼부어 4천여 명이 사망했다. 영국군의 폭격은 쾨니히스베르크를 말 그대로 잿더미로 만들어 버렸다. 세계 전쟁사에서 최초로 네이팜탄이 사용된 것도 바로 이때다. 이 날은 '쾨니히스베르크의 폭풍우'라고 불린다. 아틀란티스처럼 거대한 문명이 흔적도 없이 사라져 버리는 것을 현대 인류가 목도한 유일한 순간이라 말할 수도 있을 것이다.

살아남은 이들도 비극을 비껴가지는 못했다. 다음해 1월 30일, 동프로이센의 시민들은 러시아군의 포화를 피해 빌헬름 구스틀로프(Wilhelm Gustroff)라는 배를 탔다. 정원이 천오백 명 정도였지만 무려 만 명 이상이 그 배에 탑승했다. 출항 이틀 후 덴마크나 폴란드 슈체친 항에 도착할 예정이었지만 기대와는 달리 길을 잃은 소비에트 잠수함 어뢰에 포격되어 그만 침몰하고 말았다. 그때 살아남은 사람은 단 900명. 한겨울 발트해에 수장된 사람들의 안타까운 이야기는 귄터 그라스(Gunter Grass)에 의해 문학 작품으로 탄생하기도 했다.

2차 대전 종전 후 쾨니히스베르크는 소련의 영향권 내에 들어갔고, 그 이후로도 프로이센 사람들의 탈출은 1948년까지 꾸준히 이어졌다. 그리고 1939-1946년 동안 명목상의 국가원수인 최고 소비에트 간부회 의장을 지낸 미하일 칼리닌(Mikhail Kalinin)의 이름을 따서 지금의 칼리닌그라드로 명칭이 바뀌었다. 미하일 칼리닌의 모습은 칼리닌그라드의 관문인 남부역 앞 광장에서 볼 수 있다.

이렇게 영화 같은 사연이 있지만 애석하게도 칼리닌그라드엔 이런 이야기를 눈으로 보여줄 만한 유적지는 거의 찾아볼 수 없다. 또한 발트해 연안에 있지만 발트3국의 패르누(Pärnu)나 팔랑가(Palanga) 등의 해안 도시에 비하면 볼품없고 초라해 일부러 발품 팔아 찾아가야 하나 고민스럽게 만든다. 현재 칼리닌그라드는 변신 중에 있다. 2018년 러시아 월드컵 당시 몇 차례의 경기가 이곳에서 치러지면서 경기장을 비롯한 도시 기반시설이 대단위로 정비되었으며 한국과 러시아간의 무비자 협정 체결 이후 더욱더 많은 한국인들이 이 곳을 찾을 것으로 예상된다. 앞으로 어떻게 변화하게 될지는 아직 판단하기엔 이르다. 그러므로 이 책에서 는 칼리닌그라드와 주변 지역에 대한 이야기를 풀어내는 식으로 내용을 이끌어가고자 한다.

# 칼리닌그라드에 가는 법

## How to come to Kaliningrad

칼리닌그라드의 관문, 남부역 내부

**리투아니아에서 칼리닌그라드까지 버스 상세 노선**

**수도 빌뉴스에서 출발**
출발(13:15) → 카우나스 → 유르바르카스 → 칼리닌그라드 주변의 소베츠크 → 도착(20:35)

**해안도시 클라이페다에서 출발**
출발(06:30) → 쿠르슈 네리야에 있는 유오드크란테, 니다 → 칼리닌그라드의 해안도시 젤레노그라츠크 등 → 도착(11:00)
* 어디까지나 거리와 시속만을 고려한 시간일 뿐, 국경에서 발생할 수 있는 변동사항은 감안하지 않았다.

**버스 이용시 주의할 점**
칼리닌그라드에는 버스터미널이 두 군데 있다. 하나는 중앙역 격인 남부역(Южный вокзал, Yuzhny vokzal) 바로 옆에 위치한 버스터미널이고, 다른 하나는 쾨니히스아우토라는 운송회사가 독자적으로 운행하는 터미널이다. 모두 국내와 국제노선을 같이 운영하고 있다. 그러므로 버스표 구매 시 어느 터미널에서 출발하는지 꼭 확인해야 한다. 참고로 젤레노그라츠크(Zelenogradsk)를 거쳐 리투아니아의 니다(Nida)와 클라이페다(Klaipėda)로 가는 버스는 남부역에 있다.

만약 한국에서 바로 간다면 모스크바나 상트페테르부르크에서 러시아 국내선으로 갈아타는 방법도 있으나 스칸디나비아, 독일, 라트비아 리가, 바르샤바 등에서 비행기로 경유하는 것이 가장 편하다. 칼리닌그라드 주의 흐라브로보(Храброво, Khrabrovo) 공항에서 남부역으로 가는 버스가 자주 있다.

### ● 버스와 기차 🚌🚃

인근 국가인 리투아니아나 폴란드에서 버스나 기차로 올 수 있다. 리투아니아 빌뉴스에서 칼리닌그라드까지는 버스와 기차가 하루에 1대씩 있다. 이 외에도 바르샤바, 리가 등에서도 버스가 오간다. 빌뉴스에서 출발하는 기차는 버스보다 시간이 더 오래 걸린다. 버스와 기차 시간은 변경되는 경우가 많으므로 구체적인 일정은 이 책 〈발트3국 내 교통〉(384~390쪽) 부분에서 각 국가별로 소개된 웹사이트를 참고하자.

> **Tip**
>
> ### 일정 짜기
>
> **❶ 폴란드에서 온다면?**
> 만약 폴란드에서 칼리닌그라드 가는 표를 구했다면 바르샤바에서 칼리닌그라드로 이동한 후 리투아니아의 수도 빌뉴스로 바로 돌아오지 말고, 유네스코 자연유산 지역인 쿠르슈 사구에 있는 휴양도시 젤레노그라츠크에 들러 보자. 그리고 저녁에 리투아니아 클라이페다행 버스를 타고 니다와 유오드크란테 등 리투아니아 해안 도시를 둘러보고 빌뉴스로 돌아오면 좋다.
>
> **❷ 폴란드를 거칠 여유가 없는 경우**
> 리투아니아 빌뉴스나 카우나스에서 칼리닌그라드 현지로 들어간 후 클라이페다행 버스로 돌아와, 클라이페다에서 리가나 탈린 등으로 이동하면 좋다. 만약 클라이페다에서 칼리닌그라드로 들어가는 경우라면 그 반대로 이동하면 된다.

—— *Kaliningrad* ——

# 칼리닌그라드
### 발트해 연안의 러시아 영토

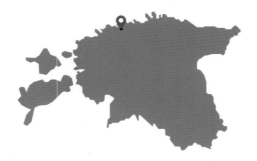

칼리닌그라드는 그 도시의 이름을 딴 칼리닌그라드 주(州)의 수도로서 이 지역의 경제 문화 중심지이다. 칼리닌그라드 주에는 이외에도 리투아니아와의 국경이 있는 소베츠크(Sovetsk), 해안도시인 얀타르니(Yantarny), 젤레노그라츠크(Zelenogradsk), 스베틀로고르스크(Svetlogorsk) 등 여러 도시가 있다. 대부분 칼리닌그라드에서 버스나 기차로 한 시간 이내로 이동할 수 있는 지역이므로 며칠 체류할 거라면 칼리닌그라드를 거점지로 삼는 것이 좋다.

칼리닌그라드 시내의 볼거리는 칸트의 무덤이 있는 곳으로 유명한 쾨니히스베르크 대성당과 그 주변, 신시가지인 승리광장, 그리고 시내 곳곳에 흩어져 있는 쾨니히스베르크 시절의 건축물들로 나눠볼 수 있다.

현재는 미하일 칼리닌의 이름을 따 칼리닌그라드가 되었지만, 프로이센 시절에는 쾨니히스베르크(Königsberg)로 불리었다. 이 외에도 리투아니아어로는 카랄랴우츄스(Karaliaučius), 폴란드어로는 크룰레비에츠(Królewiec)로 불린다. 빌뉴스와 바르샤바에서는 러시아어인 칼리닌그라드 대신 자국어 도시명을 사용하기도 한다.

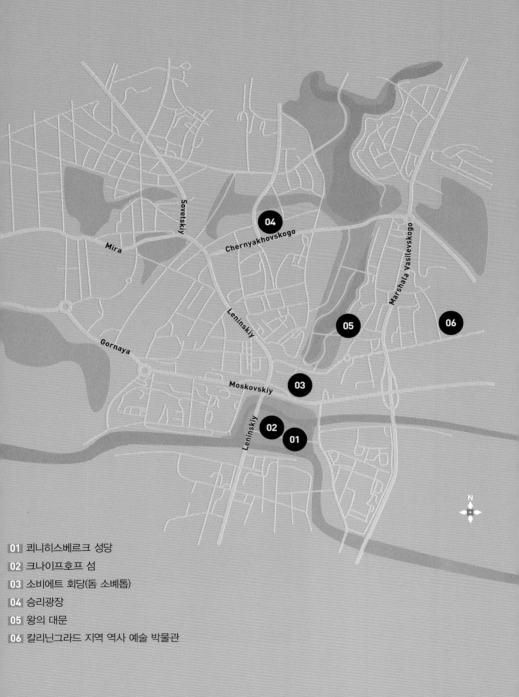

# 쾨니히스베르크
# 성당 주변

대성당 내 박물관. 사진을 찍으려면 요금
을 내야 한다.

서점에서 대성당 입장권에 방문 기념 스
탬프를 찍어준다.

**쾨니히스베르크 성당**
**주소** ул. И. Канта 1 / ul. Kanta 1
**웹사이트** www.sobor-kaliningrad.ru
(러시아어만 가능)
**운영시간** 10:00-18:00 (휴무 없음)
**입장료** 칸트 박물관 270루블

### 쾨니히스베르크 성당 01

**Кафедральный собор в Калининграде,**
**Königsberg Cathedral**

버스로 칼리닌그라드 시내에 들어서면 칸트(Kant)의 묘가 있는 쾨니히스
베르크 대성당이 맨 먼저 눈에 들어온다. 1333년 건설이 시작된 이 성당
은 '크나이프호프(Kniephof)'라는 섬 위에 있다. 16세기 초까지 가톨릭 성
당이었으나, 종교개혁 이후 루터교 성당이 되었고 프로이센과 이웃 국가
들에게 개혁신앙을 전파하며 왕성하게 활동했다. 성당 옆에 있었던 쾨니
히스베르크 대학교는 칸트 등 독일 철학자들을 비롯해 리투아니아 민족
운동을 앞당긴 인물을 여럿 배출하며 유럽 사상과 철학사에 혁혁한 공을
세웠다.

성당과 주변 건물들은 1944년 완전히 파괴되었고 현재의 모습은 1990년
복원된 것이다. 성당 내부는 공연장과 칸트 생존 시절 칼리닌그라드의 모
습을 보여주는 박물관으로 개조되었다. 쾨히니스버그 대학교 도서관을
그대로 재현해 놓은 전시실이 눈길을 끌지만 칸트의 일대기와 업적을 담
은 전시실에서는 딱히 특별한 볼거리를 제공하지는 않는다. 성당 입구 옆
에는 기념품을 파는 서점이 있다. 이곳을 기억하는 독일인들의 방문이 끊
이지 않아서인지 서점 안내원의 독일어 실력이 아주 유창하다.

과거 상당한 학문적 성과를 이루어낸 쾨니히스베르크 대학교는 애석하게
도 복원 사업이 이루어지지 않았다. 대성당 뒤편 강변에 작은 기념비 하
나만이 이곳에 대학교가 있었음을 쓸쓸하게 알려줄 뿐이다. 즉, 칸트가
다녔다는 대학교는 돌멩이 하나 남기고 사라져 버린 상태. 대신 지금은
그의 이름을 빌린 임마누엘 칸트 대학교가 시내 한가운데 서 있다. 그러나
칸트와의 연관성은 학교명과 그의 동상 외엔 거의 없다고 보아도 된다.

칼리닌그라드 시내에 있는 칸트 동상

**칸트의 무덤**

쾨니히스베르크 대성당 뒤편 칸트의 무덤은 원래 성당 내부에 있었으나
1880년 성당 밖에 별도로 만들어진 기도실로 이장되었다. 그리고 1924년
지금의 모습으로 성당 뒤편에 다시 무덤이 조성되었다. 칸트를 잘 알지
못하더라도 그 앞에 서면 왠지 모를 숙연함이 느껴진다. 정말이지 조상의
묘에 오기라도 한 것처럼 큰절이라도 하고 싶어진다. 하지만 진짜 후손
이라고 해도 큰절은커녕 무덤에 꽃 한 송이 놓을 수 없다. 육중한 철문이
무덤 주변에 둘러져 있기 때문이다.

칸트의 생가가 있던 자리를 표시한 석판.
크나이프호프에서 남부역 가는 길목의
어느 대형 슈퍼마켓 벽면에 있다.

"성당 뒤편 칸트의 무덤.
이곳을 보러
칼리닌그라드를
찾는다 해도
과언이 아니다"

343

# 크나이프호프 섬 주변

### 크나이프호프 섬 02 주변

**Кнайпхоф, Kneiphof**

수세기 동안 전 세계 수학자들을 괴롭혔던 난제 중 '쾨니히스베르크 다리 건너기'라는 것이 있다. 쾨니히스베르크 대성당이 위치한 크나이프호프 섬 주변으로는 프리겔 강이 흐르고 있는데 그 강 위로는 한때 7개의 다리가 있었다. 이때 "7개의 다리를 한 번만 건너면서 처음 시작한 위치로 돌아올 수 있는가" 하는 것이 그 문제였고, 1735년 레온하르트 오일러(Leonhard Euler)라는 사람이 이 과제가 불가능하다는 것을 증명했다. 위키피디아를 찾아봐도 여러 이론들로 득실거려 나는 여전히 이해하기 어렵다. 지금은 7개의 다리 중 5개만 남아있고, 그중 하나만이 오일러가 문제를 해결할 당시에 있었던 다리라고 한다. 하나라도 남아있으니 정말 다행이다. 칼리닌그라드에는 정말 그렇게 남아줘서 다행인 것들이 참 많다.

크나이프호프는 작은 섬에 불과하지만 이전에는 쾨니히스베르크에서 독립된 지역을 형성했었을 만큼 중요한 곳이었다. 프리겔 강을 따라 과거 독일식 건물을 재현한 호텔과 카페가 조성되어 러시아가 아닌 독일 어느 지역에 온 느낌이 살짝 든다.

이 주변 카페나 호텔에서 근무하는 직원들은 독일어를 놀랄 만큼 잘 한다.

러시아 전체에서 독일어가 가장 많이 통용되는 지역이다.

## 소비에트 회당(돔 소베톱) 03

**Дом советов, House of Soviets**

크나이프호프 섬을 나와 시내로 좀 더 들어가면 보이는 건물. 얼핏 땅 속에 묻혀있는 로보트가 고개를 내민 것 같기도 하고, 개구리를 형상화한 것처럼 보이기도 한다. 소련 시절 칼리닌그라드 주정부청사로 사용하기 위해 지어졌지만 1985년 공사가 중단되었고, 그 후 한 차례 완공을 시도하였으나 여러 문제로 취소되어 현재까지도 시내 한가운데에 미완성으로 남아있다. 2005년 푸틴 대통령이 이곳을 찾은 것을 기념해 건물 벽이 페인트로 말끔히 칠해진 이후, 흉물스러운(?) 자태는 사라졌으나 건물을 파괴하지도 건설을 이어가지도 못한 채 애물단지로 서 있다.

재미있는 점은 과거 프로이센 황제들이 거주하던 쾨니히스베르크 궁전이 있던 자리에 세워졌다는 것. 이 궁전은 2차 대전 중에 심각하게 훼손되고 나치의 잔재라는 이유로 소련 시절 완전히 철거되었는데 그 자리에 더 흉물스러운 건물을 지어버렸다. 이 건물이 완공되지 못한 이유는 유서 깊은 쾨니히스베르크 궁전 자리에 건물을 세워 프로이센으로부터 저주를 받은 것이라는 말이 있다. 쾨니히스베르크 대성당에서 시내 쪽으로 올라가면 바로 보이지만 제대로 만들어진 건물이 아니니 주소도, 웹사이트도, 업무시간도, 입장료도 없다.

## 승리광장 04

**Площадь победы, Victory Square**

칼리닌그라드에서 가장 번화한 곳. 프로이센 시절에는 '한자플라츠(Hanzaplats)'라 불렸으며 2차 대전 중에는 '아돌프 히틀러 광장'으로 이름이 바뀌기도 했다. 칼리닌그라드가 소련의 영향권에 들어온 직후엔 '승리광장'으로 명칭이 바뀌었다. 원래는 레닌 동상이 있었으나 2005년 쾨니히스베르크 건설 750주년을 맞아 대대적으로 손을 보았다.

광장 뒤편으로는 2006년에 완공된 러시아 정교회 '예수 구원 성당(Храм Христа Спасителя, Cathedral of Christ the Saviour)'이 있다. 70m 높이의 화려한 외관에 비해 내부는 볼 게 별로 없다. 이 주변에는 쇼핑센터나 고급 식당, 극장이 있어 번화가의 분위기를 느낄 수 있다.

당시엔 나름 미래지향적이고 혁신적인 건물로 인정받았던 것 같다. 단지 너무나도 먼 미래를 예측했을 뿐. 유튜브에서 이 건물 관리인에게 뒷돈을 주고 내부에 들어가 촬영한 동영상을 볼 수 있는데 사실 그런 위험을 감수하고 들어가 볼 가치는 전혀 없다. 사고 발생 시 100% 자기 손해. 평양의 류경호텔과 함께 세계에서 가장 흉물스러운 건물로 손꼽히고 있다.

칼리닌그라드에서 가장 화려한 광장이다.

승리광장

**찾아가는 법** 쾨니히스베르크 대성당 앞으로 쭉 이어지는 레닌스키(Ленинский, Leninskij) 대로를 따라 올라가면 된다. 걸어서 약 15분 정도. 레닌스키 대로를 지나는 전차는 대부분 그 앞에 정차한다.

로스가르텐 대문, 호박박물관과 고급 해물
요리 전문점이 입점해 있다.

**로스가르텐 대문 내 호박박물관**
**주소** пл. Маршала Василевского 1
Marshall Vasilevskiy Sq. 1
**웹사이트** www.ambermuseum.ru
**운영시간** 5〜9월 10:00〜19:00 / 10〜4월
10:00〜18:00(월요일 휴무)
**입장료** 450루블(사진 촬영 시 별도의 표
구매)
**찾아가는 법** 시내에서 상당히 멀어 도
보로 가기엔 무리가 있다. 시내 중심가에
서 박물관이 위치한 마르샬 바실렙스키
광장(пл. Маршала Василевскоⓒ,
Marshall Vasilevskij Square)까지 가는
버스가 자주 다닌다. 하지만 칼리닌그라
드의 유일한 전차 노선인 5번 트램을 타
는 것이 가장 편하다.

**왕의 대문**
**주소** ул. Фрунзе 112 / ul. Frunze 112
**웹사이트** www.world-ocean.ru/en
**운영시간** 매일 10:00〜18:00
그러나 주제별 전시실의 경우 월·화요일
에는 문을 닫는 경우가 많으므로 수요일
과 일요일 사이에 방문하는 것이 좋다.
**입장료** 전체 전시관 무제한 이용권 300
루블

**칼리닌그라드 지역**
**역사 예술 박물관**
**주소** ул. Клиническая 21ul./
Klinicheskaya 21
**웹사이트** www.world-ocean.ru/en
**운영시간** 10:00〜18:00 (월요일 휴무)
**입장료** 150루블

## 프로이센 시절 유적

칼리닌그라드에서는 프로이센 시절의 모습을 엿볼 수 있는 유적지가 조
금 남아있는데 대부분 '대문'이다. 대략 10개 정도가 시내 곳곳에 흩어져
있다. 겨우 형태만 남아있거나 차가 다니는 길목에 서 있어서 굳이 시간
내 방문할 필요는 없어 보이지만 그중 제일 볼만한 것을 꼽자면 로스가르
텐 대문(Росгартенские ворота, Rossgarten gates)이 있다. 현재는 고급 식당으
로, 바다에 인접한 도시답게 해물요리 전문점이며 가격이 상당히 비싸지
만 그만큼 맛있다. 특히 이 문은 도나(Дона, Dona)라는 이름의 다른 대문과
바로 연결되어 있는데 그곳은 호박 박물관이다. 1979년 문을 열었으며 독
일기사단이 사용하던 성의 일부를 박물관으로 사용하고 있다. 유럽 호박
생산량의 대부분을 차지한다는 명성에 걸맞게 호박의 생성 과정과 종류,
출토 과정을 볼 수 있다.

## 왕의 대문 [05]

**Королевские ворота, King's Gate**
과거 프로이센 시대에 세워진 대문 중 하나로 현재 세계해양박물관으로 사
용되고 있다. 왕의 대문의 역사를 다룬 전시실 이외에도 해양개발사 및 항
해기술에 관련된 다양한 전시물들이 마련되어 있다.

## 칼리닌그라드 지역 역사 예술 박물관 [06]

**Калининградский областной историко-художественный**
**музей, Kaliningrad Regional Museum of History and Arts**
러시아 텔레비전 채널의 칼리닌그라드 지점인 건물 옆 과거 쾨니히스베
르크 시청 건물은 현재 가가린과 칸트, 브레즈네프, 푸틴 등이 한곳에 전
시된, 약간 이상야릇한 박물관으로 사용되고 있다. 이외에 2차 대전 당시
참혹했던 칼리닌그라드의 모습을 볼 수 있는 전시관도 있어 지역 역사에
관심이 있다면 찾아가보자.

소베츠크는 칼리닌그라드와 리투아니아의 국경 도시로 2차 대전까지 틸지트(Tilsit)라는 독일식 이름으로 유명했다. 13세기 독일기사단이 인근 지역에 지은 요새를 중심으로 마을이 형성되기 시작했고, 그 영역은 네만 강(리투아니아어로 네무나스 강) 유역에 이른다. 틸지트는 교통의 요충지이자 프로이센의 문화적 중심지였으며 원래 이 이름은 프로이센인이 사용하던 독일어가 아닌, 원래 그곳에 살던 원주민들이 붙인 것이었다. 아무튼 지금은 러시아식 명칭인 소베츠크다.

소베츠크 시내는 그리 크지 않아서 걸어서 반나절이면 충분하다. 사실 과거 프로이센 역사와 리투아니아 문화에 특별한 관심이 없다면 이 도시를 지나쳐 칼리닌그라드로 바로 들어가도 괜찮다. 소베츠크의 볼거리라 해봐야 전쟁의 피해를 입지 않은 독일식 건물 몇몇과 웅장한 루이제 다리, 그리고 소베츠크 역사박물관과 작은 갤러리들이 전부. 하지만 이 도시는 마치 과거 크메르인들이 물러난 앙코르와트처럼 거리 여기저기 이야깃거리가 남아있어 그 흔적을 찾는 재미가 쏠쏠하다. 칼리닌그라드 남부역에서 소베츠크로 가는 버스가 수시로 있으며, 특히 리투아니아 카우나스에서 칼리닌그라드로 들어올 경우 이곳을 지나는 버스가 많다.

# 소베츠크

**Советск, Sovetsk**

소베츠크 기차역. 리투아니아에서 강 하나만 건너왔을 뿐인데 완전히 다른 세상이 되었다.

이 지역은 프로이센뿐만 아니라 리투아니아 역사에서도 큰 가치를 가진다. 19세기 말 리투아니아의 반러시아 봉기가 실패로 끝나자 제정 러시아는 리투아니아 전역에 '리투아니아어 금지령'을 선포했다. 하지만 리투아니아에서 네만 강만 건너면 바로인 프로이센 땅에도 리투아니아 유민들이 상당수 살고 있었고, 이곳 틸지트에서는 리투아니아 본토에서 금지된 책들이 다수 출판되어 리투아니아로 넘어갔다.

틸지트에는 과거 빌헬름 황제의 동상을 비롯한 아름다운 독일풍의 건물이 남아있었으나 역시 전쟁의 포화 속에서 과거의 모습은 거의 사라졌다. 남아있는 건물조차도 제대로 관리를 받지 못한 채 앙코르와트에 널브러진 돌멩이처럼 겨우 서 있다. 나폴레옹과 알렉산드르 1세가 뗏목을 띄워 조약을 체결했다는 곳은 네만 강 그 어디쯤이었는지 구체적으로 알 수 없고, 단지 저물어가는 프로이센 역사에서 한줄기 아름다운 이야기를 남긴 루이제 여왕만이 거대한 다리로 남아있을 뿐이다. 과거 리투아니아 책을 출판했던 인쇄소 역시 현재는 다른 용도로 사용되고 있어 직접 눈으로 확인할 길은 없었다.

루이제 다리, 과거 틸지트 시절의 아름다움을 잠시나마 상기시켜 주는 유일한 유적이다.
현재는 리투아니아와 칼리닌그라드 주의 국경 역할을 하고 있기 때문에 보안문제로 사진 찍는 데 애로사항이 조금 있다.

# 루이제 왕비

Luise von Mecklenburg-Strelitz,
Louise of Mecklenburg-Strelitz

1797년 하노버에서 태어나 프러시아의 황제 프리드리히 빌헬름 3세와 결혼한 후 프로이센 역사에서 가장 추앙 받는 여성이 된 루이제 왕비. 그녀는 소베츠크뿐만 아니라 칼리닌그라드, 그러니까 과거 쾨니히스베르크 여기저기에도 그의 족적을 남겨놓았다. 비엔나에 씨씨 왕비가 있고 잘츠부르크에 모차르트가 있다면, 이곳엔 루이제 왕비가 있다.

1806년 보-불 전쟁으로 알려진 프로이센-프랑스 전쟁이 벌어졌을 당시, 빌헬름 3세는 선친과는 달리 정치와 전쟁에 그리 능하지 못해 당시 유럽에서 맹위를 떨치던 나폴레옹 군대와의 전쟁에서 끝내 패배하고 말았다. 나폴레옹이 프로이센을 점령하자 빌헬름 왕가는 틸지트가 있는 동부 프로이센으로 급하게 파신해야 했다. 프로이센과 러시아는 점차 확산되는 나폴레옹의 야욕을 막기 위해 협정을 맺고 있었지만 1806년 12월 나폴레옹이 폴란드를 넘어 프로이센 코앞까지 진격해오고, 믿었던 러시아마저 1807년 프리드란드(현재는 프라브딘스크로 이름이 바뀜. 역시 칼리닌그라드 주 소속)에서 나폴레옹 군대에 패배하고 말았다. 결국 1807년 7월 7일, 나폴레옹과 제정 러시아의 황제 알렉산드르 1세는 네만 강변 어딘가에 배를 띄우고 강화조약에 서명을 했다. 조약에 의하면 프로이센은 폴란드에서 차지한 땅을 다시 폴란드에 돌려줘야 하는 등 프로이센에게 여러모로 엄청난 피해를 입히는 불평등 조약이었으나, 러시아가 그 강화조약에 서명하고 이틀 뒤 프로이센 역시 그 조약에 서명할 수밖에 없는 상황이 되고 말았다.

루이제 왕비는 강화조약을 위해 틸지트에 방문한 나폴레옹과 '개인적으로' 만나 프로이센에 굴욕적인 이 강화조약을 파기하고자 시도했지만 결국 성사되지는 않았다. 하지만 그 노력은 나중에 루이제 왕비를 '프로이센 민족정신의 최고봉'이라 인정받게 하였다. 또한 2차 대전 중 히틀러가 틸지트를 방문한 적이 있었는데 루이제 왕비에게 가장 이상적인 독일 여인이라는 찬사를 보냈다고도 한다. 결과적으로 빌헬름 3세 때 프로이센의 붕괴가 시작되긴 하였지만 루이제 왕비의 아름다운 자태와 선행은 과거 프로이센에 속해 있던 이곳 칼리닌그라드와 리투아니아 해안 지역에 넓게 퍼져있다.

소베츠크 지역 역사 박물관

**주소** ул. Победы, 34 / ul. Pobedy, 34
**웹사이트** www.tilsit-museum.ucoz.ru
**운영시간** 10:00–18:00 (월요일 휴관)
**입장료** 50루블
**찾아가는 법** 리투아니아에서 버스로 들어왔을 경우, 버스터미널까지 가지 않고 국경에서 바로 내려 포베디(ул. Победы) 거리에서 시내 쪽으로 조금만 따라 올라가면 된다. 하지만 칼리닌그라드에서 버스를 타고 왔다면 버스터미널에서 약 15분 정도 걸어야 한다. 버스터미널에서 바로 이어지는 고르코보(ул М.Горького ul. Gorkogo)를 따라 걷다 보면 포베디 거리와 연결된다.

## 소베츠크 지역 역사 박물관

**Музей истории города Советска**

### Museum of the history of the town of Sovetsk

소베츠크, 아니 틸지트의 역사를 조금 더 자세히 보고 싶은 사람은 소베츠크 박물관에 들러보자. 약간 외진 곳에 위치해 있고 건물도 작아 밖에서 잘 보이지 않는다. 막상 들어가도 볼거리가 많진 않지만, '네만 강 유역의 파리'라 불러도 될 만큼 아름다웠던 틸지트의 과거 모습을 사진과 전시물을 통해 엿볼 수 있는 거의 유일한 장소이다.

프로이센과 틸지트에 대한 실질적이고 귀중한 자료가 많으니 지역 역사에 관심 있다면 꼭 가보자.

발트3국에서 호박으로는 리투아니아가 제일 유명하지만, 사실 리투아니아에서 호박 원석은 예전처럼 많이 나오지는 않는다. 리투아니아를 비롯해 유럽에서 판매되는 호박의 거의 90%가 칼리닌그라드에서 채취되는 것이다. 그중에서도 칼리닌그라드에서 서쪽으로 약 30㎞ 떨어진 곳에 있는 얀타르니라는 도시가 바로 호박의 메카다. 하지만 얀타르니의 호박 광산은 일반인 출입이 불가능하며 시내에서도 호박을 출토하는 과정을 전혀 볼 수 없다. 호박박물관 역시 전시물이나 시설이 상당히 열악하여 먼 길을 찾아오는 관광객의 기대에 부응하기에는 부족한 점이 많다. 그러나 2차 대전 당시의 유대인 역사에 관심이 있다면 꼭 찾아가 봐야 하는 곳이다. 이 외에도 러시아에서 독일식 가옥이 가장 많이 남아있는 도시라고도 알려져 있다.

칼리닌그라드에서 얀타르니 가는 버스는 대략 1시간에 한 대꼴로 출발하며, 남부역에서 스베틀로고르스크(Svetlogorsk)라는 해안도시로 가는 버스들이 거의 모두 얀타르니를 통과한다. 운행노선만 잘 알면 굳이 터미널에 가지 않고도 버스를 탈 수 있다. 물론 남부역 터미널 매표소에서도 얀타르니행 표를 판다.

# 얀타르니

**Янтарный, Yantarny**

시내에서 얀타르니로 가는 버스. 안내원에게 직접 표를 구매할 수도 있다.

호박박물관 입구

호박박물관
**주소** Советская 61a / ul. Sovietskaya 61a
**운영시간** 10:00-18:00 (일요일 휴무)

이 동상이 보일 때 내리면 쉽게 찾을 수 있을 것이다.

역사의 현장에서 보는 것이라 그런지 더욱 더 가슴 저리다.

## 호박박물관
Музей янтаря, Amber museum

처음 이곳을 방문했을 당시 말이 박물관이지 그냥 내부가 거대한 '매장'이라는 느낌이었다. 빌뉴스나 리가에서 흔히 볼 수 있는 호박 장신구 판매장과 별 다를 바 없다. 차이가 있다면 그것도 구경거리라고 꽤 비싼 입장료를 받는다는 것. 게다가 매표소 직원은 외국인이라는 것을 노리고 거스름돈도 정확히 주지 않는다.

전체 2층 건물로, 1층 매장엔 투박해 보이는 물건들이 가득하지만 2층에서는 장인들이 세공하는 모습을 볼 수 있다. 그러나 옆으로 다가가면 재빨리 일어나 모두 자기가 만든 세공품이 쭉 진열된 판매대를 보여준다. 인상적인 것은 사람 키만큼 쌓아놓은 호박 피라미드로, 그 안에서 호박의 에너지를 느끼며 치유 효과를 느낄 수 있다고 한다. 2018년 러시아 월드컵 기간에 맞추어 새롭게 단장을 마쳤다고 하니 일부러 얀타르니까지 왔다면 찾아가보자.

얀타르니 시내에는 중심이 되는 버스터미널이 따로 없어 내릴 때 주의해야 한다. 러시아어를 안다면 호박박물관으로 가는 곳이 어디냐 물어볼 수 있겠지만 말이 안 통할 경우 표를 판매하는 안내원에게 호박 사진을 보여주면 박물관으로 가는 길에 차를 세워줄 것이다.

## 유대인 추모비

2차 대전 중 이곳 해안가에서 학살된 유대인들을 추모하기 위해 세워졌다. 1945년 소비에트 군대가 동프로이센을 점령했을 당시, 프로이센인들은 인근의 강제수용소에 수감된 유대인을 얀타르니에 있는 오래된 호박광산 안으로 이감시켰다. 그리고 1945년 1월 31일 차가운 바다로 몰아놓고는 모두 총살하였다. 여기에 끌려간 유대인은 대략 3천 명. 그 무자비한 학살에서 십여 명만이 살아남았다고 한다. 그날 바다에서 벌어진 참상을 그대로 옮겨 놓은 듯한 사실적인 벽화를 보고 있으면 가슴이 짠해진다. 얀타르니 시내 곳곳에 안내 표지판이 있어 어렵지 않게 찾을 수 있다.

이 두 도시는 칼리닌그라드 주의 대표적인 해안도시이다. 소련 시절에는 상당히 알아주는 명소였다. 독일풍의 집들이 거리에 늘어서 있어 러시아에서는 볼 수 없는 독특한 풍경을 만든다.

젤레노그라츠크는 한때는 독일어로 '크란츠(Kranz)'라고 불렸던 유서 깊은 곳이다. 리투아니아 클라이페다(Klaipeda)에서 칼리닌그라드에 입국할 때 거치게 되므로 같이 둘러보면 좋다. 반면 스베틀로고르스크는 젤레노그라츠크처럼 거쳐 오는 곳이 아니라 일부러 찾아가야 하지만 칼리닌그라드에서 버스나 기차가 수시로 다니므로 반나절 일정으로 다녀올 만하다.

재미있게도 젤레노그라츠크에는 고양이박물관, 스베틀로고르스크에는 쥐박물관이 있어 눈길을 끈다. 각각 고양이나 쥐에 관련된 그림이나 일러스트, 디자인 등을 전시하고 있다. 젤레노그라츠크 고양이박물관은 시내에서 조금 떨어져 있지만 오래된 급수탑 안에 있어 고풍스럽다. 고양이박물관은 현지어로 '무라리움'이라 불리는데, 고양이 울음소리의 러시아식 표현이다. 이밖에 스베틀로고르스크 해안가에는 케이블카가 설치되어 있는데 바다의 풍경을 즐길만한 시설은 아니다.

### 프라브딘스크(구 프리드란드Friedland)

**Правдинск, Pravdinsk**

나폴레옹에 관심이 있다면 틸지트 조약 전 나폴레옹 군대가 러시아와의 전투에서 대승을 거둔 프라브딘스크를 방문해 보자.

### 발티스크

**Балтийск, Baltiysk**

그 유명한 러시아 발트함대의 거점지이자 러시아 최서방 도시인 발티스크는 러시아가 진격하기 전 프로이센인 수만 명이 독일로 탈출했던 슬픔의 도시이기도 하다. 지금도 여전히 군사도시이기 때문에 별도의 출입증이 필요하며, 최소 2주 전에 현지 여행사에 연락해 특별허가를 취득해야 한다.

# 젤레노그라츠크와 스베틀로고르스크

**Зеленогра́дск &**
**Светлого́рск**
**Zelenogradzk & Svetlogrosk**

●-------------------------------

**젤레노그라츠크 고양이박물관 무라리움**
**(МУРАРИУМ, Murarium)**
**주소** ул. Саратовская 2А / ul.
Saratovskaya 2A
**웹사이트** www.murarium.ru
**운영시간** 11:00–19:00 (휴무 없음)
**입장료** 280루블

**스베틀로고르스크 쥐박물관(музей м**
**ыши Мышеловка,Mouse Museum**
**Mousetrap)**
**주소** Старая площадь 2 / Staraya
Square 2
**웹사이트** www.mouseplanet.ru
**운영시간** 5~9월 11:00–19:00 (월요일 휴무) / 10~4월 12:00–18:00 (월·수·금만 영업)
**입장료** 100루블

현재는 고양이박물관이 된 오래된 급수탑. 내가 방문했을 때는 애석하게도 공사 중이었다.

## PART 5

# PLAN

발트3국,
역사와 문화의 향기가 매혹적인 곳

# 여행 시기

발트3국은 덴마크와 같은 위도에 위치해 있다. 에스토니아 탈린의 경우 스웨덴의 스톡홀름, 러시아의 상트페테르부르크와 고도가 비슷하다. 그렇기 때문에 여름엔 백야현상으로 밤 11시가 넘어서까지 해가 떠 있다. 겨울에는 해가 금방 져서 오후 4시만 되어도 깜깜하다. 밝은 여름은 두어 달 정도밖에 되지 않는 반면 어두운 겨울은 약 5개월이나 지속되기 때문에 11월 이후부터 4월 초까지는 발트3국을 여행하기에 그리 좋은 계절이 아니다.

**여행하기 좋은 시기**
**: 5월-9월**
대부분의 관광지는 이 시기에 맞춰 모든 행사일정과 개폐장 시간이 정해진다. 특히 1년 중 가장 볼 것이 많은 기간은 하지가 있는 6월 마지막 주이다.

여름: 6월-8월

최대 30℃까지 기온이 올라갈 수 있으나 비가 내리거나 구름이 끼기 시작하면 온도가 급속히 떨어지므로 일교차가 매우 심하다. 그러므로 반소매만 입고 있다가는 감기에 걸리기 십상이다. 온도가 떨어지면 입을 수 있는 긴소매 옷을 항상 준비해두는 것이 좋다. 여름이라 하더라도 영상 10℃의 날씨가 이어지는 때도 있으므로 우리나라 여름철을 생각하고 옷을 준비하면 낭패를 볼 수 있다. 우리나라의 초가을 날씨에 대비한 옷을 몇 벌 준비하는 것이 좋다. 하루에도 몇 번씩 비가 내리고 그치기를 반복하므로 우산 역시 필수다.

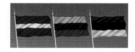

가을: 9월-10월 초반

이른 가을 역시 여름처럼 여행하기 좋은 시기이다. 여름보다 해가 일찍 지고 온도가 더 떨어진다는 단점이 있긴 하지만 덥지도 춥지도 않아 여행하기에 적당하다. 성수기가 지난 시점이기 때문에 여행비용도 절감할 수 있다. 그러나 여름을 대비해 영업하는 성곽들은 대부분 문을 닫기 때문에 관람할 수 없는 일도 잦다.

발트3국에 산은 없지만 도시와 들판이 단풍으로 물들기 때문에 우리나라 사람들에겐 상당히 신선한 풍경을 선사한다. 10월 중반으로 넘어서면 눈이 내릴 가능성이 있고 일기변화가 심하므로 감기에 걸리기 쉽다.

겨울과 봄: 12월-3월초(겨울), 3월-4월(봄)

겨울과 봄은 여행하기 좋은 계절이 아니다. 겨울에는 해가 오후 4시 정도에 지기 때문에 관광을 할 수 있는 시간적 여유가 없으며 두꺼운 옷을 준비해야 하므로 개인 짐이 많아져 이동하기가 힘들다. 때에 따라 영하 20℃ 아래로 떨어지는 날씨가 며칠간 이어지기도 한다.

봄에는 여름보다 날씨가 좋은 상황도 있으나 날씨 변화가 극도로 심하고 겨울에 쌓인 눈이 녹아 온 도시가 진흙탕이 되기 일쑤다. 3, 4월이 특히 심하다. 발트3국은 4월까지 눈이 내릴 때가 있으므로 만약을 대비해 겨울옷을 준비해야 한다는 단점이 있다. 하지만 5월이면 날씨가 완전히 풀리고 여행하기 딱 좋은 계절이 도래한다.

# 치안·안전

## 초보 배낭여행자들의 안전지대

발트3국은 초보 배낭여행자들이 여행하는 데 위험한 점은 전혀 없다. 여행자들을 위한 편의시설도 비교적 잘 갖춰져 있고 관광객들이 많이 다니는 곳에는 경찰들이 자주 순찰을 돌며 CCTV도 설치돼 있어서 안전 관련해서는 다른 나라들보다 뒤떨어지지 않는다. 스킨헤드나 유색인종을 대상으로 한 폭력은 '전혀 없다'고는 할 수 없으나 러시아처럼 사회적 문제로 부각되는 정도는 아니다. 그러나 최근 들어 유색인종을 대상으로 한 범죄행위가 조금씩 증가하는 추세에 있다. 그러나 여행책자에 소개된 도시와 관광지를 중심으로 이동한다면 보안상 문제는 없다.

## 외곽에 있는 숙소

호텔 경비를 절약한다는 차원에서 지나치게 외곽에 있는 호텔을 찾다가 오히려 이동경비가 더 들 수 있다. 또한 관광지와 거리가 먼 숙소의 경우 다른 지역보다 위험할 가능성이 있다. 여행하다가 해가 진 다음 어두컴컴할 때 외곽의 숙소로 복귀하다가 할 일 없이 어슬렁거리는 젊은이들의 표적이 될 수 있으므로 주의가 필요하다. 대낮이라 하더라도 주거지역이나 시내에서 조금 떨어진 지역을 걷다 보면 술 취한 젊은이들이 삼삼오오 모여 있는 것을 볼 수 있다. 동양인을 볼 기회가 드문 곳이다 보니 관심을 보이고 말을 거는 경우도 있지만 이상한 소리를 중얼거리면서 동양인 여행객을 놀리는 경우도 잦다. 물론 그런 사람들을 무조건 경계해야 한다는 의미는 아니지만, 쓸데없는 문제를 만들지 않기 위해 되도록 피해 돌아가는 것이 좋다.

만약 불손한 생각을 가진 사람들에게 둘러싸였을 경우 자리를 피하는 것이 우선이다. 그 후에 경찰서나 현지 친구를 찾아가 도움을 청해야 한다. 발트3국 경찰관들은 비교적 본연의 임무를 잘 수행하고 있으니 크게 걱정할 필요는 없다.

## 소매치기 조심할 것

전 세계 어느 곳에나 관광객이 많은 장소에는 소매치기가 들끓는다. 사람들의 이동이 많은 터미널 주변(리가, 빌뉴스 터미널), 노천시장(리가 시장), 구시가지에서는 외국인이라면 언제나 소매치기들의 표적이 될 수 있으니 주의를 요한다.

혼자서 여행하는 경우 터미널이나 역에 있는 수화물보관소에 큰 짐을 맡긴 후 작은 짐만 가지고 여행을 하는 것이 안전하며 가방을 앞으로 메는 것도 좋은 방법이다.

## 2차선 도로

일반적으로 규정 속도는 시속 90㎞이나 교통경찰관, CCTV가 없는 곳에서는 속도를 내는 운전자들이 많으므로 주의를 요한다. 만약 운전 중이나 여행 시 사고를 당하면 국가를 막론하고 모두 비상번호가 112로 통합되어 있으므로 전화해 도움을 요청할 수 있다. 해외로밍을 신청하지 않았거나 요금을 납부하지 않아 사용 불가한 전화라 하더라도 비상전화는 통화가 가능하다. 또한 갑자기 구름이 끼고 폭우가 내리는 경우가 많으므로 운전 시에는 꼭 전조등을 켜야 한다.

# 숙박

발트3국은 국제적으로 유명한 호텔체인부터 저렴한 게스트하우스, 유스호스텔까지 다양한 여행객들의 취향에 맞춘 숙박업소들이 존재하므로 일정이나 예산에 따라 어렵지 않게 잘 곳을 마련할 수 있다. 그러나 관광객이 집중적으로 몰리는 6월에서 8월 사이에는 이동경로를 미리 정해 호텔 예약을 해두는 것이 비교적 안전하다. 미처 숙소를 알아보지 못하고 여행을 떠나게 되는 일이 발생한다면 시내 관광안내소에 문의해 숙소를 찾게 되는 경우도 있으니 지레 겁먹지 말자.
인터넷이 활성화돼 있지 않던 십여 년 전만 해도 호텔 예약은 여행자들의 골머리를 썩이는 일 중 하나였는데 최근에는 호텔 전문예약 웹사이트, 스마트폰 앱으로 쉽게 숙소를 찾을 수 있으므로 묵을 곳을 정하지 않은 채 무턱대고 여행을 떠나는 일도 상당히 재미있을 것이다.

## 호텔

**호텔 예약 웹사이트**
www.agoda.com
www.booking.com
www.expedia.com
www.hotels.com
www.baltichotelsonline.com
(발트 지역의 호텔 전문예약)

인터넷을 통해 조회하면 쉽게 호텔 예약이 가능하고 각 호텔별 가격대, 위치 정보 외에도 투숙했던 이들의 후기 및 평점을 볼 수 있다. 호텔 예약 웹사이트에서 발트 지역의 고급 호텔부터 일반 호스텔까지 다양한 가격대의 숙박 정보를 한눈에 볼 수 있다. 대부분 한국어 서비스를 제공하고 있으므로 현지 호텔과 연락하는 과정에서 언어소통의 문제가 있거나 예약과 내역이 다르거나 서비스가 불만족스러울 경우 한국어 사용직원들을 통한 해결도 가능하다.
웹사이트별 할인혜택이나 특가상품에 대한 정보가 다를 수 있으니 발품을 파는 것도 중요하지만, 웹사이트 한 곳만 집중적으로 공략해 한 푼이라도 더 저렴한 숙박 정보를 미리 획득하거나 다음 예약 시 할인을 적용받는 등의 혜택을 누리는 것도 추천할 만한 방법이다.

### 인터넷을 통한 호텔 예약 시 주의할 점

인터넷에서 호텔 가격을 조회할 경우 특가상품인지 일반상품인지 꼼꼼히 살펴봐야 한다. 특가상품의 경우 일반적인 상품보다 저렴한 가격을 제공하지만 여러 가지 제한사항이 걸려 있기 때문에 일정을 변경하거나 취소하는 것이 불가능할 수 있다. 혹은 많은 수수료를 물어야 하는 일이 발생할지도 모른다. 유독 가격이 저렴한 때에는 예약과 동시에 결제되는 경우가 대부분이며 이렇게 되면 예약 취소나 변경이 불가능하다. 아침식사를 별도로 결제해야 한다거나 현지에서 부가가치세를 별도로 지불해야 하는 일도 있으므로 예약 전 제시되는 조건들을 꼼꼼히 숙지하는 것이 필수다. 그리고 저렴한 가격을 제시하는 방은 같은 호텔 내 다른 방에 비해서 환기시설이 좋지 않거나, 너무 구석에 있거나, 좁거나, 바깥거리와 가까이 위치해 소음이 심할 수 있으니 주의하자. 일정이 아직 확정되지 않았거나 마음의 결정을 확실히 하지 못한 경우에는 약간 가격이 나가더라도 현지 지불방식으로 결제를 하는 것이 좋다.

### 유명 호텔체인

발트3국이 유럽의 떠오르는 인기 여행지로 각광을 받기 시작해 전 세계 유명 호텔체인들이 앞다퉈 이곳에 진출하고 있다. 그러나 여전히 다른 여행지에 비해 유명도가 높은 호텔체인보다는 중저가 호텔체인이나 북유럽을 거점으로 활동해 한국에서는 인지도가 높지 않은 호텔이 대부분이다.

#### ° 래디슨 계열 호텔(Radisson Blu)

미국 미네소타 주에 본부를 두고 있는 호텔체인. 한때 스칸디나비아 항공이 유럽 내에서 상당한 지분을 가지고 'Radisson SAS'라는 이름으로 활동하다가 현재는 'Radisson Blu'로 명칭이 변경되었다. 발트3국에서 가장 왕성한 활동을 벌이고 있는 호텔체인으로서 대도시에서 활동하고 있던 기존 유명 호텔들을 대부분 인수하여 같은 거리에 같은 이름의 호텔이 몇 채씩 들어서 있는 경우도 있다.
지역에 따라 다르지만 최고급 호화 숙박시설이라는 이미지보다는 비

탈린에 있는 래디슨 블루 호텔

즈니스 방문객이나 단체여행객을 위한 시설이라는 이미지가 강하다. 발트3국의 수도와 대도시에 대부분 진출해 있으며 같은 계열사 호텔이라면 지역을 막론하고 운용시스템이 동일하기 때문에 장소를 바꾼다 하더라도 내 집 같은 느낌을 유지하며 여행을 이어갈 수 있다는 장점이 있다. 하지만 호텔 이름만 알고 정확한 주소를 갖고 있지 않으면 택시 운전사들이 길을 찾는 데 애를 먹을 수 있으니 주의한다. 특히 리가에서 머물고 있다면 주소를 제대로 파악하는 것이 필수다.

이전부터 호텔로 운영되던 것을 인수해 래디슨 간판을 입힌 것이 대부분이다. 거리를 걷다보면 래디슨 계열의 호텔을 쉽게 발견할 수 있다.

소련 시절 일부러 탈린 구시가지 입구에 지어 아름다운 경관을 훼손시켰다고 악명이 높았던 호텔. 현재는 핀란드의 비루 호텔(Hotell Viru)로 영업 중이다. 소련 시절 당시 만들어진 호텔 간판을 그대로 사용하고 있다.

## 빌뉴스

| 레투바 호텔 (Radisson Blu Hotel Lietuva) | 콘스티투치요스(Konstitučijos) 대로 한복판에 위치 소련 시절에는 KGB 본부였다가 독립 직후 호텔로 개조 |
|---|---|

## 리가

| 호텔 라트비아 (Radisson Blu Hotel Latvija) | 구시가지 입구에 들어서 시내의 전반적인 분위기를 해친다는 의견이 많았다. 이 호텔이 위치한 엘리자베테스 (Elizabetes iela) 거리에만 래디슨 호텔이 3개나 존재한다 |
|---|---|

## 탈린

| 래디슨 블루 스카이 호텔 (Radisson Blu Sky Hotel) | 매끈하고 날렵한 외관으로 방문객들의 눈길을 사로잡는다 |
|---|---|
| 올륌피아 호텔 (Olümpia Hotel) | 1980년 모스크바에서 올림픽이 개최되던 해에 탈린에서도 몇 가지 경기가 열린 것을 기념하기 위해 만들어졌다 |

### ˚ 에우로파 시티, 에우로파 로얄(Europa City, Europa Royale)

이름을 읽는 데 약간 주의가 필요한 두 호텔체인은 같은 그룹에 속해 있지만 가격대에서 상당한 차이가 난다. 에우로파 시티(Europa city)는 시내 중심가에 위치한 3성 호텔로 비즈니스 방문객이나 싸고 깨끗한 숙박시설에 만족하는 여행객들을 대상으로 하는 반면, 에우로파 로얄(Europa Royale)은 4성 이상의 호텔로 일반적인 조건보다 더 고급스러운 숙박을 원하는 이들을 대상으로 한다. 카지노 같은 시설이 마련되어 있기도 하다.

에우로파 시티의 경우 동행과 함께 방을 이용한다면 개인당 유스호스텔과 큰 차이 없는 가격으로 꽤 좋은 방에서 묵을 수도 있으니 참고하자.

리가와 탈린에 있는 탈링크 계열 호텔은 가격대가 높으나 고급 서비스를 제공하는 비즈니스호텔로 유명하다.

### ˚ 베스트 웨스턴(Best Western)

미국 애리조나 주에 본사를 두고 있는 호텔체인. 한국에서도 꽤 알려져 있다. 아직 탈린에 진출해 있지 않지만 빌뉴스와 리가에서 이용이 가능하다. 리가의 경우 구시가지에서 조금 떨어져 있긴 하지만 관광객들의 발길이 많이 닿지 않는 한적한 지역에 자리 잡고 있기 때문에 시내에서 볼 수 없는 독특한 분위기를 느끼고자 한다면 추천한다. 빌뉴스의 경우 구시가지는 아니지만 시내에서 접근성이 좋은 편이다.

리가 시내에 있는 이비스 계열 호텔. 이비스 체인은 비교적 저렴하면서 높은 수준의 서비스를 제공한다.

이외에도 중저가 호텔체인 **이비스(Ibis)**는 탈린과 카우나스에, **매리어트 코트야드(Marriott Courtyard) 호텔**과 **홀리데이 인 호텔(Holiday Inn Vilnius)**과 **크라운플라자 호텔(Crowne Plaza Vilnius)**이 빌뉴스에, **힐튼 호텔(Hilton Tallinn Park)**은 탈린에 진출해 있다. **켐핀스키(Kempinski)** 계열의 호텔은 탈린과 빌뉴스에 각각 **호텔 텔레그라프(Hotel Telegraaf)**, **호텔 캐시드랄 스퀘어(Cathedral Square)**라는 이름으로 운영 중이다.

## 유스호스텔

발트3국의 대도시에 위치한 유스호스텔은 수준이 매우 높다. 탈린, 리가, 빌뉴스 같은 수도를 비롯한 유명 도시들의 주요 관광지에는 유스호스텔이 영업하고 있어 발품을 팔다보면 괜찮은 가격대의 적당한 곳을 찾을 수 있다. 미리 예약하지 못하고 찾아간 곳에 투숙 가능한 방이 없을 경우 다른 유스호스텔을 소개받기도 한다.

유스호스텔은 호텔과 달리 방을 얻는다기보다 침대를 얻는다는 개념이므로 개인생활이 완벽하게 보장되지 않으면 여행을 즐길 수 없는 분, 코를 심하게 고는 등의 체질적인 단점으로 단체생활에 무리가 있는 분을 제외하고는 저렴한 숙박을 목적으로 하고 있는 여행객들에게는 매우 득이 된다. 요즘엔 유스호스텔도 다양화되어 '도미토리'라 불리는 기숙사식 시설부터 공동화장실과 목욕시설을 같이 이용하지만 개인용 방에서 숙식이 가능한 시설까지 가격대와 취향에 따른 선택의 폭이 넓어졌다. 게다가 혼자 여행하는 길이라면 새롭게 친구를 사귈 수 있는 기회가 생긴다는 점, 여행정보를 공유할 수 있다는 장점이 있어 유스호스텔은 인기가 많다.

유스호스텔은 기차역과 버스터미널 주변, 구시가지 등에 집중되어 있고 시내에서 거리가 꽤 있지만 교통사정이 좋은 외곽지역에 자리 잡고 있는 경우도 있다. 다만, 여행객보다는 일용직 근무자나 불법체류자들의 임시숙소로 이용되는 유스호스텔도 있으므로 투숙을 결정하기 전에 분위기 파악을 잘 해두는 것이 중요하고, 인터넷 예약 시 이전에 숙박했던 사람들의 리뷰를 읽어보는 것이 좋다.


## 민박

일반 가정집에 무료로 머무르면서 현지인의 삶을 체험하고자 한다면 카우치서핑(www.couchsurfing.com)을 이용해보자. 카우치서핑은 현지인의 집에 묵으면서 그 지역 사람들의 일상을 좀 더 가까이 체험해보고자 하거나 숙박비를 아끼고자 하는 사람들이 즐겨 사용하는 서비스다.

웹사이트에 정식으로 등록한 뒤 약간의 기부금을 내야 사용할 수 있으며 회원들끼리 소통해 숙박장소를 제공받을 수 있다. 발트3국은 카우치서핑이 비교적 활성화돼 있어 현지인들과 함께 살면서 그들의 삶과 생활을 공유하는 독특한 여행을 꿈꾸는 사람들에게 적극 추천한다.

## 농촌체험관광 및 특별숙박시설

인터넷을 통해 이미 다 본 것 같은 건축물을 찾아 돌아다니거나 해외에서까지 대도시의 분주함을 느끼고 싶지 않은 사람들이라면 한번쯤은 도시에서 멀리 떨어진 시골에서 시간을 보내는 것도 나쁘지 않다.

발트3국에는 시골마을의 오래된 집을 숙박시설로 개조해 제공하는 민박집이 많이 있다. 향토음식, 현지의 전통 냄새가 가득 담긴 방 분위기, 숲과 호수에서의 맑은 공기 등 도시여행에서는 맛볼 수 없는 다양한 즐거움을 제공한다. 물론 대중교통을 이용해 도착할 수 없는 곳에 위치해 있기 때문에 승용차로만 이동해야 하고 인근에 마을이나 편의시설이 없다는 단점이 있지만, 대도시보다 싼 비용에 만족도 높은 숙박을 즐길 수 있고 다른 곳에서는 먹기 힘든 향토음식을 맛볼 수 있다는 크나큰 장점이 있다. 그리고 이런 곳의 숙박시설에는 전통 사우나 시설을 갖춘 경우가 많다. 공기를 뜨겁게 달군 사우나에서 몸을 데운 후 찬 호숫물에 들어가는 느낌은 한국에서 감히 체험해볼 수 없는 짜릿한 경험이 될 것이다.

이런 유의 숙박업소 대부분은 웹사이트에서 정보를 찾기 힘들다. 하지만 발트여행 중 오른편에 표시해둔 도시를 여행하고자 계획하고 있다면 현지 관광정보센터를 통해서 한적한 시골의 숙박시설을 문의해보자.

**에스토니아:** 브루, 루흐누, 키흐누, 소마 국립공원
**라트비아:** 루자, 콜카, 둔다가
**리투아니아:** 드루스키닌케이(주키아 국립공원), 니다

# 숙소 예약 시 주의해야 할 지역

발트3국의 각 지역마다 가급적 예약을 피하거나 차선책으로 미뤄두면 좋을 주의지역이 있다.
인터넷에서 호텔 예약 시 지도를 통해 위치를 파악할 경우 염두에 도면 도움이 될 것이다.

## 빌뉴스

새벽의 문(Gate of Dawn)

### '새벽의 문' 인근 할레스 투르구스(Halės Turgavietė)

할레스 투르구스는 빌뉴스 기차역에서 구시가지 관광의 출발점이라
는 '새벽의 문(Gate of Dawn)'으로 가는 길목에 위치한 시장이다.
이곳 주변에 중저가의 호텔들이 밀집되어 있다. 대부분 30유로 안팎
의 저렴한 가격으로 묵을 수 있는 곳이 많으나 가격대에 비해 시설이
미비하고 쾌적한 숙박을 누리기엔 어려움이 있다. 때에 따라선 무척
시끄러운 투숙객들을 만날 수도 있다. 필리모(Pylimo ; 역에서 가까
운 초입 부분), 소두(Sodų), 겔류(Gelių) 거리 등.

### 공항에서 시내로 들어가는 길목

빌뉴스국제공항은 시내에서 아주 가깝기 때문에 버스나 기차를 타도
15분 이상 걸리지 않고 택시도 바가지를 쓰지 않는다면 아주 저렴하
게 도달할 수 있다. 다음날 아침 비행기가 이른 시간에 출발한다고
해서 공항 인근에 숙박하고자 하는 사람들이 있는데, 그곳은 편의시
설이 아주 부족하고 저녁이 되면 대중교통도 일찍 끊기기 때문에 출
발시간이 새벽 6시 이전이 아니라면 공항 인근 호텔에서 굳이 묵을
필요가 없다. 그리고 공항에서 기차역으로 들어가기 전에 통과하는
나우이닌케이(Naujininkai)라는 지역은 빌뉴스에서 우범지역으로 꼽
히는 지역이므로, 공항 인근에서 숙박하고자 한다면 빌뉴스국제공
항 내에 자리 잡은 에어인(AirInn) 호텔을 이용하거나 구시가지나 시
내의 호텔을 이용할 것을 추천한다.

## 중앙역 광장 바로 맞은편 맥도날드 건물 및 중앙 시장 내부

중앙역에 도착했을 경우 광장 건너편으로 바로 보이는 맥도날드 건물 한 동에는 유스호스텔이 밀집해 있다. 지도상으로 시내 한가운데 위치해 있기 때문에 그 건물 내 유스호스텔에 방을 잡는 경우가 많은데, 그 건물에는 중앙역 인근 중앙시장이나 리가를 오가며 무역업을 하는 일명 '보따리 장사꾼'들이 줄곧 머문다. 안전성 차원 이외에도 방 내부에서 취식을 하거나 장사 마친 후에 모여 보드카 등을 마시는 투숙객들도 있을 수 있으므로 편안한 휴식에 방해받을 수 있다. 혹시 그 건물 내에 숙박을 잡았다면 투숙을 결정하기 전에 방과 투숙객들의 분위기를 직접 파악하는 것이 필요하다. 그 건물에서 불과 몇 블록만 더 가면 다양하고 훌륭한 유스호스텔이 많이 있으니 맘에 안들면 과감히 거절하고 나오도록 하자.

중앙시장 내에 유스호스텔이라 이름 붙인 숙박업소들이 몇 개 있으나 위에 말한 맥도날드 건물 내 유스호스텔처럼 배낭여행자만 투숙하는 것이 아니므로 꼭 확인해보자. 중세시절 리가를 거점으로 무역하던 상인들의 삶을 꿈꾸는 현지인들, 혹은 주변 국가들의 상인들과 '보드카 배틀'을 해보는 데 관심이 있다면 모르겠지만 말이다. 혹시라도 만약 그리 된다면 소지품 간수는 철저히 하길 바란다.

중앙역 앞 맥도날드 건물. 이 건물에 유스호스텔이 많다.

## 탈린 외곽 지역

탈린은 다양한 위성도시들로 둘러싸여 있다. 공식적으로는 탈린 시에 편입돼 있지만 사실은 전혀 다른 도시인 경우가 많다. 그런 곳에 위치해 있다고 숙박시설의 서비스가 형편없거나 바가지를 씌우는 것은 아니다. 다만 대중교통을 이용해 이동하기가 불편하고 주변에 편의시설이 없다보니 개인 여행객들이 이용하기에 어려움이 많을 수 있다. 고급 호텔들도 이 지역에 자리 잡고 있지만 승용차로 이동한다 해도 시내까지 오는 데 꽤 많은 시간이 걸린다. 호텔 주소에 탈린 이외에 다음과 같은 명칭이 추가적으로 들어가 있다면 일단 예약을 다음으로 미루자.

*피리타(Pirita), 늠메(Nõmme), 사쿠(Saku), 맨니쿠(Männiku), 마르두(Maardu), 하베르스티*
*(Haabersti), 라에(Rae), 팔디스키(Paldiski), 사우에(Saue), 케일라(Keila)*

피리타의 경우 비교적 시내에 가깝고 시설도 잘되어 있지만 탈린 시내에서 밤늦게까지 놀다가 버스가 끊겨서 택시를 타는 경우 하루 숙박비용보다 더 많은 지출을 해야 할 수 있음을 각오해야 한다.

### '야마 투르그(Jaama Turg)' 주변

야마 투르그는 인근에 위치한 탈린 중앙역 '발티얌(Baltijaam)'의 명칭에서 따온 것으로 역전시장이라고 보면 된다. 기차역의 정문은 구시가지를 마주하고 있는데, 반대쪽 플랫폼은 야마 투르그로 향해 있다. 기차역 청사 내부와 중앙역 플랫폼을 바로 마주보는 곳에 꽤 괜찮은 호텔이 몇 개 있다. 하지만 그보다 시장 안쪽으로 더 들어가야 하는 호텔이라면 예약을 우선은 좀 미뤄보는 것이 좋다.

# 추천 여행 코스

발트3국은 전체 면적이 대략 한반도와 비슷하고 볼거리가 다양한 지역에 넓게 퍼져 있으므로 미리 세부적인 일정을 짜두는 것이 중요하다. 일반적으로 북유럽, 러시아 등과 발트3국을 연계해 일정을 짜거나, 발트3국에만 특별한 관심이 있어 약 7일-10일 정도의 기간을 잡고 여행하는 경우가 대부분이다. 항공권과 관련된 정보는 〈발트3국 내 교통〉의 항공 편을 참고해보길 바란다.

| |
| --- |
| 일반 여행 경로 (5일-7일) |
| 자연 여행 스페셜 (최소7일-10일 이상) |
| 역사 여행 스페셜 (5일-7일) |

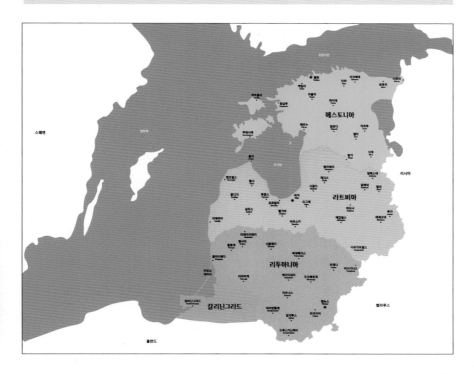

# 일반 여행 경로

각국별 수도를 중심으로 일정을 짜되 다른 나라로 이동하는 도중에 있는 주요 도시를 하나 정도 더 돌아보는 일정으로 구성되어 있다. 대중교통을 이용하건 개인차량을 이용하건 특정국가의 수도 간(빌뉴스–리가, 리가–탈린) 이동시간은 대략 네 시간 반 정도 잡으면 된다. 각 수도마다 1박 2일을 머물면서 여유롭게 여행을 즐길 수 있는 가장 기본적인 여행 경로다.

## 에스토니아 탈린으로 입국하는 경우

(※ 리투아니아에서 시작하는 경우 이 반대 일정으로 이동하면 된다.)

### 경로 1

에스토니아

탈린(2박)
↓
타르투(1박)
↓

라트비아

리가
(2박/리가 체류 중 시굴다 ·
체시스 · 유르말라 방문 가능)
↓
룬달레, 바우스카(경유)
↓

리투아니아

빌뉴스(2박)

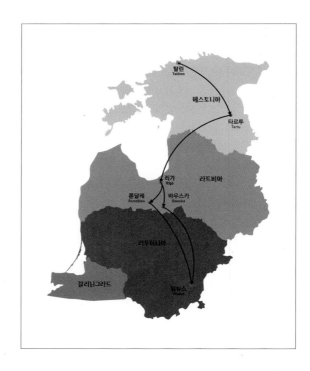

에스토니아 – 비루 대문

라트비아 – 검은머리전당

리투아니아 – 대성당 광장

## 경로 2

에스토니아

탈린(2박)
⋮
타르투(박)

라트비아

리가
(2박/리가 체류 중 시굴다 ·
체시스 · 유르말라 방문 가능)
⋮

리투아니아

십자가의 언덕(샤울레이)(경유)
⋮
빌뉴스(2박)

## 경로 3

에스토니아

탈린(2박)
⋮
패르누(무박 혹은 I박)

라트비아

리가
(2박/리가 체류 중 시굴다 ·
체시스 · 유르말라 방문 가능)
⋮
룬달레, 바우스카(경유)
⋮

리투아니아

빌뉴스(2박)

## 경로 4

에스토니아

탈린(2박)
⋮
패르누(무박 혹은 I박)

라트비아

리가
(2박/리가 체류 중 시굴다 ·
체시스 · 유르말라 방문 가능)
⋮

리투아니아

십자가의 언덕(샤울레이)(경유)
⋮
빌뉴스(2박)

### 개인차량 이동의 경우

에스토니아에서 리가로 가는 길목에는 시굴다와 체시스를, 그리고 리가에서 리투아니아로 가는 길목에는 룬달레와 십자가의 언덕을 동시에 방문할 수 있다.

# 자연 여행 스페셜

최소 7일—10일 이상

습지, 모래사구, 울창한 숲 등 발트3국에 펼쳐진 천혜의 자연을 맛보고 싶은 분들을 위한 추천 경로다. 개인차량 이동에 최적화되어 있지만 뚜벅이 배낭여행자들도 충분히 시도 가능한 경로다. 일정은 국립공원 내 체류 일정과 선박 상황에 따라 최소 7일에서 10일 이상 걸릴 수 있다.

## 경로 1

### 에스토니아

탈린; 라헤마 국립공원
(탈린에서 당일 방문 가능)
↓
패르누; 발트해안가, 소마 국립공원
(숙박 권장)

### 라트비아

시굴다; 가우야 국립공원
↓
리가; 유르말라, 케메리 국립공원
↓
쿨디가
↓

### 리투아니아

클라이페다, 팔랑가, 니다,
쿠르슈 네리야 국립공원
(니다에서 1박 권장)
↓
빌뉴스; 트라카이

에스토니아 – 소마 국립공원

리투아니아 – 쿠르슈 네리야

라트비아 – 케메리 국립공원

## 경로 2

### 에스토니아

탈린; 라헤마 국립공원
(탈린에서 당일 방문 가능)
⋮
패르누; 발트해안가, 소마 국립공원
(숙박 권장)
⋮

### 라트비아

시굴다; 가우야 국립공원
⋮
리가; 유르말라, 케메리 국립공원
⋮
쿨디가
⋮

### 리투아니아

클라이페다, 팔랑가, 니다,
쿠르슈 네리야 국립공원
(니다에서 1박 권장)
⋮

### 러시아

칼리닌그라드
⋮

### 리투아니아

빌뉴스
⋮
드루스키닌케이

## 경로 3

### 에스토니아

탈린; 라헤마 국립공원
(탈린에서 당일 방문 가능)
⋮
패르누; 발트해안가, 소마 국립공원
(숙박 권장)
⋮

### 라트비아

시굴다; 가우야 국립공원
⋮
리가; 유르말라, 케메리 국립공원
⋮
콜카
⋮

### 리투아니아

클라이페다, 팔랑가, 니다,
쿠르슈 네리야 국립공원
(니다에서 1박 권장)
⋮
빌뉴스; 트라카이

## 경로 4

### 에스토니아

탈린; 라헤마 국립공원
(탈린에서 당일 방문 가능)
⋮
패르누; 발트해안가, 소마 국립공원
(숙박 권장)
⋮

### 라트비아

시굴다; 가우야 국립공원
⋮
리가; 유르말라, 케메리 국립공원
⋮
콜카
⋮

### 리투아니아

클라이페다, 팔랑가, 니다,
쿠르슈 네리야 국립공원
(니다에서 1박 권장)
⋮

### 러시아

칼리닌그라드
⋮

### 리투아니아

빌뉴스
⋮
드루스키닌케이

리투아니아 – 트라카이

칼리닌그라드 – 안타르니

에스토니아 – 쿠레사레

## 경로 5

### 에스토니아

탈린; 라헤마 국립공원

(탈린에서 당일 방문 가능)

↓

사레마, 키흐누, 르흐누 섬 중 1곳

(패르누에서 선박으로 이동 가능. 숙박 필요)

↓

### 라트비아

시굴다; 가우야 국립공원

↓

리가; 유르말라, 케메리 국립공원

↓

쿨디가

↓

### 리투아니아

클라이페다, 팔랑가, 니다,
쿠르슈 네리야 국립공원

(니다에서 1박 권장)

↓

빌뉴스; 트라카이

## 경로 6

### 에스토니아

탈린; 라헤마 국립공원

(탈린에서 당일 방문 가능)

↓

사레마, 키흐누, 르흐누 섬 중 1곳

(패르누에서 선박으로 이동 가능. 숙박 필요)

↓

### 라트비아

시굴다; 가우야 국립공원

↓

리가; 유르말라, 케메리 국립공원

↓

쿨디가 or 콜카

↓

### 리투아니아

클라이페다, 팔랑가, 니다,
쿠르슈 네리야 국립공원

(니다에서 1박 권장)

↓

### 러시아

칼리닌그라드

↓

### 리투아니아

빌뉴스

↓

드루스키닌케이

## 경로 7

### 에스토니아

탈린; 라헤마 국립공원

(탈린에서 당일 방문 가능)

↓

사레마, 키흐누, 르흐누 섬 중 1곳

(패르누에서 선박으로 이동 가능. 숙박 필요)

↓

### 라트비아

시굴다; 가우야 국립공원

↓

리가; 유르말라, 케메리 국립공원

↓

콜카

↓

### 리투아니아

클라이페다, 팔랑가, 니다,
쿠르슈 네리야 국립공원

(니다에서 1박 권장)

↓

빌뉴스; 트라카이

# 역사 여행 스페셜

독일기사단, 제2차 세계대전, 리보니아 공국 등 역사책에서만 접하던 이야기들을 실제로 보고 싶은 여행자들을 위한 추천 경로다.

## 러시아에서 입국하는 경우

### 경로 1

**러시아**

나르바 경유
↓

**에스토니아**

**탈린**(3~4박/점심 후, 라크베레까지
당일치기로 방문 가능)
↓
**타르투**(박/빌장디 당일치기 방문 가능)
↓
**발가**
(도보로 국경 건너기/타르투에서 시갈
/라가로 가능 길목에 시굴다, 체시스를
들르지 않고 라가에서 머무는 동안 방문
찾다면 굳이 발가에서 묵지 않아도 됨)
↓

**라트비아**

**체시스, 시굴다, 리가트네**
(발가에서 출발해 기차나 버스로 라가에 가능
도중 방문 가능/리가트네는 개인 차량이 있고
방문 약속이 되어있을 시 가능)
↓
**리가; 룬달레\*, 옐가바\***(1~2박)
↓

**리투아니아**

**십자가의 언덕**
↓
**카우나스**(박)
↓
**빌뉴스; 트라카이**

### 경로 2

**러시아**

나르바 경유
↓

**에스토니아**

**탈린**(3~4박/점심 후, 라크베레까지
당일치기로 방문 가능)
↓
**타르투**(박/빌장디 당일치기 방문 가능)
↓
**발가**
(도보로 국경 건너기/타르투에서 시갈
/라가로 가능 길목에 시굴다, 체시스를
들르지 않고 라가에서 머무는 동안 방문
찾다면 굳이 발가에서 묵지 않아도 됨)
↓

**라트비아**

**체시스, 시굴다, 리가트네**
(발가에서 출발해 기차나 버스로 라가에 가는
도중 방문 가능/리가트네는 개인 차량이 있고
방문 약속이 되어있을 시 가능)
↓
**쿨디가, 리에파야**
↓

**리투아니아**

**십자가의 언덕**
↓
**카우나스**(박)
↓
**빌뉴스; 트라카이**

리투아니아 – 십자가의 언덕

라트비아 – 룬달레 궁전

칼리닌그라드 – 루이제 다리

## 에스토니아 탈린으로 입국하는 경우

### 경로 1

**에스토니아**

탈린(3~4박/할살루, 라크베레까지
당일치기로 방문 가능)
↓
타르투(박/빌랸디 당일치기 방문 가능)
↓
발가
(도보로 국경 건너기/타르투에서 시간
/러가로 가는 길목에 시굴다, 체시스를
들르지 않고 러가에서 머무는 동안 방문
한다면 굳이 발가에서 묵지 않아도 됨)

**라트비아**

체시스, 시굴다, 리가트네
(발가에서 출발해 기차나 버스로 러가에 가는
도중 방문 가능/러가트네는 개인 차량이 있고
방문 약속이 되어있을 시 가능)
↓
리가; 룬달레, 옐가바(1~2박)

**리투아니아**

십자가의 언덕
↓
카우나스(박)
↓
빌뉴스; 트라카이

### 경로 2

**에스토니아**

탈린(3~4박/할살루, 라크베레까지
당일치기로 방문 가능)
↓
타르투(박/빌랸디 당일치기 방문 가능)
↓
발가
(도보로 국경 건너기/타르투에서 시간
/러가로 가는 길목에 시굴다, 체시스를
들르지 않고 러가에서 머무는 동안 방문
한다면 굳이 발가에서 묵지 않아도 됨)

**라트비아**

체시스, 시굴다, 리가트네
(발가에서 출발해 기차나 버스로 러가에 가능
도중 방문 가능/러가트네는 개인 차량이 있고
방문 약속이 되어있을 시 가능)
↓
쿨디가, 리에파야

**리투아니아**

십자가의 언덕
↓
카우나스(박)
↓
빌뉴스; 트라카이

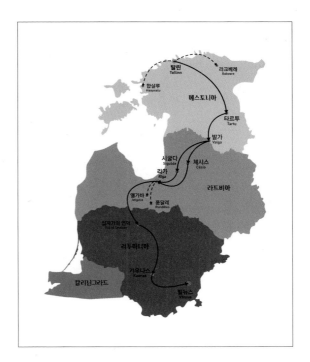

# 발트3국 내 이동수단

## 버스

에스토니아 국내 버스 조회

www.tpilet.ee

라트비아 국내 버스 조회

www.1188.lv/transport

리투아니아 국내 버스 조회

www.autobusubilietai.lt

발트3국 간에는 버스 이동이 최선이다. 시간과 경제적 사정에 따라 알맞은 버스를 선택하면 된다. 외국으로 나가는 버스가 아닌 국내 이동 버스의 경우에도 인터넷을 통해 노선 시간표를 확인 가능하며 예매도 할 수 있는 시스템이 잘 갖춰져 있다.

국내 이동의 경우 아무래도 국외 이동보다 버스의 크기나 시설이 열악할 수도 있다. 리투아니아는 고속도로를 비롯해 길이 잘 닦여있는 편이나 그 외 나라는 아직 변변한 고속도로가 없어서 승차감이 좋지 않다. 에스토니아 버스는 대도시 간을 연결하는 노선의 경우 국외로 가는 버스만큼 시설이 잘 갖춰져 있어 여행하는 데 큰 어려움이 없을 것이다.

## 기차

에스토니아 철도 정보

www.elron.ee

라트비아 철도 정보

www.pv.lv

리투아니아 철도 정보

www.traukiniobilietas.lt

현재로서는 발트3국 간을 연결하는 기차가 전무하다. 2025년 완공을 목표로 탈린-리가-카우나스-바르샤바를 연결하는 고속철도 노선인 레일 발티카(Rail Baltica) 노선이 준비 중이긴 하나 아직까지는 기차를 타고 국경을 넘는 것은 불가능하다.

국외 이동이 아니라 국내 이동의 경우에도 별반 차이가 없다. 국내 이동에서도 기차 노선이 발달돼 있지 않아 대부분 버스를 이용할 가능성이 큰데, 기차 노선이 있는 구간이라 해도 빠른 것도 아니고 쾌적하지도 않다.

리투아니아는 빌뉴스-카우나스, 빌뉴스-클라이페다(샤울례이 경유), 라트비아는 리가-발카(시굴다, 체시스 경유), 리가-다우가우필스·레제크네, 에스토니아는 탈린-타르투, 탈린-패르누, 탈린-나르바, 탈린-빌랸디 등이 기차로 이동 가능한 구간이나 하루에 한두 대꼴로 배차되기 때문에 시간을 맞추기가 힘들다. 라트비아는 오래된 기차가 다니고 있어 좌석에 오래 앉아 있으면 불편하다. 하지만 일부러

라도 기차여행의 즐거움을 맛보고자 한다면 한 번 정도 시도해보는
것도 좋다. 탈린-타르투 구간에는 1등석 서비스도 제공하며, 빌뉴
스-카우나스 구간은 나름 배차구간도 짧고 고속철도 수준의 기차가
운행되고 있어 버스보다 훨씬 빠르게 도착할 수도 있으나 제대로 된
속도로 운행되는 일은 하루에 한 번꼴이다.

대도시가 아니면 기차역 건물 자체가 아예 없을 수도 있으니 놀라지
말자. 기차역이 아예 없거나 표 파는 사람이 없다고 당황해하지 말
고 기차에 올라서 차장에게 표를 구입하면 된다.

## 항공

버스로 발트3국을 여행할 만한 시간적 여유가 없을 경우에는 비행기
로 이동 가능하다. 라트비아의 에어발틱 항공사에서 빌뉴스-탈린,
리가-탈린 구간에 하루에도 여러 번 비행기를 띄우고 있고 걸리는 시
간도 약 45분 정도에 불과하기 때문에 항공편을 이용한 여행도 고려
해볼 만하다. 가격은 시간대에 따라 차이가 많으므로 인터넷을 통해
직접 확인하고 구매하는 것이 좋다. 운이 좋으면 50유로대의 아주
저렴한 가격으로 왕복표를 구하는 것이 가능하지만 일반적으로 빌뉴
스-탈린 왕복은 280유로 수준이며 리가에서 한 번 갈아타야 하는 경
우도 있다.

에어발틱 항공사 웹사이트
www.airbaltic.com

## 렌터카

발트3국은 대도시 외의 습지나 고성 등의 경우 대중교통을 이용해
찾아가기가 어려우므로 승용차를 임대하는 것도 좋은 방법이다. 대
도시는 서울에 비해 교통량이 그리 많지 않아 운전에 어려움이 없
다. 그러나 구시가지는 대부분 일반인 차량의 출입이 금지돼 있거나
일방통행길이 많아 초행길의 경우 운전하기 어려워 호텔이나 인근
주차장에 차를 맡기고 대중교통이나 도보로 이동하는 것이 좋다. 참

고로 구시가지의 주차요금은 매우 비싸다.

공항, 대형호텔 등에서 렌터카 정보를 얻을 수 있다. 에스토니아에서 차를 빌려 리투아니아에서 반납하는 식의 임대도 가능하다. 국제적 체인업체 말고도 현지에서 운영하는 렌터카 업체도 많이 있으며 가격도 훨씬 저렴할 수 있으나 임대와 반납을 같은 장소에서 해야 하는 등 제약이 있다. 호텔이나 관광안내소에서도 다양한 렌터카 정보를 얻을 수 있으므로 발품을 조금 팔면 저렴하게 차를 임대할 수 있다.

Herts, Avis, EuropCar, Sixt 같은 해외 유명 렌터카 업체는 모두 발트3국에 위치해 있으며 한국에서도 웹사이트를 통해서 가격 확인과 예약이 가능하다. 공항 입국장과 시내에 같이 위치해 있어서 도착 즉시 예약하는 것도 가능하나, 예약하지 않으면 자기가 원하는 차량을 얻지 못할 수도 있다. 특히 스틱 차량 운전에 어려움을 느끼는 사람은 필히 예약해야 한다. 출국하는 곳이 다른 나라라면 그곳에서 최종적으로 차를 반납하는 것도 가능하다. 그러나 중간에 러시아, 우크라이나 등을 방문할 계획이 있다면 렌터카 회사에서 거부할 수도 있으니 빌리기 전 꼭 문의해보자.

## 자전거

시내 이동이나 멀지 않은 외곽 도시의 경우 자전거를 빌려서 여행하는 것도 좋다. 유스호스텔이나 구시가지 안에 자전거를 임대해주는 곳이 많고 관광안내소에도 자전거를 빌릴 수 있는 곳에 대한 정보를 얻을 수 있다. 시내를 다니다보면 현장에서 바로 자전거를 빌리고 이용이 끝나면 시내 어느 곳에서건 자전거를 반납할 수 있는 '자전거 셰어링' 서비스도 점차 증가하고 있다.

이동 시 기차를 타게 될 경우 자전거를 안에 실을 수도 있다. 기차로 연결이 가능하고 내려서도 이동거리가 꽤 넓은 편인 빌뉴스-트라카이, 리가-시굴다, 리가-유르말라 이동 시 자전거를 이용해보도록 하자.

PART 6

# TAKE OFF
# & LANDING

일상을 특별하게 만드는 첫 번째 방법
나만의 여행 스타일 찾기

# 여행 준비

에스토니아와 라트비아의 국경 표시. 다른 유럽연합 국가들과 마찬가지로 발트3국 역시 육로로 여행할 시 별도의 여권 검사를 하지 않는 것이 기본이나 테러 문제가 부각되면서 불시에 검사하는 빈도가 잦아지고 있다. 그러므로 국경을 넘을 때는 여권을 꼭 지참하도록 한다.

### 출입국/비자

라트비아, 에스토니아, 리투아니아 모두 정식 유럽연합 회원국이다. 2007년 12월 셍겐조약 가입으로 국경을 넘을 때 여권 제시 없이 자유로운 통행이 가능해졌다. 그러므로 1년 내 총 90일간 비자 없이 여행할 수 있다.

발트3국-한국 간 직항노선이 없어 유럽이나 중동 국가에서 비행기를 갈아탈 가능성이 크다. 항공 편을 이용한 입국의 경우 비셍겐지역(러시아, 영국, 중동 국가)이 중간 기착지라면 비행기를 갈아타는 공항이 아니라 발트3국에 도착한 다음 여권 검사를 하게 될 것이다. 만약 셍겐지역(독일, 프랑스, 네덜란드, 스위스, 핀란드 등의 일반적인 유럽연합 국가)이 중간 기착지라면 비행기를 갈아타는 공항에 도착해 여권 검사를 한 뒤 발트3국에 도착해서는 여권 제시 없이 바로 출국장으로 나올 수 있다.

발트3국에 입국한 다음부터는 에스토니아에서 스페인까지 여권 제시 없이 국경을 통과해도 된다. 하지만 발트3국 간 육로 이동 시 국경에서 불시에 여권 검사를 하는 경우가 있기 때문에 항상 여권을 가지고 다녀야 한다.

만약 피치 못할 사정이 생겨 90일 이상 체류해야 할 때는 무비자체류기간이 끝나는 바로 그날 셍겐지역 국경을 넘으면 된다. 발트3국에서 가장 가까운 비셍겐지역으로 러시아, 우크라이나, 벨라루스가 있는데, 벨라루스는 2019년 현재 육로로 들어갈 때 비자를 요구하기 때문에 방문이 어렵다. 예를 들어 10월 20일이 90일 무비자체류기간이 끝나는 날이라면 10월 20일에서 21일로 가는 자정이 되기 '전' 셍겐국경을 넘어서 러시아 칼리닌그라드나 우크라이나로 입국한다(경제적 여건이 괜찮을 경우 영국도 가능하다). 그리고 21일 이후 재입국을 하면 자동적으로 3개월 연장이 가능하다. 이를 위해 국경검문 시 여권에 출입국도장을 찍어주는지 꼭 확인해야 한다.

발트3국 모두 유로화를 사용하므로 한국에서 유로화를 준비해오면 현지에서 별도로 환전할 필요가 없다. 만약 일본 엔화, 러시아 루블화, 미국 달러화로 여행한다 하더라도 현지에 환전소와 은행이 많이 있으므로 유로화로 바꾸는 데 큰 지장이 없다. 단, 라트비아와 에스토니아의 경우 환전소마다 환전율 차이가 크므로 기차역, 버스터미널에서 멀리 떨어진 환전소나 은행을 이용하는 것이 좋다. 리투아니아는 은행 대부분이 환전소를 함께 운영하고 있기 때문에 환전율의 차이가 심하지 않다. 간혹 비양심적인 직원에 의해 손해를 보는 일도 종종 발생하므로 환전 후 창구를 떠나기 전에 실제 금액과 예상 금액 사이에 문제가 있는지 반드시 확인해야 한다. 창구에서 벗어났다가 돌아온 다음에 불만을 제기하면 문제 해결 가능성이 매우 낮아지니 주의하자. 현지에서 한국의 원화를 환전할 수 있는 곳이 있긴 하나 환전율이 끔찍하므로 유로화를 충분히 준비해오는 것이 좋다.

한국에 구좌가 있을 경우 현지에서 수수료 없이 돈을 인출할 수 있는 서비스를 제공하는 시티은행은 발트3국에 진출하지 않은 상태다(2017년 기준). 그러나 한국의 일반 은행에서 발급해주는 현금카드는 발트3국 내 현금지급기에서 사용할 수 있으며 수수료도 그리 높지 않다. 해외에서 현금카드 사용 시 발생하는 수수료의 정확한 금액은 거래은행에서 확인할 수 있다. 여행자수표 역시 사용 가능하며 글로벌 송금 서비스를 제공하는 웨스턴유니온(Western Union)도 진출해 있으므로 급하게 송금 받을 일이 발생할 때 이용해보도록 한다.

**한국에서 유로를 준비해가지 않고 발트 현지에서 환전할 수 있을까?**

가능하다. 규모가 큰 환전소에서는 한국 돈도 환전해주지만 한국에서 유로를 마련해오는 것에 비해 환율이 매우 높다. 그러므로 경비를 절약하기 위해 미리 한국에서 환전해두는 것이 좋다.

**주의**

발트3국에서는 아메리칸 익스프레스 카드를 이용할 수 있는 곳이 그다지 많지 않다. 되도록 비자나 마스터카드 등 다른 종류의 카드를 준비해오는 것이 좋다.

# 발트3국 내 교통

에어발틱은 이용하는 여행객들마다 한두 가지 정도의 안 좋은 기억을 가지고 있을 만큼 여행객들이 잘 파악하지 못하는 특별조건이 많다. 수화물 운송, 기내 서비스 등에 있어 제약이 있다. 항공권의 종류에 따라 공항에서 체크인을 하지 못하는 경우도 있다. 만약 온라인 체크인 없이 바로 항공에서 수속을 밟는다면 공항에서 별도 서비스요금을 지불해야 할지도 모른다. 한국이나 다른 국가에서 출발한 비행기와의 연결편도 마찬가지로 온라인 체크인을 미리 해두는 것이 안전하다. 그리고 항공권의 가격대에 따라 부칠 수 있는 수화물 조건이 천차만별이기 때문에 연결편이 에어발틱이라면 웹사이트에서 여러 가지 조건을 꼼꼼히 파악해 놓는 게 필수이다. 이전에는 잦은 지연과 결항으로 악명이 높았으나, 요즘은 많이 줄어들었다.

에어발틱은 기내식을 별도로 구매해야 하지만 탑승하기 24시간 전 웹사이트(www.airbalticmeal.com)를 통해 원하는 메뉴를 주문할 수 있는 서비스를 제공하여 인기를 얻고 있다. 운행시간이 너무 짧을 경우에는 주문이 불가능할 수도 있다.

웹사이트: www.airbaltic.com

## 항공 편

한국에서 발트3국으로 가는 직항편은 없다(2017년 현재). 유럽 내에서도 발트3국으로 가는 직항 노선이 비교적 많지 않아 연결편을 찾기가 어렵다.

2017년 현재 발트3국에서 운영하는 국영항공사는 라트비아의 에어발틱(AirBaltic)이 유일하다. 2009년 리투아니아 항공의 부도가 난 후 2015년 8월 에스토니아의 에스토니아 항공(Estonian air)마저 영업이 정지되었다. 그 후 에스토니아와 리투아니아를 대표하는 항공사는 따로 만들어지지 않은 채 전세기 수준의 노선만 운영되고 있다. 에어발틱은 유럽연합과 러시아, 인근 국가들 위주로 운행되기 때문에 한국 출발편과 연결되는 구간을 찾기 어려워 유럽 내 구간이 아니면 해당 항공을 이용할 일이 없을 수도 있다.

### 서울에서 발트3국으로

˚ 핀란드 항공

발트3국에 입국 시 연결이 가장 쉬운 항공사는 핀에어(Finnair)다. 서울에서 중간 기착지인 헬싱키까지 대략 9-10시간 정도 소요된다. 북유럽 항공의 허브인 헬싱키 반타공항에서는 각 수도로 연결하는 비행기가 하루에 몇 번씩 뜨고 내리기 때문에 두어 시간만 기다리면 바로 다음 비행기로 갈아탈 수 있다. 발트3국의 수도로 모두 취항한다. 발트3국에 도착하는 시간대가 낮기 때문에 시간 절약 및 일정 짜기에 큰 도움이 될 수 있을 것이다(2015년 기준). 또한 다른 유럽권 항공사들에 비해 가격이 저렴한 편이다. 핀에어는 헬싱키-타르투 구간도 운행하고 있으며 헬싱키-카우나스 노선은 운행 준비 중에 있다.

## ˚ 러시아 항공

러시아 항공인 아에로플로트(Aeroflot)는 모스크바를 경유해 발트3국 수도로 연결편을 제공한다. 아에로플로트는 타 항공사들에 비해 월등히 저렴한 항공권을 판다는 것이 최대 장점이다. 상황에 따라 대기시간이 짧기도 하고 대한항공 코드셰어편이면 아에로플로트 항공권 가격으로 국적기를 이용하는 행운도 누릴 수 있다. 그러나 항공시간의 변화가 심해 모스크바에서 대기하는 시간이 길어질 때도 있고, 모스크바 세레메티에보공항의 낮은 서비스 수준 때문에 불편을 호소하는 승객이 많다. 짐 분실이나 연착·지연율이 높은 점도 단점이나 점차 나아지고 있는 추세다. 여름철에는 상트페테르부르크에서도 발트3국의 수도로 향하는 비행기로 갈아타는 것이 가능하다. 단, 모스크바를 경유지로 선택할 때 명심해야 할 부분이 있다. 모스크바에는 세레메티에보공항 외에 브누코보공항, 도모데도보공항 등의 국제공항이 많기 때문에 노선에 따라 경유를 위해 다른 공항으로 이동해야 하는 일이 발생할 수 있다. 한국에서 서울-발트 연결편을 구입하는 경우에는 문제되는 일이 없으나 서울-모스크바→모스크바-발트3국편을 따로 따로 구입했다가 환승 시 공항을 바꿔야 하는 일이 생길 수 있으니 꼭 미리 확인해봐야 한다.

## ˚ 터키 항공

이스탄불을 경유하는 터키 항공도 참고할 만하다. 이스탄불에서의 대기가 5-6시간으로 상당히 길고, 이스탄불에서 발트3국까지 약 3시간이 걸린다. 그러나 모든 터키 항공이 발트3국으로 취항하며 한국에서의 출발시간대가 밤이기 때문에 여행 시작하는 날 아침 일찍 공항에 도착하기 위해 서두르는 수고를 하지 않아도 된다는 점, 여행객들이 몰리는 시기에 상상 밖의 저렴한 항공권을 판매하는 것이 장점이다. 게다가 비행기 시설 수준이 높고 서비스 또한 세계적인 수준이라 편안한 여행을 즐길 수 있을 것이다.

**주의**

핀란드 항공으로 발트 지역을 여행할 때 기억해야 할 점은 '발트3국 도착공항과 출발공항을 서로 다르게 잡는 것'이다. 예를 들어 발트3국으로 들어가는 일정은 서울을 출발하여 헬싱키를 경유해 에스토니아 탈린에 도착했다가, 한국으로 돌아오는 일정은 리투아니아 빌뉴스에서 헬싱키를 경유해 (아니면 그 반대로) 서울로 오는 것이다. 출·도착공항은 다르지만 어차피 한 항공사를 이용하는 것이기 때문에 가격 차이는 없다. 피치 못할 사정으로 항공권을 출·도착공항이 같도록 예매했을 경우, 각 국가 간 이동 필요시간을 네 시간 반씩 잡아 출발 전날 일정에 포함시키면 된다.

빌뉴스와 탈린 간을 운행하던 33
인승 꼬마 비행기에 스튜어디스
도 한 명이지만 기내식은 나름 괜
찮았던, 지금은 역사가 되어버린
에스토니아 항공

## °기타

루프트한자, 에어프랑스, KLM, 폴란드 항공 등의 유럽 주요 항공
사들도 각 항공사의 거점도시를 들러 발트3국 현지로 갈아탈 수 있
는 항공권을 제공한다. 그러나 핀에어, 아에로플로트, 터키 항공에
비해 도착 · 출발시간이 너무 늦거나 너무 이르고 가격이 비싼 편이
다. 물론 시기에 따라 항공권 가격이 천차만별이기 때문에 발품 팔
아 저렴한 표를 구하는 행운이 있을 수도 있다. 폴란드 항공 LOT도
2016년 10월 바르샤바-서울 직항 노선을 시작했으므로 바르샤바
를 경유하는 노선을 계획해도 좋을 것이다.

본 도서의 〈추천여행코스〉를 참조해 여행 구상 중에 있다면 발트3국
여행의 시작 지점과 마지막 지점이 다르지만 갈아타는 곳을 같은 공
간으로 설정하면 문제없이 항공권을 예약할 수 있다. 라트비아 리가
국제공항이 발트3국의 허브를 지향하고 있는 만큼 연결편 수가 가장
많고, 빌뉴스와 탈린 시가지로 운행하는 버스가 리가국제공항을 경
유해 지나가는 일이 많으므로 리가를 거점지로 설정하는 것이 좋다.

### 유럽에서 발트3국으로

대부분의 유럽 대표 항공사들은 발트3국으로 취항하는 노선을 운영
하고 있기 때문에 일정별로 다양하게 이용 가능하다. 최근 유럽에
서 이지젯(EasyJet), 라이언에어(Ryanair), 위즈에어(WizzAir) 같
은 저가항공이 노선을 점차 확장하고 있어 버스나 기차보다 저렴한
값에 항공권을 구입할 수 있다. 영국 런던, 아일랜드 더블린, 이탈
리아 밀라노, 프랑스 파리, 독일 프랑크푸르트와 베를린 등에서 저
가항공편을 이용할 수 있다. 인터넷을 통해서만 예매 가능하다는 점
명심하자. 또한 시내에서 아주 멀리 떨어져 있는 저가항공 전용공항
인 경우가 많아 공항 이동시간이 오래 걸리고 공항 내 편의시설도 거
의 없어 불편한 점이 많다. 항공기 내 서비스는 모두 유료라 돈을 내
지 않으면 물 한 모금 마실 수 없다는 사실은 익히 알려져 있으나 수

화물 운송, 공항 내 체크인, 선호좌석 여부 등 조건에 따라 항공권 가격 차가 발생하므로 미리 파악하지 못하면 공항에서 몇 배의 금액을 물어야 할지도 모르는 상황이 생길 수 있다. 그렇기 때문에 항공권 구매 시 제시되는 조건을 꼼꼼하게 따져봐야 하며 항공사마다 조건이 모두 다르므로 주의를 요한다.

각국 수도 외에 리투아니아는 제2의 도시 카우나스에서도 저가항공이 운행된다. 몰타, 키프로스 등에서도 저가항공을 통해 카우나스에 도착 가능하다. 빌뉴스에서는 조지아 쿠타이시, 요르단 암만으로 가는 저가항공 노선도 있다.

### 항공권 구입 방법

일반적인 항공권 구입 방법과 비슷하다. 시내에 있는 여행사에 문의하거나 인터넷을 통해 구입하면 된다. 인터넷을 통해 구입할 때에는 땡처리 항공권 취급 웹사이트보다는 해외 예약 웹사이트를 이용하는 것이 연결편 조회나 저렴한 항공편을 찾는 데 도움 된다. 인터넷에서 가장 많은 사람들이 이용하는 스카이스캐너(www.skyscanner.net)는 전 세계 거의 모든 구간의 항공권 구입이 가능하다. 일반 항공사와 저가 항공사의 연결편도 안내해주기 때문에 불편함을 감수해야 하는 저가 항공권부터 편하고 안락함을 제공하는 고가 항공권까지 선택의 폭이 다양하다. 한국어로도 서비스가 되고 있어서 영어를 모른다고 문제되지 않으며 결제 직전 마지막 순간에 유류할증료나 공항세 등을 제시하는 식의 치사한(?) 수법도 사용하지 않아 신뢰할 만하다. 이외에도 발트3국 현지에서 운영하는 항공권 조회 웹사이트가 있다. 서울 및 다른 유럽권의 도시 연결편 항공권을 조회·구입할 수 있고, 영어와 러시아어로도 사용이 가능하므로 현지어를 모른다고 당황할 필요는 없다. 운이 좋으면 한국보다 저렴하게 책정된 땡처리 비행기표를 얻을 수도 있다.

**발트3국 현지 운영
항공권 조회 웹사이트**

| 라트비아 |
| --- |
| www.letasaviobiletes.lv |

| 에스토니아 |
| --- |
| www.odavlend.ee |

| 리투아니아 |
| --- |
| www.greitai.lt |

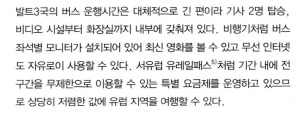

발트3국 간 대도시를 연결하는 대부분의 버스는 비행기처럼 개인 모니터가 장착되어 있고 무료 음료 서비스를 제공한다. 버스 회사에 따라 스튜어디스 승차 유무가 다르다.

## 육로 편

### 버스

발트3국의 버스 운행시간은 대체적으로 긴 편이라 기사 2명 탑승, 비디오 시설부터 화장실까지 내부에 갖춰져 있다. 비행기처럼 버스 좌석별 모니터가 설치되어 있어 최신 영화를 볼 수 있고 무선 인터넷도 자유로이 사용할 수 있다. 서유럽 유레일패스[5]처럼 기간 내에 전 구간을 무제한으로 이용할 수 있는 특별 요금제를 운영하고 있으므로 상당히 저렴한 값에 유럽 지역을 여행할 수 있다.

### °예매

각 버스회사에서 운영하는 웹사이트를 통해 예매 가능하나 각국 터미널에 사무소가 위치해 있기 때문에 인터넷을 이용할 시간이 없다면 출발하기 1−2일 전에 터미널에 가서 표를 예매하는 것이 좋다. 보통 한 사무실에서 여러 회사의 버스를 취급하므로 시간과 경제적 사정에 따라 적절한 것을 골라준다. 버스표에 이름이 기록되어야 하므로 예매 시 꼭 여권을 지참해야 한다. 여권이 없을 시 발급이 거부될 수 있다.

### °소요 시간

에스토니아 탈린−독일 베를린 간 버스 탑승 시 소요 시간은 약 24시간이고, 리투아니아 빌뉴스−체코 프라하 간 버스 탑승 시에는 약 14시간 30분 정도 걸린다. 이보다 먼 거리인 스페인, 프랑스 등도 버스로 연결돼 있어 발트3국에서 버스로 가지 못하는 유럽 내 도시는 거의 없다.

5  정해진 기간 동안 무제한으로 이용할 수 있는 철도 패스.

## ° 버스 종류

| | |
|---|---|
| 룩스익스프레스<br>(LuxExpress) | · 고급 서비스 제공<br>· 좌석마다 개인 모니터 및 무선 인터넷 제공(좌석 자체가 안락<br>하며 여행 내내 각종 음료 무료 제공)<br>· 좌석등급제('일반석'과 특실좌석인 '라운지'로 분리. 특실좌석<br>은 일반석에 비해 5~6천 원 더 지불하며 일반석과 다른 음<br>료를 제공하고 완벽한 프라시버시 보장받음)<br>· 웹사이트: www.luxexpress.eu |
| 에코라인<br>(Ecolines) | · 라트비아의 대표적인 버스 기업<br>· 기내식을 연상시키는 식사 서비스 제공<br>· 여성 승무원들이 운전 외 업무를 담당(룩스익스프레스의 경<br>우 덩치 큰 기사 아저씨가 번갈아가며 손님의 승차, 표 검사,<br>짐 관리를 담당함)<br>· 웹사이트: www.ecolines.net |
| 심플익스프레스<br>(Simle Express) | · 룩스익스프레스에서 운영하는 자회사격인 업체<br>· 좌석 수준은 비교적 낮음<br>· 가격 저렴(인터넷 예약 시 3~5유로의 가격으로 표 구매)<br>· 웹사이트: www.luxexpress.eu |

이외에도 각국 지역 버스회사에서 운행하는 노선이 있을 수 있으니 원하는 시간대의 노선을 찾기 어렵다면 터미널 내 국제버스 창구에 문의해보자.

## 기차

발트3은 서유럽권에 비해 기차 이용이 제한적이다. 발트3국에서 서유럽으로 가는 기차는 아예 운행되지 않는다. 바르샤바와 빌뉴스를 연결하는 기차편이 있긴 하지만 폴란드-리투아니아 국경도시인 세스토카이에서 갈아타야 하거나 폴란드 철도국에서 운영하는 버스를 이용해야 하는 식이다.

반면 러시아의 모스크바, 상트페테르부르크, 벨라루스의 민스크 등

### 각국별 러시아-수도 간 연결기차편 조회 웹사이트

| 리투아니아 |
|---|
| www.litrail.lt |

| 라트비아 |
|---|
| www.ldz.lv |

| 에스토니아 |
|---|
| www.gorail.ee |

## 발트3국에는 기차가 없다?

과거 소비에트 연방에 속해 있던 발트3국의 선로 폭이 서유럽과 달라 발트인에게 유럽기차여행은 여전히 꿈같은 일이다. 나토(NATO; 북대서양 조약기구) 가입국들이 기차로 소련을 침공하지 못하도록 일부러 선로를 다르게 만들어 놓은 것이다. 독립 후 리투아니아에서 바르샤바를 통해 베를린까지 가는 기차가 잠시 운행된 바 있으나 리투아니아 국경에서 기차 바퀴를 바꾸는 수고를 들여야 했었다. 현재 발트3국에서는 러시아로 가는 기차를 제외하고 서유럽으로 가는 기차편이 없다. 그러나 현재 2030년 완공을 목표로 에스토니아 탈린과 폴란드 바르샤바를 잇는 고속철도 '레일 발티카(Rail Baltica)'를 건설하고 있다. 완공 후에는 탈린에서 리투아니아와 폴란드 국경까지 4시간이면 주파가 가능할 것으로 보인다.

### 페리 예약 조회 웹사이트

| 헬싱키/스톡홀름/상트페테르부르크-탈린 간 페리 |
|---|
| www.ts.ee |

| 스톡홀름-리가 간 페리 |
|---|
| www.tallinksilja.com |

| 스웨덴/독일-리에파야/벤츠필스 간 페리 |
|---|
| www.stenaline.com |

의 구소련권 국가로는 기차가 운행되며 탈린-상트페테르부르크 간 기차는 소요시간이 반나절도 채 걸리지 않으므로 비행기 여행이 지겹다면 시도해볼 만하다. 모스크바에서 발트3국으로 오게 된다면 도착역마다 출발역이 달라지므로 반드시 확인해야 한다. 탈린이나 헬싱키로 가는 기차는 레닌그라츠키(Ленинградский вокзал, Leningradsky), 빌뉴스로 가는 기차는 벨로루스키(Белорусский вокзал, Belorussky), 리가로 가는 기차는 리즈스키(Рижский вокзал, Rizhsky)역에서 출발한다.

발트3국 수도는 모두 중앙역이 한 곳밖에 없기 때문에 도착하는 곳은 국내외 상관없이 모두 같다.

### 선박 편

핀란드 헬싱키에서 에스토니아 탈린으로 페리를 타고 이동 가능하다. 선박 종류에 따라 차이가 있지만 여름철에는 1시간 반에서 3시간 정도 소요된다. 발트해가 얼어버리는 겨울에는 약 5시간 걸린다. 헬싱키-탈린은 소련 시절에 서방세계와 연결됐던 유일한 구간이다.

에스토니아 탈린의 경우 헬싱키 외에 스톡홀름, 상트페테르부르크에서도 페리를 타고 올 수 있다. 상트페테르부르크는 매년 변화가 심하니 확인이 필요하다.

라트비아 리가의 경우 스톡홀름-리가 간 배가 매일 운행되고, 리에파야와 벤츠필스는 스웨덴, 독일에서 페리로 오는 것이 가능하다. 25시간 정도 걸리지만 평생 기억에 남을 만한 볼거리를 제공하니 연인, 가족과 함께 즐거운 시간을 보내기에 충분하다.

리투아니아는 클라이페다와 스웨덴, 덴마크 등을 연결하는 페리가 잠시 있었으나 현재는 중단되었다.

# 여행에 필요한 증명서

러시아에서 에스토니아로 입국 시 유럽 전체에서 사용 가능한 해외여행자보험증서를 요구하는 경우가 종종 있다. 심할 때는 입국을 거부당하는 일이 발생할 수 있으므로 해외여행자보험증서를 별도로 출력해 꼭 소지하여 다니도록 하자.

---

## 주 라트비아 한국 대사관 찾아가는 길

자유기념탑 뒤쪽 라트비아 호텔 방향으로 가다가 공원을 끼고 왼편으로 쭉 걷다보면 태극기가 휘날리는 건물 하나가 보일 것이다. 건물 전체가 주 라트비아 한국 대사관인 것은 아니다. 태극기를 지나 바로 오른편에 보이는 건물 3층에 입주해 있다. 정식으로 영사 업무를 시작하진 않았으나 신변상 어려움을 겪을 때 도움 받을 수 있으며 부재자 투표도 가능하다. 방문 시 사전약속은 필수다.

발트3국에 유일하게 진출해 있는 주 라트비아 한국 대사관

**주소** J. Alunāna iela 2
**연락처** +371-6732-4274

---

## ※ 해외에서 도움이 필요한 상황 발생한다면 ※

영사콜센터에서 해외 사건/사고 상담부터 여권, 비자, 해외이주 상담까지 해 준다.

● **영상콜센터가 제공하는 정보 및 제도**
- 해외 대형 자연재해 발생 시 국내 가족 안전 확인 접수, 현지 안전정보 안내
- 해외 사건, 사고 접수: 도난 및 분실, 부상 및 사망, 범죄 피해, 긴급 구조, 행방불명, 자연재해, 분쟁, 여행국 안전정보 등
- 신속해외송금 지원 제도 운영: 해외에서 우리 국민이 소지품 분실. 도난, 기타 뜻밖의 사고로 금전적 어려움에 처한 경우 국내에서 영사 콜센터 계좌에 필요한 액수를 입금할 시 재외공관에서 동 입금액을 지급해주는 신속해외송금 지원 제도 운영
- 해외안전여행정보 문자 발송: 해외에서 발생할 수 있는 사건 · 사고를 사전에 예방하기 위해 여행제한 국가 등 안전에 우려가 있는 국가를 방문하는 국민들에게 SMS 문자서비스를 통해 도착국가의 안전정보 제공
- 영사 콜센터 3자 통역서비스 실시 긴급상황 시 현지인과 의사소통이 가능하도록 한국관광공사와 연계, 3자 통역서비스(영어, 중국어, 일어) 실시
- 통역지원 가능 범위: 긴급상황 시 현지 공무원 또는 관계자(경찰, 세관, 출입국심사관, 의사 등)와의 통화

● **영사콜센터 연락처 02-3210-0404**

# 휴대전화와 인터넷

### 휴대전화

보이스피싱에 민감한 한국에서는 상상하지 못할 일이지만 유럽에서는 어디서든 편하게 유심카드를 구입할 수 있다. 길거리에서 흔히 볼 수 있는 신문가판대나 휴대폰판매점에 가면 구입할 수 있으며 개인전화기에 장착하면 바로 사용이 가능하다. 유심카드 구입 시 가격에 따라 사용 가능한 데이터와 통화량이 차이가 많이 나므로 여러 가지 조건을 꼼꼼히 살펴보는 것이 좋다.

유심카드는 편의점에서 쉽게 구입이 가능하다. 직원이 바쁘지 않다면 이것저것 물어보고 도움을 받을 수도 있다.

° 발트3국 선불 유심카드 조회 대표 웹사이트

| | | |
|---|---|---|
| 리투아니아 | ezys(에지스) | www.ezys.lt |
| 라트비아 | Zelta Zivtiņa(젤타 지우티나) | www.zeltazivtina.lv |
| 에스토니아 | smart(스마트) | www.smart.tele2.ee |

그러나 이 유심카드는 각 국가에서만 작동하며 외국에 나가면 로밍요금제에 가입해야 하거나 이용조건이 달라진다. 그리고 선불식이기 때문에 현지어를 모를 경우 요금을 지불하기가 상당히 어려울 수 있으며 보이스톡 같은 서비스가 제한되는 경우도 있다.

해외여행 시 걸려오는 전화를 받아야 할 번호가 있는 것이 아니라면 굳이 유심카드를 구입해서 다닐 필요는 없다. 한국에서 저렴한 데이터요금제에 가입한 다음 현지에서 데이터를 사용해 메신저 앱을 이용할 것을 추천한다. 게다가 무선인터넷 시설이 비교적 잘 구축되어 있는 편이기도 하다.

### 발트3국에서 한국으로 전화 걸기

카카오톡 같은 앱으로도 무료통화가 가능하므로 한국에서와 동일한 방식으로 전화하면 된다. 만약 일반전화를 사용해서 전화해야 한다면 국제전화 연결번호인 00을 누른 후 한국 국제전화코드 82를 누른 다음 원하는 번호를 입력하면 된다. 에스토니아에서 개발한 스카이프(Skype) 앱은 국제무료통화 서비스 이외에도 유선전화로도 전화가 가능하다. 요금도 비싸지 않기 때문에 현지에서 한국 유선전화로 전화할 때 편하다.

### 한국에서 발트3국으로 전화 걸기

리투아니아의 국제전화코드는 370, 라트비아는 371, 에스토니아는 372다. 그 외에는 다른 나라로 전화하는 방법과 동일하다.

# 인천국제공항 가는 법

### 인천국제공항

| 인천국제공항 |
| --- |
| www.airport.kr |

| 공항 리무진 |
| --- |
| www.airportlimousine.co.kr |

| 관련 연락처 | |
| --- | --- |
| 인천국제공항 | 1577-2600 |
| 공항 리무진 | 02-2664-9898 |
| 공항 철도 | 1599-7788 |

인천국제공항은 전 세계 TOP100 국제공항 순위에서 최상위권을 차지한다. 국제공항협의회(ACI)가 주관한 세계공항서비스평가(ASQ)에서 12년 연속 1위로 선정되었다. 공항버스, 리무진, 공항철도 등 다른 교통편과의 연계가 잘 되어 있어 서울 및 수도권으로의 접근성이 특히 뛰어나다. 2018년 제2여객터미널(제1터미널 반대편에 위치)이 개장했는데 셔틀트레인을 이용하면 터미널 간 이동에 약 10분이 소요된다.

### 공항철도

공항 철도는 2010년 12월 전 구간 개통되었다. 서울 도심 및 인천국제공항과 김포공항을 최단 시간 내에 연결해주는 교통수단이다. 쾌적하고 편리하여 이용객이 늘고 있는 추세다. 모든 역에 정차하는 일반열차와 서울역-인천국제공항을 무정차로 운행하는 직통열차로 분류된다.

일반열차의 경우 서울역-인천국제공항역 간 약 58분이 소요되며 직통열차의 경우 서울역-인천국제공항역 간 약 43분이 소요된다. 특히 직통열차 이용객은 서울역 도심공항터미널, 서울역/인천국제공항역 고객 라운지 이용이 가능하며 지정좌석제라는 차별화된 서비스를 제공한다. 요금 등과 관련한 정보는 공항철도 웹사이트(www.arex.or.kr)를 참고하자.

## 리무진 버스

인천국제공항으로 가는 대표적인 교통수단이다. 서울과 경기, 인천을 포함한 수도권, 충청남북도, 전라남북도, 경상남북도, 강원도에서 인천국제공항까지 갈아타지 않고 한번에 도착할 수 있다. 정류장 위치나 버스 시간표, 요금 등과 관련한 정보는 인천국제공항 웹사이트나 공항 리무진 웹사이트를 참고한다.

70세 이상 고령의 부모님과 같이 여행을 하신다면 빠른검색대통과 서비스를 받을 수 있다. 길게 줄을 서지 않고도 바로 검색대를 통과하고 입국심사도 받을 수 있다. 물론 부모님을 모시고 여행하는 효자, 효녀도 똑같은 혜택을 누릴 수 있다.

## 택시

공항 고속도로 통행료까지 내야 하기 때문에 택시요금이 상당히 부담스러운 편이므로 가급적이면 택시 탈 일은 만들지 않는 것이 좋다.

## 자가용

인천국제공항 고속도로를 이용해야 한다. 인천국제공항 고속도로는 공항으로만 통행이 가능하게끔 되어 있으므로 일단 진입하면 다른 곳으로 이동하는 것이 불가능하다. 여객터미널 출발층 진입로와 버스/승용차 진입로가 다르므로 주의한다. 주차요금은 인천국제공항 웹사이트에서 미리 측정해볼 수 있다.

### 주차장 위치

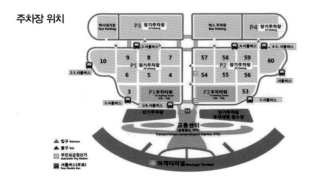

# 한국에서 발트3국으로 출국하기

## 체크인

인천국제공항에 도착 후 자신이 타게 될 항공사의 카운터로 간다. 카운터의 직원에게 여권과 비행기 티켓을 건네주고 짐을 부친다. 창가 좌석, 통로 좌석 중 원하는 자리를 말하되 늦게 가면 원하는 자리에 앉지 못할 가능성이 있다. 예약이 확인되면 탑승권(보딩패스)과 여권을 돌려받는다. 부친 짐에 대한 수하물보관표(Baggage Claim Tag)도 받는데 현지 공항에 도착해 짐을 찾을 때까지 버리거나 잃어버리면 안 된다.

## 출국심사장

기내 반입 가능한 물품을 반드시 체크하고 여권과 탑승권을 가지고 출국심사장에 들어간다. 고가의 물품(비싼 카메라, 시계, 보석, 파손되기 쉬운 제품 등)이 있다면 직접 휴대하고 있는 것이 좋다.

## 보안 검색

검색요원이 지시하는 대로 소지품 및 가방을 검색대 위에 올려놓고 금속탐지기를 통과한다. 노트북이나 태블릿PC는 가방에서 따로 꺼내서 물품바구니에 넣고, 신발과 재킷 그리고 기타 소지품 또한 물품바구니에 올려놓은 다음 통과해야 한다.

## 출국심사

보안 검색대 통과 후 출국심사대 요원에게 여권과 탑승권을 건넨다. 특별한 문제가 없을 시 여권에 출국 도장을 찍어 탑승권과 함께 돌려준다.

## 비행기 탑승

외국 국적기를 탈 경우 입국 수속을 끝내고 난 뒤 셔틀 트레인을 타고 탑승 터미널로 이동해야 한다. 셔틀 트레인 이동시간은 5분 안팎이지만 기차로 이동하고 기다리는 데에도 꽤 많은 시간이 필요하다. 그러므로 비행기에 늦지 않으려면 셔틀트레인 이동 후 면세품 쇼핑을 하는 것이 좋다.

---

**온라인 체크인**

체크인부터 줄을 길게 서는데다가 좌석 배정 및 보딩패스를 받는 과정이 오래 걸리는 경우가 있다. 그러므로 온라인 체크인으로 전 과정을 신속하게 밟을 수 있도록 하자. 탑승 예정인 항공사 웹사이트나 앱을 통해 가능하며 예약번호, 고객정보를 입력하면 좌석 배정은 물론 발권까지 직접 처리할 수 있다는 장점이 있다. 온라인 체크인 가능 여부와 가능시간은 항공사별로 차이가 있으므로 공항 방문 전 미리 확인해두자.

**셀프 체크인**

줄을 서지 않고 신속히 출국 수속을 마칠 수 있는 또 다른 방법. 탑승자가 직접 체크인을 할 수 있으며 모든 과정이 1~2분 안에 처리 가능하다. 인천국제공항의 경우 3층 출국장 각 항공사 카운터 근처에 셀프 체크인 기기가 마련되어 있다. 예약번호, E-Ticket 번호, 회원번호, 신용카드, 여권, 바코드 중 한 가지 방법을 선택하면 셀프 체크인이 진행된다. 본인 인증 및 예약 확인 후 좌석 선택, 보안 안내사항을 확인한 다음 탑승권(보딩패스)이 발권된다. 위탁 수하물의 경우 셀프 체크인 전용 카운터에서 이용 가능하며 기내 반입 수하물만 있을 경우 굳이 카운터를 거치지 않고 바로 출국장으로 들어가도 된다.

# 발트3국 국제공항 입국하기

## 공항 입국하기

한국으로의 직항노선이 마련돼 있지 않은 발트3국에 오는 경우 무조건 중간 기착지를 들러야 한다. 러시아나 터키가 아닌, 유럽연합 셍겐조약 가입 국가를 통해서 발트3국에 입국하게 된다면 여권 수속은 처음으로 비행기를 갈아타는 곳에서 하게 된다.

## 셍겐지역[6] 을 통한 입국

대부분의 사람들이 입국하는 헬싱키의 경우 환승구역으로 가기 전 개인수화물 검사를 다시 하게 되므로 혹시라도 인천국제공항에서 액체류를 구매하게 된다면 이때를 대비해 포장을 해야 한다. 프랑크푸르트, 헬싱키 등 최신 시설이 갖춰진 공항들은 한국으로 출국하는 경우에 전자여권을 통한 무인심사대를 이용할 수 있으나 유럽으로 들어올 때는 직접 대면한 검사를 해야 한다.
한국 여권을 가지고 있고 돌아가는 비행기 표가 마련돼 있어 신분이 확실한 경우라면 별다른 질문 없이 통과시켜주며 대부분 여권에는 입국도장을 찍어주지 않는다. 간혹 입국 목적이나 숙소에 관한 정보를 묻는 경우가 있으나 알고 있는 대로 대답하면 아무 문제가 없다. 여권 검사를 마치고 셍겐지역 출국장으로 나와 정해진 시간에 비행기에 탑승해 발트 지역 공항으로 도착한 후에는 여권 검사 없이 입국장으로 자연스럽게 나오면 된다.

## 비셍겐지역을 통한 입국

모스크바나 이스탄불, 도하, 아부다비, 런던을 경유해 오는 경우도 이에 해당한다. 중간기착지에서는 여권 검사를 하지 않고 기착공항 도착 후 바로 다음 비행기 탑승구로 이동해 비행기를 타면 된다. 여권 검사는 최종 도착 공항에서 이루어진다. 수화물 검사를 하는 일도 있다. 모스크바 세레메티예보공항의 경우 환승에 대한 정보가 잘 전달되지 않는 경우도 많아 애를 먹는 일이 종종 있으니 중간 경유시간을 두 시간 정도로 넉넉히 잡도록 한다.

---

6  유럽연합국가(영국, 루마니아, 불가리아 제외), 노르웨이, 스위스, 아이슬란드.

발트3국을 포함한 유럽연합국가 내 공항은 유럽연합시민권자와 비시민권자들의 심사구역이 다르다. 유럽연합시민권자의 줄에 사람이 없을 때 그 외 지역 여행객들을 부르는 경우도 있으니 잘 지켜보면 줄 서는 시간을 줄일 수 있다. 여권 검사를 마친 후 입국장으로 들어서기 직전 세관신고를 해야 할 물품이 있는 사람이 통과하는 출구와 그렇지 않는 사람들이 나가는 출구가 나뉘어져 있다. 신고할 물품이 없는 경우 세관신고서를 별도로 작성해야 할 필요는 없다. 신고할 물품이 없는 출구로 빠져나오는 경우에도 불시에 짐 검사를 하는 경우가 있다(중국인들이 몰릴 때 그런 경우가 많다). 그리고 우리나라와 마찬가지로 농수산품, 과일 등은 반입금지다. 발트3국 공항이 모두 동일하다.

시내에서 그리 멀지 않은 곳에 위치해 있어 시간이 허락하고 짐도 많지 않다면 시내로 걸어서도 올 수 있을 정도다. 크기는 작고 아담하지만 필요한 시설은 다 갖추어져 있으며 짐 찾는 곳(Baggage claim)이라는 표시를 따라 나가면 출구로 나갈 수 있다.

### ① 입국심사(Immigration)

수하물 찾는 곳 방향을 따라 나가면 자연스럽게 여권심사대에 도착한다. 보험증서와 호텔예약증을 준비해두면 만약의 경우를 대비할 수 있다.

### ② 수하물 찾기(Baggage Claim)

탈린공항은 입국장이 한 곳으로 솅겐, 비솅겐지역 모두 동일한 입국장으로 나오게 된다. 탈린국제공항은 짐 찾는 곳이 유리로 개방되어 있으므로 입국장에서 기다리는 대기자들도 손님이 도착했는지 여부를 확인할 수 있어 만남의 기쁨을 더 빨리 누릴 수 있다.

발트3국에서 가장 규모가 큰 공항으로서 이 지역의 허브 역할을 담당하고 있다. 터미널이 길게 연결되어 있어 수하물 찾는 곳까지 꽤 걸어야 한다. 솅겐지역을 통해서 입국한 승객과 비솅겐지역 입국 승객이 나오는 곳이 다르며, 입국장도 출국도시에 따라 세 부분으로 나뉘어져 있지만 모두 같은 청사 안에 위치해 있다.

### ① 입국심사(Immigration)

에스토니아의 경우와 같다.

### ② 수하물 찾기(Baggage Claim)

짐을 찾는 벨트가 좁은 편이라 승객들이 많이 몰리는 때에는 시간이 오래 걸릴 수 있다. 그리고 짐을 실을 수 있는 카트가 구석진 곳에 위치해 있고 사용이 그리 용이한 편이 아니다. 와이파이를 켜서 가족과 친구들에게 도착소식을 알리며 잠깐 기다릴 준비를 하는 것이 좋다.

## 리투아니아 빌뉴스국제공항

소련 시절에 건설된 청사를 그대로 사용하고 있어 공항 외벽에서 과거를 연상시키는 조각들을 발견할 수 있다. 그러나 2017년 대대적인 활주로 공사를 거친 후 현대적인 공항으로 거듭났다.

### ① 입국심사(Immigration)

다른 발트3국의 경우와 같다.

### ② 수하물 찾기(Baggage Claim)

입국장이 두 개로 나뉘어져 있지만 같은 건물 안에 위치해 있어서 대기자를 만나는 데 어려움은 없다. 보수공사 이후로 많은 것이 개선될 것으로 보인다.

## 리투아니아 카우나스국제공항

카우나스는 수도 빌뉴스에서 약 100㎞ 떨어진 공항으로 발트3국에서 가장 활성화된 지방공항이다. 평상시에는 인근 유럽도시에 취항하는 저가항공사 전용공항이기 때문에 빌뉴스국제공항보다는 제공하는 서비스와 시설이 적다.

## PART 7

# LANGUAGE

발트3국 실생활 언어

발트3국은 언어가 다 다르다. 그러나 영어로도 의사소통이 가능하기 때문에 현지어를 모른다고 해서 여행에 큰 불편함이 있지는 않다. 에스토니아 탈린과 동부 지역, 라트비아에는 러시아인이 상당히 많고 외국인이 많이 몰리는 호텔이나 식당 등에서는 러시아어를 하는 직원을 고용하는 것이 일반적이므로 러시아어를 알면 도움이 될 수도 있다. 소련 시절을 겪은 중장년층의 경우 러시아어를 구사하는 사람들이 꽤 되며 빌뉴스 지역에는 폴란드어를 구사하는 이들이 상당수 있다.

하지만 외국인과 러시아어로 이야기하는 모습을 탐탁지 않게 보는 경우도 있고 영어가 러시아어보다 우선이기 때문에 서로 영어가 되는 상황에서 러시아어로 대화를 시도하는 것은 결례가 될 수도 있다.

한국에서 발트3국의 언어를 배우는 일 자체가 흔하지 않으므로 이곳을 여행하기 위해 에스토니아어, 라트비아어, 리투아니아어를 공부할 필요는 없다. 하지만 통용되는 표현과 단어를 익혀두면 현지인에게 점수를 받을 수도 있고 위급 시 대처할 수 있는 가능성도 높아진다. 단, 러시아어에 관한 정보는 이 책에 별도로 수록하지 않도록 하겠다.

# 에스토니아어

에스토니아어는 전 세계에서 가장 적은 인구가 사용하는 언어 중 하나이며 라트비아어나 리투아니아어와 다르게 핀위구르어에 속한다. 에스토니아어가 인도유럽어족의 언어가 아닌 만큼 주변국과 완전히 다른 형태를 띠고 있지만 핀란드어와는 상당히 유사하다. 핀란드어가 세계에서 가장 어려운 말이라고 알려져 있는데 에스토니아어도 마찬가지다.

에스토니아어는 인도유럽어족이 아니므로 명사에 성이 존재하지 않는다. 예를 들어 라트비아어, 리투아니아어는 같은 단어라도 남성과 여성을 일컫는 말이 다르지만 에스토니아어는 모두 같다. 그리고 격이 14격이나 된다. 에스토니아어의 격 변화는 한국이나 일본어처럼 조사를 붙임으로써 이루어진다. 상당히 동양적이라고 할 수 있다. 또한 북유럽어처럼 모음의 역할이 아주 크다(전 에스토니아어의 46%). a, e, o에 독일의 움라우트가 붙어 있으면 독일어에서의 자모와 소리가 같다. o 위에 물결모양이 있는 õ는 우리나라의 '으'처럼 발음하면 된다. 유럽 전체에서 이런 소리가 나는 글자를 가진 곳은 많지 않을 것이다. 같은 모음이 두 번 쓰였을 때는 장음이라는 뜻이다. 그런 모음들을 구별해서 발음한다는 것이 여간 어려운 일이 아니지만, 모음이 뜻 구별의 중요한 수단으로 쓰이기 때문에 반드시 구분해 발음할 줄 알아야 한다.

에스토니아에도 상당수의 러시아인이 살고 있고 과거 공업지대였던 에스토니아 동북부 지역(나르바 주변)에는 에스토니아어를 모르는 러시아인들이 거주하고 있으므로 러시아어를 할 줄 안다면 많은 도움이 될 수 있을 것이다. 또한 핀란드와 인접하고 있어 핀란드어를 구사할 줄 아는 사람들이 많다. 물론 영어로도 의사소통이 가능하다.

| 기본표현 | | |
|---|---|---|
| 안녕하세요 | Tere/Tervist | 떼레/떼르비스트 |
| 만나서 반갑습니다 | Väga meeldiv | 배가 메엘딥 |
| 아침인사 | Tere hommikust | 떼레 홈미쿠스트 |
| 낮인사 | Tere päevast | 떼레 패에바스트 |
| 저녁인사 | Tere õhtust | 떼레 으후뚜스트 |
| 잠자리인사 | head ööd | 헤아드 외에드 |
| 안녕히 가세요 | head aega/Nägemiseni | 헤아드 아에가/내게미세니 |
| 감사합니다 | Tänan/Aitäh | 때난/아이때에 |
| 천만에요 | Palun | 빨룬 |
| 괜찮습니다 | Pole viga | 뽈레 비가 |
| 실례합니다, 죄송합니다 | Vabandage | 바반다게 |
| 어떻게 지내세요? | Kuidas läheb? | 쿠이다스 래햅? |
| 잘 지내요 | Hästi | 해스티 |
| 예/아니오 | Jah/Ei | 야흐/에이 |
| 성함이 어떻게 되세요? | Mis teie nimi on? | 미스 떼이에 니미 온? |
| 제 이름은 ●●● 입니다 | Minu nimi on ●●● | 미누 니미 온 ●●● |
| 영어/러시아어 할 줄 아세요? | Kas te räägite inglise/vene keelt? | 가스 떼 래애기떼 잉글리세/베네 케엘트? |
| 뭐라고 하셨죠? | kuidas? | 꾸이다스? |
| 알아들으시는 거예요? | kas te saate aru? | 카스 떼 싸아떼 아루? |
| 무슨 말인지 모르겠어요 | Ma ei saa aru | 마 에이 싸 아루 |
| 모르겠어요 | Ma ei tea | 마 에이 테아 |
| 없어요 | Ei ole/Pole | 에이 올레/뽈레 |
| 잠깐만요 | Üks hetk | 윅스 헤트크 |
| 맘에 들어요 | Mulle meeldib see | 물레 메엘딥 세 |
| 담배 피워도 되나요? | Kas ma tohin suitsetada siin? | 가스 마 토힌 수이쩨타다 씨인? |

404

| | | |
|---|---|---|
| 누가 | kes | 께스 |
| 무엇을 | mida | 미다 |
| 어디서 | kus | 꾸스 |
| 어디로 | Kuhu | 꾸후 |
| 언제 | millal | 밀랄 |
| 왜 | miks | 믹스 |
| 어떻게 | kuidas | 꾸이다스 |

| 장소 찾기 | | |
|---|---|---|
| ●●●이 어디에 있습니까? | Kus on/asub ●●●? | 꾸스 온/아숩 ●●●? |
| ●●●에 가고 싶습니다 | Ma tahaksin minna ●●● | 마 타학신 민나 ●●● |
| 공항 | lennujaam | 렌누야암 |
| 버스터미널 | bussijaam | 부시야암 |
| 항구 | sadam | 싸담 |
| 기차역 | raudteejaam | 라우드테야암 |
| 택시 승차장 | taksopeatus | 탁소뻬아투스 |
| 정류장 | peatus | 뻬아투스 |
| 약국 | apteek | 아프떼에크 |
| 병원 | haigla | 하이글라 |
| 호텔 | hotell | 호텔 |
| 화장실 | tualett | 뚜알렛 |
| 은행 | pank | 빵크 |
| 시장 | turg | 뚜르크 |
| 박물관 | muuseum | 무우세움 |
| 영화관 | kino | 키노 |
| 극장 | teater | 떼아테르 |

| 우체국 | postkontor | 포스트꼰또르 |
|---|---|---|
| 레스토랑 | restoran | 레스토란 |
| 카페 | kohvik | 코흐빅 |
| 바 | baar | 바아르 |
| 나이트클럽 | ööklub | 외에클롭 |

| 숙박 | | |
|---|---|---|
| 싱글/더블룸 주세요 | Palun ühe/kahe voodiga tuba | 빨룬 위헤/까헤 보오디카 투바 |
| 사우나 | saun | 싸운 |
| 열쇠 | võtt | 붓뜨 |
| 깨끗한/더러운 | puhas/must | 푸하스/무스트 |

| 식당에서 | | |
|---|---|---|
| 저는 채식주의자입니다 | Olen taimetoitlane | 올렌 타이메토이틀라네 |
| 계산서 주세요 | Palun arvet | 발룬 아르벳 |
| 건배! | Terviseks! | 떼르비섹시 |
| 아침식사 | hommikusöök | 홈미쿠쇠에크 |
| 점심식사 | lõunasöök | 르우나쇠에크 |
| 저녁식사 | õhtusöök | 으흐뚜쇠에크 |
| 물 | vesi | 베씨 |
| 커피 | kohv | 코흐브 |
| 차 | tee | 떼에 |
| 우유 | piim | 삐임 |
| 주스 | mahl | 마흘 |
| 와인 | vein | 베인 |
| 보드카 | viin | 비인 |

| 쌀밥 | riis | 리이쓰 |
|---|---|---|
| 흰빵 | sai | 싸이 |
| 흑빵 | leib | 레입 |
| 과일 | puuviljad | 푸빌리야드 |

| 쇼핑 | | |
|---|---|---|
| 얼마예요? | Kui palju see maksab? | 꾸이 빨류 세 막삽? |
| 너무 비싸요 | Liiga kallis | 리이가 깔리스 |
| 살게요 | Ma võtan selle | 마 브탄 셀레 |
| 안 살래요 | Eivõtaseda | 에이 브타 세다 |
| 카드 되나요? | kas saab maksta krediitkaardiga? | 까스 싸압 막스타?<br>크레디이트카아르디가? |
| 기념품 | suveniir | 수베니르 |

| 긴급 상황 | | |
|---|---|---|
| 도와주세요! | Appi! | 압삐! |
| 도둑이야! | Varas! | 바라스! |
| 길을 잃었어요 | Ma eksisin | 마 엑시신 |
| 제가 하지 않았어요 | Ma seda ei teinud | 마 쎄다 에이 테이누드 |
| 아파요 | Ma olen haige | 마 올렌 하이게 |
| 경찰서가 어디입니까? | Kus on politsei? | 꾸스 온 뽈리체이? |

| 일상대화 | | |
|---|---|---|
| 저는 한국 사람이에요 | Ma olen korealane | 마 올렌 코레알라네 |
| 몇 살이에요? | Kui vana te olete? | 꾸이 바나 떼 올레테? |
| 저는 ●●살이에요 | Mul on ●● aastat | 물 온 ●● 아아스따드 |

| 결혼했어요/싱글이에요 | Olen abielus/vallaline | 올렌 아비엘루스/발랄라네 |
|---|---|---|
| 당신 내 맘에 들어요 | Sa mulle meeldid | 싸 물레 메엘디드 |
| 친구 | Sõber | 쓰베르 |
| 남편 | mees/abikaasa | 메에스/아비까아사 |
| 아내 | naine/abikaasa | 나이네/아비까아사 |
| 오늘은 날씨가 좋네요 | Täna on ilus ilm | 때나 온 일루스 일름 |
| 추워요/더워요 | Mul on külm/palav | 물 온 퀼름/팔랍 |
| 파곤해요 | Olen väsinud | 올렌 베시누드 |

| 시간 | | |
|---|---|---|
| 몇 시입니까? | Mis kell on? | 미스 켈 온? |
| 지금 | Praegu/nüüd | 프라에구/뉘이드 |
| 어제 | eile | 에일레 |
| 오늘 | täna | 때나 |
| 내일 | homme | 홈메 |
| 오전 | enne lõunat | 엔네 르우나트 |
| 오후 | pärast lõunat | 빠라스트 르우나트 |
| 아침 | hommik | 홈미크 |
| 점심 | lõuna | 르우나 |
| 저녁 | õhtu | 으흐투 |
| 월요일 | Esmaspäev (E) | 에스마스패에브 |
| 화요일 | Teisipäev (T) | 떼이시패에브 |
| 수요일 | Kolmapäev (K) | 꼴마패에브 |
| 목요일 | Neljapäev (N) | 넬랴패에브 |
| 금요일 | Reede (R) | 레데 |
| 토요일 | Laupäev (L) | 라우패에브 |
| 일요일 | Pühapäev (P) | 퓌하패에브 |

| 기타 유용한 단어 | | |
|---|---|---|
| 지도 | kaart | 카르트 |
| 광장 | väljak/plats | 밸락/플라츠 |
| 해변 | rand | 란드 |
| 섬 | saar | 싸르 |
| 호수 | järv | 얘르브 |
| 강 | jõgi | 이으기('이'와 '으'를 빨리 붙여서 발음) |
| 바다 | meri | 메리 |
| 마을 | küla | 뀔라 |
| 조금 | natuke | 나투께 |
| 많이 | palju | 빨류 |
| 두 배 | topelt | 토펠트 |
| 덜 | vähem | 배헴 |
| 더 | rohkem | 로흐켐 |
| 너무 많아요 | liiga palju | 리이가 빨류 |

| 숫자 | | |
|---|---|---|
| 0 | null | 눌 |
| 1 | üks | 윅스 |
| 2 | kaks | 깍스 |
| 3 | kolm | 꼴름 |
| 4 | neli | 넬리 |
| 5 | viis | 비이스 |
| 6 | kuus | 쿠우스 |
| 7 | seitse | 쎄이체 |
| 8 | kaheksa | 까헥사 |

| 9 | üheksa | 위헥사 |
|---|---|---|
| 10 | kümme | 뀜메 |
| 11 | üksteist | 윅스떼이스트 |
| | 11-19는 숫자 뒤에 teist(떼이스트)를 붙인다 | |
| 20 | kakskümmend | 깍스뀜멘트 |
| | 이하 숫자 뒤에 kümmend(뀜멘트)를 붙인다 | |
| 21 | kakskümmend üks | 깍수뀜멘트 윅스 |
| 100 | sada | 싸다 |
| 1000 | tuhat | 투하트 |

| 표지판 | | |
|---|---|---|
| STOPP | 정지 | 스톱프 |
| AVATUD/LAHTI | 열렸음 | 아바투드/라흐티 |
| SULETUD/KINNI | 닫혔음 | 술레투드/낀니 |
| SISSEPÄÄS | 입구 | 씨쎄패에스 |
| VÄLJAPÄÄS | 출구 | 밸랴패에스 |
| SISSESÕIT KEELATUD | 출입금지 | 씨쎄쓰이트 께엘라투트 |
| PARKIMINE KEELATUD | 주차금지 | 빠르키미네 께엘라투트 |
| AVARII | 사고 | 아바리이 |
| RESERVEERITUD | 예약 | 레세르베에리투트 |
| MITTE SUITSETADA | 금연 | 미떼 수이쩨타다 |
| WC | 화장실 | 베쩨 |
| NAISTELE (N) | 여성용 | 나이스텔레 |
| MEESTELE (M) | 남성용 | 메에스텔레 |

# 라트비아어

라트비아의 수도 리가에는 러시아인의 비율(60%)이 라트비아인을 능가하고 그 외에 라트비아 주요 도시(다우가우필스, 레제크네, 유르말라)에 가도 상황은 별 차이가 없다. 시내 중심가가 아닌 외곽 주택 가에 가서 'Vai jus runajat latviski?(바이 유스 루나얏 라트비스키?)'(해석: 라트비아어 할 줄 아세요?)'라 고 물으면 러시아어로 퉁명스럽게 대답하는 사람들이 대부분일 정도이다. 게다가 요즘에는 라트비아 동부 지역의 라트갈레어도 제3의 공용어로 지정될 가능성이 다분해 라트비아에는 쓰이는 말만 해도 세 가지다. 라트비아 현지인도 라트비아어를 왜 배우는지 물어볼 정도이며, 자신들도 라트비아어는 사라 져가는 언어 중 하나로 여긴다. 라트비아어도 리투아니아어처럼 발트어 중에 하나이지만 게르만어와 슬라브어, 스칸디나비어 등의 영향으로 언어적 가치가 많이 사라졌다. 현재는 라트비아인과 리투아 니아인 간에 통역이 없으면 대화가 불가능할 정도로 두 언어가 이전과 달리 많이 달라져 버렸다. 그러 나 동사 활용이나 분사, 명사, 형용사 변화 등의 경우 아직까지는 리투아니아어와 공통점이 많다.

라트비아어는 리투아니아어보다 비교적 단순한 문법형태를 가지고 있다. 일단 남성명사의 경우 -s(as가 아닌)나 -us, is가 붙고 여성은 a나 e가 붙는다. 라트비아는 전 유럽에서 유일하게 모든 외래어 표기를 자기 식으로 하는 나라라고 한다. 예를 들어 티나 터너(Tina Turner)는 라트비아에서 티나 테에 르네레(Tina Ternere)로 불리며 힐러리 클린턴은 힐라리야 클린토네(Hilarija Klintone)로 불린다. 이러 한 인명 왜곡이 인권 문제로까지 번져가고 있어 현재 라트비아에서 화두가 되고 있다. 시정할 방법을 찾 고 있지만 라트비아어의 특수성 때문에 언어 전문가들이 심히 우려하고 있는 상태다. 라트비아어는 변 화형이 비교적 단순하다. 변화 형태가 5개밖에 없기 때문이다. 물론 복수형도 있고 다른 어미가 있긴 하 지만 리투아니아어보다는 훨씬 단순한 형태를 가지고 있어 배우기가 그다지 어렵지 않다. 단지 모음의 '장단'이라든가 자음의 괴상한 발음 때문에 처음엔 아주 애를 먹는다(시간이 지난다고 나아진다는 보장 은 없다). 라트비아어에는 똑같은 소리의 모음도 장단에 의해 뜻이 바뀌는 경우가 많다. a, e, i, u 위에 빗 금이 그어져 있으면 장음이니까 일반 모음보다 두 배 이상 길게 발음한다. 그렇지 않으면 난데없이 현재 형이 과거형으로 바뀌거나, 쓸데없이 장소격을 쓰는 등 아주 우스꽝스러운 상황이 나올 수 있다.

날개가 달린 Č, Š, Ž 발음은 리투아니아어 부분에서 참조하면 된다.

N 밑에 꼬리가 달린 Ņ은 약한 n으로 약하게 '니'라고 발음한다.

L 밑에 꼬리가 달린 Ļ은 약한 l로 약하게 '리'라고 발음한다.

G에도 꼬리가 달린 것이 있는데, Ģ(소문자 ģ)는 우리말로 ㄱ과 ㅈ 중간에 있는 발음이다. 혀를 윗니 뒤에 대고 침을 뱉듯이 '지' 하고 발음한다.

K 밑에 꼬리가 달린 Ķ는 외국인들 사이에서 일명 '미치쾅이 k'라고 불리며, 우리말로 ㅋ와 ㅊ 사이에 있는 기상천외한 발음이다. 라트비아어를 십수 년간 하고 있는 나도 발음이 용이치 않아 식은땀이 흐를 정도다.

알파벳 O는 라트비아에서 '우오'로 발음한다(Opera나 Foto 같은 외래어는 제외).

V는 영어(독일어가 아닌)의 일반적인 v와 같지만 단어 끝에 오거나 뒤에 바로 자음이 나올 경우 발음하지 않는다.


라트비아어와 리투아니아어에서 주의할 점은 말하는 사람이 남자냐 여자냐에 따라 단어의 형태가 달라진다는 것이다. 그러므로 남녀 구분을 명확히 해서 사용할 것을 권유한다.

| 기본표현 | | |
|---|---|---|
| 안녕하세요 | Sveika(여자에게)/Sveiks(남자에게)/Sveiki | 스베이카/스베익스/스베이키 |
| 만나서 반갑습니다 | Ļoti patikami | 류오티 파티카미 |
| 아침인사 | Labrīt | 라브리트 |
| 낮인사 | Labdien | 라브디엔 |
| 저녁인사 | Labvakar | 라브바카르 |
| 잠자리인사 | Ar labu nakti | 아르 라부 낙티 |
| 안녕히 가세요 | Uz redzēšanos | 우즈 레제샤노스 |
| 감사합니다 | Paldies | 빨디에스 |
| 천만에요, 괜찮습니다 | Lūdzu | 루-주 |
| 죄송합니다, 용서해주세요 | Atvainojiet/Piedodiet | 아트바이노이엣/피에도디엣 |
| 어떻게 지내세요? | Kā Jums iet? | 까 융스 이엣? |
| 잘 지내요, 당신은요? | Labi, Un jums? | 라비, 운 융스? |
| 예/아니오 | Ja/Ne | 야/네 |
| 성함이 어떻게 되세요? | Kā jus sauc? | 까 유스 사우쓰? |
| 제 이름은 ●●●입니다 | Mani sauc ●●● | 마니 사우쯔 ●●● |
| 영어/러시아어 할 줄 아세요? | Vai jus runājat angliski/krieviski? | 바이 유스 루나야앗 앙글리스키/크리에비스키? |
| 뭐라고 하셨죠? | Piedodiet? | 피에도디엣? |
| 알아들으시는 거예요? | Vai Jus saprotat? | 바이 유스 사프루오탓? |
| 무슨 말인지 모르겠어요 | Es nesaprotu | 에스 네사프루오투 |
| 모르겠어요 | Es nezinu | 에스 네지누 |
| 잠깐만요 | Acumirkli | 아쭈미르클리 |
| 맘에 들어요 | Man patik | 만 파틱 |
| 나는 ●●●을 원합니다 | Es gribu ●●● | 에스 그리부 ●●● |
| 담배 피워도 되나요? | Vai es drīkstu smēķēt? | 바이 에스 드릭스투 스메치에트? |
| 누가 | kas | 까스 |

413

| | | |
|---|---|---|
| 무엇을 | ko | 꼬 |
| 어디서 | kur | 쿠르 |
| 언제 | kad | 까드 |
| 왜 | kāpēc | 까페츠 |
| 어떻게 | kā | 까 |

| 장소 찾기 | | |
|---|---|---|
| ●●●이 어디에 있습니까? | Kur ir ●●●? | 쿠르 이르 ●●●? |
| ●●●에 가고 싶습니다 | Es vēlos apmeklēt ●●● | 에스 벨루오스 아프메클렛 ●●● |
| 공항 | lidosta | 리두오스타 |
| 버스터미널 | autoosta | 아우토우오스타 |
| 항구 | osta | 우오수타 |
| 기차역 | dzelzceļa stācija | 젤츠쩰랴 스타-찌야 |
| 정류장 | pieturs | 피에투르스 |
| 약국 | aptieka | 아프띠에카 |
| 병원 | slimnīca | 슬림므니이짜 |
| 호텔 | viesnīca | 비에스니이짜 |
| 화장실 | tualetes | 투알레테스 |
| 은행 | banka | 방카 |
| 시장 | tirgus | 티르구스 |
| 구시가지 | vecpilsēta | 베쯔필세에타 |
| 박물관 | muzejs | 무제이스 |
| 영화관 | kino | 키노 |
| 극장 | teātris | 테아아트리스 |
| 우체국 | pasts | 파스츠 |
| 식당 | restorāns | 레스토란스 |
| 카페 | kafejnīca | 카페이니이짜 |

| 바 | bārs | 바아르스 |
| 나이트클럽 | naktsklubs | 낙츠클룹스 |

| 교통편 | | |
|---|---|---|
| 편도/왕복표 한 장 주세요 | Es vēlos nopirkt  vienvirziena / turp−atpakaļ bileti | 에스 벨로스 누오피르크트 비엔비르지에나/ 투릅−아트빠갈 빌레티 |
| 택시 | Taksometrs | 탁소메트르스 |
| 버스 | autobuss | 아우토부스 |
| 기차 | vilciens | 빌찌엔스 |
| 여권 | pase | 파세 |

| 숙박 | | |
|---|---|---|
| 싱글/더블룸 주세요 | Es vēlos vienvietīgu/divvietīgu istabu | 에스 벨로스 비엔비에티구/디브비에티구 이스타부 |
| 사우나 | pirts | 피르츠 |
| 열쇠 | atslēga | 앗슬레가 |

| 식당에서 | | |
|---|---|---|
| 계산서 주세요 | Lūdzu rēķinu | 루주 레치누 |
| 건배! | Uz veselību | 우즈 베셀리부 |
| 아침식사 | brokastis | 브루아카스티스 |
| 점심식사 | pusdienas | 푸스디에나스 |
| 저녁식사 | vakariņas | 바카리냐스 |
| 물 | minerālūdens | 미네라알우우덴스 |
| 커피 | kafija | 카피야 |
| 차 | tēja | 테에야 |
| 우유 | piens | 피엔스 |
| 주스 | sula | 술라 |

| 맥주 | alus | 알루스 |
| --- | --- | --- |
| 와인 | vīns | 비인스 |
| 보드카 | degvīns | 데그빈스 |
| 밥 | rīsi | 리이시 |
| 빵 | maize | 마이제 |

| 긴급 상황 | | |
| --- | --- | --- |
| 도와주세요! | Palīga! | 빨리가 |
| 도둑이야 | Zaglis! | 자글리스 |
| 길을 잃었어요 | Es esmu apmaldijies(남자)/apmaldījusies(여자) | 에스 에스무 아프말디이에스/아프말디우시에스 |
| 제가 하지 않았어요 | Es to neizdarīju. | 에스 토 네이즈다리유 |
| 아파요 | Es esmu slims(남자)/slima(여자) | 에스 에스무 슬림스/슬리마 |
| 경찰서가 어디죠? | Kur ir policija? | 쿠르 이르 폴리찌야? |

| 쇼핑 | | |
| --- | --- | --- |
| 얼마에요? | Cik tas maksā? | 찍 타스 막사아? |
| 너무 비싸요 | Ļoti dārgi | 류오티 다아르기 |
| 살게요 | Es to ņemšu | 에스 토 넴슈 |
| 카드 되나요? | Vai es varu maksāt ar kredītkarti? | 바이 에스 바루 막사앗 아르 크레딧카르티? |

| 일상대화 | | |
| --- | --- | --- |
| 저는 한국 사람이에요 | Es esmu korejietis(남자)/korejiete(여자) | 에스 에스무 코레예티스/코레예테 |
| 몇 살이에요? | Cik jums ir gadu? | 찍 윰스 이르 가두? |
| 저는 ●●●살이에요 | Man ir ●●● gadi | 만이르 ●●●가디 |
| 저 결혼했어요 | Es esmu precējies(남자)/precējusies(여자) | 에스 에스무 프레쩨이에스/프레쩨유시에스 |
| 전 미혼이에요 | Es nesmu precēts(남자)/precēta(여자) | 에스 네에스무 프레쩨츠/프레쩨타 |
| 당신 내 맘에 들어요 | Tu man patic | 투 만 빠티쯔 |

| 추워요 | Man ir auksti | 만 이르 아욱스티 |
|---|---|---|
| 더워요 | Man ir karsti | 만 이르 카르스티 |
| 피곤해요 | es esmu noguris(남자)/nogurusi(여자) | 에스 에스무 누오구리스/누오구루시 |
| 친구 | draugs(남자)/draudzene(여자) | 드라욱스/드라우제네 |
| 남편(남자) | vīrs | 비르스 |
| 아내 | sieva | 시에바 |
| 여자 | sieviete | 시에비에테 |

| 시간 | | |
|---|---|---|
| 몇 시입니까? | Cik ir pulkstenis? | 찍 이르 풀크스테니스? |
| 어제 | vakar | 바카르 |
| 오늘 | šodien | 쇼디엔 |
| 내일 | rīt | 리이트 |
| 아침 | rīts | 리이츠 |
| 낮 | diena | 디에나 |
| 밤 | nakts | 낙츠 |
| 월요일 | pirmdien (P) | 피름디엔 |
| 화요일 | otrdien (O) | 우오트르디엔 |
| 수요일 | trešdien (T) | 트레슈디엔 |
| 목요일 | Ceturtdien (C) | 쩨투르디엔 |
| 금요일 | piektdien (P) | 피엑디엔 |
| 토요일 | sestdien (S) | 세스디엔 |
| 일요일 | svētdien (Sv) | 스베디엔 |

| 기타 유용한 단어 | | |
|---|---|---|
| 지도 | karte | 카르테 |
| 광장 | laukums | 라우쿰스 |

| | | |
|---|---|---|
| 해변 | pludmale | 플루드말레 |
| 호수 | ezers | 에제르스 |
| 강 | upe | 우페 |
| 바다 | jūra | 유우라 |
| 조금 | drusku | 드루스쿠 |
| 많이 | daudz | 다우즈 |
| 두 배 | dubulti | 두불티 |
| 덜 | mazāk | 마자악 |
| 더 | vairāk | 바이라악 |

| 숫자 | | |
|---|---|---|
| 0 | nulle | 눌레 |
| 1 | viens | 비엔스 |
| 2 | dīvi | 디이비 |
| 3 | trīs | 트리이스 |
| 4 | četri | 체트리 |
| 5 | pieci | 피에찌 |
| 6 | sešī | 쎄시 |
| 7 | septiņi | 쎕틴이 |
| 8 | astoņi | 아스투온이 |
| 9 | deviņi | 데빈이 |
| 10 | desmit | 데스미트 |
| 11 | vienpadsmit | 비엔파츠미트 |
| 12 | dīvpadsmit | 디우파츠미트 |
| 13 | trīspadsmit | 트리스파츠미트 |
| 20 | dīvdesmit | 디우데스미트 |

| 21 | divdesmitviens | 디우데스미트비엔스 |
| 30 | trīsdesmit | 트리스데스미트 |
| 100 | simts | 심츠 |
| 200 | dīvi simti | 디이비 심티 |
| 1000 | tūkstots | 투크스토츠 |

| 표지판 | | |
| --- | --- | --- |
| APSTĀTIES | 정지 | 압스타이에스 |
| ATVĒRTS | 열림 | 아트베르츠 |
| SLĒGTS/AIZVĒRTS | 닫힘 | 슬렉츠/아이즈베르츠 |
| IEEJA/IZEJA | 입구/출구 | 이에에야/이즈에야 |
| IEBRAUKT AIZLIEGTS/IZEJAS NAV. | 출입금지/출구 없음 | 이에브라욱트 아이즈리엑츠/이즈에야스 나우 |
| REMONTS | 수리중 | 레몬츠 |
| NESTRĀDĀ | 작동 안 함/영업 종료 | 네스트라다 |
| UZMANĪBU | 주의 | 우즈마니부 |
| REZERVĒTS | 예약 | 레제르베츠 |
| NESMĒĶĒT/ SMĒĶĒT AIZLIEGTS | 흡연금지 | 네스메체트/스메체트 아이즈리엑츠 |
| MAKSAS TUALETES | 유료 화장실 | 막사스 투알레테스 |
| SIEVIEŠU TUALETES | 여성용 화장실 | 시에비에슈 투알레테스 |
| VĪRIEŠU TUALETES | 남성용 화장실 | 비리에슈 투알레테스 |
| STĀVVIETA | 주차장 | 스타우비에타 |
| BRĪVS | 비었음 | 브리우스 |
| VIETU NAV | 자리 없음 | 비에투 나우 |
| IEKĀPŠANA | 비행기 탑승 | 이에캅샤나 |
| IELIDOŠANA | 비행기 도착 | 이엘리도샤나 |

# 리투아니아어

리투아니아어는 현재 남아 있는 인도유럽어족 중에서 가장 고대의 형태를 띠고 있는 언어로서 전 세계 언어학자들의 관심의 대상이 되고 있다. 인도의 산스크리트어와 고대 라틴어와의 연관성을 많이 가진 만큼 리투아니아인은 자신들의 언어에 대한 자부심이 누구보다 강하다. 그리하여 프랑스에 못지 않은 '강압적인' 언어정책으로 리투아니아의 순수성을 지키고자 애쓰고 있다. 햄버거라는 단어를 쓰지 않고 Mėsainiai, 호텔은 Viešbutis라고 하는 등 리투아니아어로 바꾼 국제어들이 아주 자연스럽게 쓰인 다. (햄버거의 리투아니아 버전은 이미 햄버거라는 단어가 많이 퍼진 후에 만들어졌으므로 실패한 경 우라고 보면 된다. 하지만 리투아니아 맥도날드에 갔을 때 메뉴판에 햄버거라는 말이 없더라도 놀라지 말자.)

리투아니아어는 각 명사마다 어미가 붙는다는 것이 특징이다. 각 명사들이 남성명사와 여성명사로 성을 가지고 있다(중성명사는 없음). 남성명사의 경우 -as, is, us, ys 등의 어미가 붙고, 여성명사의 경우 -a, e 등이 붙어서 성을 나타낸다. 리투아니아어 버전이 존재하지 않는 국제어의 경우 모두 -as 어미를 붙여서 리투아니아어 버전을 만든다. 예를 들어 전화는 Telefonas, 축구는 Futbolas, 서울은 Seulas다. 리 투아니아어는 변화가 많고 각 변화마다 각각의 뜻을 부과시키며 어미 변화가 아주 중요하기 때문에 그 어미가 없으면 말을 할 수가 없다.

리투아니아 사람들도 역시 로마자를 쓰지만 리투아니아어만의 독특한 자모가 있어서 처음 보는 사 람을 당황하게 만든다.

A에 꼬리가 달린 Ą는 일반 a에 약간의 비음이 첨가된 소리였지만, 처음부터 이 소리를 구분해내기는 어렵다. 일반 a를 조금 강조해서 길게 발음하면 된다.
꼬리가 달린 Ę, Į, Ų 모두 꼬리 달린 Ą처럼 비음이 첨가된 소리였으나 현재는 차이가 거의 없다. 꼬 리가 없다고 생각하고 평이하게 그러나 강조해서 약간 길게 읽으면 된다.
U 위에 빗금이 그어진 Ū는 일반적인 u보다 길게 발음해야 한다.

Y는 영어의 y와 달리 I의 장음이다. 일반 I보다 길게 발음한다.

E 위에 점이 찍힌 É는 '예'라고 발음하면 되는데 입을 옆으로 억지로 더 벌린다는 생각을 하고 발음한다.

C 위에 날개가 달린 Č는 삐졌을 때 '체' 하는 소리를 준비하고 있다가 'ㅊ'만 발음하고 끝낸다. 영어의 ch와 비슷하다.

S 위에 날개가 달린 Š는 아기들 오줌 누일 때 '쉬' 하는 소리를 준비하고 있다가, 역시 'ㅅ' 소리만 하고 끝낸다. 영어의 sh와 비슷하다.

Z 위에 날개가 달린 Ž는 '즤'라고 발음하면 비슷하다.

| 기본표현 | | |
|---|---|---|
| 안녕하세요 | Sveiki/labas | 스베이키/라바스 |
| 만나서 반갑습니다 | Labai malonu | 라바이 말로누 |
| 아침인사 | Labas rytas | 라바스 리타스 |
| 낮인사 | Laba diena | 라바 디에나 |
| 저녁인사 | Labas vakaras | 라바스 바카라스 |
| 잠자리인사 | Laba naktis | 라바 낙티스 |
| 안녕히 가세요 | Iki pasimatymo/viso gero | 이끼 빠시마티모/비소 게로 |
| 감사합니다 | Ačiū | 아츄 |
| 천만에요, 괜찮습니다 | Prašau | 쁘라셔우 |
| 죄송합니다, 용서해주세요 | Atsiprašau | 앗찌쁘라셔우 |
| 어떻게 지내세요? | Kaip sekasi? | 캐입 세커시? |
| 잘 지내요, 당신은요? | Gerai, O Jums? | 게라이, 오 윰스? |
| 예/아니오 | Taip/Ne | 태입/네 |
| 성함이 어떻게 되세요? | Koks Jūsų vardas? | 꼭스 유수 바르다스? |
| 제 이름은 ●●●입니다 | Mano vardas ●●● | 마노 바르다스 ●●● |
| 영어/러시아어 할 줄 아세요? | Ar kalbate angliškai/rusiškai? | 아르 칼바테 앙글리스케이/루시스케이? |
| 뭐라고 하셨죠? | Ką sakote? | 까 사코떼? |
| 알아들으시는 거예요? | Ar mane suprantate? | 아르 마네 수프란타떼? |
| 무슨 말인지 모르겠어요 | Nesuprantu | 네수프란뚜 |
| 모르겠어요 | Aš nežinau | 아슈 네지너우 |
| 잠깐만요 | Minutelę | 미누뗄레 |
| 맘에 들어요 | Man patinka | 만 빠팅카 |
| 나는 ●●●을 원합니다 | Aš norėčiau ●●● | 아슈 노레쳐우 ●●● |
| 담배 피워도 되나요? | Ar galima rūkyti? | 아르 갈리마 루키티? |
| 누가 | kas | 까스 |

| 무엇을 | ką | 까 |
| --- | --- | --- |
| 어디서 | kur | 쿠르 |
| 언제 | kada | 까다 |
| 왜 | kodėl | 꼬델 |
| 어떻게 | kaip | 캐입 |

| 장소 찾기 | | |
| --- | --- | --- |
| ●●●이 어디에 있습니까? | kur yra ●●●? | 쿠르 이라 ●●●? |
| ●●●에 가고 싶습니다 | Norėčiau eiti į ●●● | 노레쳐우 에이티 이 ●●● |
| 공항 | oro uostas | 오로 우오스타스 |
| 버스터미널 | autobusų stotis | 아우토부수 스토티스 |
| 항구 | uostas | 우오스타스 |
| 기차역 | geležinkelio stotis | 겔레진켈료 스토티스 |
| 정류장 | stotelė | 스또텔레 |
| 약국 | vaistinė | 바이스티네 |
| 병원 | ligoninė | 리고니네 |
| 호텔 | viešbutis | 비에스부티스 |
| 화장실 | tualetas | 투알레타스 |
| 은행 | bankas | 방카스 |
| 시장 | turgus | 투르구스 |
| 구시가지 | senamiestis | 세나미에스티스 |
| 박물관 | muziejus | 무지에유스 |
| 영화관 | kino teatras | 키노 테아트라스 |
| 극장 | teatras | 테아트라스 |
| 우체국 | paštas | 파슈타스 |
| 식당 | restoranas | 레스토라나스 |

| 카페 | kavinė | 카비네 |
| --- | --- | --- |
| 바 | baras | 바라스 |
| 나이트클럽 | naktinis klubas | 낙티니스 클루바스 |

| 교통편 | | |
| --- | --- | --- |
| 편도/왕복표 하나 주세요 | Aš norėčiau nusipirkti bilietą į vieną pusę / bilietą pirmyn ir atgal | 아슈 노레챠우 누시파륵티 빌례타 이 비에나 푸세/ 피르민 아트갈 |
| 비행기 | lėktuvas | 렉투바스 |
| 택시 | taksi | 탁시 |
| 버스 | autobusas | 아우토부사스 |
| 여권 | pasas | 파사스 |

| 숙박 | | |
| --- | --- | --- |
| 싱글/더블룸 주세요 | Aš noriu vienviečio / dviviečio kambario | 아슈 노류 비엔비에치오/드비비에치오 깜바료 |
| 사우나 | pirtis | 피르티스 |
| 담요 | antklodė | 안트클로데 |
| 열쇠 | raktas | 락타스 |
| 더러운 | nešvaru | 네슈바루 |
| 방 | kambarys | 깜바리스 |

| 식당에서 | | |
| --- | --- | --- |
| 계산서 주세요 | Prašau sąskaitą | 프라셔우 사스카이타 |
| 건배! | Į sveikatą | 이 스베이카타! |
| 아침식사 | pusryčiai | 푸스리체이 |
| 점심식사 | pietūs | 피에투스 |
| 저녁식사 | vakarienė | 바카리에네 |

| 물 | vanduo | 반두오 |
|---|---|---|
| 커피 | kava | 카바 |
| 차 | arbata | 아르바타 |
| 유유 | pienas | 피에나스 |
| 주스 | sultys | 술티스 |
| 맥주 | alus | 알루스 |
| 와인 | vynas | 비나스 |
| 보드카 | degtinė | 덱티네 |
| 밥 | ryžiai | 리쟤이 |
| 빵 | duona | 두오나 |
| 과일 | vaisiai | 바이시에이 |

| 쇼핑 | | |
|---|---|---|
| 얼마에요? | kiek kainuoja? | 키엑 카이누오야? |
| 너무 비싸요 | per brangus | 페르 부랑구스 |
| 살게요 | Nupirksiu | 누피륵슈 |
| 안 살래요 | Nenupirksiu | 네누피륵슈 |
| 카드 되나요? | Ar galima sumokėti ar kortele? | 아르 갈리마 수모케티 아르 코르텔레? |

| 일상대화 | | |
|---|---|---|
| 저는 한국 사람이에요 | Aš esu korėjietis(남자)/korėjietė(여자) | 아슈 에수 코레에이스/코레에테 |
| 몇 살이에요? | kiek jums metų? | 키엑 윰스 메투? |
| 저는 ●●살이에요 | Man ●● metų | 만 ●● 메투 |
| 당신 혼자예요? | Ar jūs vienas(남자)/viena(여자)? | 아르 유스 비에나스/비에나? |
| 저 결혼했어요 | Aš esu vedęs(남자)/ištekėjusi(여자) | 아슈 에수 베데스/이슈테케유시 |
| 저 미혼이에요 | Aš nesu vedęs(남자)/neišketėjusi(여자) | 아슈 에수 네베데스/네이슈테케유시 |

| | | |
|---|---|---|
| 당신 내 맘에 들어요 | Tu man labai patinki | 투 만 라바이 파팅키 |
| 한 잔 할래요? | Ar tu nori atsigerti? | 아르 투 노리 앗찌게르티? |
| 말도 안 돼요 | Jokiu būdu | 요키우 부두 |
| 친구 | draugas(남자)/draugė(여자) | 드라우가스/드라우게 |
| 추워요 | Man šalta | 만 샬타 |
| 더워요 | Man karšta | 만 카르슈타 |
| 피곤해요 | Esu pavargęs(빠바르게스)/ pavargusi(빠바르구시) | 에수 빠바르게스/빠바르구시 |
| 배고파요 | Esu alkanas(남자)/alkana (여자) | 에수 알카나스/알카나 |

| 긴급 상황 | | |
|---|---|---|
| 도와주세요 | Gelbėkite! | 겔베키테! |
| 도둑이야 | Vagis! | 바기스! |
| 길을 잃었어요 | Aš paklydęs(남자)/paklydusi(여자) | 아슈 파클리데스/파클리두시 |
| 제가 하지 않았어요 | Aš to nepadariau | 아슈 토 네파다려우 |
| 아파요 | Aššergu | 아슈 세르구 |
| 경찰서가 어디에요? | Kur yra policija? | 쿠르 이라 폴리찌야? |

| 시간 | | |
|---|---|---|
| 몇 시입니까? | kiek dabar valandų? | 키엑 다바르 발란두? |
| 지금 | dabar | 다바르 |
| 오늘 | šiandien | 시엔디엔 |
| 어제 | vakar | 바카르 |
| 내일 | rytoj | 리또이 |
| 새벽 | aušra | 아우슈라 |
| 아침 | rytas | 리타스 |

| 점심 | vidurdienis | 비두르디에니스 |
| 오후 | popietė | 포피에테 |
| 밤 | naktis | 낙티스 |
| 월요일 | pirmadienis | 피르마디에니스 |
| 화요일 | antradienis | 안트라디에니스 |
| 수요일 | trečiadienis | 트레치야디에니스 |
| 목요일 | ketvirtadienis | 게트비르타디에니스 |
| 금요일 | penktadienis | 펭크타디에니스 |
| 토요일 | šeštadienis | 세스타디에니스 |
| 일요일 | sekmadienis | 세크마디에니스 |

## 기타 유용한 단어

| 지도 | žemėlapis | 제멜라피스 |
| 광장 | aikštė | 아익스테 |
| 해변 | pliažas | 플리야자스 |
| 호수 | ežeras | 에제라스 |
| 강 | upė | 우페 |
| 바다 | jūra | 유라 |
| 마을 | kaimas | 카이마스 |
| 조금 | truputj | 트루푸티 |
| 두 배 | dvigubas | 드비구바스 |
| 덜 | mažiau | 마져우 |
| 많이 | daug | 더욱 |
| 더 | daugiau | 더우겨우 |
| 너무 많은 | per daug | 페르 더욱 |

| | | 숫자 | |
|---|---|---|---|
| 0 | | nulis | 눌리스 |
| 1 | | vienas | 비에나스 |
| 2 | | du | 두 |
| 3 | | trys | 트리스 |
| 4 | | keturi | 케투리 |
| 5 | | penki | 펜키 |
| 6 | | šeši | 셰시 |
| 7 | | septyni | 셉티니 |
| 8 | | aštuoni | 아슈투오니 |
| 9 | | devyni | 데비니 |
| 10 | | dešimt | 데심트 |
| 11 | | vienuolika | 비에누올리카 |
| 12 | | dvylika | 드빌리카 |
| 20 | | dvidešimt | 드비데심트 |
| 21 | | dvidešimt vienas | 드비데심트 비에나스 |
| 50 | | penkiasdešimt | 펜키아스데심트 |
| 100 | | šimtas | 심타스 |
| 101 | | šimtas vienas | 심타스 비에나스 |
| 500 | | penki šimtai | 펭키 심태이 |
| 1000 | | tūkstantis | 툭슈탄티스 |

| | | 표지판 | |
|---|---|---|---|
| STOK | | 멈추시오 | 스톡 |
| ATIDARYTAS | | 열림 | 아티다리타스 |
| UŽDARYTAS | | 닫힘 | 우즈다리타스 |

| | | |
|---|---|---|
| ĮĖJIMAS | 입구 | 이에이마스 |
| IŠĖJIMAS | 출구 | 이슈에이마스 |
| DRAUDŽIAMA | 금지 | 드라우쟈마 |
| REZERVUOTAS | 예약 | 레제르부오타스 |
| NERŪKOMA/ RŪKUTA DRAUDŽIAMA | 흡연금지 | 네루코마/루키니티 드라우지아마 |
| VYRŲ TUALETAS | 남성 화장실 | 비루 토일레타스 |
| MOTERŲ TUALETAS | 여성 화장실 | 모테루 토일레타스 |
| LAISVAS | 비었음 | 라이스바스 |
| VIETŲ NĖRA | 자리 없음 | 비에투 네라 |

# 발트 3국 여행
## THE BALTIC STATES
### 여행

**개정판 1쇄 발행** 2019년 7월 8일

**지은이** 서진석
**펴낸이** 이광재

**책임편집** 김미라　　　**편집** 오지은
**책임디자인** 이창주　　　**디자인** 남도영 · 박규민　　　　　**마케팅** 허남 · 최예름

**펴낸곳** 카멜북스　**출판등록** 제311-2012-000068호
**주소** 서울 마포구 성지길 25 보광빌딩 2층
**전화** 02-3144-7113　**팩스** 02-374-8614　**이메일** camelbook@naver.com
**홈페이지** www.camelbook.co.kr　**페이스북** www.facebook.com/camelbooks
**인스타그램** www.instagram.com/camelbook

**ISBN** 978-89-98599-55-3 (13980)

이 책에 사진을 사용할 수 있도록 허락해 주신 가민주 님, 강윤숙 님, 김남열 님, 미친공주(카페 아이디) 님, 서지희 님, 이익 님께 감사드립니다.
Some photos are used courtesy of tourism authorities of Daugavpils, Druskininkai, Kernave, Kuressaare, KursiųNerija, Liepaja, Šiauliai and Ventspils.